“十四五”高等学校动画与数字媒体类专业系列教材

数字媒体技术与应用

张丹珏　沈寅斐◎主　编

施　庆　赵任颖◎副主编

中国铁道出版社有限公司
CHINA RAILWAY PUBLISHING HOUSE CO., LTD.

内 容 简 介

本书是“十四五”高等学校动画与数字媒体类专业系列教材之一。书中从数字媒体的基本概念出发，重点介绍了数字媒体技术的理论基础与应用实践。全书共六章，包括数字媒体技术概述、图像处理、动画制作、音视频处理、网站建设与网页制作、项目实战。本书既注重理论、方法和标准的介绍，也兼顾工具软件的实际分析、技术讨论与实际应用案例的结合，并以精选的图像、动画、音视频处理、网页制作四个方面的项目实战帮助读者练习巩固数字媒体相关技术的方法与技能，提高学生的创作水平。

本书适合作为高等学校数字媒体技术、数字媒体艺术以及计算机科学与技术、电子信息与传媒科技类相关专业的教材。

图书在版编目（CIP）数据

数字媒体技术与应用 / 张丹珏，沈寅斐主编.
北京 ：中国铁道出版社有限公司，2024. 12. --（“十四五”高等学校动画与数字媒体类专业系列教材）.
ISBN 978-7-113-31748-5

Ⅰ. TP37

中国国家版本馆CIP数据核字第2024TE7693号

书　　名：数字媒体技术与应用
作　　者：张丹珏　沈寅斐

策　　划：曹莉群　　　　编辑部电话：（010）63549508
责任编辑：曹莉群　许　璐
封面设计：刘　颖
责任校对：刘　畅
责任印制：赵星辰

出版发行：中国铁道出版社有限公司（100054，北京市西城区右安门西街 8 号）
网　　址：https://www.tdpress.com/51eds
印　　刷：河北宝昌佳彩印刷有限公司
版　　次：2025 年 1 月第 1 版　2025 年 1 月第 1 次印刷
开　　本：787 mm×1 092 mm 1/16　印张：19.5　字数：460 千
书　　号：ISBN 978-7-113-31748-5
定　　价：59.00 元

前 言

在当今数字化时代，数字媒体以其独特的方式渗透进人们生活的方方面面，从手机应用、社交媒体到广告营销、影视娱乐，无处不闪耀着数字技术的光芒。为了适应这一时代的需求，培养具备数字媒体制作与创新能力的人才显得尤为重要。因此，我们编写了这本教材，旨在为读者提供一套系统、全面且实用的数字媒体学习指南。

本书共分为6章，从数字媒体技术概述开始，逐步深入到图像处理、动画制作、音视频处理、网站建设与网页制作，以及项目实战等多个领域。每章都围绕其核心知识点展开，并配有丰富的范例，帮助读者更好地理解和掌握所学知识。

第1章介绍了数字媒体的基本概念、发展历程以及未来趋势，使读者对数字媒体有一个全面的认识。

第2章详细讲解了图像编辑、色彩管理、特效制作等图像处理技术，并通过具体范例展示了如何运用这些技术创作出精美的图像作品。

第3章带领读者进入动画的世界，从基础动画原理讲起，逐步深入各类动画制作的关键环节，并通过范例让读者感受到动画制作的魅力。

第4章聚焦于音视频编辑与制作技术，包括音频剪辑、视频合成、特效添加等内容，旨在培养读者在音视频处理方面的实践能力。

第5章针对互联网时代的需求，介绍了网页制作技术，使读者能够制作出具有吸引力的网页作品。

第6章通过实际项目案例，将前面所学知识进行整合与运用，让读者在实践中巩固所学知识，提高解决实际问题的能力。

本书在编写过程中，力求做到内容全面、结构清晰、范例丰富。我们希望，通过对本书的学习，读者能够掌握数字媒体制作的基本技能，具备创新思维和团队合作能力，为未来的职业发展打下坚实的基础。

“数字媒体技术”是一门既强调理论学习又注重技能培养的课程，本书在使用时可采用理论讲授+上机练习的形式。如果能在计算机房授课，可以采用边讲授边练习的方式，讲授理论知识，演示“范例”，学生做“练习”，效果会更佳。如果时间充裕，可以增加作品演示和点评，让学生完成一个较完整的多媒体作品，在期末开展作品竞赛。

本书由张丹珏、沈寅斐任主编，施庆、赵任颖任副主编，张文晓、姜曾贺参与编写。具体分工如下：第1章、第3章由沈寅斐编写；第2章中的第1～8节由施庆编写，综合案例由张文晓编写；第4章由赵任颖编写；第5章由张丹珏编写；第6章中的6.1由张文晓编写，6.2由姜曾贺编写。全书的筹划、编写组织等由张丹珏负责，全书的审订、核对由全体编者共同完成。

本书能够顺利与读者见面，要感谢中国铁道出版社有限公司的大力支持。

由于数字媒体技术是一门发展迅速的新兴技术，新的思想、方法不断涌现，加之编者的学识水平有限，书中难免有不妥和疏漏之处，敬请读者批评指正。

编　者

2024年8月于上海

目录

第 1 章 数字媒体技术概述

本章概要：

本章旨在为读者提供数字媒体技术的全景式解读，展现其深远的社会影响和未来发展的潜力。具体阐述了数字媒体的基本概念，追踪了其技术从起源到现代的发展轨迹，并详细分析了其关键技术及其在多个领域的应用。同时，本章也指出了数字媒体技术应用过程中遇到的挑战和问题，如信息安全、隐私保护、版权保护等，强调了解决这些问题的重要性，以期推动数字媒体技术的持续进步和社会的和谐发展。

学习目标：

◎掌握数字媒体的基本概念；

◎了解数字媒体技术的历史沿革与发展趋势；

◎熟悉数字媒体的关键技术及主要应用领域；

◎探究数字媒体技术应用中面临的挑战与存在的问题。

1.1 数字媒体的概念

数字媒体作为信息传播的数字化媒介，已深植于我们的日常生活。它为人们提供了社交互动、信息获取、娱乐休闲和在线购物等多元化的体验，不仅丰富了生活内容，提升了效率，还推动了全球化信息交流与共享，成为现代社会不可或缺的一部分。

1.1.1 媒体的概念及分类

1. 媒体的概念

媒体（media）是信息传递、交流的工具和手段，是连接信息生产者与接受者的桥梁。它既包含物质载体，如磁带、光盘、硬盘等，也包含非物质的信息载体，如文字、声音、图形、图像、动画和视频等。媒体的核心功能在于转化、存储、传递和展现信息，扩展人类信息交流和沟通的范围与深度，是现代社会中不可或缺的信息传播工具。

2. 媒体的分类

国际电信联盟电信标准化部门(ITU-T)基于媒体的性质和功能,将媒体分为以下五大类:

(1)感觉媒体(perception media)

感觉媒体指能够直接作用于人的感觉器官,如视觉、听觉、嗅觉、味觉和触觉器官,使人产生直接感觉的媒体。例如,文字、声音、图形、图像、动画和视频等都属于感觉媒体。

(2)表示媒体(representation media)

表示媒体通常表现为对各种感觉媒体的数字化编码,例如,语音编码、图像编码、视频编码等。它们是为了更有效地加工、处理、存储或传输感觉媒体而人为研究出来的媒体,表现为能够被计算机存储和处理的信息格式。

(3)显示媒体(presentation media)

显示媒体指用于呈现感觉媒体的物理设备,这些设备能够将感觉媒体以人类可感知的形式展现出来。常见的显示媒体分为输入和输出两类,例如,键盘、鼠标和麦克风等将感觉媒体转换为电信号的设备属于输入显示媒体;显示器、音响和打印机等将电信号转换为感觉媒体的设备属于输出显示媒体。

(4)存储媒体(storage media)

存储媒体用于存储表示媒体,以便在需要时能够检索和使用。例如,硬盘、U盘、光盘、闪存等,它们为数据的长期保存和随时访问提供了可能。此外,云盘也可以被认为是存储媒体的一种形式。它与传统的本地存储媒体有所不同,是一种基于云计算技术的在线存储服务。用户可以通过互联网将数据存储在远程服务器上,随时随地通过互联网连接访问和同步自己的文件和数据,为数据备份、共享和协作提供便利。

(5)传输媒体(transmission media)

传输媒体是指用于传输表示媒体的物理介质,是信息在网络中从一处传输到另一处所依赖的实体线路或无线通道。例如,双绞线、同轴电缆和光纤等属于有线传输媒体,无线电波、红外线和激光等属于无线传输媒体。

此外,媒体按照不同的分类标准,还可以划分为多种类别。例如,按照传播方式和形态,可以分为传统媒体和数字媒体;按照信息交互程度,可以分为单向媒体和双向媒体;按照行业和功能,可以分为新闻媒体、娱乐媒体、教育媒体和商业媒体等。总之,随着科技的不断进步,新媒体形式不断涌现,它们为信息传递和互动提供了全新的方式,形成了一个多元化、相互交织的庞大体系。

1.1.2 数字媒体的概念及分类

1. 数字媒体的概念

数字媒体(digital media)是指以二进制数的形式获取、记录、处理和传播信息的各类载体,这些载体涵盖了数字化的文字、声音、图形、图像、动画和视频等多种感觉媒体,以及这些感觉媒体的表示媒体,它们被统称为逻辑媒体。此外,还包括存储、传输、显示这些逻辑媒体的实物载体。

在数字媒体中,信息被转化为一系列“0”和“1”组成的二进制数据,通过计算机系统和其他数字设备实现高效的数字化存储、传输、处理、显示和交互等。

2. 数字媒体的分类

根据不同的属性和用途，数字媒体有多种分类方式。

（1）按时间属性分类

数字媒体可以分为静止媒体（still media）和连续媒体（continuous media）。静止媒体也被称为非连续媒体，是指内容不随时间变化的数字媒体，如静态图片、文本等。连续媒体是指内容随时间变化的数字媒体，如音频、动画和视频等。

（2）按来源属性分类

数字媒体可以分为自然媒体（natural media）和合成媒体（synthetic media）。自然媒体是直接来源于客观现实世界的数字化信息，如麦克风采集的音频、拍摄的数码照片、扫描的文档等。合成媒体是由计算机生成或通过计算机制作而成的媒体，如计算机生成的文本、音乐、软件制作的视频和动画等。

（3）按媒体形式分类

数字媒体可以分为文本媒体、图形媒体、音频媒体、视频媒体、动画媒体、交互式媒体。其中，交互式媒体包括网页、游戏应用等。

（4）按传播途径和交互性分类

数字媒体可以分为单向传播媒体和双向互动媒体。单向传播媒体的用户只能被动接收信息，如网络广播、数字电视等。双向互动媒体的用户可以参与信息的创造和共享，如社交媒体、即时通信应用等。

1.2　数字媒体技术的历史与发展

1.2.1　数字媒体技术的概念

数字媒体技术是指利用计算机技术、通信技术和信息处理技术，将各种类型的数字媒体信息处理为可感知、可管理和可交互的数字媒体信息的一门综合性技术。这些技术包括但不限于图像处理、音频和视频编辑、网页设计、数字媒体编程和软件开发等，涵盖数字媒体信息的获取、处理、压缩、存储、传播、管理、安全和输出等全过程。

1.2.2　数字媒体技术的发展历史

数字媒体技术的历史与发展可以大致分为以下几个阶段：

1. 起源阶段（20 世纪 50 年代至 70 年代）

这一时期的计算机科学家和工程师开始探索如何使用计算机生成图形，例如，MIT 开发的 Sketchpad 系统，标志着计算机辅助设计（CAD）和交互式图形的开端。此外，随着数字信号处理技术的进步，数字音频技术开始起步，能够实现声音的数字化采样和存储。

2. 初步发展阶段（20 世纪 80 年代至 90 年代初期）

这一阶段主要是数字媒体技术的初步理论发展阶段，包括数字音频技术、数字视频技术、数字图像技术等。随着 Apple Macintosh 和 IBM PC 等个人计算机的普及，数字媒体创作工具开始发展，如图像处理软件、MIDI 音乐格式、动画软件、数字视频编辑系统的出现等。这一时期还见证了互联网的兴起，为数字媒体的传播开辟了新途径。

3. **基础应用阶段**（20 世纪 90 年代中期至 21 世纪初期）

数字媒体技术开始广泛应用于电影、电视、广告、游戏等行业。非线性编辑系统的普及彻底改变了影视后期制作流程，使得剪辑、特效添加、调色等工作更加高效灵活。数字摄像机的出现使得拍摄成本降低，同时提高了画质，促进了高清内容的制作。数字特效技术（如 CGI，计算机生成图像）的广泛应用，创造了前所未有的视觉奇观，比如《侏罗纪公园》《泰坦尼克号》等影片中的震撼场景。数字音频工作站（DAW）的使用使得音乐制作过程全面数字化，艺术家可以在计算机上完成作曲、录音、混音和母带处理，大大降低了音乐创作和发布的门槛。MP3 等压缩格式的流行和数字音乐商店的兴起，改变了音乐的分发和消费模式。

4. **快速发展阶段**（21 世纪初至今）

互联网的迅速发展，智能手机和平板计算机的普及，极大地推动了数字媒体技术的进步。以用户为导向，以数字创意为基础，以互联网为主导，以计算机信息技术为驱动的新型媒介和组织不断发展。高清与超高清视频、流媒体服务、3D 技术、AR（增强现实）和 VR（虚拟现实）技术的广泛应用等，使得数字媒体内容更加丰富多样，用户体验显著提升。

1.2.3 数字媒体技术的未来趋势

根据新媒体蓝皮书，即《中国新媒体发展报告》等行业权威研究报告的展望，数字媒体技术的未来发展方向包括“智慧城市建设、数字经济的转型、新媒体内容生产的垂直细分、区域一体化建设、媒体融合的规范化、主流意识形态与网络舆论空间治理的加强、全媒体传播人才培养、融媒体产业边界的拓宽、国际网络安全问题的关注，以及新媒体产业数字化趋势的加强。”

随着 5G、AI（人工智能）、AR（增强现实）、VR（虚拟现实）、MR（混合现实）、XR（扩展现实）等前沿技术的快速发展，未来的数字媒体技术将推动传统媒体与新兴媒体的深度融合，催生一系列新场景新业态，具体可以概括为以下几点：

① 内容生产垂直细分：新媒体内容生产将更加多元化和专业化，满足用户多样化的需求。

② 技术赋能内容表现：技术将持续为内容表现形式提供支持，增强观感，提升传播力和影响力。

③ 数字化转型：数字媒体市场迎来转型风口，数字化技术的应用将成为发展的重要趋势。

④ 新平台发展：未来媒体平台将呈现多元混态，推动媒体内容的创新和多样化传播。

⑤ 虚拟现实技术应用：虚拟现实技术在教育、娱乐、工业设计和医疗保健等领域具有广泛的应用前景。

⑥ 在线教育学习：在线教育学习将提供更灵活便捷的学习方式，实现教育资源的共享和个性化学习辅导。

⑦ 医学技术应用：数字媒体技术在医学诊断、治疗、教育和科研领域的应用展现出巨大潜力。

⑧ 艺术与科技融合：数字媒体技术将为艺术创作、展示和传播提供全新可能性，促进艺术教育和文化普及。

⑨ 数智化发展：未来媒体将迎来数智化的“黄金时代”，新基建将赋能媒体数智化转型，虚实混融开启新图景。

⑩ 媒体融合协同深化：媒体融合将向高质量发展转型，推动内容创新和产业升级。

这些趋势表明，数字媒体技术将继续推动媒体产业的创新和发展，为用户提供更加丰富、互动和个性化的体验。

1.2.4　数字媒体的关键技术

数字媒体技术是一个广泛且综合的领域，它涉及多个关键的技术分支。具体来说，数字媒体技术涉及以下几个主要技术领域：

1. 数字媒体信息的获取与输出技术

这部分技术关注于如何通过各种输入设备（如摄像头、麦克风、扫描仪等）捕捉现实世界的模拟信号并将其转换为数字格式，同时也包括数字信息如何通过输出设备（如显示屏、音响系统、3D打印等）展现给用户，使之成为可感知的内容。

2. 数字媒体信息存储技术

数字信息存储技术是指将数据以数字形式保存在各种存储介质上的方法。关键技术涉及数据压缩、编码、加密、存储格式设计以及存储介质的选择和优化，目的是高效、安全地保存大量数字媒体数据，同时考虑数据的长期可访问性和完整性。

由于数字信息数据一般文件较大，因此数据压缩技术对于节省存储空间、加快数据传输速度和提高系统效率至关重要。它主要分为两类：

① 无损压缩：允许数据完全恢复到原始状态。常用算法包括霍夫曼编码、LZW压缩和Brotli。无损压缩广泛应用于文本文件、某些类型的图像和视频，以及需要保持原始数据完整性的场景。

② 有损压缩：在减小文件大小的同时可能会损失一些数据质量。这种压缩适用于对质量损失不敏感的媒体文件，如JPEG图像和MP3音频。有损压缩通过减少颜色深度、分辨率或音频采样率来实现。

3. 数字媒体信息处理技术

数字媒体信息处理技术专注于处理和优化数字媒体内容，这是数字媒体技术的核心之一。它不仅包含图像、音频、视频等媒体内容的基本编辑和处理，也涵盖了高级算法应用，如机器学习和人工智能技术，用于内容分析、自动摘要、风格转换等，大大丰富了数字媒体的创作与应用。

4. 数字媒体信息传播技术

随着互联网和移动通信技术的发展，数字媒体内容的即时传播变得至关重要。数字媒体信息传播技术是指通过数字渠道高效分发和接收媒体内容的方法。这一领域研究如何通过不同的网络协议、流媒体技术、内容分发网络（CDN）等手段，实现高速、低延迟的媒体内容传输，支持实时互动和大规模分发，以确保数字媒体内容的快速传播和广泛覆盖。

5. 数字媒体信息管理与安全技术

在数字媒体广泛应用的背景下，如何有效地组织、索引、检索这些海量信息，以及保护它们不被非法访问、篡改或盗版，是数字媒体技术不可忽视的方面。数字媒体信息管理与安全技术是确保媒体内容有效组织、存储、访问和保护的一系列方法和措施，包括数字资产管理、数据组织、访问控制、加密技术、版权管理策略、安全认证机制以及合规性等问题。

1.2.5 数字媒体的应用领域

数字媒体技术的应用广泛，不仅涵盖了传统的多媒体制作、影视后期制作、游戏开发等行业，还延伸到了新兴的虚拟现实（VR）、增强现实（AR）、混合现实（MR）等前沿领域，以及社交媒体、在线教育、远程医疗、电子商务等诸多行业。它是一个广泛且综合的领域，涉及的具体应用包括但不限于以下几个方面：

1. 沉浸式娱乐体验

VR 和 AR 是数字媒体技术的前沿领域，它们通过模拟或增强用户的现实感知，提供沉浸式的交互体验。VR 技术通过头戴设备完全隔绝现实世界，创造出一个全新的虚拟环境，用户可以在虚拟空间中自由移动和互动，体验到前所未有的真实感。AR 技术则在用户的真实世界中叠加数字信息或图像，通过智能手机、平板计算机或专门的 AR 眼镜实现。它使得信息和数据可视化，增强了用户的现实体验。随着技术的成熟，VR 和 AR 将在教育、娱乐、医疗等多个领域展现出更广泛的应用潜力。

2. 远程工作和协作

5G 网络的高速度和低延迟特性为远程协作提供了稳定可靠的连接基础，使得高清视频会议、实时数据共享和远程协作成为可能。AI 技术的应用则可以优化会议流程，创建更加真实的远程工作环境，提高团队协作效率。例如，可以通过智能语音识别和自然语言处理提高会议效率，实现自动化记录和任务分配。

3. 教育和培训

数字媒体技术正在重塑教育和培训领域，为学习者提供更加丰富的互动学习体验。5G 网络的普及大幅提高了远程教育的实时性和流畅性，使得高清视频教学和即时互动成为常态。AI 技术的应用，如智能辅导系统和个性化学习路径推荐，能够根据学生的学习进度和能力提供定制化教学。AR/VR 技术则为教育带来沉浸式学习环境，通过模拟真实场景或创建虚拟实验室，让学生在安全的环境中进行实践操作和探索。这种模拟体验可以增强学生的理解和记忆，尤其适用于复杂概念和技能的学习。此外，MR 技术通过将虚拟信息叠加到现实世界中，为学习者提供了一种全新的交互方式，使学习内容更加生动和直观。

随着技术的发展，未来的教育培训将更加注重学生的个性化需求和体验，利用大数据分析学习行为，提供更加精准的教学资源和学习方法推送。同时，数字媒体技术也将促进教育资源的全球化共享，缩小不同地区之间的教育差距，推动终身学习的理念。

4. 数字艺术和设计

数字媒体技术的快速发展正在彻底改变艺术和设计领域。5G 网络的高速连接为艺术家提供了实时协作和展示的平台，使他们能够跨越地理界限共同创作。AI 技术的应用则为艺术创作带来了新的灵感和工具，通过算法生成艺术作品或辅助设计过程，创造出前所未有的视觉和听觉体验。AR/VR 技术为艺术展览和设计展示提供了全新的维度。艺术家可以利用这些技术创造沉浸式的艺术空间，让观众以全新的方式体验和互动艺术作品。此外，区块链技术为数字艺术的版权保护和交易提供了安全保障，确保艺术家的创作权益得到尊重。随着技术的进步，数字艺术和设计领域将继续拓展其边界，融合传统艺术与现代科技，创造出更加多元和创新的艺术形式。

5. 广告和营销

数字媒体技术的演进正为广告和营销领域带来创新和机遇。5G 网络使得视频内容和交互式广告更加流畅，推动了直播带货等新兴营销手段的兴起。大数据分析帮助营销人员更好地理解消费者行为，通过分析用户数据优化广告策略，实现定制化的广告推送，从而提高转化率。

除上述例子以外，数字媒体技术还有着其他多样化的应用领域，如智慧城市、智能制造、新闻媒体和文化遗产保护等。随着技术的成熟和创新应用的不断出现，这些应用领域将不断发展演进，可以预想会有更多未知的新场景和新业态被开发出来。

1.3　数字媒体技术应用的挑战与问题

数字媒体技术在快速发展和广泛应用的同时，也面临着一系列挑战与问题，解决这些挑战与问题需要技术创新、政策法规的完善、行业自律以及国际合作等多方面的努力。面临的挑战与问题主要包括但不限于以下几个方面：

1. 大数据处理

随着数字内容的爆炸性增长，如何有效管理和分析海量的数据成为一大挑战。这要求更先进的数据存储、处理和分析技术，以及对数据进行智能筛选和利用的能力。

2. 版权保护

数字媒体的易复制性给版权保护带来了严峻挑战。数字水印、区块链等技术虽然提供了一定的解决方案，但如何在保护创作者权益的同时不影响内容的传播和使用，仍是一个待解难题。

3. 数据安全和隐私保护

随着数字媒体技术的应用范围扩大，涉及的数据也越来越多，这些数据可能包含个人隐私信息。如何保护这些数据的安全性，防止数据泄露和滥用，是数字媒体技术应用面临的一个重要问题。尽管可以采取加密技术、建立完善的权限管理机制等措施来加强数据安全和隐私保护，但是由于数字媒体的个性化服务往往基于用户数据，如何在收集、分析用户数据以提供更好体验的同时，又能确保用户隐私不被侵犯，是亟待解决的问题。

4. 缺乏统一的标准和规范

数字媒体技术迭代速度快，要求从业人员不断学习新技能，企业也要持续投入研发，保持竞争力。由于数字媒体技术的应用领域广泛，各个领域的标准和规范也不尽相同。这给从业人员带来了一定的困扰，因为缺乏统一的标准和规范可能导致技术实现的差异性和不兼容性问题。为了解决这个问题，行业组织可以发挥重要作用，通过制定统一的标准和规范来指导从业人员的工作。

5. 内容监管与审核

如何在保障公民依法行使言论自由的同时，有效监管网络上的不良信息、假新闻等，维护健康的网络环境，是一个复杂的全球性问题。内容监管与审核是数字媒体技术应用中的重要环节，它面临的挑战包括确保内容的合法性、防止有害信息传播、维护社会道德标准等。随着内容数量的激增，如何高效准确地进行内容审核，同时依法保护言论自由和创新表达，是一个亟待解决的问题。此外，不同地区文化的差异也增加了审核的复杂性。

6. 数字鸿沟

数字鸿沟指的是不同社会群体在获取和利用数字媒体技术方面存在的差距。这种差距通常体现在技术接入、使用能力、信息素养等方面。随着数字化转型的加速，数字鸿沟可能导致教育、就业和社会参与的不平等，加剧社会分层。解决这一问题需要政策支持、教育普及和技术普及，确保所有人都能受益于数字媒体技术的发展，这是社会公平的重要议题。

7. 伦理道德问题

随着人工智能和自动化技术在内容创作、数据分析等领域的广泛应用，引发了关于算法偏见、信息茧房效应等伦理问题，自动化决策过程的透明度和可解释性成为了伦理道德考量的重点。需要制定相应的伦理准则和监管机制，以引导技术的健康、负责任的发展，确保技术的公正性和透明度，减少负面影响。

第2章 图像处理

本章概要：

图形图像作为一种直观且易于接受的信息媒介，在人们的日常生活中占据了举足轻重的地位，同时也是多媒体技术不可或缺的核心组成部分。

本章首先介绍颜色的形成原理和色彩模型，然后解析了图像的数字化原理、分类和存储方式，旨在帮助读者创建一个图形图像的概念体系，为之后图像处理技术的学习建立基础。

在图像处理部分，通过使用 Adobe Photoshop CC 2015 软件对图像进行编辑处理，包括图像外观的调整，蒙版的应用，文字的操作及各类滤镜的使用，力求帮助读者掌握这一主流的图像处理软件。

学习目标：

◎理解颜色及色彩模型；

◎掌握图像数字化原理；

◎了解图像的种类、存储及文件格式；

◎熟练掌握图层图像的基本操作；

◎熟练掌握图层蒙版的应用；

◎熟练掌握文字的操作；

◎熟练掌握各类滤镜的使用；

◎了解路径、通道概念。

2.1 图形图像基础

图形图像是一种视觉表达形式，利用线条、形状和颜色等元素来展现视觉信息。这些图形图像可以经由计算机生成、处理和展示，也可通过摄影和扫描等方式获取和存储。本节将从颜色和色彩模型入手，聚焦图像数字化的流程、类型和存储。

2.1.1 颜色和色彩模型

1. 颜色

物体的颜色可以用色调、饱和度和亮度三个要素来描述。人眼所看到的所有颜色均是这三者相结合的产物。

（1）色调（hue）

描述颜色不同类别的物理量称为色调，又称色相，它由该颜色的主要波长所决定，如图 2-1 所示。根据其波长的变化，产生了诸如红（red）、橙（orange）、黄（yellow）、绿（green）、青（cyan）、蓝（blue）、紫（magenta）的颜色。通过混合相邻的颜色，可以得到这两个颜色之间连续变化的色调。

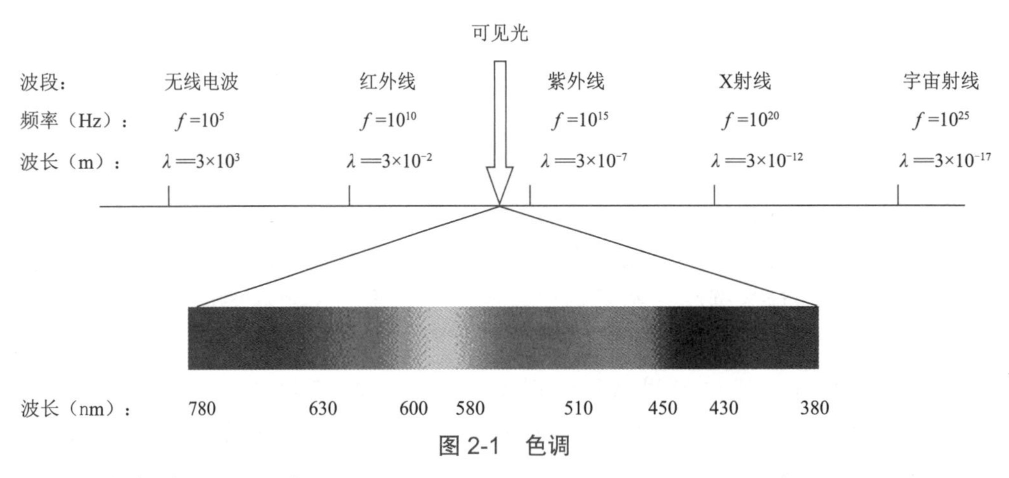

图 2-1 色调

（2）饱和度（saturation）

饱和度，又称纯度或色度，是描述颜色深浅程度的一个物理量，表示色彩的鲜艳程度，它按照颜色混入白光的比例来表示。例如，在蓝色中加入白光，饱和度降低，蓝色就被冲淡为浅蓝色。又比如，大红色比粉红色更红，就是说大红色的饱和度要比粉红色的饱和度更高一些。

（3）亮度（luminance）

亮度，又称明度，是描述颜色明暗变化强弱的一个物理量，它只和发射光的强度有关。光的强度越大，亮度就越大，物体也就越明亮；反之，光的强度越小，亮度就越小，物体也就显得更暗淡了。在纯正的七色光中，黄色的亮度是最高的，这就是为什么众多警示标识会采用黄色作为底色的缘故。

2. 色彩模型

色彩可以用多种不同的方式描述，而每种方法都会以色彩模型为基础。色彩模型是指计算机为了表示、模拟和描述图像色彩空间的方法，也称色调模型。针对不同的应用，产生了多种色彩模型，比较常见的色彩模型有 RGB、CMYK、HSL、HSB、Lab 与 Hex 色彩模型。在这里，本书仅介绍在现实生活中使用最广泛的两种色彩模型——RGB 模型和 CMYK 模型。

（1）RGB 模型

RGB 模型是根据人眼锥体接收光线的方法来构造的模型，它用三组独立的值来定义色调、饱和度和亮度。

RGB 模型采用的是累加式的色彩模型，它将不同量的红色（red）、绿色（green）和蓝色（blue）叠加在一起，建立不同的颜色。当加入越多的红、绿、蓝色，色彩会变得越来越接近白色。当将等量的红色、绿色和蓝色混合时，可以得到不同明度的灰色。如珍珠灰对应的 RBG 值（171，171，171），银灰色对应的 RBG 值（192，192，192）。

RGB 三种颜色各有 256 个亮度级，叠加后形成 256×256×256=16 M=1 670 万种颜色，即通常意义上说的真彩色，通过这 1 670 万种颜色，足够还原出现实生活中绚丽多彩的世界。

（2）CMYK 模型

CMYK 模型采用的是减色法原理，也称减色模式。当光线投射到物体上，颜色通过反射光线达到人眼，因最常用于印刷上，故 CMYK 模型也称作印刷色彩模型。

CMYK 代表印刷上用的四种颜色，C（cyan）代表青色，M（magenta）代表品红色，Y（yellow）代表黄色，从理论上来说，青色、品红色和黄色的叠加可以产生黑色，但是在实际应用时，这三者的叠加只会产生一种接近黑色的褐色，很难形成真正意义上的黑色，因此在引入了 K（black），代表黑色，用于强化暗调，加深暗部色彩。

（3）RGB 模型与 CMYK 模型的区别与联系

在 RGB 色彩模型的图像转换为 CMYK 色彩模型时，图像上的一些较鲜艳饱和度较高的颜色会发生明显的变化，很多时候这个变化能够很明显地观察得到，一般会由鲜艳的颜色变为较暗淡的颜色。这是因为在色彩数量上 RGB 色彩模型的色域的颜色数要比 CMYK 色彩模型的多出许多，两者有交叉的颜色，但是各有部分色彩是相互独立不可转换的。这也就是说有些在 RGB 色彩模型下能够被显示的颜色转换为 CMYK 色彩模型后超出了其能表达的颜色范围，这些颜色只能用相近的颜色来做替代，因而这些颜色会产生较为明显的色度变化。

RGB 色彩模型与 CMYK 色彩模型的区别从本质上来讲是色彩成色的原理不同。RGB 色彩模型作为累加式的色彩模型，存在于屏幕等自身可以发光的显示设备中，不存在于印刷品中。而 CMYK 色彩模型是反光的减色模型，需要外界辅助光源才能被感知到，是印刷品唯一的色彩模式。

在 RGB 色彩模型和 CMYK 色彩模型的通道灰度图中，图像偏白也有不同的意义。前者表明发光程度高，后者则表明油墨含量低。

2.1.2　图像的数字化

1. 图像的数字化原理

传统的绘画原作作为模拟量无法用计算机直接进行处理，需要将图像上每个点的信息按照某种规律转换成计算机能够识别的二进制数码。这个转换的过程就被称为图像的数字化（digitize）。经过转换后的图像信息可以存储在磁盘、光盘等存储设备中，也可以通过互联网不失真地进行传输。

除了少数直接由数字化形式（如计算机绘图）得到的图像外，通常还可以采用扫描仪、数码照相机或者视频捕捉卡（图 2-2）来获取数字图像。

图 2-2　扫描仪、数码照相机和视频捕捉卡

计算机在处理模拟量的图像时，需要经过采样、量化和编码三个步骤，称为图像数字化的“三部曲”，如图 2-3 所示。

图像（模拟量）→ 采样 → 量化 → 编码 → 数字化图像

图 2-3　图像数字化的“三部曲”

（1）采样

将一幅连续的图像在水平和垂直方向上等间距地分割成 $m \times n$ 个网格，每个网格用一个亮度值表示，这样一幅图像就要用 $m \times n$ 个亮度值表示，这个过程就被称为采样。每一个网格称为数字图像的一个像素。一幅图像就被采样成有限个像素点构成的集合。

例如：一幅 640×480 分辨率的图像，表示这幅图像是由 640×480=307 200 个像素点组成。

（2）量化

采样后的图像亮度值，在采样的连续空间上依然是连续值。把亮度分成 k 个区间，某个区间对应相同的亮度值，共有 k 个不同的亮度值，这个过程就称为量化。

（3）编码

在模拟图像经过采样和量化后，对每个像素的亮度值采用相应的二进制数来表示，这样的过程称为编码。

2. 分辨率

数字化的图像在计算机里采用分辨率来描绘其大小等特征。分辨率和图像的质量有着密切的关系，常见的分辨率有以下四种：

（1）图像分辨率

图像分辨率是指图像数字化以后的实际尺寸，由水平和垂直的像素表示。对于同样大小的一幅图像，组成该图的图像像素数目越多，则说明图像的分辨率越高，看起来就越逼真。图像分辨率越高，所表示的像素就越多，所需的存储空间也就越大。

（2）屏幕分辨率

屏幕分辨率，也称显示分辨率，用来确定计算机屏幕上显示出的像素数目，同样也是以水平方向的像素总数和垂直方向的像素总数构成。显示分辨率与显示器的硬件条件和显示卡的缓冲存储器容量有关，容量越大，显示分辨率越高。例如，显示分辨率为 640×480 表示显示屏分成 480 行，每行显示 640 个像素，整个显示屏就含有 307 200 个显像点。一幅 320×240 的图像占该显示屏的 1/4，而 3 200×2 400 的图像在这个显示屏上就无法被完整地显示出来。

（3）扫描分辨率

扫描分辨率是指一台扫描仪输入图像的细微程度，单位是 dpi（dots per inch），点每英寸，意思是指每一英寸长度中，取样或可显示或输出点的数目。数值越大，表示被扫描的图像转化为数字化图像越逼真，扫描仪质量也越好。扫描分辨率反映了扫描后的图像与原始图像之间的差异程度，分辨率越高，差异越小。

（4）打印分辨率

打印分辨率表示一台打印机输出图像的技术指标，由打印头每英寸输出数目决定，单位也是 dpi。打印分辨率反映了打印的图像与原数字图像之间的差异程度，越接近原图像的分辨率，打印质量就越高。例如，针式打印机，分辨率通常为 60 ～ 90 dpi；喷墨打印机可达 1 200 dpi，甚至 9 600 dpi；激光打印机为 600 ～ 1 200 dpi。

2.1.3 图像的类型

数字图像的类型有两种，一种叫作位图（bitmap），另一种叫作矢量图（vector graphics），它们是构成动画和视频的基础元素。通常把位图称为图像（images），把矢量图称为图形（graphics）。

1. 位图

位图，也称点阵图或像素图，指在空间上和亮度上已经离散化了的图像，是由像素进行不同的排列而成的。所谓像素，是构成图像的最基本元素，它实际上是一个个独立的小方格，记录它所在的位置和颜色信息，是计算机图形与图像中能被单独处理的最小基本单元，颜色等级越多，图像就越逼真。

位图图像主要优点在于表现力强、细腻、层次多、细节丰富，一般用于表现自然景物、人物和动植物等，特别适合于逼真的彩色照片。在对位图进行拉伸、放大或缩小等处理时，其清晰度和光滑度会受到影响，如图 2-4 所示。

图 2-4 不同放大级别的位图图像示例

2. 矢量图

矢量图，也称向量图，是指用数学方法，将点、线、多边形等“图元”组合成的图像。矢量图记录的是对象的几何形状、线条粗细和色彩等，因此生成的文件存储容量很小。

矢量图不记录像素数量，与分辨率无关，所以只能表示有规律的线条组成的图形，如三维造型、工程图、艺术字等。在对矢量图进行拉伸、放大或缩小等处理时，其清晰度和光滑度不会受到影响，如图 2-5 所示。

图 2-5 不同放大级别的矢量图示例

2.1.4 图像的存储

1. 图像的描述参数

描述图像的参数主要有图像分辨率、图像深度、颜色、色调、饱和度、亮度、色度和对比度等。

其中，图像分辨率是用来表示组成一幅图像的像素数目，反映了图像的精细程度。

图像深度是指描述图像中每个像素的数据所需要的二进制位数（bit），用来存储像素点的颜色、亮度等信息。图像深度决定了图像的颜色数，即颜色数 $=2^{\text{图像深度}}$。图像的颜色数越大，其显示效果就越逼真。通常的标准 VGA 显示模式的图像深度是 8 位，即在该模式下能显示 256 种颜色；增强彩色显示模式的图像深度是 16 位，最多能显示 32 768 种颜色，又称 16 K 色；真彩色显示模式的图像深度是 24 位，能显示 1 677 万种颜色，所以也称 16 M 色。真彩色显示模式下的图像，已经和其所反映的自然界的真实景象没有什么差别了。

2. 图像的数据量

图像的数据量是指在图像数字化后，在磁盘上存储整幅图像所需的字节数。图像的分辨率和图像深度越大，则存储数据所需的空间也就越大。一幅未经压缩的数字图像的数据量，可采用的公式为

$$\text{图像的存储空间} = \text{图像分辨率} \times \text{图像深度}/8$$

例如：一幅未经压缩的 1 024 × 768 像素的真彩色图像，保存在计算机中所占用的空间约为（　　）。

解析：24 位真彩色图像是用 3 个位平面表示的，即每个像素分别由 3 个字节表示 RGB 三原色数据，所以图像深度是 3 × 8=24。

在本题中，图像所占存储空间约为 1 024 × 768 × 24/8=2 359 296 B=2 304 KB=2.25 MB。

3. 图像的压缩

所谓数据压缩，是指在不丢失信息的前提下，缩减数据量以减少存储空间，并提高其传输、存储和处理效率的一种技术方法。

根据图像压缩方式的不同，可以分为有损数据压缩和无损数据压缩，简称有损压缩和无损压缩。

（1）有损数据压缩

有损数据压缩可以减少图像在内存和磁盘中占用的空间，在屏幕上观看图像时，不会发

现它对图像的外观产生太大的不利影响。因为人的眼睛对光线比较敏感，光线对景物的作用比颜色的作用更为重要，这就是有损数据压缩技术的基本依据。

有损数据压缩的特点是保持颜色的逐渐变化，删除图像中颜色的突然变化。利用有损数据压缩技术，某些数据被有意地删除了，而被取消的数据也不再恢复。

（2）无损数据压缩

无损数据压缩的基本原理是相同的颜色信息只需保存一次。压缩图像的软件首先会确定图像中哪些区域是相同的，哪些是不同的。包括了重复数据的图像就可以被压缩。从本质上看，无损压缩的方法可以删除一些重复数据，大大减少要在磁盘上保存的图像尺寸。但是，无损压缩的方法并不能减少图像的内存占用量，这是因为，当从磁盘上读取图像时，软件又会把丢失的像素用适当的颜色信息填充进来。如果要减少图像占用内存的容量，就必须使用有损压缩方法。

4. 图像的文件格式

无论是位图还是矢量图，当它的图像信息转换成二进制代码时，根据编码的不同会产生不同的文件格式。常用的数字图像文件的格式有以下几种：

（1）BMP 格式

BMP 格式，Windows 位图（bitmap）格式，是 Windows 操作系统下的图像的基本图像文件格式，支持多种 Windows 应用程序。BMP 格式的文件包含的图像信息比较丰富，几乎不对图像进行压缩，所以会占较大的磁盘空间。BMP 格式的文件支持黑白图像、256 位彩色和 RGB 真彩色。

（2）GIF 格式

GIF 格式，全名为“图形交换格式”（graphics inter change format），具有 8 位颜色格式，采用无损压缩，文件的压缩比高，磁盘空间占用较少，支持 256 色的图像压缩格式，在 Web 中得到广泛使用。

（3）JPEG 格式

JPEG 格式，被称为“联合图像专家组”（joint photographic experts group），文件扩展名为“.jpg”或“.jpeg”，是一种可缩放的静态图像压缩格式，采用有损压缩方式去除冗余的图像和彩色数据，在获取极高的压缩率的同时能展现十分丰富生动的图像，在 Web 中使用较广泛。

（4）TIFF 格式

TIFF 格式，标记图像格式（tag image file format），是 Mac 中广泛使用的图像格式，它由 Aldus 和微软联合开发，最初是出于跨平台存储扫描图像的需要而设计的。TIFF 格式的图像格式复杂、存储信息多。也正因为它存储的图像细微层次的信息非常多，图像的质量也得以提高，故而非常有利于原稿的复制。TIFF 格式有压缩和非压缩两种形式，广泛扫描仪和桌面出版业，是一种工业标准格式。

（5）PSD 格式

PSD 格式（Photoshop document）是 Photoshop 图像处理软件的专用文件格式，扩展名是“.psd”。PSD 其实是利用 Photoshop 软件进行平面设计的一张“草稿图”，它里面包含各种图层、通道、路径、蒙版等多种设计样稿的编辑信息，以便于下次打开文件时可以修改上一次的设计。

（6）PNG 格式

PNG 格式，称为“可移植性网络图像”（portable network graphics format），是一种 20 世纪 90 年代中期开始开发的图像文件存储格式，其目的是试图替代 GIF 和 TIFF 文件格式，同时增加一些 GIF 文件格式所不具备的特性。PNG 用来存储灰度图像时，灰度图像的深度可多到 16 位，存储彩色图像时，彩色图像的深度可多到 48 位，并且还可存储多到 16 位的 α 通道数据。PNG 格式采用的无损压缩算法，是目前最不失真的格式，存储形式丰富，兼有 GIF 和 JPG 的色彩模式。

（7）WMF 格式

WMF 格式，Windows 图元文件格式（Windows metafile format），微软操作系统用于存储矢量图和光栅图的格式。它具有文件短小、图案造型化的特点，整个图形常由各个独立的组成部分拼接而成，其图形往往较粗糙。如 Windows Office 中的剪贴画，它的格式就是 WMF 的格式。

（8）EMF 格式

EMF 格式（enhanced metafile）是微软公司为了弥补使用 WMF 的不足而开发的一种 Windows32 位扩展图元文件格式，也属于矢量文件格式，其目的是欲使图元文件更加容易接受。

（9）EPS 格式

EPS 格式（encapsulated post script），是跨平台的标准格式，扩展名在 PC 平台上是“.eps”，在苹果 Macintosh 平台上是“.epsf”，主要用于矢量图像和光栅图像的存储。EPS 格式是用 PostScript 语言描述的一种 ASCII 码文件格式，主要用于排版、打印等输出工作。

2.2 Photoshop 入门

Photoshop（简称 PS）是 Adobe 公司旗下集图像扫描、编辑修改、图像制作、广告创意、图像输入与输出于一体的图形图像处理软件，深受广大平面设计人员和计算机美术爱好者的喜爱。其可视化易操作的工作环境，也降低了入学门槛，让更多的用户参与到图像处理的乐趣中来。

Photoshop 的版本发展，从起步阶段的 2.0 开始，相继产生了多个版本。本书相关实例均以 Photoshop CC 2015 版本为基础展开。

2.2.1 工作界面

Photoshop CC 2015 的启动界面如图 2-6 所示。

图 2-6 Photoshop CC 2015 启动界面

Photoshop CC 2015 的工作界面主要由标题栏、菜单栏、工具属性栏、工具箱、图像编辑窗口、浮动面板和状态栏几部分组成，如图 2-7 所示。

图 2-7 Photoshop CC 2015 工作界面

【注意】默认界面的外观配色方案为深色主题，用户可以通过执行“编辑”|“首选项”|“界面”菜单命令，选择“外观”|“颜色方案”中的浅色，如图 2-8 所示。后续截图均使用该浅色主题。

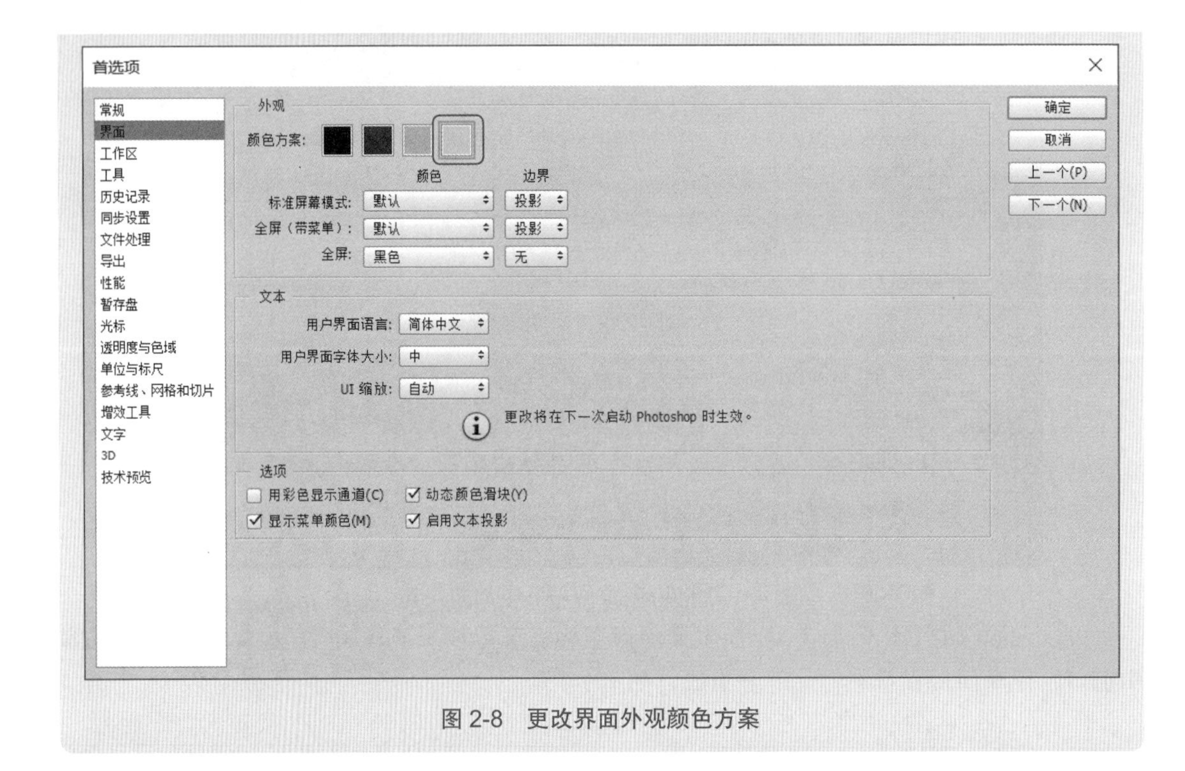

图 2-8　更改界面外观颜色方案

2.2.2　文件操作

1. 打开

打开 Photoshop CC 2015，执行“文件” | “新建”菜单命令，在弹出的对话框中可以设置画布的宽度、高度、分辨率、背景模式、背景内容等。在新建画布宽度和高度的时候，需要注意其单位的选择，默认单位是像素，也可以更改为厘米、英寸等长度单位。在背景内容中，若设置为透明色，则表示该画布目前是空白状态，上面没有任何对象，我们所看到的灰白相间的棋盘格是该“画板”的颜色，“画布”是透明的，如图 2-9 所示。

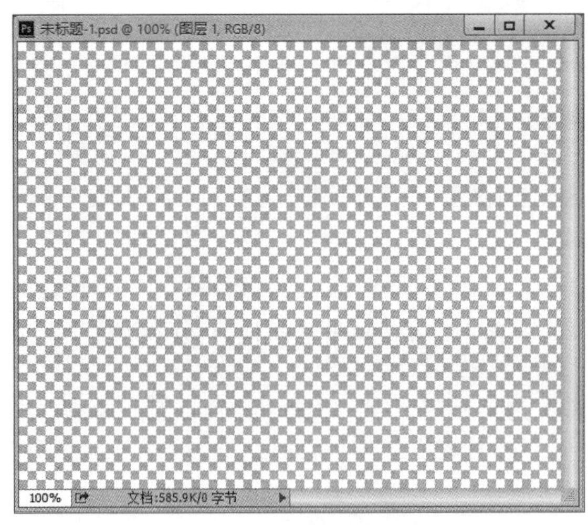

图 2-9　新建的透明画布

2. 编辑

在“图像”菜单中，除了可以调整图像和画布的大小之外，还可以完成图像的旋转、裁切等最基本的编辑功能。

3. 存储

在画布上完成各项操作后，可以执行“文件”|“保存”菜单命令，保存该文件。在 Photoshop 中，默认的格式是 *.PSD 格式，也可以在格式中选择其他图像格式，如 JPG 格式。值得注意的是，保存的时候必须先选择“格式”，后更改文件名，不能在文件名项中直接更改扩展名，如图 2-10 所示，否则会造成保存的文件由于扩展名错误而无法在系统中正确打开。

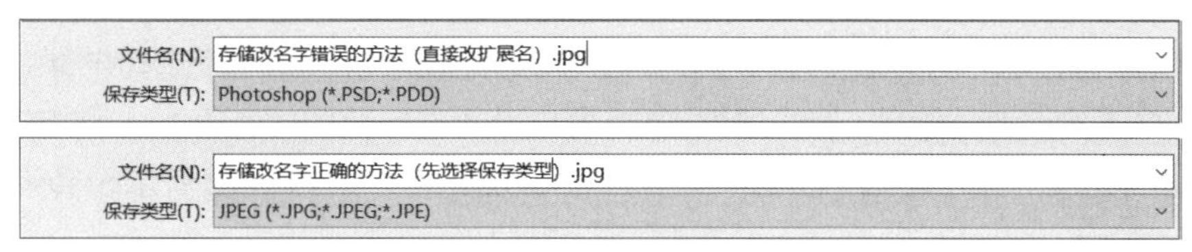

图 2-10 存储方式

2.2.3 工具箱

在 Photoshop CC 2015 的工具箱中包含 60 多种工具，每个工具都有一项特殊功能，可以用它来完成创建、编辑图像或修改其颜色等一系列操作。如果在某些工具所在位置的右下角出现一个很小的黑色小箭头，表明这是一个工作组，该组中有多个成员共享此位置。将鼠标指针移动到此工具箱的位置并且按住鼠标左键不放即可看到该组的其他工具。单击工具箱面板顶部的图标或图标即可将工具箱显示为单排或者双排。

按照其功能的不同，工具箱中常用的工具主要有以下几类：

1. 移动和选择类工具

移动和选择类工具包含的工具如图 2-11 所示。

其中：

- 移动工具：可移动选区、图层和参考线。
- 画板工具：可在一个画布上创建多个画板。
- 选框工具：可建立矩形、椭圆、单行和单列选区。
- 套索工具：可建立手绘图、多边形（直边）和磁性（紧贴）选区。使用套索工具和多边形套索工具既可以绘制选框的直边线段，又可以手绘线段。使用磁性套索工具，边框会贴紧图像中定义区域的边缘。一般来说，磁性套索工具比较适用于快速选择与背景对比强烈且边缘复杂的对象。
- 魔棒工具：可选择着色相近的区域。
- 快速选择工具：利用可调整的圆形画笔笔尖快速绘制选区，在拖动鼠标时，选区会向外扩展并自动查找和跟随图像中定义的边缘。

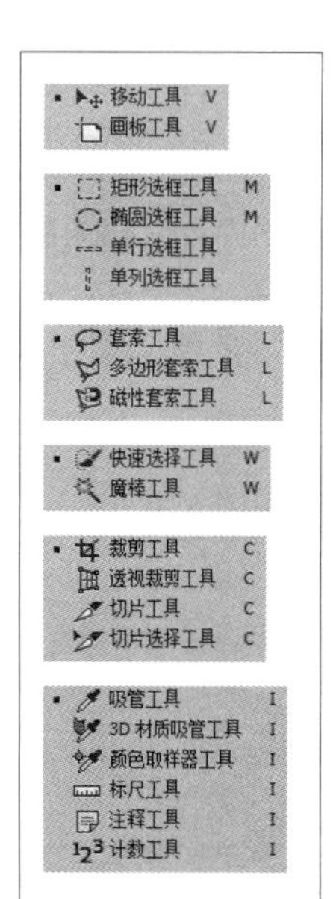

图 2-11 移动和选择类工具

【注意】只有Photoshop CC 2015及以上版本，才会有画板工具。画板工具在使用过程中需要注意以下几点：

① 画板工具只对画板生效，图层需要先转化为画板。

② 画板与画布的区别在于，画布是一个文档中只能存在一个的作图面板；画板是一个文档中可以存在多个独立存在的作图面板。

③ 画板文件保存图片格式时，不能使用“另存为”命令，而需要选择“导出”命令。否则保存的图片是合并图片，而不是单独的图片。

在本类工具中，选区的创建和编辑是Photoshop的入门操作。所谓选区，也称选取范围，即可以对图像进行编辑操作的区域。当图像上没有建立选区时，相当于选择全部。

在“选框工具”和“套索工具”属性栏中，可以设置选区范围的运算方式（“创建新选区”“添加到选区”“从选区中减去”“与选区相交”）和羽化值，如图2-12所示。套索工具属性栏与之类似。

图2-12 “选框工具”属性栏

不同的运算方式对应的选区也不同，如图2-13所示。

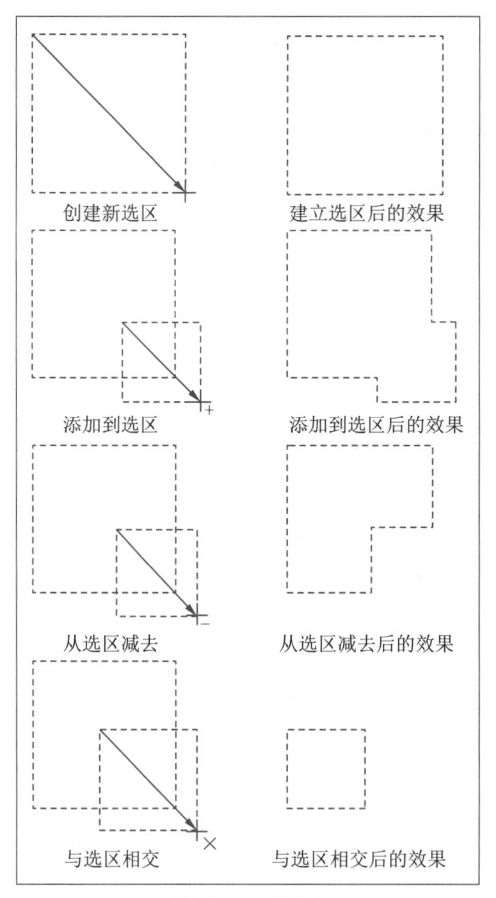

图2-13 选区

“羽化”是指对选区的边缘做软化处理，使其对图像在选区的边界产生过渡。羽化的范围为 0 ～ 250，当选区内的有效像素小于 50% 时，图像上不再显示选区的边界线，如图 2-14 所示。

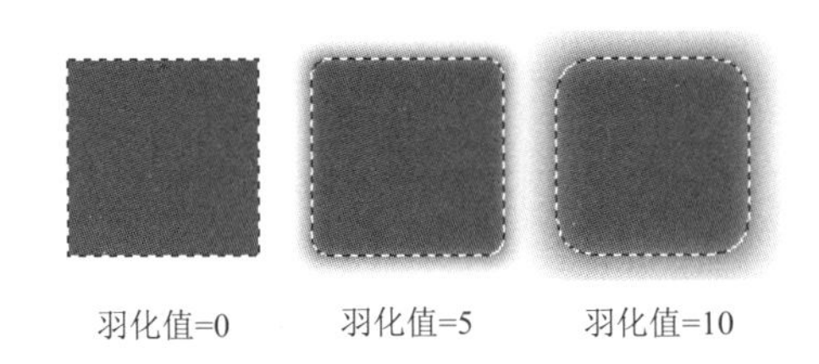

图 2-14　羽化

“魔棒工具”可以根据图像中像素的颜色相同或者接近来建立选区。在“魔棒工具”属性栏中,除了和“选框工具”一样的选区范围设置外,还有容差、消除锯齿等的设置,如图 2-15 所示。

图 2-15　“魔棒工具”属性栏

“容差”是指在选择图像上的颜色时，允许的相近颜色误差，涉及的是图像上像素点之间的颜色范围。容差越大，与选择像素点相同的颜色范围就越大，其范围为 0 ～ 255，如图 2-16 所示。

图 2-16　容差示例

“消除锯齿”是指在对图像进行编辑时，Photoshop 会对图像的边缘像素进行自动补差，使其边缘上相邻的像素点之间的过渡变得更柔和，如图 2-17 所示。

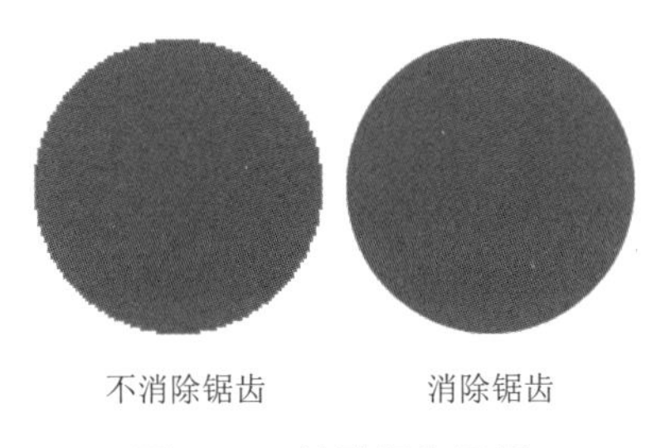

图 2-17　消除锯齿示例

在“快速选择工具”属性栏中，可以对其进行相关选项的设置，如选区的运算、画笔大小的设置、对所有图层的取样和自动增强功能，如图 2-18 所示。

图 2-18 “快速选择工具”属性栏

2. 修饰类工具

修饰类工具如图 2-19 所示。

其中：

- 修复类画笔工具：可利用样本或图案修复图像或选定区域中不理想的部分。
- 图章工具：仿制图章工具可利用图像的样本来绘画。在操作中，需要使用【Alt】键来选择样本。图案图章工具可使用图像的一部分作为图案来绘画。
- 橡皮擦工具：可抹除像素并将图像的局部恢复到以前存储的状态。背景橡皮擦工具则可通过拖动将区域擦抹为透明区域。魔术橡皮擦工具只需单击一次即可将纯色区域擦抹为透明区域。
- 模糊、锐化、涂抹工具：可对图像中的硬边缘进行模糊、锐化图像中的柔边缘和涂抹图像中的数据。
- 减淡、加深、海绵工具：可使图像中的区域变亮、变暗和更改区域的颜色饱和度。

3. 绘画类工具

绘画类工具如图 2-20 所示。

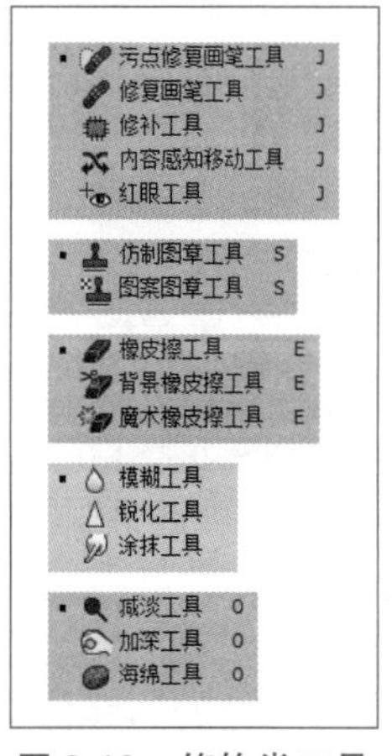

图 2-19 修饰类工具

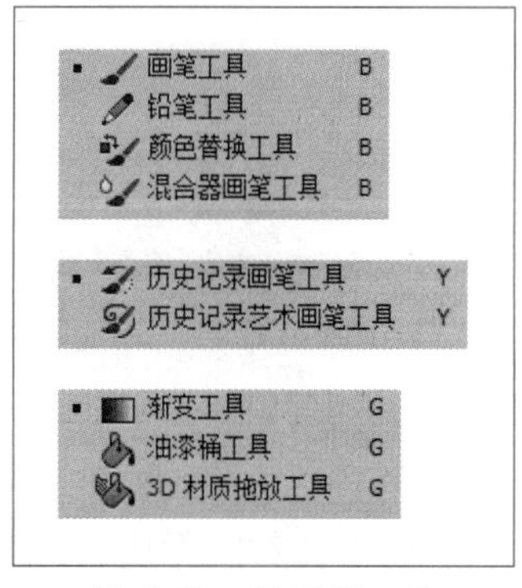

图 2-20 绘画类工具

其中：

- 画笔工具：用于绘制柔边线条。
- 铅笔工具：用于绘制硬边线条。
- 颜色替换工具：用于将前景色替换图像中的颜色。
- 历史记录画笔工具：可将选定状态或快照的副本绘制到当前图像窗口中。
- 历史记录艺术画笔工具：可使用选定状态或快照，采用模拟不同绘画风格的风格化描边进行绘画。
- 渐变工具：可创建直线形、放射形、斜角形、反射形和菱形的颜色混合效果。
- 油漆桶工具：可使用前景色填充着色相近的区域。

在“画笔工具”属性栏中，除了选择画笔形状，笔触大小外，还可以设置其不透明度和流量，如图 2-21 所示。

图 2-21 “画笔工具”属性栏

所谓流量，是指控制画笔作用到图像上的颜色浓度，流量越大，产生的颜色深度越强，其数值为 0% ～ 100%，如图 2-22 所示。

用户可以在“窗口”菜单中选择“画笔”命令调用“画笔”面板，在此面板中，可以用于选择预设画笔和设计自定画笔，如图 2-23 所示。

流量=10%　流量=50%　流量=100%

图 2-22 画笔流量效果

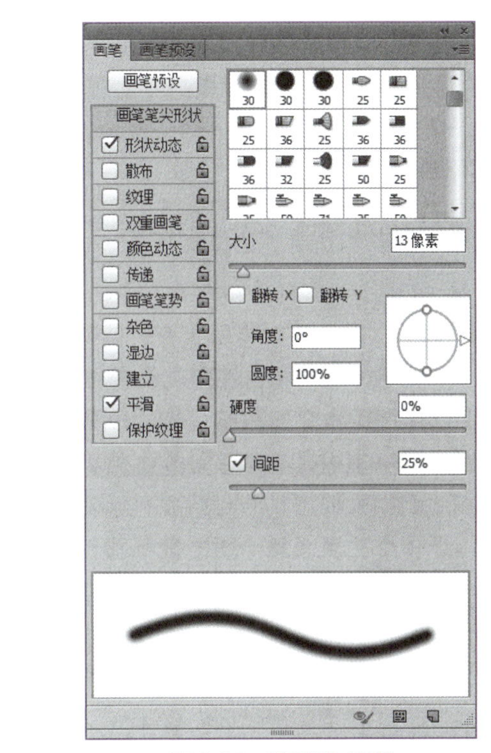

图 2-23 “画笔”面板

在“渐变工具”属性栏中，可以设置渐变的类型：线性渐变、径向渐变、角度渐变、对称渐变和菱形渐变，如图 2-24 所示。

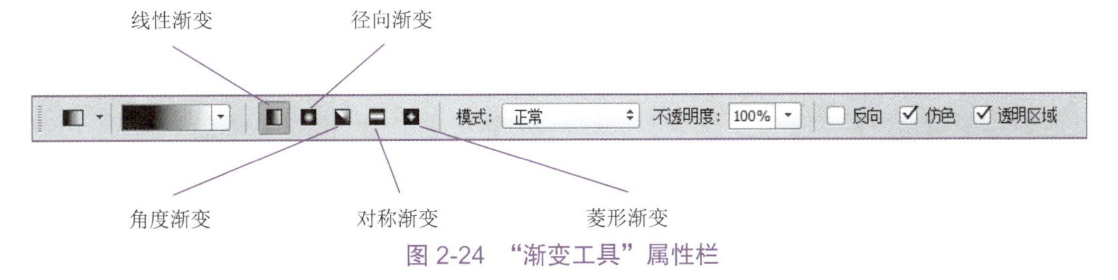

图 2-24 “渐变工具”属性栏

点按可编辑渐变，在“渐变编辑器”对话框中可以对渐变颜色进行更改，如图 2-25 所示。

图 2-25 “渐变编辑器”对话框

4. 路径和文字类工具

路径和文字类工具如图 2-26 所示。

其中：

- 钢笔工具组：用于绘制边缘平滑的直线和曲线路径。
- 文字工具组：可在图像上创建横排和直排文字。
- 文字蒙版工具组：可在图像上创建横排和直排文字形状的选区。
- 路径选择工具：可建立显示锚点、方向线和方向点的形状或线段。
- 直接选择工具：用于选择路径上的锚点，选择锚点后可以通过拖动来编辑路径。
- 形状工具和直线工具：可在普通图层或形状图层中绘制形状和直线。
- 自定形状工具：可创建从自定形状列表中选择的自定形状。

对于文字工具，还可以从“窗口”菜单中调用“字符”面板，设置字体、大小等属性，如图 2-27 所示。文字工具的具体使用方法详见 2.6 节。

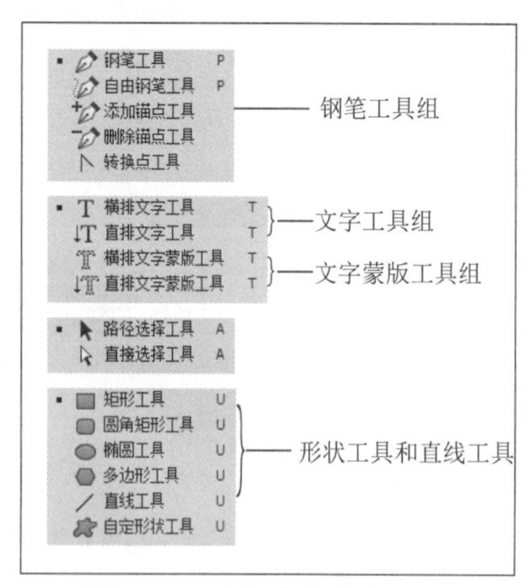

图 2-26 路径和文字类工具

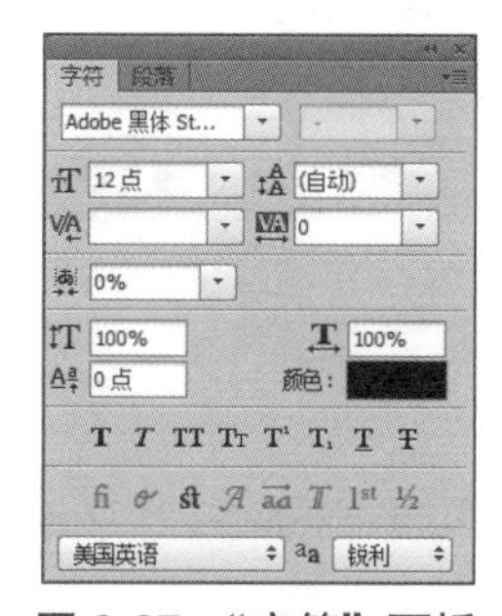

图 2-27 “字符”面板

范例 2-1　大雁南飞

利用素材“大雁.jpg”制作如图 2-28 所示的图片，保存为“大雁南飞.jpg”。

图 2-28　大雁南飞样张

制作要求如下：

1. 打开素材“大雁.jpg”，利用相关工具，去除右侧文字。

（1）在 Photoshop 中打开“大雁.jpg”，在工具箱中选择“矩形选框工具”，选择文字的外框。

（2）选择“仿制图章工具”，按住【Alt】键在选区右侧添加取样点，然后在选区内涂抹，以达到利用右侧的图案将文字覆盖的效果，如图 2-29 示。也可以使用“修补工具”去除画面中的文字。完成后取消选择（快捷键【Ctrl+D】）。

图 2-29　“仿制图章工具”去除文字

2. 复制大雁，并将其错落排列。

（1）在工具箱中选择“魔棒工具”，调整容差值，选择背景图像。

（2）反选（快捷键【Shift+Ctrl+I】），得到大雁选区。

（3）按住【Alt】键，使用“移动工具”，复制大雁到画布中间位置，如图 2-30 所示。

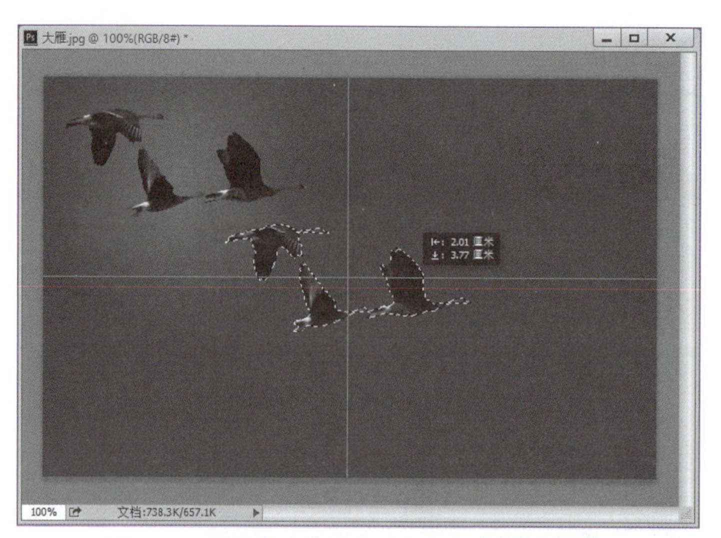

图 2-30　利用【Alt】键和“移动工具”复制大雁

（4）重复上一步操作，再复制一组大雁到画布右上方位置。

（5）使用“套索工具”，将属性更改为“与选区交叉”，如图 2-31 所示，套选选区内下方的两只大雁。

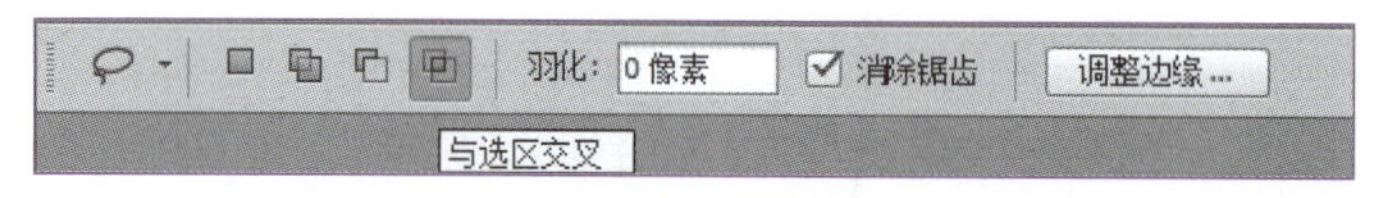

图 2-31　“套索工具”属性设置

（6）适当调整位置后取消选择，如图 2-32 所示。

图 2-32　错落分布的大雁

3. 添加线条和枫叶装饰。

（1）在工具箱中设置前景色为白色，选择“直线工具”，在其属性栏将工具模式更改为“像素”，粗细为“4 像素”，如图 2-33 所示。在图片的下方和右侧绘制交叉线条，如图 2-34 所示。

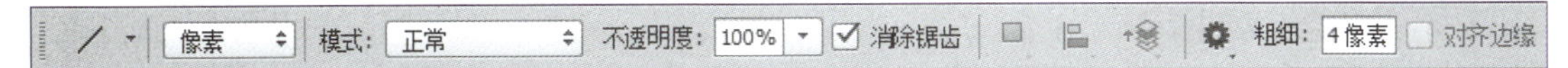

图 2-33 “直线工具”属性设置

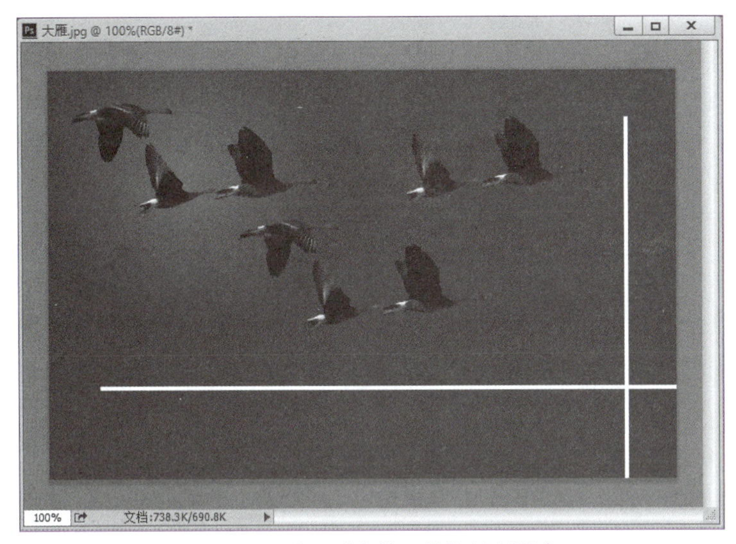

图 2-34 利用“直线工具”绘制线条

（2）选择“画笔工具”，在默认的预设画笔中选择“散布枫叶”，在其属性栏单击“切换画笔面板”按钮，打开“画笔面板”，如图 2-35 所示。在画笔面板中，设置间距为 200%，在图片上绘制散布枫叶，参考效果如图 2-36 所示。

图 2-35 “画笔工具”属性设置

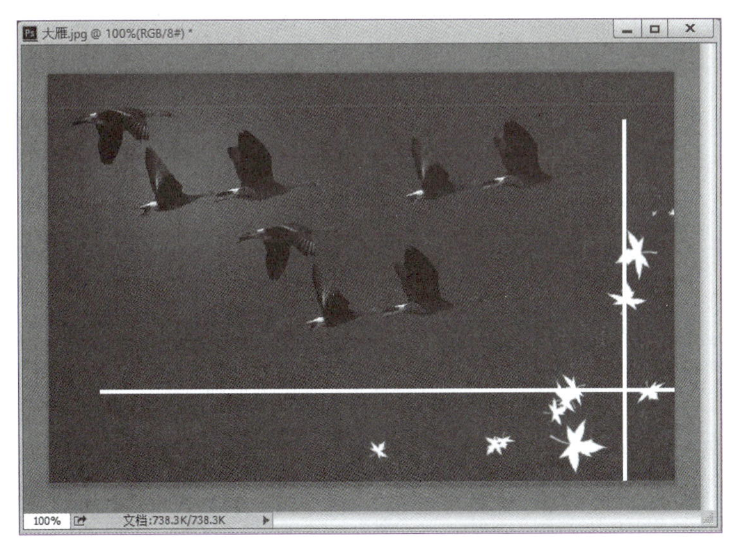

图 2-36 使用“画笔工具”绘制散布枫叶

4. 保存文件。

保存文件名为“大雁南飞 .psd”，另存为“大雁南飞 .jpg”。

范例 2-2 双生花

利用素材“荷花.jpg”制作如图 2-37 所示的图片，保存为“双生花.jpg”。

图 2-37 双生花样张

制作要求如下：

1. 打开素材“荷花.jpg”，利用相关工具，得到一朵新的荷花。

（1）在 Photoshop 中打开“荷花.jpg”，在工具箱中选择“快速选择工具”，得到荷花主体部分选区，如图 2-38 所示。

图 2-38 利用“快速选择工具”选取荷花主体

（2）选择“磁性套索工具”，将属性更改为“添加到选区”，如图 2-39 所示。沿着荷花茎秆边缘移动，得到荷花和茎秆选区，如图 2-40 所示。

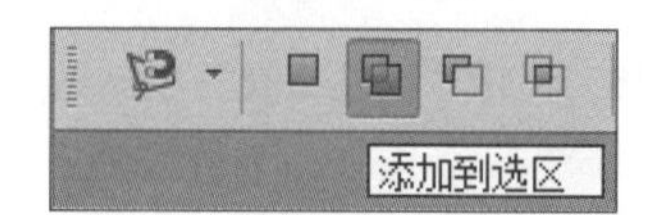

图 2-39 “磁性套索工具”属性调整

图 2-40 利用“快速选择工具”和“磁性套索工具”选取荷花主体和茎秆

（3）将选区中的荷花复制到新图层（快捷键【Ctrl+J】)。

（4）使用“移动工具”将复制的荷花移动到原始荷花的右侧，如图 2-41 所示。

图 2-41 移动复制的荷花

2. 制作边框。

（1）在工具箱中选择“椭圆选框工具”，在画布上随意绘制一个椭圆，然后执行“选择”|“变换选区”菜单命令，将选区调整到和画布相同大小，如图 2-42 所示，并按【Enter】键提交变换。

（2）反选，得到外框选区。

（3）在工具箱中设置前景色为白色，背景色为绿色（#104f1f）。

（4）使用“渐变工具”，选择“前景色到背景色”的线性渐变，如图 2-43 所示。按住鼠标左键从画布上方移动至下方，得到白绿色渐变填充，如图 2-44 所示。

图 2-42 利用“快速选择工具”选取荷花主体

图 2-43 “渐变工具”属性

图 2-44 利用“渐变工具”得到边框填充

（5）执行“编辑”｜“描边”菜单命令，对选区进行白色 1 像素居中描边，完成后取消选择。

3. 保存文件。

保存文件名为“双生花 .psd”，另存为“双生花 .jpg”。

2.3 色彩调整

通过对色彩的调整可以改变整个图像的最终呈现样式，不仅可以用来修复偏色照片，更可以使图像焕发别样的艺术效果。在 Photoshop CC 2015 中，色彩调整主要通过“图像”｜“调整”菜单中的相关命令进行调整。

2.3.1 查看图像色彩

在 Photoshop 中，用户可以通过使用“颜色取样器工具”、查看“信息”面板和“直方图”面板来获取图像色调等的相关信息，通过对其分析判断，再对图像进行相应的调整。

1. “颜色取样器”工具

在工具箱中选择“颜色取样器工具”可以在图像上放置取样点，每个取样点的信息都会在“信息”面板上显示。通过对取样点的设置，可以了解在图像调整过程中颜色值的变化。在一个图像中最多可以放置 10 个取样点，在建立取样点时，“信息”面板上显示出取样的颜色值，如图 2-45 所示。

图 2-45 在图像上放置取样点及取样时的“信息”面板

当使用相关命令调整图像颜色时，颜色值会变成两组数字，分别代表调整前后的颜色值，如图 2-46 所示。

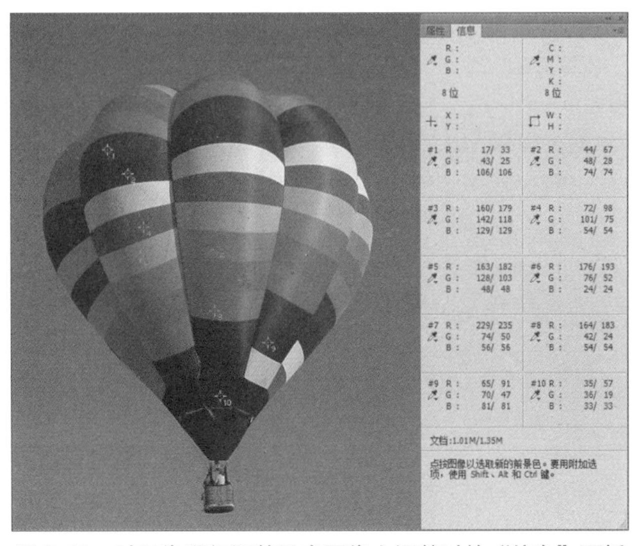

图 2-46 对图像进行调整及在图像上调整时的“信息”面板

2. “信息”面板

“信息”面板用来显示光标当前位置的颜色值、文档的状态、当前工具的使用提示等信息，如图 2-47 所示。通过观察“信息”面板，可以了解当前图像的相关信息，为色彩的调整作参考。

3. “直方图”面板

直方图用图形表示图像的每个亮度级别的像素数量，显示了像素在图像中的分布情况，如图 2-48 所示。通过查看“直方图”面板，可以直观地判断出图像的阴影、中间调和高光中包含的细节是否充足，方便后续的色彩调整。

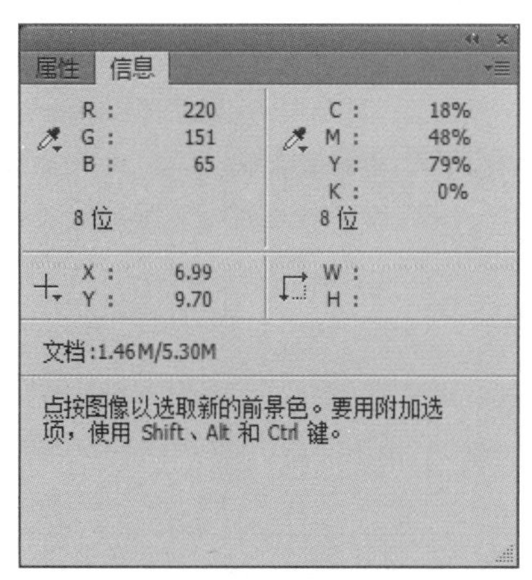

图 2-47 “信息”面板

图 2-48 “直方图”面板

2.3.2 快速调色

图像色彩的调整主要是控制图像明暗度的变化，利用“图像”菜单中的“自动色调”、“自动对比度”和“自动颜色”命令可以对图像进行快速调色。

1. 自动色调

在“图像”菜单中选择“自动色调”命令，可以对图像进行色调调整。“自动色调”对于调整某些偏色图像往往能起到事半功倍的效果，如图 2-49 所示。

图 2-49 原图和“自动色调”调整后效果

2. 自动对比度

在“图像”菜单中选择“自动对比度”命令，可以让系统自动调整图像亮度和暗部的对比度，使得图像中最暗的像素变成黑色，最亮的像素则变为白色，从而让图像呈现出更加清晰，对比度更为强烈的效果，如图 2-50 所示。

图 2-50　原图和“自动对比度”调整后效果

3. 自动颜色

在“图像”菜单中选择“自动颜色”命令，可以让系统自动对颜色进行校正。“自动颜色”命令经常被用于调整偏色图像或者饱和度过高的图像，如图 2-51 所示。

图 2-51　原图和“自动颜色”调整后效果

2.3.3　调色基础

在实际调色过程中，除了使用快速调色的相关命令之外，还可以利用以下几种常用命令对图片颜色进行更加细致化的调整。

1. 亮度 / 对比度

“亮度 / 对比度”可以很简单地调整图像的亮度和对比度，其对话框如图 2-52 所示。

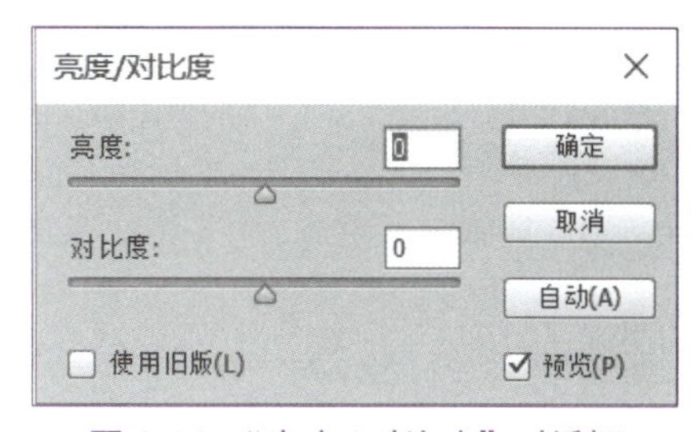

图 2-52　“亮度 / 对比度”对话框

若“亮度”或“对比度”的值为负数，将降低亮度或对比度；若为正数，则增加亮度或对比度，如图 2-53 所示。

图 2-53 “亮度 / 对比度”示例

2. 色阶

色阶调整的快捷键为【Ctrl+L】。色阶，也称颜色深度或图像深度，是表示图像亮度强弱的指数标准。色阶的调整其实就是对图像明暗度的调整，通过改变图像的明暗度使图像效果得以改变。图像对应的色阶如图 2-54 所示。

图 2-54 图像对应的色阶

注意到色阶面板上有黑色、灰色和白色三个三角滑块，分别对应黑场、灰场和白场。黑场代表最低亮度，纯黑色；白场代表最高亮度，纯白色；灰场代表的则是中间调。通过调节不同的三角滑块，可以使亮度不均匀的图像变得清晰细腻。色阶一般可以用来修复偏色的照片。调整偏色示例如图 2-55、图 2-56 所示。

3. 曲线

使用曲线调整比使用色阶调整更加精确，在实际应用中也被更广泛地使用，“曲线”对话框如图 2-57 所示。

图 2-55 色阶调整前原图

图 2-56 色阶调整后效果图

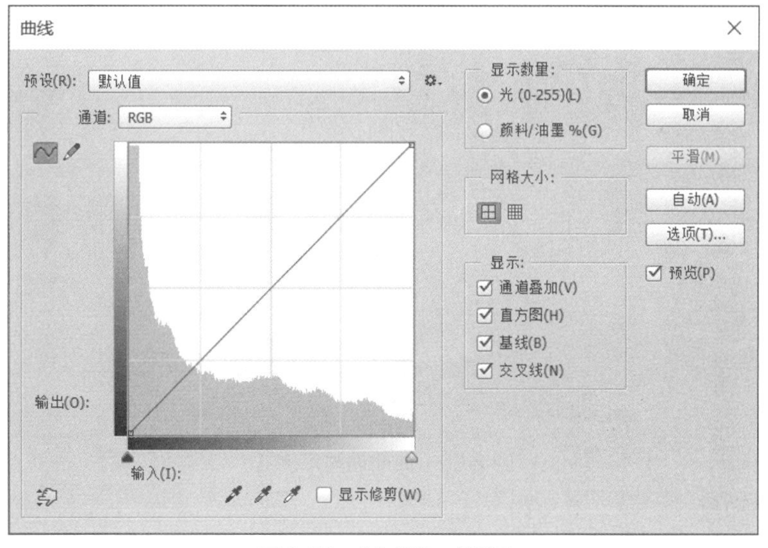

图 2-57 “曲线”对话框

在曲线中间调上可以任意添加控制点，拖动这些控制点可以改变图像的色调，在功能上也就更加灵活。将控制点往上拖动可以调亮图像，而往下拖动则是调暗图像。如果将曲线调整成“S”形，则可以使图像明暗分明，即暗部更暗，亮部更亮，如图 2-58、图 2-59、图 2-60 所示。

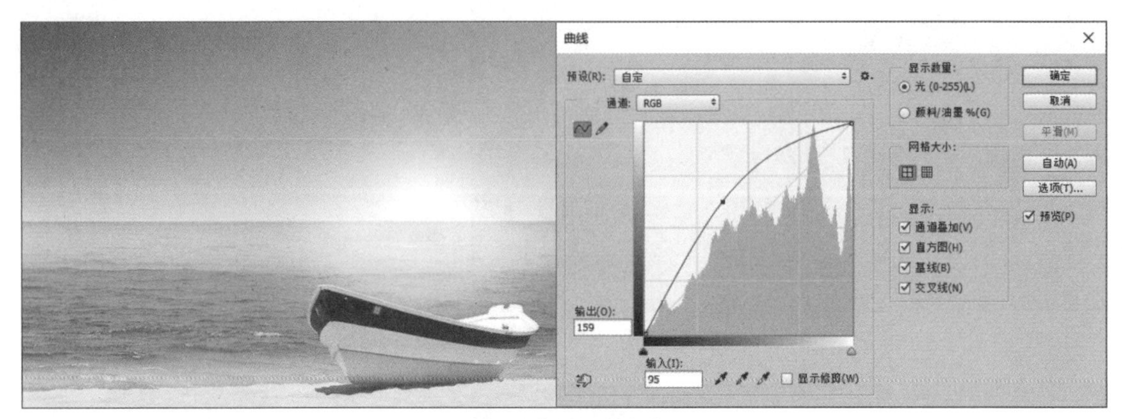

图 2-58 曲线调整示例 1

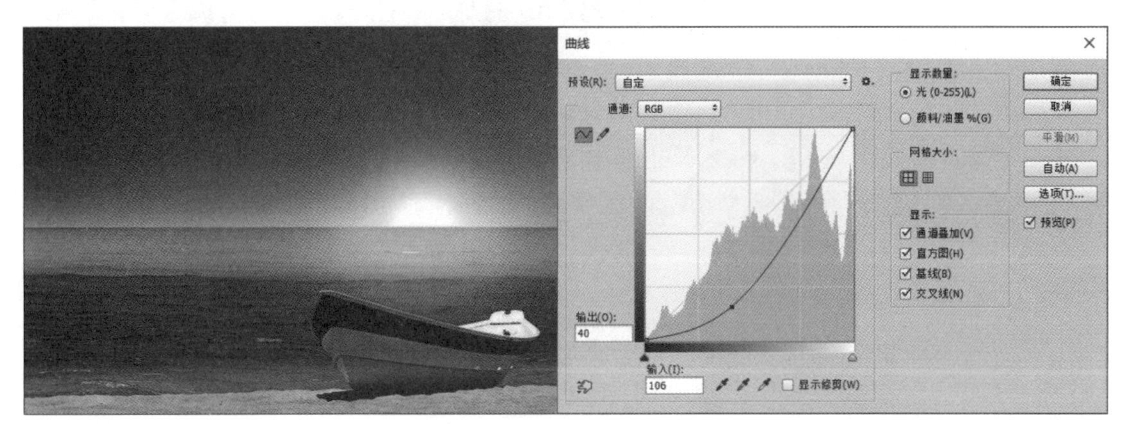

图 2-59 曲线调整示例 2

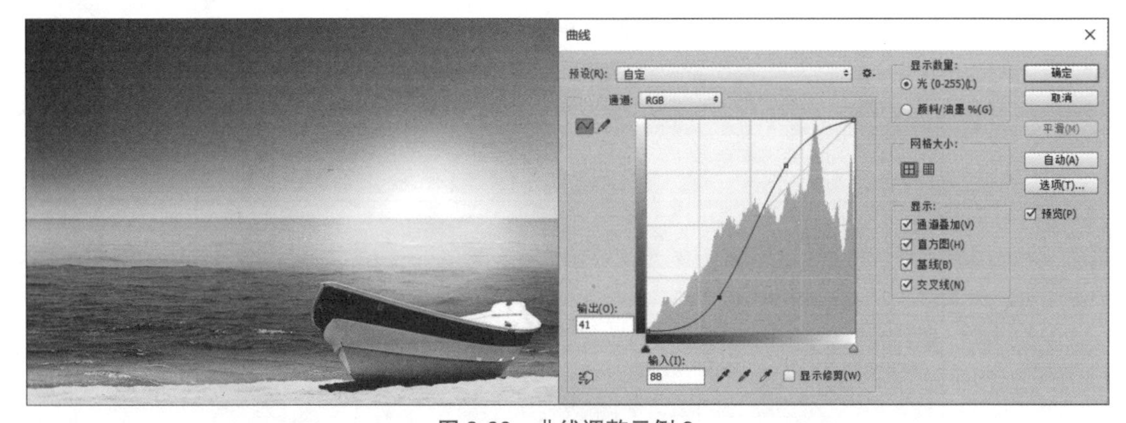

图 2-60 曲线调整示例 3

4. 自然饱和度

“自然饱和度”可以在调整图像饱和度时，在颜色接近最大饱和度时最大限度地减少修剪，其对话框如图 2-61 所示。

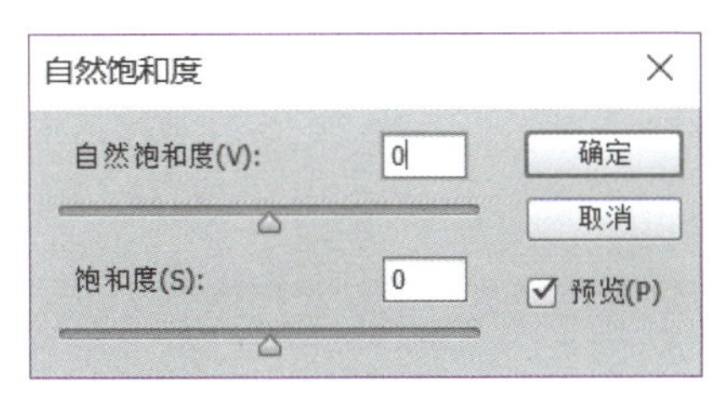

图 2-61 “自然饱和度”对话框

通过调整“自然饱和度”对话框中的“自然饱和度”和“饱和度”以达到调整色彩的目的，如图 2-62 所示。

图 2-62 “自然饱和度”示例

5. 色相 / 饱和度

使用“色相 / 饱和度”（快捷键【Ctrl+U】）命令，可以调整图像中特定颜色分量的色相、饱和度和亮度，或者同时调整图像中的所有颜色。在 Photoshop 中，此命令尤其适用于调整 CMYK 图像中的特定颜色，以便它们包含在输出设备的色域内。

在“色相 / 饱和度”对话框中，可以直接拖动滑块对色相、饱和度和明度进行调整，如图 2-63 所示。

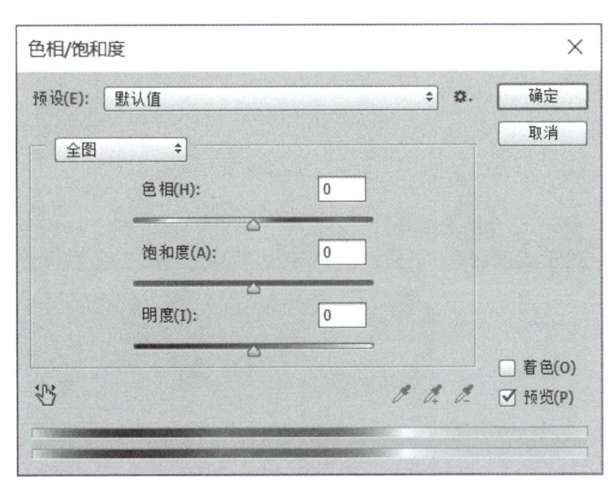

图 2-63 “色相 / 饱和度”对话框

通过改变色相 / 饱和度，可以使图像呈现完全不同的效果，如图 2-64 所示。

图 2-64　调整“色相 / 饱和度”示例

6. 色彩平衡

色彩平衡命令（快捷键【Ctrl+B】）可以用来校正图像色彩分布不均衡的问题，根据颜色的补色原理，要减少某个颜色，就增加此颜色的补色，如图 2-65 所示。

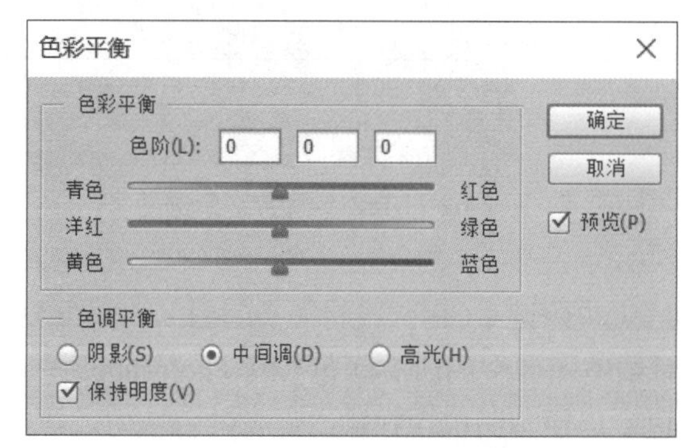

图 2-65　“色彩平衡”对话框

色彩平衡命令的计算速度很快，所以即使调整较大的图像文件也会很快完成。调整“色彩平衡”示例如图 2-66 所示。

图 2-66　调整“色彩平衡”示例

7. 去色

“去色”命令（快捷键【Shift+Ctrl+U】）将彩色图像转换为相同颜色模式下的灰度图像。例如，它给 RGB 图像中的每个像素指定相等的红色、绿色和蓝色值，使图像表现为灰度。每个像素的明度值不改变。

此命令与在“色相 / 饱和度”对话框中将“饱和度”设置为 -100 有相同的效果，如果正在处理多图层图像，则“去色”命令仅针对当前图层有效。“去色”示例如图 2-67 所示。

图 2-67 “去色”示例

范例 2-3 柿挂枝头

利用素材“柿子 .jpg”制作如图 2-68 所示的图片，保存为“柿挂枝头 .jpg”。

图 2-68 柿挂枝头样张

制作要求如下：

1. 打开素材“柿子 .jpg”，对图像进行色彩调整。

（1）在 Photoshop 中打开“柿子 .jpg”，通过执行“图层”｜“智能对象”｜“转换为智能对象”菜单命令，方便后续在调色时对参数进行调整。

（2）通过执行“图像”｜“调整”｜“色彩平衡”菜单命令，对图像色彩分布进行调整，参考参数为：色阶 32，36，-28。

（3）通过执行“图像”｜“调整”｜“色相 / 饱和度”菜单命令，对图像色彩饱和度进行调整，参考参数为：色相 -6, 饱和度 +18，明度 +5。

（4）通过执行“图像”｜“亮度 / 对比度”菜单命令，对图像明暗进行调整，参考参数为：亮度 18，对比度 55。完成后效果如图 2-69 所示。

图 2-69 调色

2. 保存文件。

保存文件名为“柿挂枝头 .psd”，另存为“柿挂枝头 .jpg”。

2.4 图 层 操 作

图层是 Photoshop 引入的非常重要的一个概念。使用图层可以在不影响整个图像中大部分对象的情况下处理其中单个对象。通过多个图层的操作，如添加图层样式、设置混合模式等应用可以创建出各种丰富多彩的图像效果。

2.4.1 初识图层

1. 图层概念

对于图层的理解，可以将其想象成一张张叠起来的透明纸，每张透明纸上都可以独立绘制和编辑图案，将各层图像叠加在一起就获得了图像的最后实际效果。由于各个图层是相互独立的，所以在编辑的时候层与层之间互不干扰，改变图层的顺序和属性也会改变图像的最后效果。

以图 2-70 为例，图中各种对象都在不同图层，这些图层叠加起来，就形成了一幅画。需要注意的是，图层是有上下顺序的，上面的图层会遮盖掉下面的图层。比如雪花图层，除了图层上的雪花区域外，其余部分都是透明的，所以雪花图层下面的对象能够被显示出来。又比如小屋图层和松树图层中间有重叠的部分，处于上方的小屋图层就会把重叠部分的松树遮盖掉，只显示出未被遮蔽的部分。

图 2-70 图层概念示例

2. 图层类型

图层的种类主要有背景图层、普通图层、填充图层、调整图层、文字图层、形状图层、智能对象等多种。

（1）背景图层

背景图层是 Photoshop 中默认的最底层，相当于作画时处于最下层的不透明纸。背景层的右侧标有锁形符号，表示不能进行移动和变形等的编辑操作，主要用于确定图像的背景基色。在 Photoshop 中一幅图像可以没有背景层，但如果有就只能有一个背景层，并且背景层无法与其他层交换堆叠次序。允许将背景层解锁变成普通图层。

（2）普通图层

普通图层是 Photoshop 中最基本的图层类型，大部分的图层都属于这种图层。

（3）填充图层

填充图层可以快速地创建由纯色、渐变或图案构成的图层。填充图层是一种比较特殊的图层，其本身不具备单独的图像或颜色，但在一般情况下，如果没有进行过特殊设置，填充或调整图层会影响到它下面的所有图层。

（4）调整图层

和填充图层一样，调整图层脱离于任何现有图层，自成一个比较特殊的图层，主要用来控制色调和色彩的调整。Photoshop 将图层的色彩和色调的设置，如曲线、色阶等的调整功能变成一个单独的调整图层存放到文件中，使其能保持重复修改而不会永久性改变图像。对调整图层的任何操作都会使得下方的图层受影响。调整图层和其他图层一样，可以调整模式，添加或者删除蒙版，也可以与图层混合，具有普通图层一样的特征。通过单击图层面板上的

"创建新的填充或调整图层"按钮可以添加调整图层。

（5）文字图层

利用工具箱中的文字工具创建文字后，在图层面板上单独形成一个图层，该层就是文字图层。文字图层保留了文字的内容和属性，可以随时进行编辑和修改。可以将文字图层栅格化后将其转化为普通图层，使其按照普通图层的属性进行编辑。

（6）形状图层

形状图层，是指使用形状工具或者钢笔工具创建的图层。在创建形状图层中，Photoshop默认填充的是前景色。通过双击图层面板上的图层缩览图可以更改当前形状图层的颜色。形状图层的图层缩览图链接的是矢量蒙版，由矢量图形填充颜色和形状路径构成。

（7）智能对象

智能对象是一种特殊的图层类型，它可以将一个或多个图层合并成一个单一的图层。不同于常规图层，智能对象可以保留原始像素信息，同时允许用户对其应用各种变形、滤镜等操作。智能对象还可以被嵌套，形成更复杂的图层结构，方便用户进行图层管理和操作。创建智能对象的方法为：将一个或多个图层合并，然后右击该图层，选择"转换为智能对象"即可。双击智能对象图层即可进入编辑模式对智能对象进行编辑操作。

2.4.2 图层基础

通常意义上所说的图层指的是普通图层。图层的创建、编辑等操作也是基于普通图层作为主体来介绍。

1. 图层创建

（1）图层的建立、命名与锁定

在Photoshop中打开JPG图片，默认的是锁定状态的背景图层，必须要将背景图层解锁建立为新图层，图片才可以被编辑。

在图层面板上，单击"创建新图层"按钮，可以在当前图层的上方新建一个空白图层，新建的图层则会变成当前的活动图层。

图层的命名方法有两种：双击图层的名称，可以直接修改图层的名字。或者在"图层"菜单中选择"重命名图层"命令，输入相应的名称即可。

通过图层面板上的锁定图标锁定：完成对图层透明像素、图像像素、位置或全部进行锁定。

（2）图层的显示与隐藏

图层左侧的眼睛图标标示着图层是否可见，有眼睛图标表示图层可见，单击眼睛图标使其消失，表示图层处于隐藏状态，再次单击即可显示该图层。

2. 图层编辑

（1）图层的选择

只有当前的活动图层才可以被编辑，在Photoshop CC 2015中，以蓝色底纹的形式加框选图层缩略图的形式标示当前图层，如图2-71所示。

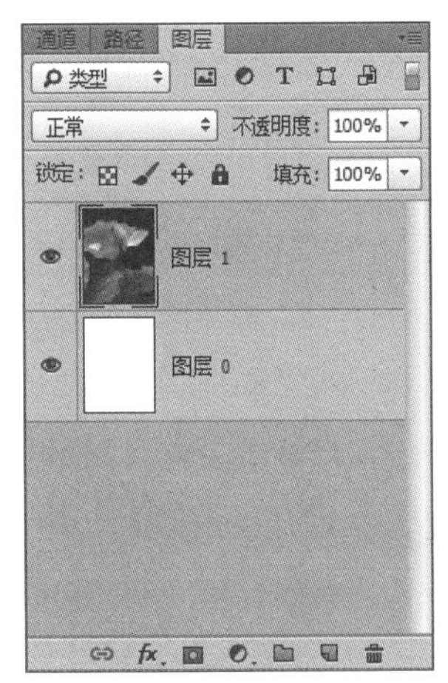

图 2-71 当前图层

如果需要选择多个图层，则可以利用【Shift】键来选择多个连续的图层，【Ctrl】键来选择多个不连续的图层。

（2）图层复制与删除

复制图层的方法主要有以下三种：

① 将要复制的图层直接拖动到“创建新图层”按钮上再释放即可在原图层的上方生成一个副本图层。

② 在“图层”菜单中选择“复制图层”命令。

③ 通过快捷键【Ctrl+J】，可以复制当前选定的图层。

删除图层可以通过单击图层面板上的“删除图层”按钮完成。

（3）图层的链接

将需要链接的多个图层选中后，单击图层面板上的“链接图层”按钮即可完成多图层的链接，链接的图层能够进行整体的编辑，如变形、移动等。

（4）图层的合并

图层过多所占用的大量内存与暂存盘等的系统资源会导致系统运行速度变慢，合并图层可以有效减小文件的大小。在 Photoshop CC 2015 中，通过“图层”菜单中的“合并图层”“合并可见图层”“拼合图像”命令来完成图层的合并。

【注意】图层一旦被合并保存以后，图像不能恢复其原始的分层状态，所以在执行合并之前要仔细检查，以免出错。

（5）图层变换

在对图层图像处理过程中，经常会遇到素材图片需要调整的情况，比如缩放、旋转、变形等，使图像变化更加丰富。通过选择“编辑”菜单中的“变换”命令，可以完成相应的变化。

选择“缩放”命令后，图像四周会出现 8 个变换控制点，拖动这些变换控制点可以放大或缩小图像。在拖动四个角的变换控制点的时候，如果按住【Shift】键，可以等比例缩放图像；若同时按住【Shift】和【Alt】键，则可以以图像中心位置为基点等比例缩放图像。

同样地，选择“旋转”“斜切”“扭曲”“透视”命令后，通过控制图像四周的变换控制点可以使图像发生相应的变化，如图 2-72 所示。

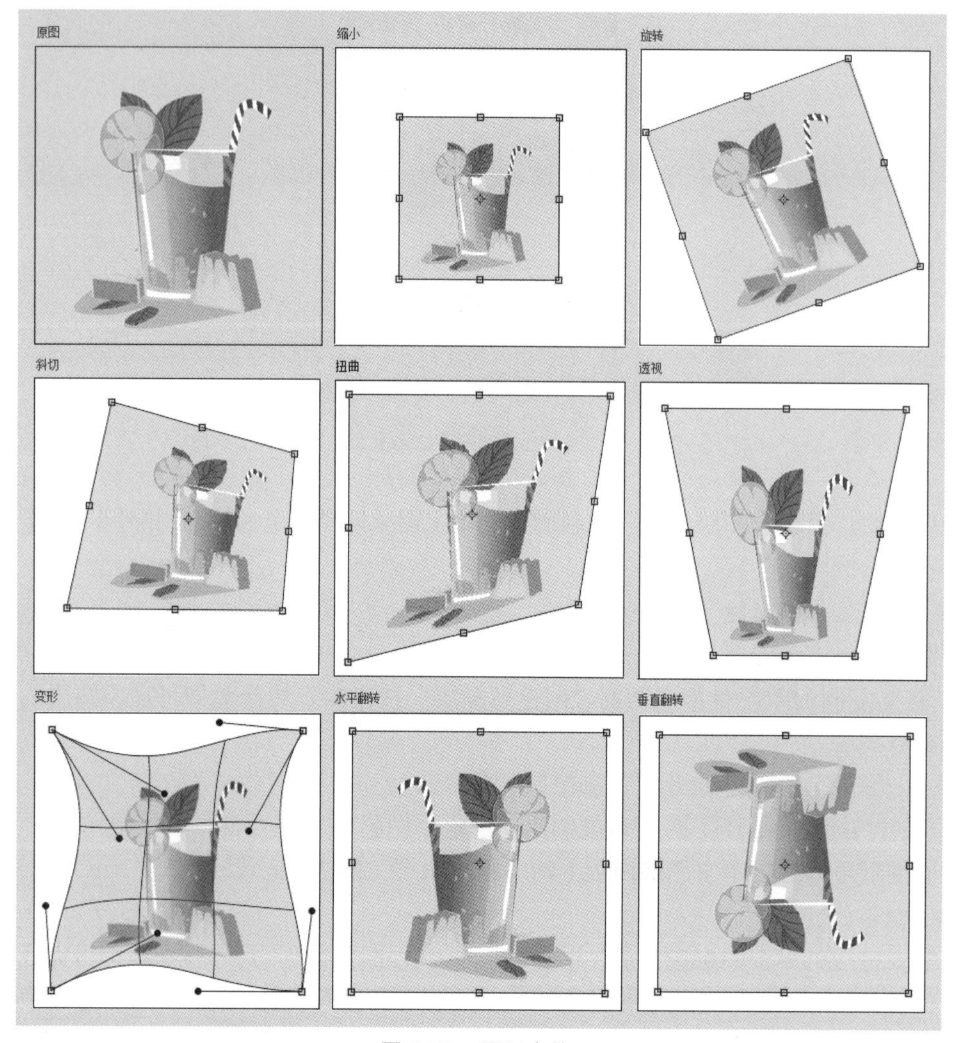

图 2-72 图层变换

除了单独的变换命令外，Photoshop 还提供了一个将“缩放”和“旋转”组合在一起的命令——“自由变换”（快捷键【Ctrl+T】），通过该命令，可以自由地对图像进行变形操作。

3. 图层的不透明度和填充

在图层面板上有各个图层的不透明度和填充度的设置，如图 2-73 所示，通过调整图层的不透明度或者填充，可以使图层图像产生半透明的效果。其中 100% 表示完全不透明，0% 表示完全透明。

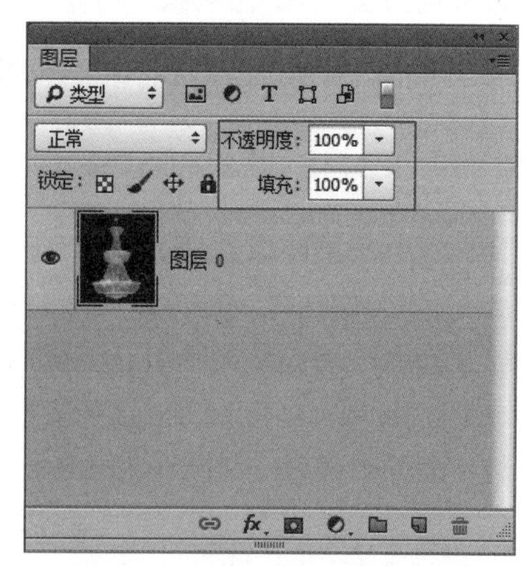

图 2-73 图层的不透明度和填充

图层的不透明度和填充的区别：

图层的不透明度设置会影响应用于图层之上的任何图层样式和混合模式。如将某一图层的不透明度设为 50%，则该图层上所有的图层样式和混合模式效果即为原始的 50%。

填充的调整只对图层本身的像素产生影响，但不影响已应用于该图层的图层效果。如将某一图层的填充设为 50%，则该图层上只有图层本身的填充度为原始的 50%，其他图层效果不受其影响。二者的区别如图 2-74 所示。

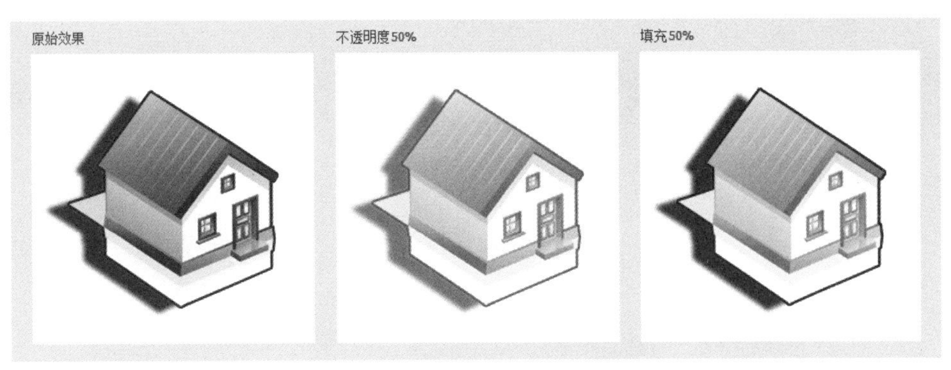

图 2-74 不透明度和填充的区别

2.4.3 图层混合模式

图层的混合模式决定上层图像中的像素如何与下层图像中的像素进行混合，用于创建图层之间特殊的混合效果。

在默认情况下，图层的混合模式是从上到下的“穿透”效果，表明图层与图层之间没有混合属性。根据混合后图像的特点，可以将混合模式分为六大类，分别是组成型混合模式、加深型混合模式、减淡型混合模式、对比型混合模式、比较型混合模式以及色彩型混合模式，如图 2-75 所示。

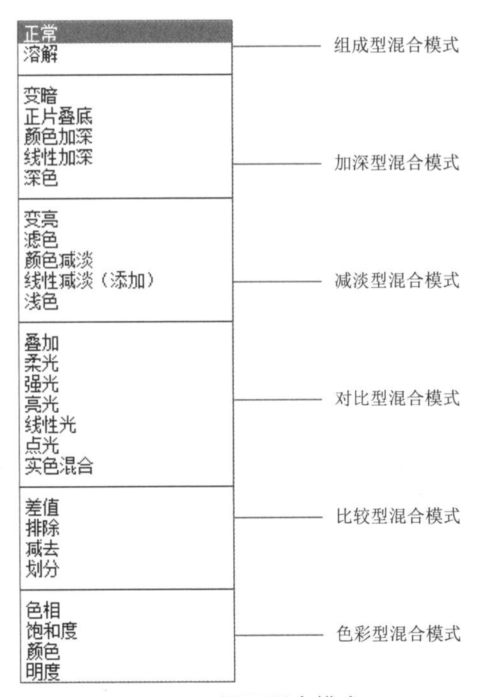

图 2-75 图层混合模式

1. 组成型混合模式

组成型混合模式包含“正常”和“溶解”两种。图层默认的混合模式即为“正常”模式，调整图层的不透明度，可以得到图 2-76 所示的效果。

在白色图层上混合模式为“正常”的图像效果和混合模式为“溶解”不透明度为50%的图像效果

图 2-76 组成型混合模式示例

2. 加深型混合模式

加深型混合模式包括“变暗”“正片叠底”“颜色加深”“线性加深”“深色”五种。Photoshop 主要通过过滤图像中的高光信息达到使图片变暗的目的。以“线性加深”模式为例产生的图像效果如图 2-77 所示。

原始素材图像和“线性加深”效果

图 2-77 加深型混合模式示例

3. 减淡型混合模式

减淡型混合模式包括“变亮”“滤色”“颜色减淡”“线性减淡（添加）”“浅色”五种。和加深型混合模式相反，它通过滤除图像中的暗调信息，使得图片变得更加明亮，突出图像的色彩。减淡型混合模式示例如图 2-78 所示。

4. 对比型混合模式

对比型混合模式包括“叠加”“柔光”“强光”“亮光”“线性光”“点光”“实色混合”七种。这类混合模式，主要用于不同程度的融合图像，应用这类混合模式的图像效果取决于基色，根据混合模式的不同能保留明暗对比效果。对比型混合模式示例如图 2-79 所示。

原始素材图像和“滤色”效果

图 2-78　减淡型混合模式示例

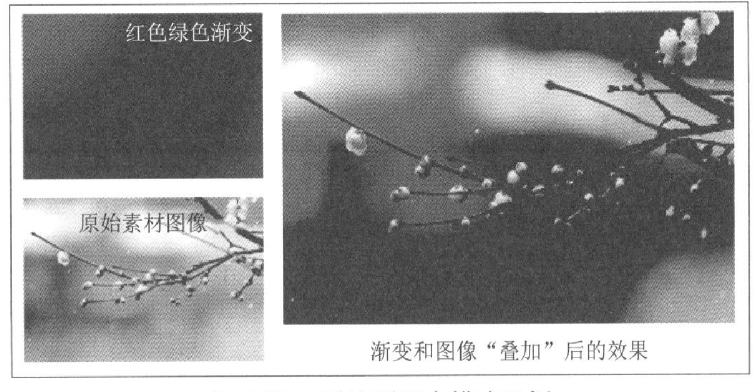

渐变和图像“叠加”后的效果

图 2-79　对比型混合模式示例

5. 比较型混合模式

比较型混合模式包括“差值”“排除”“减去”“划分”四种，适用于需要突出图像线条部分的情况，制作各种反色效果等。比较型混合模式示例如图 2-80 所示。

原始素材图像和“排除”效果

图 2-80　比较型混合模式示例

6. 色彩型混合模式

色彩型混合模式包括“色相”“饱和度”“颜色”“明度”四种，可以将图像中的色相、饱和度或亮度应用到图像中。颜色混合模式可以将原图像的色调等进行变换，形成一种新的图像效果，应用这类混合模式可以为黑白图像进行上色。色彩型混合模式示例如图 2-81 所示。

图 2-81 色彩型混合模式示例

2.4.4 图层样式

图层样式是指图形图像处理软件 Photoshop 中的一项图层处理功能，是后期制作图片以期达到预期效果的重要手段之一，可以为图像添加一些特殊的视觉效果。应用图层样式可以使图层的效果与图层紧密结合在一起，移动或者变化图层中的对象，图层效果也会随之而变。

图层样式可以应用于标准图层、形状图层和文本图层，并且可以为一个图层应用多种效果，也可以将某一个图层样式复制到另一个图层中去。

【注意】可以通过按住【Shift+Alt】组合键将“图层”面板中的图层效果拖动到其他图层完成复制图层效果。

打开图层样式方法有两种：一种是从“图层”菜单中选择“图层样式”命令，再针对不同的需求选择二级命令，如“投影”“外发光”等；另一种是在图层面板上选择“添加图层样式”按钮fx，选择相应的命令即可。“图层样式”对话框如图 2-82 所示。

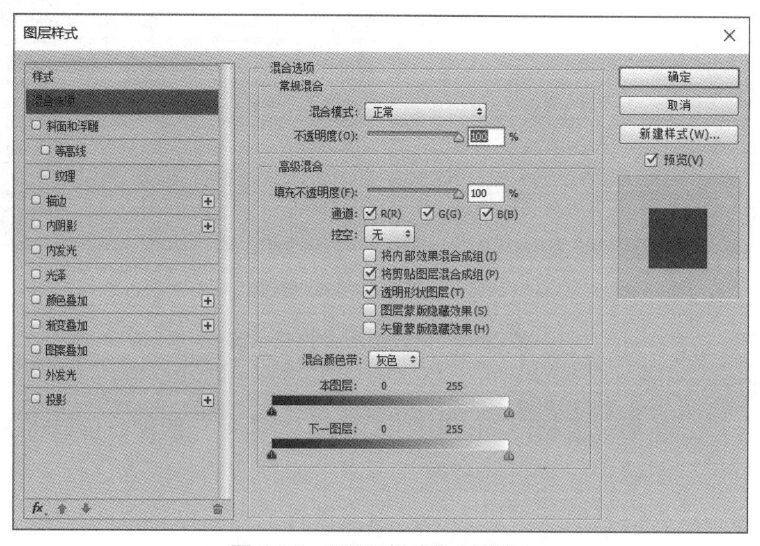

图 2-82 “图层样式”对话框

图层样式的效果主要有以下几种：

1. 阴影效果

阴影效果分为投影和内阴影。添加投影效果后，图层的下方会模仿现实生活中的投影，出现一个轮廓和图层内容相同的“影子”，如图 2-83 所示。

图 2-83 阴影效果

2. 发光效果

发光效果分为外发光和内发光，使其在背景中产生发光和光晕效果，效果如图 2-84 所示。

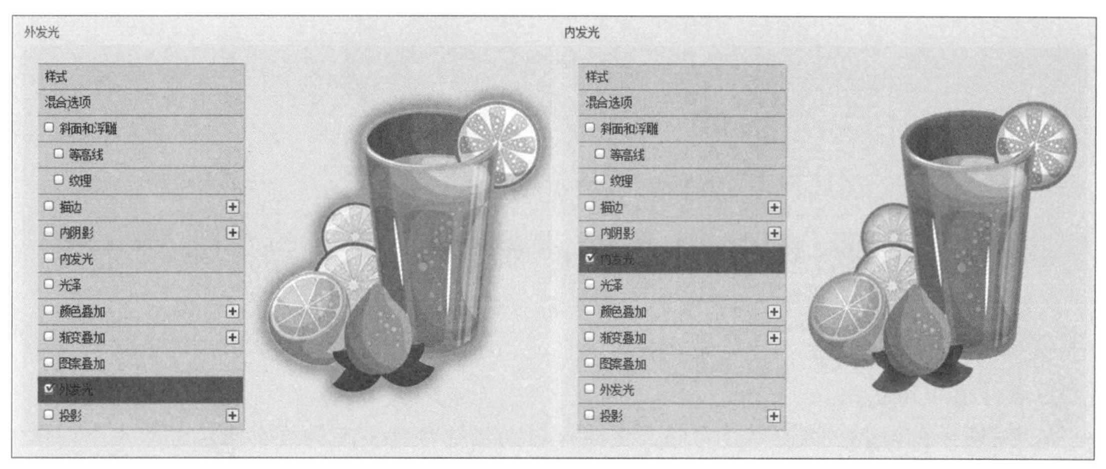

图 2-84 发光效果

3. 斜面和浮雕

使用斜面和浮雕效果可以为图像添加立体效果，使图像的内容更加丰富。斜面和浮雕的样式有外斜面、内斜面、浮雕效果、枕状浮雕和描边浮雕。通过改变参数面板中的“光泽等高线”等参数，可以改变斜面和浮雕的效果。同样地，在“等高线”和“纹理”复选框中也可以调整斜面和浮雕的效果。斜面和浮雕效果如图 2-85 所示。

4. 描边效果

描边效果可以为图像提供不同样式的描边，除了常见的颜色描边类型外，还可以选择渐变和图案，如图 2-86 所示。

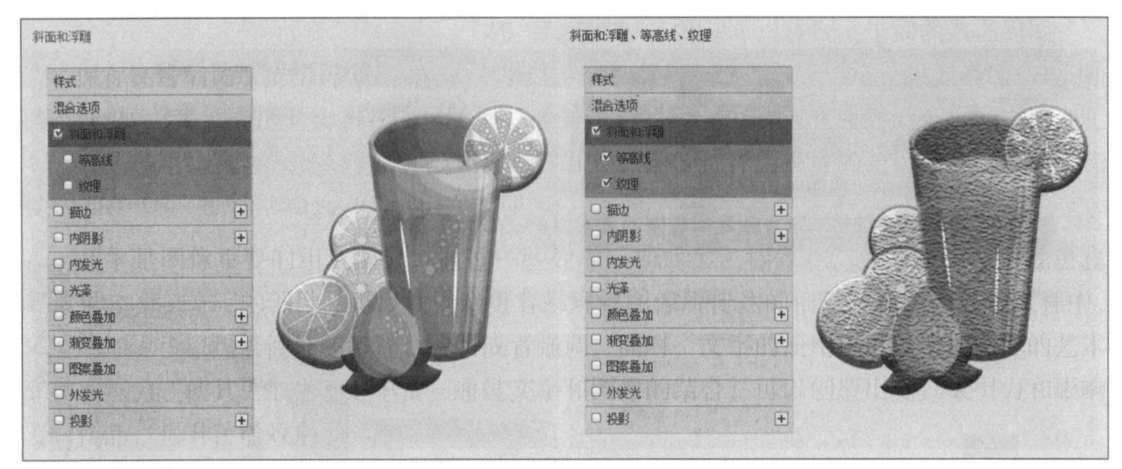

图 2-85 斜面和浮雕效果

图 2-86 描边效果

【注意】“编辑”菜单中的“描边”命令和“图层样式”中“描边”的区别：

“编辑”菜单中的“描边”命令是对选区的描边，在没有建立选区的情况下是针对整个图层外框的描边。

“图层样式”中“描边”是对整个图层进行的描边操作，无论这个图层中有几个图像对象，都按照同样的描边进行处理。

范例 2-4 天鹅湖

利用素材“天鹅 .jpg”和“湖水 .jpg”,制作如图 2-87 所示的图片,保存为“天鹅湖 .jpg”。

制作要求如下：

1. 新建一个大小为 500×400 像素的白色画布，名称为“天鹅湖”。

启动 Photoshop 软件，执行“文件”｜“新建”菜单命令，打开“新建”对话框，创建一个宽度为 500 像素，高度为 400 像素，分辨率为 72，颜色模式为 8 位 RGB 颜色的白色画布，名称为天鹅湖。

2. 添加“湖水 .jpg”图片。

在 Photoshop 中打开“湖水 .jpg”，将其拖动到新建的画布中，调整合适的位置进行摆放，如图 2-88 所示。

【注意】默认情况下，新打开的图片会以合并选项卡的形式呈现，执行“窗口”|“排列”|“使所有内容在窗口中浮动”菜单命令，可以使图片在窗口中浮动。

图 2-87　天鹅湖样张

图 2-88　调整位置的湖水图层

3. 处理“天鹅 .jpg”图片，将主体合成到画布中，并调整大小为原图的 20%。

（1）在 Photoshop 中打开“天鹅 .jpg”，使用“磁性套索”工具将主体部分抠出，如图 2-89 所示。

图 2-89 利用“磁性套索”工具选取天鹅

（2）使用移动工具将抠选出来的天鹅拖动到新建的画布中。

（3）将天鹅缩小至原图的 20%。执行“编辑”｜“自由变换”菜单命令（快捷键【Ctrl+T】），在其工具属性栏的“设置水平缩放比例”和“设置垂直缩放比例”中输入 20%，应用图层的变换，如图 2-90 所示。

图 2-90 工具属性栏设置

（4）将缩小后的天鹅放置于合适位置，如图 2-91 所示。

图 2-91 放置天鹅于合适位置

4. 制作天鹅倒影。

（1）复制天鹅所在图层（快捷键【Ctrl+J】）。

（2）通过自由变换，在右键菜单中选择垂直翻转，并将倒影移动到天鹅的下方，垂直对齐。

（3）将天鹅倒影所在图层不透明度设为 50%，并将图层调整至天鹅所在图层的下方，如图 2-92 所示。

图 2-92　制作天鹅倒影

5. 保存文件。

保存文件名为“天鹅湖 .psd”，另存为“天鹅湖 .jpg”。

范例 2-5　塞上曲

利用素材“驼影 .jpg”“沙漠 .jpg”“印章 .jpg”“文字 - 塞 .jpg”“文字 - 上 .jpg”“文字 - 曲 .jpg”，制作图 2-93 所示的图片，保存为“塞上曲 .jpg”。

图 2-93　塞上曲样张

制作要求如下：

1. 新建一个大小为 600×400 像素的白色画布，名称为“塞上曲”。

启动 Photoshop 软件，执行“文件”｜“新建”菜单命令，打开“新建”对话框，创建一个宽度为 600 像素，高度为 400 像素，分辨率为 72，颜色模式为 8 位 RGB 颜色的白色画布，名称为塞上曲。

2. 添加“沙漠.jpg”图片。

（1）在 Photoshop 中打开“沙漠.jpg”，将其拖动到画布中，作为图层 1。

（2）执行“编辑”｜“自由变化”菜单命令，调整其尺寸与画布大小一致。

3. 添加“驼影.jpg”图片。

（1）在 Photoshop 中打开“驼影.jpg”，将其拖动到画布中，作为图层 2。

（2）修改图层混合模式为强光。

（3）适当调整图片大小和位置，如图 2-94 所示。

图 2-94 添加驼影图片，修改图层混合模式为强光

（4）使用套索工具，选取画面底部深色沙漠区域。

（5）执行“选择”｜“修改”｜“羽化”菜单命令，羽化半径 10 像素，对选区边缘做软化处理。

（6）删除选区内图像，完成后效果如图 2-95 所示。

图 2-95 删除驼影图片下半部分内容

4. 添加文字图片。

（1）在 Photoshop 中打开“文字 - 塞 .jpg”“文字 - 上 .jpg”“文字 - 曲 .jpg”，将其拖动到画布中，作为图层 3、图层 4 和图层 5。

（2）修改图层混合模式为变暗。

（3）适当调整图片大小和位置，如图 2-96 所示。

图 2-96 添加文字图片

5. 添加白色矩形和圆形装饰。

（1）在图层 2 的上方新建图层 6，利用矩形选框工具绘制矩形，宽度可略宽于文字图片，高度与画布高度一致，填充白色。

（2）修改图层混合模式为柔光。完成后取消选择。

（3）在图层 6 的上方新建图层 7，选择工具箱中的椭圆选框工具，在其属性栏设置羽化值为 5 像素，绘制一个正圆，填充白色，如图 2-97 所示。完成后取消选择。

图 2-97 添加圆形装饰

（4）同样的处理方式添加另外两个圆形装饰，适当调整大小和位置。

6. 添加印章和音符。

（1）在 Photoshop 中打开“印章 .jpg”，将其拖动到画布中，作为图层 8 放置在最上方的图层。

（2）修改图层混合模式为正片叠底。

（3）适当调整图片大小和位置，如图 2-98 所示。

图 2-98 添加印章

（4）在图层 8 的上方新建图层 9。

（5）选择工具箱中的“自定义形状工具”，在其属性栏中选择工具模式为像素，追加预设的“音乐”形状到当前形状中。

（6）设置前景色为白色，在图层 9 上绘制高音谱号 𝄞。

（7）适当调整大小和位置，并将图层的不透明度设为 80%，如图 2-99 所示。

图 2-99 绘制音符

7. 保存文件。

保存文件名为“塞上曲 .psd”，另存为“塞上曲 .jpg”。

2.5 蒙版应用

蒙版是模仿印刷中的一种工艺，印刷时工人会用一种红色胶状物来保护印版不受破坏，在 Photoshop 中，蒙版的主要作用也是保护图像，因此在 PS 中蒙版默认的颜色也是红色的。

2.5.1 蒙版概念

蒙版是一种特殊的选区，用以保护选区中的图像不被破坏，而选区之外的区域则可以进行编辑，也可以用于显示或隐藏部分图像。常规的选区表现出来的是对所选区域的处理，而蒙版操作却相反，它是对选区进行保护，让其免于操作，而对非掩盖部分进行编辑或处理。

在 Photoshop 中，可以在蒙版面板调整选定蒙版的浓度和羽化量，也可以调整蒙版的边缘、颜色范围或者对蒙版进行反向，如图 2-100 所示。

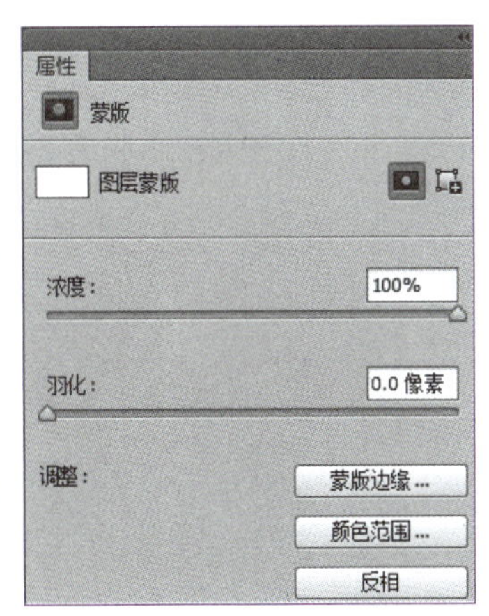

图 2-100 “蒙版”面板

2.5.2 蒙版分类

在 Photoshop 中有主要有四种蒙版，分别是快速蒙版、图层蒙版、矢量蒙版和剪贴蒙版。

1. 快速蒙版

快速蒙版是一个临时蒙版，用于快速得到选区，可以通过单击工具箱下部的“以快速蒙版模式编辑”按钮，或者按快捷键【Q】进入快速蒙版编辑状态。再次单击该按钮或者快捷键即可退出快速蒙版编辑状态。

2. 图层蒙版

图层蒙版是 Photoshop 处理特效图像时最常用的功能之一，也是处理图像特殊效果的基础。在处理图像的过程中，它能够快速方便地选择图像中的一部分进行绘制或编辑操作，而其他部分不受影响。即图层蒙版是非破坏性的，在完成操作后可以返回重新编辑蒙版，而不会丢失蒙版隐藏的像素。平常所说的蒙版指的就是图层蒙版。

图层蒙版可以用来盖住图像中不需要的部分，控制图像的显示范围。在图层蒙版中，黑色区域表示当前图层中的蒙版区域完全透明，白色区域表示完全不透明，灰色区域根据灰度级别来控制当前图层显示的透明度，如图 2-101 所示。

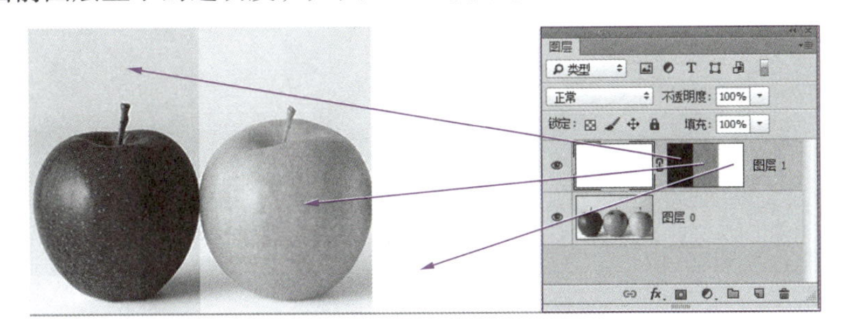

图 2-101 图层蒙版示例

3. 矢量蒙版

矢量蒙版用于创建基于矢量的形状边缘清晰的设计元素，与分辨率无关，可以在钢笔或形状工具创建完路径后，通过“图层”菜单中的“矢量蒙版”|“当前路径”命令创建矢量蒙版，示例如图 2-102 所示。

此外，在已有图层蒙版的基础上，再次单击添加蒙版按钮，后面的添加的蒙版即为矢量蒙版。矢量蒙版可以通过“图层”菜单中的“栅格化”命令转换为图层蒙版，但是一旦执行该命令，就无法再将它恢复成矢量对象。

图 2-102 矢量蒙版示例

4. 剪贴蒙版

剪贴蒙版，指的是通过使用处于下方图层的形状来限制上方图层的显示状态，达到一种剪贴画的效果。也就是说，下方图层的形状影响着上方的图像，即“上图下形”，如图 2-103 所示。

图 2-103 剪贴蒙版

在剪贴蒙版中，下方的图层为形状图层，即箭头指向的图层，上面的图层为内容图层。

形状图层的名称带有下划线，内容图层的缩览图缩进显示，并在前方带有剪贴蒙版的标志。

2.5.3 蒙版操作

在常见蒙版的操作中，使用较为广泛的当属图层蒙版和剪贴蒙版。

1. 图层蒙版的使用

在图层蒙版的操作过程中，可以通过和绘画工具、渐变工具相结合，使画面呈现多样而自然融合的效果。由于蒙版是个八位的灰度图像，所以不同的颜色在蒙版上会以不同程度的灰色来显示。

（1）创建图层蒙版

可以通过图层面板下方的“添加图层蒙版”按钮，也可以通过“图层”菜单中的“添加图层蒙版”中的相关命令来创建图层蒙版。

（2）应用图层蒙版

在图层面板上可以通过应用图层蒙版的方式，将所创建的蒙版应用到图像中。应用图层蒙版的方法是在“图层蒙版缩览图”上右击，在弹出的快捷菜单中选择“应用图层蒙版”命令，如图 2-104 所示。执行应用图层蒙版命令后，可以将蒙版的效果直接应用到图像上。

图 2-104 应用图层蒙版

（3）删除图层蒙版

“删除图层蒙版”是指应用此命令后，将图层蒙版删除，图像也会变回到未添加蒙版时的状态。

（4）停用图层蒙版

“停用图层蒙版”则是指暂时停止使用蒙版，图像虽然也会变回未添加蒙版时的状态，但是蒙版还是可以再次被应用。

2. 剪贴蒙版的使用

创建剪贴蒙版的方法有以下四种：

方法 1：按住【Alt】键，将鼠标指针放在“图层”面板中分隔两个图层的线上，光标变成向下箭头加方框的图标，然后单击，创建剪贴蒙版图层。

方法 2：选中内容图层，执行“图层 | 创建剪贴蒙版”命令，创建剪贴蒙版。

方法 3：选中内容图层，单击“图层”面板右上角的扩展按钮，在弹出的扩展菜单中选择“创建剪贴蒙版”选项，建立剪贴蒙版图层。

方法 4：按下【Ctrl+Alt+G】组合键创建剪贴蒙版。

在图层面板中选择剪贴蒙版中的内容图层，执行“图层” | “释放剪贴蒙版”命令，即可以将剪贴蒙版图层释放为普通图层。

范例 2-6 水墨荷花

利用素材“背景 .jpg”“荷花 .jpg”“蜻蜓 .jpg”“叶子 1.jpg”“叶子 2.jpg”制作如图 2-105 所示图片，保存为“水墨荷花 .png”。

图 2-105 水墨荷花样张

制作要求如下：

1. 新建一个大小为 600×400 像素的透明画布，名称为“水墨荷花”。

启动 Photoshop 软件，执行“文件” | “新建”菜单命令，打开“新建”对话框，创建一个宽度为 600 像素，高度为 400 像素，分辨率为 72，颜色模式为 8 位 RGB 颜色的透明画布，名称为“水墨荷花”。

【注意】建立透明画布会生成一个透明图层，默认名字为“图层 1”。

2. 添加“背景 .jpg”图片。

在 Photoshop 中打开“背景 .jpg”，将其拖动到新建的画布中，使用自由变换调整其尺寸与画布大小一致，作为图层 2。

3. 添加“荷花 .jpg”图片。

（1）在 Photoshop 中打开“荷花 .jpg”，拖动到画布中，调整大小和位置，并水平翻转，作为图层 3，如图 2-106 所示。

（2）为荷花图层添加图层蒙版，如图 2-107 所示。

图 2-106 添加荷花

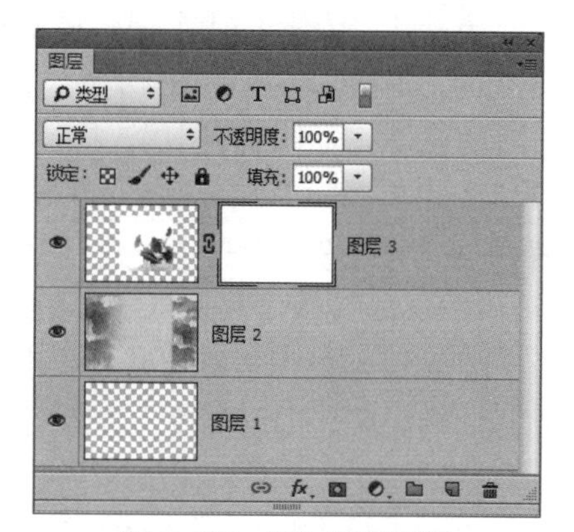

图 2-107 添加图层蒙版

（3）在工具箱上设置前景色为白色，背景色为黑色。

（4）选择“渐变工具”，在其工具属性栏选择“前景色到背景色渐变”，类型为“径向渐变”，在图层 3 的图层蒙版上，以荷花为中心向外拉一个渐变，完成后效果如图 2-108 所示。

图 2-108 荷花图层效果

4. 添加“蜻蜓 .jpg”图片。

（1）在 Photoshop 中打开“蜻蜓 .jpg”，拖动到画布中，调整大小和位置，作为图层 4，如图 2-109 所示。

图 2-109 添加蜻蜓

（2）将图层混合模式改为正片叠底。

5. 调整图层大小，添加描边效果。

（1）在图层面板上选择图层 2、图层 3 和图层 4，单击“链接图层”图标，然后使用自由变换，将整体调整大小为原始图像的 85%，如图 2-110 所示。

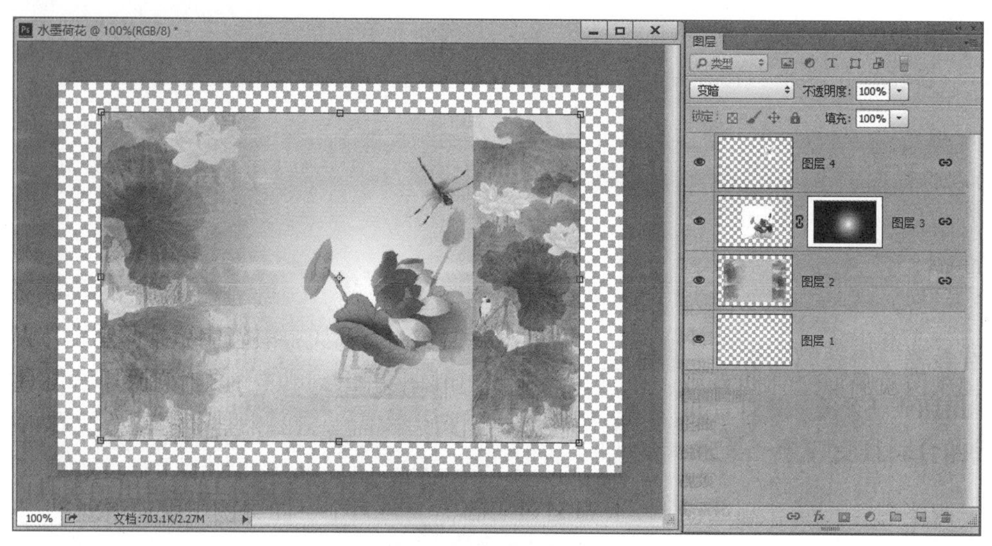

图 2-110　调整图层大小

（2）选择图层 2，单击图层面板上的图标 fx，为其添图层样式：墨绿色（RGB 值：0，100，0）、外部 7 像素的描边。

6. 添加“叶子 1.jpg”和“叶子 2.jpg”图片。

（1）在 Photoshop 中打开“叶子 1.jpg”，抠选出叶子 1，将其拖动到最上方的图层，作为图层 5。

（2）调整叶子大小为原始的 40%，水平翻转，参照样张摆放在画布的左下角。

（3）执行“图层”｜“图层样式”｜“斜面和浮雕”命令，为图层 5 添加“枕状浮雕”的斜面和浮雕，如图 2-111 所示。

图 2-111　添加叶子 1

（4）在 Photoshop 中打开“叶子 2.jpg”，抠选出叶子 2，拖动到图层 5 的下方，作为图层 6，适当调整其大小和位置，并为其添加图层样式：“外斜面”的斜面和浮雕，如图 2-112 所示。

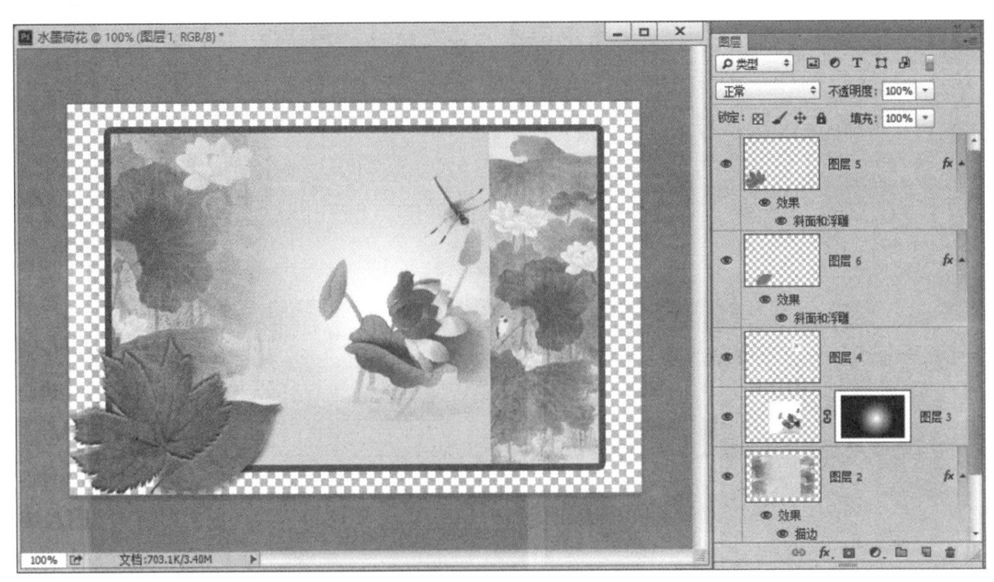

图 2-112　添加叶子 2

7. 保存文件。

保存文件名为“水墨荷花 .psd”，另存为“水墨荷花 .png”。

范例 2-7　读书郎

利用素材“剪纸 .jpg”和“纹理 .jpg”，制作图 2-113 所示的图片，保存为“读书郎 .jpg”。

图 2-113　读书郎样张

制作要求如下：

1. 新建一个大小为 550 × 550 像素的透明画布，名称为“读书郎”。

启动 Photoshop 软件，执行“文件” | “新建”菜单命令，打开“新建”对话框，创建一个宽度为 550 像素，高度为 550 像素，分辨率为 72，颜色模式为 8 位 RGB 颜色的透明画布，名称为“读书郎”。

2. 制作背景。

（1）在工具箱选择“渐变工具”，在其属性栏中选择预置的“简单”渐变，在打开的对话框中单击“追加”按钮，将其他渐变追加到当前渐变方案中。

（2）选择“暗黄绿色”的渐变，以画布中心为起点，向边缘绘制一个径向渐变。

（3）新建图层 2，选择“橙色”的渐变，以同样的方法在图层 2 上绘制径向渐变，图层缩览图如图 2-114 所示。

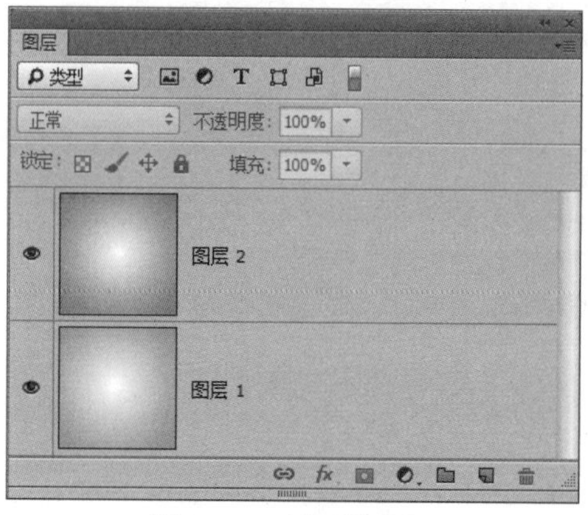

图 2-114　图层缩览图

（4）为图层 2 添加图层蒙版。

（5）在工具箱上设置前景色为白色，背景色为黑色。

（6）选择“渐变工具”，在其工具属性栏选择“前景色到背景色渐变”，类型为“线性渐变”，在图层 2 的图层蒙版上，从画布的上缘到下缘绘制一个渐变，完成后的效果如图 2-115 所示。

图 2-115　背景效果

3. 添加“剪纸 .jpg”图片。

（1）在 Photoshop 中打开“剪纸 .jpg”，拖动到图层 2 的上方，作为图层 3，并将图像中的白色部分删除。

（2）在图层 3 上添加“斜面和浮雕”和“投影”的图层样式。其中，“斜面和浮雕”的样式为“外斜面”，深度为“150%”，大小为 10 像素，软化为 3 像素，阴影角度为 120 度，阴影高度为 30 度。完成后效果如图 2-116 所示。

图 2-116 添加剪纸图片

4. 添加“纹理 .jpg”图片。

（1）在 Photoshop 中打开“纹理 .jpg”，拖动到图层 3 的上方，作为图层 4。

（2）执行“图层”｜“创建剪贴蒙版”菜单命令（快捷键【Alt+Ctrl+G】），为该图层与下方的图层 3 创建为一个剪贴蒙版，适当调整位置，图像效果如图 2-117 所示。

图 2-117 图像效果

5. 保存文件。

保存文件名为“读书郎.psd”，另存为“读书郎.jpg”。

2.6 文字处理

文字是图像重要的组成部分，通过一些处理，如变形、特效等，可以使图像呈现更直观效果。通过文字的辅助，可以使受众更容易理解图像所传达的信息。在图像处理过程中，文字的加入可以提供额外的解释、说明或者强调，同时，文字的使用也可以增加图像的艺术性和表现力，使其更加生动、丰富。通过文字和图像的结合，可以创造出更具吸引力和影响力的作品，提升传播效果。

2.6.1 文字工具分类

在 Photoshop 中，文字工具被分为一般文字工具和文字蒙版工具两种。在工具箱上单击文字工具图标T即可输入文字，点开图标右下角的三角标，还可以对文字工具进行切换，如图 2-118 所示。

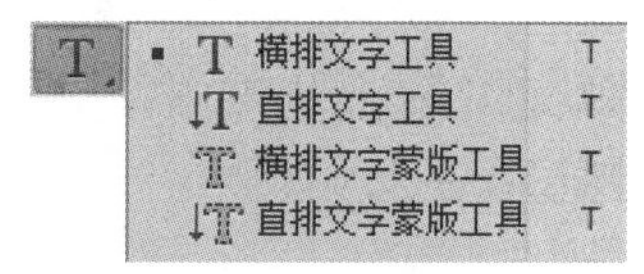

图 2-118 文字工具

1. 一般文字工具

一般文字工具根据文字方向的不同分为横排文字工具和直排文字工具。在完成文字输入后，将产生文字矢量图层，如图 2-119 所示。

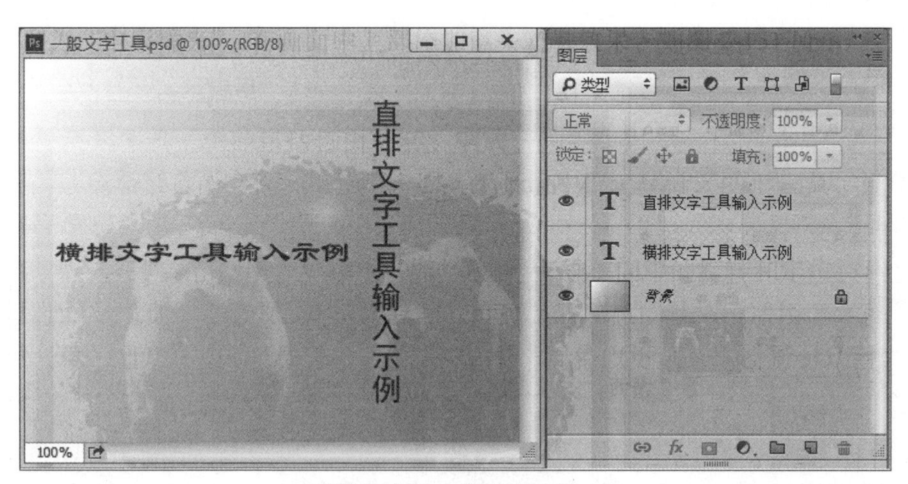

图 2-119 一般文字工具

Photoshop 中的文字由基于矢量的文字轮廓组成，在缩放文字、调整文字大小、存储 PDF 等操作时被使用。在对文字图层进行栅格化的更改之后，该矢量的文字轮廓将转换为像素，不再具有矢量轮廓，并且不能再作为文字进行编辑。

2. 文字蒙版工具

蒙版文字的输入同样可以根据文字方向的不同选择横排文字蒙版工具和直排文字蒙版工具来完成，如图 2-120 所示。

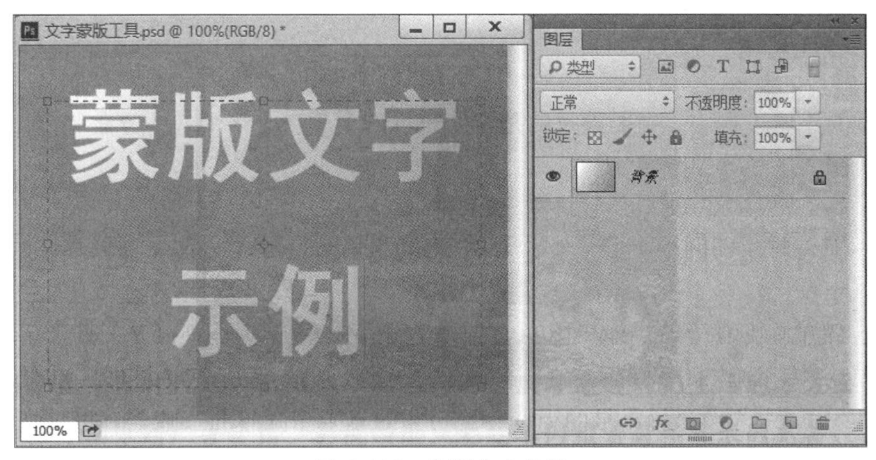

图 2-120 蒙版文字示例

与一般文字输入不同的是，蒙版文字从本质上来讲还是一个蒙版，形成的是文字形状的选区，并不会产生文字图层，因此对于文字的设置必须在退出蒙版编辑状态前完成，在退出后以选区的形式呈现，如图 2-121 所示。

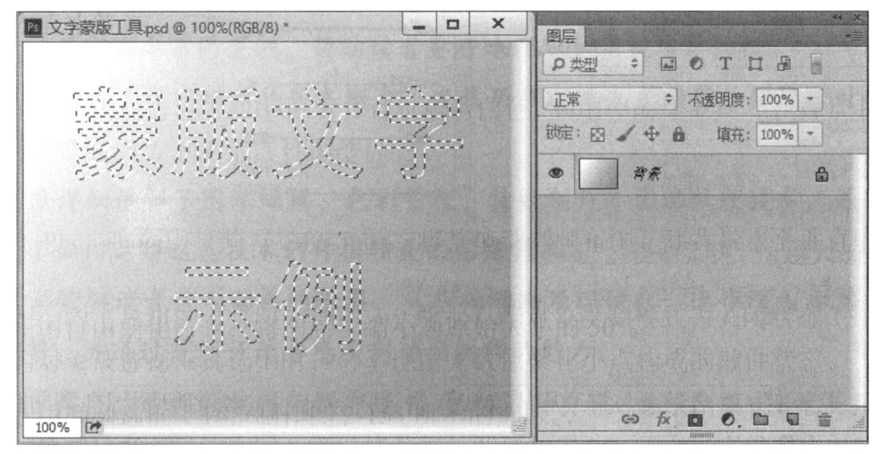

图 2-121 退出蒙版文字编辑状态

在对选区进行简单描边操作后，即可得到图 2-122 所示的效果。

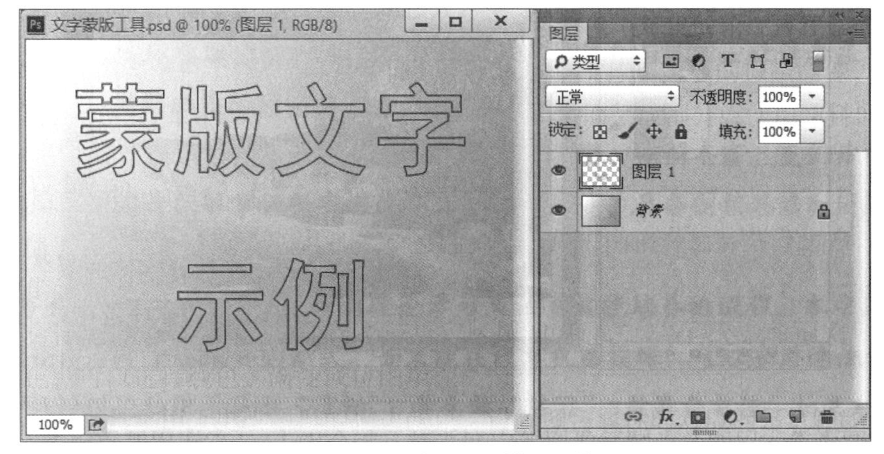

图 2-122 对选区进行描边后效果

2.6.2 文本编辑

在文本的编辑过程中，主要涉及的是文字属性的设置、文字输入的方法和栅格化文字图层的使用范围。

1. 文字设置

在建立文字对象前，需要先选择合适的文字工具。在文字工具的属性栏中，可以做基本的设置，如字体、对齐方式、颜色等，如图 2-123 所示。此外，还可以通过执行“窗口”菜单中的“字符”命令，打开“字符”面板，在该面板中实现设置字体系列、字体大小、行距、字符间距、段落设置等操作，如图 2-124 所示。这些属性的设置，可以在输入字符前完成，也可以在输入后进行更改。

图 2-123 “文字工具”属性栏

“字符”面板的参数说明如下：

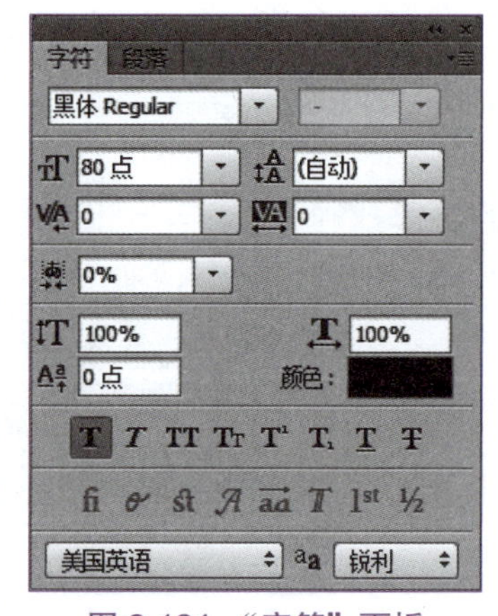

图 2-124 “字符”面板

- 字体系列：可以选择 Photoshop 自带的字体，也可以选择自己在系统中安装的字体。
- 设置字型：针对不同的字体，可以选择不同的字体样式，例如，加粗、斜体等。
- 字体大小：可以通过在文本框中输入数值或者在下拉列表框中选择一个数值设置文字大小。
- 设置行距：可以通过在文本框中输入数值或者在下拉列表框中选择一个数值设置两行文字之间的距离，数值越大，行间距越大。
- 垂直缩放：可以通过在文本框中输入百分比调整字体垂直方向上的比例。
- 水平缩放：可以通过在文本框中输入百分比调整字体水平方向上的比例。
- 比例间距：可以通过在文本框输入百分比来调整字符间的间距大小。
- 字距调整：可以通过在文本框中输入数值或者在下拉列表框中选择一个数值设置字符字距，正数值使字符字距变大，负数值使字符字距变小。
- 字距微调：仅在文字光标插入文字时，此参数才被激活。可以通过在文本框中输入数值或者在下拉列表框中选择一个数值来设置光标距前一个字符的距离。
- 基线偏移：可以通过在文本框中输入数值设置选中文字的基线值，若为正数则向上移，若为负数则向下移。
- 文本颜色：可以通过单击颜色块，在弹出的“拾色器”中选择字体的颜色。
- 特殊样式：单击按钮 T 将选中的文字设置为粗体；单击按钮 T 将选中的文字设置为斜体；单击按钮 TT 将选中的文字设置为大写；单击按钮 Tr 将选中的文字设置为小写；单击按钮 T' 将选中的文字设置为上标；单击按钮 T, 将选中的文字设置为下标；单击按钮 T 为选中的文字增加下划线；单击按钮 T 为选中的文字增加中划线。

- 语言设置：对所选字符进行有字符和拼写规则的语言设置。
- 消除锯齿：可以通过在下拉列表框中选择一种消除锯齿的方法，设置文字边缘的光滑程度。“无”不应用消除锯齿；“锐利”使文字显得最为锐利；“犀利”使文字显得稍微锐利；“浑厚”使文字显得更粗重；“平滑”使文字显得更平滑。

2. 文字输入

在图像上单击，可以输入点文本，而通过鼠标左键按住不放，沿对角线方向拖动得到一个外框区域则可以创建段落文本。两者的区别主要在于：

点文本：每行文字都是独立的，行的长度随着编辑增加或减少，并且只能通过【Enter】键实现换行。

段落文本：当输入的文字长度接近段落定界框的边缘时，文字会自动换行。调整外框大小可以使文字在调整后的矩形区域内重新排列，也可以对外框进行旋转、缩放等操作调整框内文字。与点文字相比，段落文字更适用于以一个或多个段落的形式输入文字并设置格式的情况。

在文字处于非编辑状态,可以通过“文字”菜单中的“转换为点文本”和“转换为段落文本”命令实现文字图层中文本输入类型的切换。

【注意】将段落文本转换为点文本时，待转换的文字对象超出其边界，某些文字在转换过程中将会被删除。为了避免丢失文本，在转换前需要调整外框，使全部文字显示。

3. 文字栅格化

由于文字图层作为矢量图，无法直接应用某些命令和工具，如滤镜效果和绘画工具等，因此在应用这些命令或者使用相关的工具之前需要将文字进行栅格化处理。文字一旦进行栅格化操作后，文字图层将转换成普通的图像图层，其内容不能再作为文本编辑。如果选取了需要栅格化图层的命令或工具,则会出现一条警告信息。某些警告信息提供了一个“确定”按钮，单击此按钮即可栅格化图层。

栅格化文字图层的方法如下：

① 选择文字图层。

② 执行下列操作之一：

- 执行“图层”|“栅格化”|“文字”菜单命令。
- 执行“文字”|“栅格化文字”菜单命令。
- 右击，在弹出的快捷菜单中选择“栅格化文字”命令。

2.6.3 文字效果

文字的效果主要涉及的是变形文字的创建和文字图层样式的设置。

1. 文字变形

通过创建文字的变形，可以得到特殊的文字效果，如使文字的形状变为扇形或波浪形。文字变形作为文字工具的一个属性，可以随时变形样式及整体形状，精确控制变形效果的取向及透视。

【注意】不能变形包含“仿粗体”格式设置的文字图层，也不能变形使用不包含轮廓数据的字体（如位图字体）的文字图层。

使文字变形的方法如下：

① 选择文字图层。

② 执行下列操作之一：

- 选择文字工具，单击选项栏中的“变形”按钮。
- 执行“文字”｜“文字变形”菜单命令。

③ 在打开的“变形文字”对话框的“样式”菜单中选择变形选项，如图 2-125 所示。

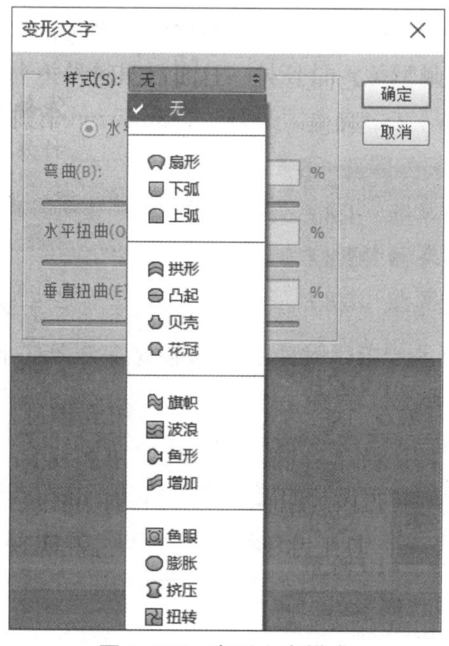

图 2-125 变形文字样式

④ 选择变形效果的方向：“水平”或“垂直”。

⑤ 如有需要，也可以设置其他变形选项值。其中，“弯曲”指的是对图层应用的变形程度；“水平扭曲”和“垂直扭曲”指的是对变形应用透视。图 2-126 所示为文字使用“鱼形”样式变形，弯曲 40%，水平扭曲 30% 的效果。

图 2-126 使用“鱼形”样式变形的文字示例

取消文字变形的方法：

在“变形文字”对话框的“样式”菜单中选择“无”即可，如图 2-127 所示。

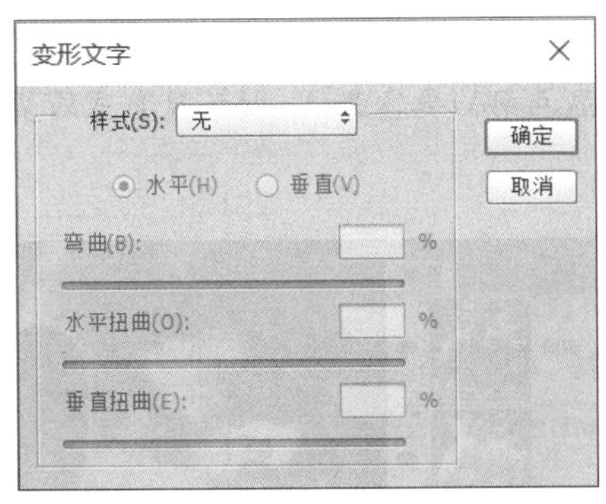

图 2-127　“变形文字”对话框

2. 文字样式

文字样式主要通过“图层”面板底部的“图层样式”按钮 fx 实现，如可以通过添加投影、斜面和浮雕等样式以使图像中的文本具有立体效果。在添加相关的图层样式的过程中，可以通过参数的更改，如更改与下方图层混合的方式、不透明度（显示下面各图层的程度）、光线的角度以及它与文字或对象的距离等以获得满意效果。图 2-128 所示为文字在使用投影、斜面和浮雕的图层样式后的效果。更多的图层样式效果可参见 2.4.4 节。

图 2-128　使用投影、斜面和浮雕样式的文字示例

3. 文字填充

文字的填充效果主要可以通过剪贴蒙版来实现。在文字输入阶段，可以在“字符”面板中选择字体和文本的其他文字属性。通常来说，较大的、粗体的粗线字母效果较好。图 2-129 所示为文字使用图像填充后的效果。创建剪贴蒙版的方法可参见 2.5.3 节。

图 2-129　图像填充文字示例

范例 2-8 减速慢行

利用素材“公路.jpg”制作图 2-130 所示的图片，保存为“减速慢行.jpg”。

图 2-130 减速慢行样张

制作要求如下：

1. 打开素材“公路.jpg”，输入文字“减速”。

（1）启动 Photoshop 软件，打开素材“公路.jpg”。

（2）新建图层，选择工具箱中的“横排文字工具”，在其属性栏中选择字体为黑体，大小为 120 点，在画面底部输入文字“减速”，如图 2-131 所示。

图 2-131 输入文字

2. 编辑文字图层。

（1）执行“图层”｜“栅格化”｜“文字”菜单命令，对文字图层进行栅格化操作。

（2）执行“编辑”|“变换”|“透视”菜单命令，对当前图层实现透视效果，如图 2-132 所示。

图 2-132　透视效果

3. 制作渗透效果。

（1）为“减速图层”添加图层样式。执行“图层”|“图层样式”|“混合选项”菜单命令，在“图层样式”对话框中找到下一图层左侧滑块，如图 2-133 所示。

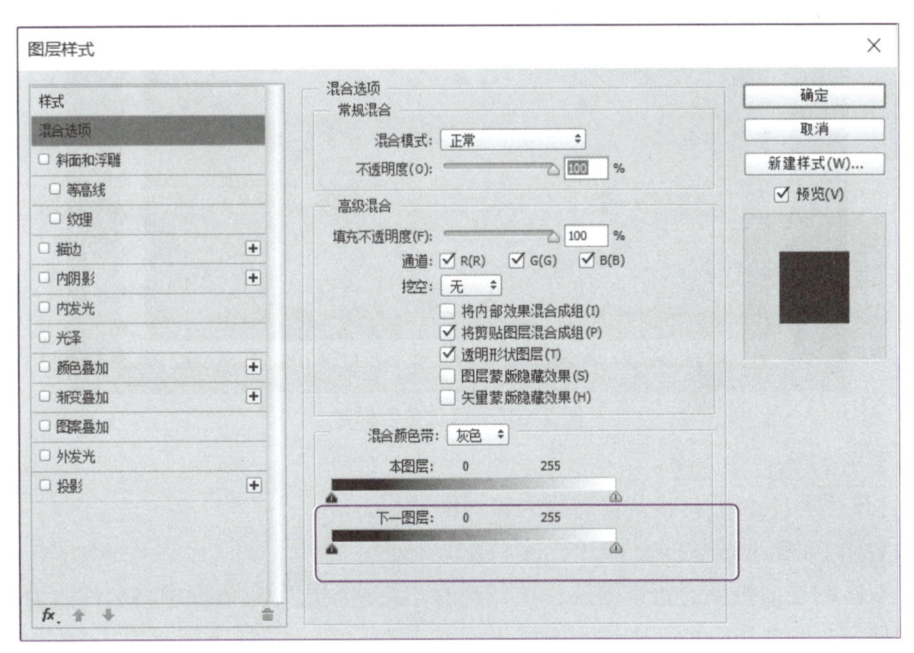

图 2-133　图层样式

（2）按住【Alt】键移动左侧滑块，制作渗透效果，如图 2-134 所示。

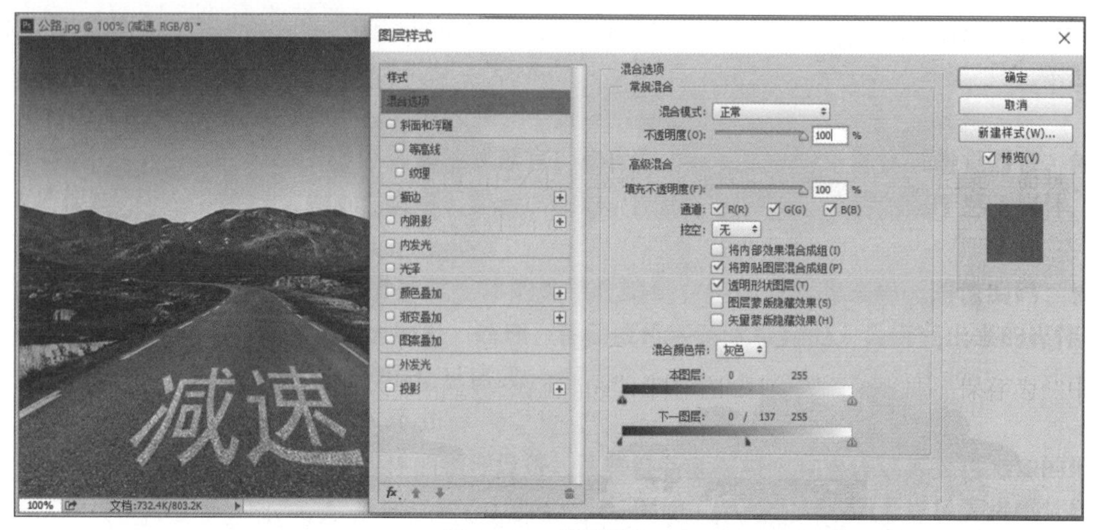

图 2-134　渗透效果

4. 保存文件。

保存文件名为“减速慢行 .psd”，另存为“减速慢行 .jpg”。

范例 2-9　落日黄昏

利用素材“落日 .jpg”制作图 2-135 所示的图片，保存为“落日黄昏 .jpg”。

图 2-135　落日黄昏样张

制作要求如下：

1. 打开“落日 .jpg”，将背景转换为普通图层。

（1）启动 Photoshop 软件，打开素材“落日 .jpg”。

（2）双击图层面板上的背景图层，在打开的“新建图层”对话框中将名称改为图层 1。

（3）使用自由变换命令适当缩小图层 1。

2. 绘制白色花边效果。

（1）在图层 1 的下方新建图层 2，填充黑色。

（2）在工具箱上设置前景色为白色。

（3）选择“画笔工具”，设置画笔类型为硬边圆，直径 30 像素，间距 90%。

（4）在图层 2 上沿着图层 1 的边缘绘制白色花边效果，如图 2-136 所示。

图 2-136　绘制花边

3. 制作文字效果。

（1）在图层 1 的上方新建图层 3，利用横排文字工具在画布左下方输入文字“落日黄昏”，白色，72 点，幼圆，加粗倾斜，设置消除锯齿的方法为浑厚。

（2）将文字图层的图层混合模式更改为“叠加”。

（3）执行“图层”｜“图层样式”｜“斜面和浮雕”菜单命令，设置斜面和浮雕结构为枕状浮雕，阴影的光泽等高线选择“内凹 - 深”，其他参数设置可参考图 2-137 所示。

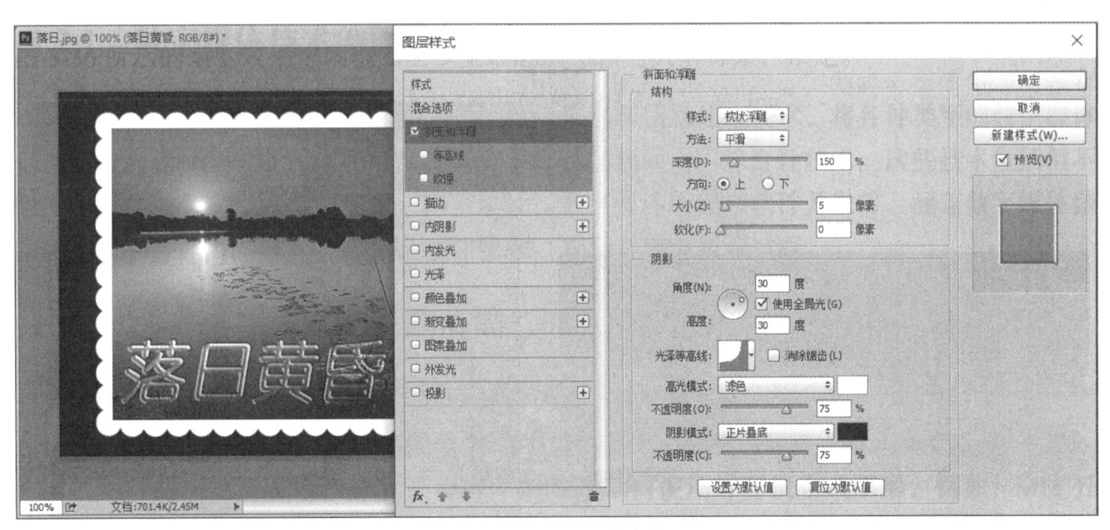

图 2-137　斜面和浮雕参数设置

4. 保存文件。

保存文件名为“落日黄昏 .psd”，另存为“落日黄昏 .jpg”。

2.7 滤镜使用

滤镜是图像处理软件中常用的一种工具，主要用来实现图像中的各种特殊效果，在Photoshop 中的使用也极为广泛。

2.7.1 滤镜简介

PS 滤镜是指 Photoshop 软件中提供的一种功能，可以对图片进行特效处理或增强图片效果的工具。通过使用滤镜，可以清除和修饰图像，不仅可以实现素描或印象派绘画外观的特殊艺术效果，还可以使用扭曲和光照效果等创建独特的变换。滤镜可以在不改变原始图片像素的情况下，对图片进行一系列的处理，例如，模糊、锐化、变形、光影、色彩等调整，从而改变图片的外观和质感。

2.7.2 滤镜基础

除了可以使用在“滤镜”菜单中找到 Photoshop 内置的滤镜外，还可以使用第三方开发商提供的某些滤镜作为增效工具。这些增效工具滤镜在安装后会显示在“滤镜”菜单的底部。

1. 滤镜分类

滤镜是 Photoshop 预设的特殊效果模板，采用不同的划分方法，可将 Photoshop 中的滤镜划分成不同的类别。

从效果上分，滤镜可分为校正性滤镜和畸变性滤镜。校正性滤镜的作用是弥补图像的缺陷，如清除原图像上的灰尘、划痕、色沉着和网点等，产生的效果比较微妙，有时甚至难以察觉。畸变性滤镜则主要是为了产生一些特技效果，改变的效果比较明显。

从与 Photoshop 结合的程度分，滤镜又可分为内置滤镜、外挂滤镜和特殊滤镜。内置滤镜是 Photoshop 自带的，被广泛应用于纹理制作、图像效果修整、文字效果制作等方面。外挂滤镜一般需要单独购买，然后安装使用。使用这些滤镜，可以得到其他滤镜无法得到的效果，如火焰、烟雾、融化、水滴等效果。特殊滤镜一般都有专门的用途，使用方法比较特殊，有别于内置滤镜，包括“抽出”“图案生成器”“液化”“消失点”等滤镜。

2. 滤镜使用原则

使用滤镜，可以从“滤镜”菜单中选取相应的子菜单命令。在选取滤镜时，需要注意以下几个原则：

① 滤镜应用于现用的可见图层或选区。

② 对于 8 位 / 通道的图像，可以通过“滤镜库”累积应用大多数滤镜。所有滤镜都可以单独应用。

③ 不能将滤镜应用于位图模式或索引颜色的图像。

④ 有些滤镜只对 RGB 图像起作用。

⑤ 可以将所有滤镜应用于 8 位图像。

⑥ 可以将下列滤镜应用于 16 位图像：液化、消失点、平均模糊、模糊、进一步模糊、

方框模糊、高斯模糊、镜头模糊、动感模糊、径向模糊、表面模糊、形状模糊、镜头校正、添加杂色、去斑、蒙尘与划痕、中间值、减少杂色、纤维、云彩、分层云彩、镜头光晕、锐化、锐化边缘、进一步锐化、智能锐化、USM 锐化、浮雕效果、查找边缘、曝光过度、逐行、NTSC 颜色、自定、高反差保留、最大值、最小值以及位移。

⑦ 可以将下列滤镜应用于 32 位图像：平均模糊、方框模糊、高斯模糊、动感模糊、径向模糊、形状模糊、表面模糊、添加杂色、云彩、镜头光晕、智能锐化、USM 锐化、逐行、NTSC 颜色、浮雕效果、高反差保留、最大值、最小值以及位移。

⑧ 有些滤镜完全在内存中处理。如果可用于处理滤镜效果的内存不够，软件会弹出一条错误消息。

3. 重复滤镜

在滤镜的应用过程中，经常会涉及重复上次滤镜的操作。在未执行滤镜命令前，“滤镜”菜单第一行显示“上次滤镜操作”，如图 2-138 所示。而当执行一个滤镜命令后，“滤镜”菜单第一行就会变成上次使用过的滤镜的具体名字，如图 2-139 所示。单击该命令或者按【Ctrl+F】组合键可以重复执行相同设置的滤镜命令。如果想修改上次滤镜的参数设置，按【Ctrl+Alt+F】组合键将打开上一次执行滤镜命令的对话框，在对话框中调整相关设置即可。

滤镜(T) 3D(D) 视图(V) 窗口(W) 帮助(H)
上次滤镜操作(F) Ctrl+F

图 2-138 滤镜菜单“上次滤镜操作”

图 2-139 执行过滤镜命令后“上次滤镜操作”变成上次滤镜的具体名字

4. 复位滤镜

在滤镜对话框中，如果需要对参数进行复位，可按住【Alt】键，在对话框中的“取消”按钮变成“复位”按钮后，单击该按钮即可完成对话框中参数的重置，如图 2-140 所示。

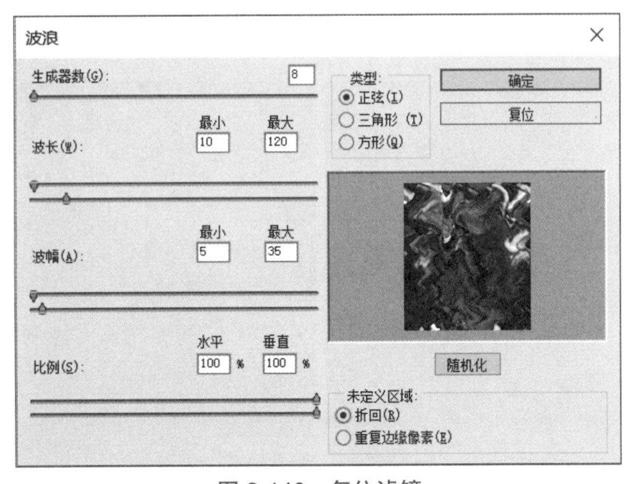

图 2-140 复位滤镜

2.7.3 滤镜应用

滤镜的应用主要通过“滤镜”菜单和“滤镜库”对话框完成。

1. 从“滤镜”菜单应用滤镜

从“滤镜”菜单选择相关滤镜可以应用在当前图层或智能对象。应用于智能对象的滤镜没有破坏性，并且可以随时对其进行重新调整。

在 Photoshop CC 2015 中，“滤镜”菜单主要提供了风格化、模糊、扭曲、锐化、像素化、渲染、杂色、液化等效果，如图 2-141 所示。

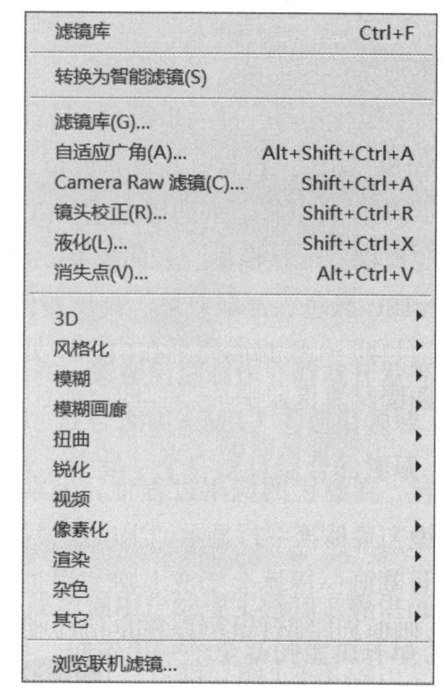

图 2-141 滤镜菜单

从“滤镜”菜单中选择相关滤镜的方法如下：

① 执行下列操作之一：

- 将滤镜应用于整个图层，需确保该图层是当前图层或选中的图层。
- 将滤镜应用于图层的一个区域，需确保该区域处于选中状态。
- 在应用滤镜时不造成破坏以便以后能够更改滤镜设置，需选择包含要应用滤镜的图像内容的智能对象。

② 从“滤镜”菜单的子菜单中选取一个滤镜。

③ 不出现任何对话框，则说明已应用该滤镜效果。

④ 出现对话框或滤镜库，则需要输入数值或选择相应的选项。

⑤ 如果对结果满意，单击“确定”按钮。图 2-142 所示为图像使用晶格化滤镜后的效果。

【注意】将滤镜应用于较大图像可能要花费很长的时间，可以在滤镜对话框中预览效果。在预览窗口中拖动以使图像的一个特定区域居中显示。在某些滤镜中，可以在图像中单击以使该图像在单击处居中显示。单击预览窗口下的“+”或“–”按钮可以放大或缩小图像。

图 2-142 原图及使用晶格化滤镜后的效果

2. 从滤镜库应用滤镜

滤镜库可以提供多种特殊效果滤镜的预览。在滤镜库中可以应用多个滤镜、打开或关闭滤镜的效果、复位滤镜的选项以及更改应用滤镜的顺序，如图 2-143 所示。需要注意的是，滤镜库并不提供“滤镜”菜单中的所有滤镜。

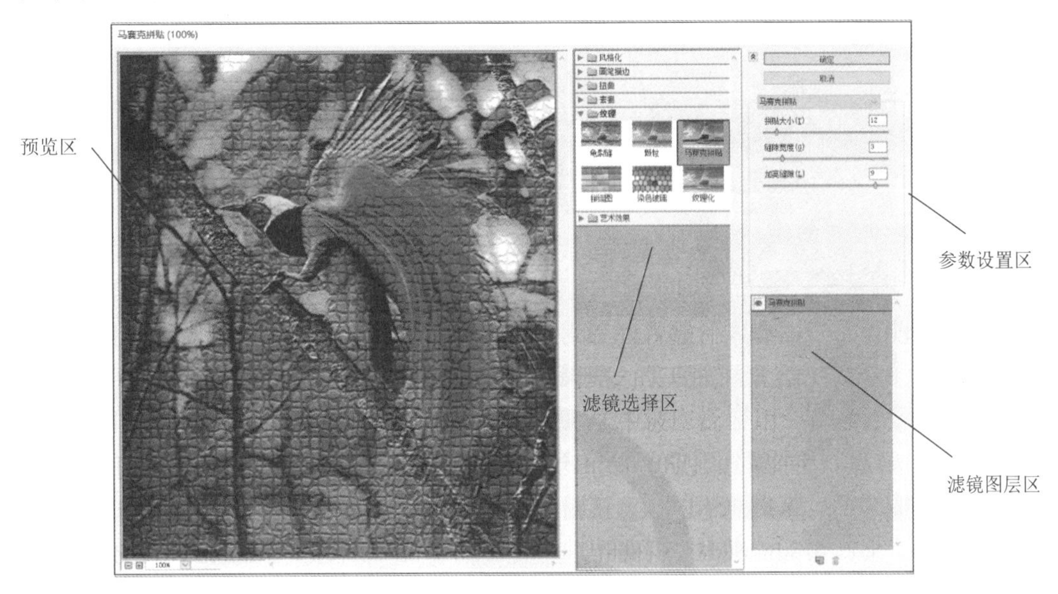

图 2-143 滤镜库

滤镜效果是按照它们的选择顺序应用的。在应用滤镜之后，可通过在已应用的滤镜列表中将滤镜名称拖动到另一个位置来重新排列它们。重新排列滤镜效果可显著改变图像的外观。单击滤镜旁边的眼睛图标，可在预览图像中隐藏效果。此外，还可以通过选择滤镜并单击“删除图层”图标来删除已应用的滤镜。

从滤镜库应用滤镜的方法如下：

① 执行下列操作之一：

- 将滤镜应用于整个图层，需确保该图层是当前图层或选中的图层。
- 将滤镜应用于图层的一个区域，需确保该区域处于选中状态。
- 在应用滤镜时不造成破坏以便以后能够更改滤镜设置，需选择包含要应用滤镜的图像内容的智能对象。

② 从“滤镜”菜单中单击“滤镜库”。

③ 单击一个滤镜名称以添加第一个滤镜。在滤镜选择区可以查看完整的滤镜列表。添加滤镜后，已应用的滤镜将出现在“滤镜库”对话框右下角滤镜图层区中。

④ 为选定的滤镜输入值或选择选项。

⑤ 执行下列操作之一：

- 要叠加应用多个滤镜，需单击“新建效果图层”图标，并选取要应用的另一个滤镜。重复此过程以添加其他滤镜。
- 要重新排列已应用的滤镜，需要拖动滤镜图层区的滤镜列表顺序。
- 要删除应用的滤镜，需要在已应用滤镜列表中选择滤镜，然后单击“删除图层”图标。

⑥ 如果对结果满意，单击“确定”按钮。图 2-144 所示为图像使用滤镜库中纹理化滤镜后的效果。

图 2-144 原图及使用“滤镜库”中纹理化滤镜后的效果

范例 2-10 狗狗快跑

利用素材“小狗 .jpg”，制作图 2-145 所示的图片，保存为“狗狗快跑 .jpg”。

图 2-145 狗狗快跑样张

制作要求如下：

1. 打开“小狗 .jpg”，制作边框。

（1）启动 Photoshop 软件，打开素材“小狗 .jpg”。

（2）利用“椭圆选框工具”在图像上建立一个椭圆形的选区。

（3）单击工具箱中的图标，或者按快捷键【Q】进入快速蒙版编辑状态，如图 2-146 所示。

（4）在画笔工具中选择“大油彩蜡笔”画笔，并将前景色设为白色。

（5）用画笔在快速蒙版覆盖区域的边缘涂抹，如图 2-147 所示。

（6）执行“滤镜”｜“滤镜库”菜单命令，在打开的对话框中选择“扭曲”|“玻璃”，设置参数为扭曲度 8，平滑度 4，单击“确定”按钮，添加滤镜效果，如图 2-148 所示。

图 2-146 快速蒙版编辑状态

图 2-147 涂抹蒙版覆盖区域边缘

图 2-148 添加滤镜效果后效果

（7）再次单击工具箱中的图标，或者按快捷键【Q】退出快速蒙版编辑状态，得到一个不规则的选区。

（8）反选，新建图层，填充白色，如图 2-149 所示。完成后取消选择，得到独立的边框图层，作为图层 1。

图 2-149 边框图层

2. 为边框图层添加图层样式。

（1）在边框图层上执行“图层”｜“图层样式”｜“描边”菜单命令，为边框图层添加描边效果。

（2）描边结构为内部 1 像素，填充类型为渐变，渐变选择为预设的“紫，绿，橙渐变”，其他参数可参考图 2-150 所示。

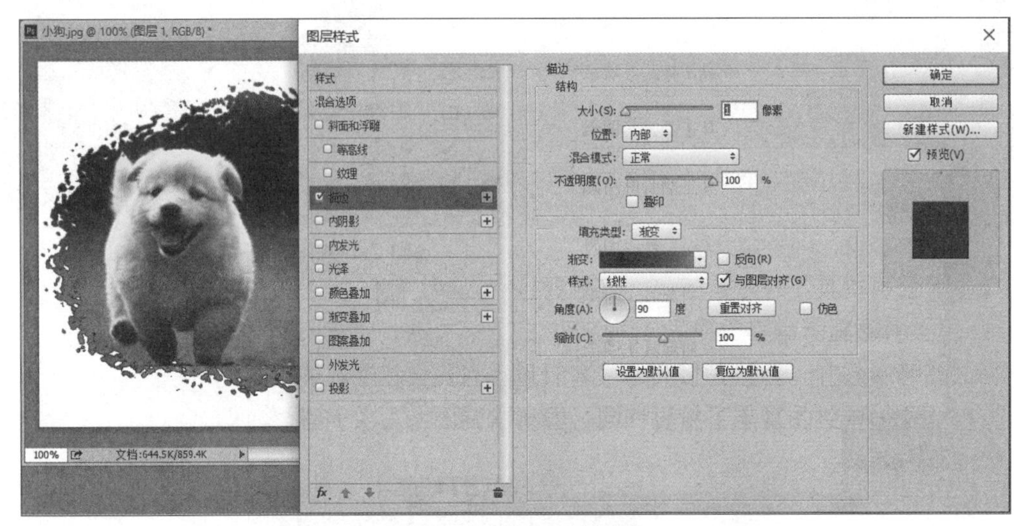

图 2-150　描边参数设置

3. 为背景图层添加滤镜效果。

在背景图层上执行“滤镜”｜“渲染”｜“镜头光晕”菜单命令，在打开的对话框中选择镜头类型为“电影镜头”，在画面中上部添加镜头光晕效果，如图 2-151 所示。

图 2-151　添加镜头光晕

4. 保存文件。

保存文件名为“狗狗快跑 .psd”，另存为“狗狗快跑 .jpg”。

范例 2-11　清凉冬意

利用素材“景色 .jpg”和“落叶 .jpg”，制作图 2-152 所示的图片，保存为“清凉冬意 .jpg”。

图 2-152　清凉冬意样张

制作要求如下：

1. 新建一个大小为 500×400 像素的白色画布，名称为“清凉冬意”。

启动 Photoshop 软件，执行“文件”｜“新建”菜单命令，打开“新建”对话框，创建一个宽度为 500 像素，高度为 400 像素，分辨率为 72，颜色模式为 8 位 RGB 颜色的白色画布，名称为清凉冬意。

2. 绘制渐变背景。

设置前景色为淡蓝色（#2B8FCE），背景色为白色，利用“渐变工具”，在背景上添加“前景色到背景色”的从左到右的线性渐变。

3. 添加“景色 .jpg”图片。

（1）在 Photoshop 中打开“景色 .jpg”，将其拖动到画布中，和背景水平垂直中齐，作为图层 1。

（2）使用自由变化命令，将图层 1 缩小为原始大小的 50%。

4. 制作镜框效果。

（1）利用椭圆选框工具，制作图 2-153 所示的选区。

图 2-153　绘制选区

（2）反选，再利用【Ctrl+J】组合键，将选区内的图像复制为新图层，作为图层 2。

（3）执行“滤镜”｜“滤镜库”菜单命令，在打开的对话框中选择“纹理”｜“龟裂纹”，设置参数为裂缝间距 16，裂缝深度 7，裂缝亮度 8，单击“确定”按钮，为图层 2 添加滤镜效果，完成后效果如图 2-154 所示。

图 2-154　为镜框添加龟裂缝滤镜效果

（4）为镜框添加图层样式：斜面和浮雕（大小为 12 像素，软化为 5 像素的外斜面）和投影。

5. 为图层添加滤镜效果。

（1）选择图层 1，执行“滤镜”｜“锐化”｜“锐化”菜单命令，为图层 1 添加锐化滤镜效果。

（2）再次执行“锐化”滤镜（快捷键【Ctrl+F】）。

6. 添加文字效果。

（1）选择直排文字工具，输入文字“清凉冬意”，字体为华文新魏，40 点，颜色为棕色（#6F5348）。

（2）设置变形文字，样式为拱形，方向垂直，弯曲 80%。

（3）添加白色 1 像素外部的描边，如图 2-155 所示。

图 2-155　添加文字效果

7. 添加“落叶 .jpg”图片。

（1）在 Photoshop 中打开“落叶 .jpg”，抠选出落叶后将其拖动到画布中，作为图层 3。

（2）使用套索工具，选择其中一片叶子后使用任意变形命令调整其大小和位置，可以用同样的方法处理另外一片叶子，让其错落摆放。

（3）选择图层 3，执行“滤镜” | “滤镜库”菜单命令，在打开的对话框中选择“画笔描边” | “阴影线”，设置参数为描边长度 10，锐化程度 10，强度 1，单击“确定”按钮，为叶子所在图层添加滤镜效果，完成后效果如图 2-156 所示。

图 2-156　添加落叶图片

8. 保存文件。

保存文件名为“清凉冬意 .psd”，另存为“清凉冬意 .jpg”。

2.8　路径与通道

在图像的进阶处理过程中，经常会涉及路径和通道的相关操作，本节将对这部分内容作一个简单介绍。

2.8.1　路径基础

在 Photoshop 中，路径中是基于“贝赛尔曲线”所构建的一段闭合或者开放的曲线段，所有使用矢量绘图软件或矢量绘图工具制作的线条都可以称为路径。路径作为 PS 中的重要工具，其主要用于进行光滑图像选择区域及辅助抠图，绘制光滑线条，定义画笔等工具的绘制轨迹，输出输入路径及和选择区域之间转换。路径可以转换为选区或者使用颜色填充和描边的轮廓，通过编辑路径的锚点，可以改变路径的形状。

路径主要由路径线段、路径锚点、方向点和方向线四个部分构成，如图 2-157 所示。

锚点用于标记路径段的控制点。通过编辑路径的锚点，可以方便地改变路径的形状。在曲线段上，每一个锚点有一条或两条控制线，在曲线中间的锚点有两条控制线，在曲线端点的锚点有一条控制线。控制线总是与曲线上锚点所在的圆相切，控制线呈现的角度和长度决定了曲线的形状。控制线的端点称为控制点，可以通过调整控制点来对整个曲线进行编辑。

路径可以由一个或多个路径组成，即由锚点连接起来的一条或多条线段组成。路径本身没有宽度和颜色，当对路径添加了描边后，路径才能跟随描边的宽度和颜色具有相应的属性。

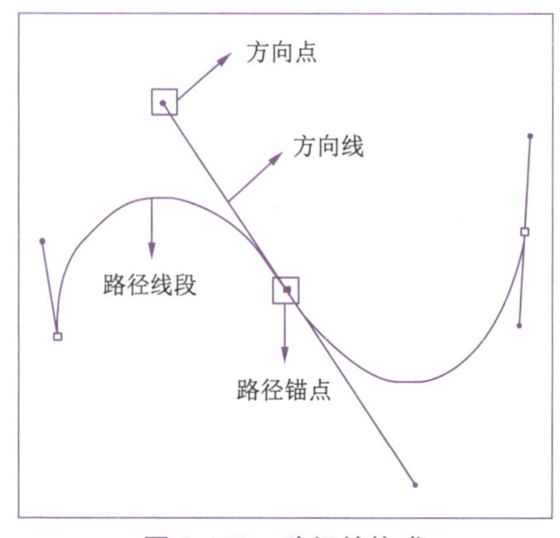

图 2-157 路径的构成

2.8.2 路径操作

Photoshop 工具箱中“路径”的相关工具组可用于路径的操作，如生成、编辑、设置等。涉及的工具主要有钢笔工具、自由钢笔工具、添加锚点工具、删除锚点工具、转换点工具等。工具箱中的形状工具也可用来创建和编辑路径。

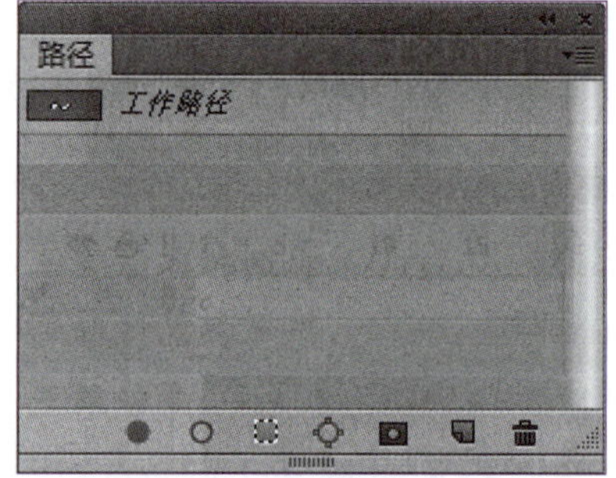

图 2-158 “路径”面板

此外，在 Photoshop 中也提供了一个专门的控制面板：“路径”面板。其主要由系统按钮区、路径控制面板标签区、路径列表区、路径工具图标区、路径控制菜单区所构成，如图 2-158 所示。在路径面板上，可以完成填充路径、勾勒路径、路径转换为选区、选区转换为路径、新建路径层和删除路径层的操作。

工作路径表示正在绘制的路径。工作路径永远只有一个，当没有选中工作路径而绘制新路径时，将会覆盖原有的工作路径。

2.8.3 通道基础

通道是存储不同类型信息的灰度图像，主要用来保存图像颜色数据和选区。在不同的图像模式下，通道是不一样的。通道层中的像素颜色是由一组原色的亮度值组成，可以理解为选择区域的映射。

在 Photoshop 中包含三种类型的通道：颜色通道、Alpha 通道和专色通道。

颜色信息通道是在打开新图像时自动创建的。图像的颜色模式决定了所创建的颜色通道的数目。例如，RGB 图像的每种颜色（红色、绿色和蓝色）都有一个通道，并且还有一个用于编辑图像的复合通道。图 2-159 所呈现的就是 RGB 图像及其通道面板信息。

【注意】各个通道默认是以灰度显示的，如果需要以原色显示通道，可在“编辑”|“首选项”|“界面”中进行更改。

图 2-159　RGB 图像及其通道面板信息

Alpha 通道是将选区存储为灰度图像。添加 Alpha 通道来创建和存储蒙版，可以用于保存选区和透明度信息，以处理或保护图像的某些部分。由 Alpha 通道创建的具有透明度的选区，其中白色部分对应 100% 选择的图像，黑色部分对应未选择的图像，灰色部分表示过渡选择。

专色通道指定用于专色油墨印刷的附加印版，如在印刷金色、银色时，一般都需要创建专色通道。

一个图像最多可有 56 个通道，所有的新通道都具有与原图像相同的尺寸和像素数目。通道所需的文件大小由通道中的像素信息决定。

2.8.4　通道操作

在实际运用中，通道一般用于储存色彩信息、创建选区、抠图、图层遮罩、特效文字制作、分色等操作。

单击通道面板上某个通道的名称或缩略图，即可独立显示该通道上的图像，各通道显示的图像效果如图 2-160 所示。在通道里面，白色是显示，黑色是不显示的部分。由于直接修改图像的通道信息会破坏图像的原有色彩，因此在需要对通道进行编辑时，可以通过复制一个新的通道，在通道副本上进行相关操作。需要注意的是，增加通道信息会大大增加文件的大小，所以在保存文档时应把无用的通道进行删除。

图 2-160　原图及各通道图像

范例 2-12　快乐音符

利用素材“琵琶.jpg”和“沙滩.jpg”,制作图 2-161 所示的图片,保存为“快乐音符.jpg”。

图 2-161　快乐音符样张

制作要求如下：

1. 将琵琶合成到沙滩图片中。

（1）启动 Photoshop 软件，打开素材“琵琶.jpg”和“沙滩.jpg”。

（2）抠选出琵琶后将其拖动到沙滩图片中，调整大小和位置，作为图层 1。

（3）为琵琶图层设置投影图层样式（角度 135°，距离 16 像素，大小 7 像素）。

2. 沿琵琶轮廓线制作路径文字。

（1）选择图层 1，执行“选择”｜“载入选区”菜单命令，打开“载入选区”对话框，单击“确定”按钮，将琵琶轮廓载入选区。

（2）执行“选择”｜“修改”｜“扩展”菜单命令，打开“扩展选区”对话框，设置扩展量为 20 像素，单击“确定”按钮。

（3）单击路径面板上的按钮 ，将选区生成工作路径。

（4）选择横排文字工具，在其属性栏设置字体为黑体，18 点，棕色（956d4f），在路径上单击，输入文字“快乐音符”，并复制多个，使其充满整个路径，如图 2-162 所示。

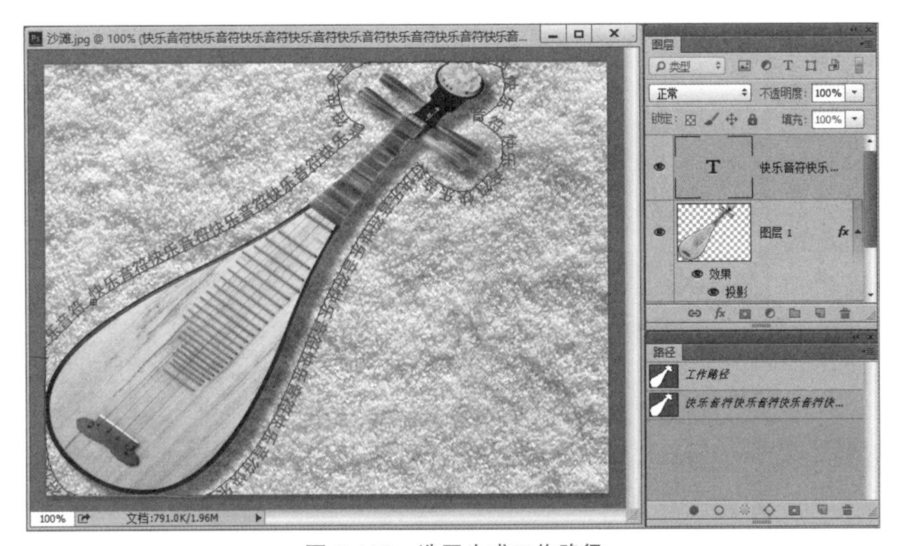

图 2-162　选区生成工作路径

3. 制作标题文字。

（1）新建图层 2，并关闭图层文字的可见性。

（2）利用“钢笔工具”绘制曲线，如图 2-163 所示。

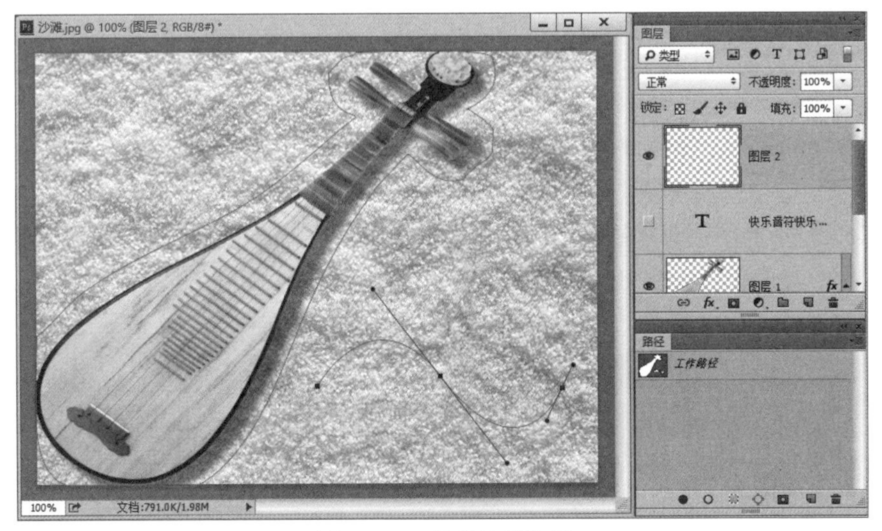

图 2-163　钢笔绘制路径

（3）选择横排文字工具，在其属性栏设置字体为华文彩云，72 点，在路径上单击，输入文字“快乐音符”，适当调整文字间距。

（4）打开所有图层的可见性。

4. 保存文件。

保存文件名为“快乐音符 .psd”，另存为“快乐音符 .jpg”。

2.9 综合案例

利用素材“雁门关 .jpg”“大雁 .jpg”“天空 .jpg”，制作图 2-164 所示的图片，保存为“中华第一关 .jpg”。

图 2-164　中华第一关样张

制作要求如下：

1. 图像合成。

（1）启动 Photoshop 软件，打开素材文件，把“天空 .jpg”图片复制到“雁门关 .jpg”图片中，适当调整其大小，按样张放置。

（2）对天空所在图层添加图层蒙版，使用渐变工具进行从前景（白色）到背景（黑色）、不透明度 100%、的线性渐变（反向）。

2. 制作相框。

（1）合并背景和天空两个图层。

（2）利用矩形选框工具和多边形套索工具，制作如样张所示的相框。

（3）为相框添加马赛克拼贴的滤镜效果，及枕状浮雕的图层样式。

3. 添加大雁图像。

（1）在 Photoshop 软件中打开素材“大雁 .jpg”，使用相关工具，抠选出大雁部分，复制粘贴生成新图层。

（2）将大雁缩小为原来的 40%，水平翻转，按样张放置。

（3）为大雁图层添加投影的图层样式。

4. 添加文字。

（1）在样张所示位置添加直排文字：中华第一关（华文行楷，100 点），并加 6 像素外部描边，颜色为渐变色中的蓝，红，黄渐变。

（2）将文字图层的填充设为 0，以制作透明字的效果。

5. 色彩调整。

单击图层面板的“创建新的填充或调整图层”，添加曲线调整，适当向上拖动曲线，使整个图像变亮。可参考图 2-165 所示的曲线参数。

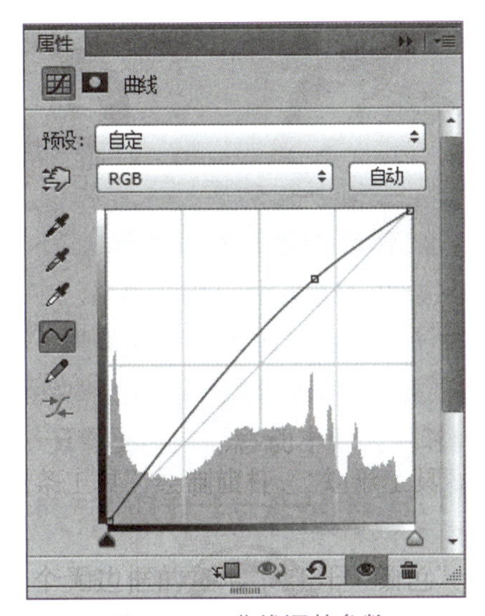

图 2-165　曲线调整参数

5. 保存文件。

保存文件名为“中华第一关 .psd”，另存为“中华第一关 .jpg”。

第3章 动画制作

本章概要：

本章主要介绍了动画制作的基础知识和实际操作技巧。从动画的基本概念、分类、制作流程，到文件格式和常用软件的介绍。进一步通过 Animate 软件的入门教程，详细讲解了帧、元件、动画类型，并结合丰富的范例，教授了逐帧、补间、引导层、遮罩和骨骼动画的制作方法，最后通过三维动画简介和综合案例，深化了动画制作的综合应用。

学习目标：

◎掌握动画的基础知识；

◎熟悉动画的分类和制作流程；

◎了解常见的动画文件格式和制作软件。

3.1 动画制作基础

3.1.1 动画的基本概念

动画是一种集合了多种艺术门类于一身的综合艺术，它运用特定的技术手段和表现方式，通过连续播放一系列相关联的画面，创造出具有生命力和感染力的活动影像。动画的产生利用了视觉暂留效应，让观众感受到画面连续运动的错觉。视觉暂留，又称“余晖效应”，是指当人眼在观察物体时，物体反射的光线在视网膜上形成影像，由于大脑处理视觉信息需要时间，当物体快速移动时，视网膜上的旧影像不会立刻消失，一般会持续存在 0.1 ～ 0.4 s，具体时长受光线强度、颜色和个体差异等因素影响。这种视觉暂留的现象使得人眼在观察一系列快速变化的图像时，大脑自动将它们组合成了连续的动态画面。

中国古代的走马灯是利用视觉暂留原理的一个早期例子，通过快速旋转带有图案的灯笼，让图案看起来呈现出动态的效果。人眼的视觉暂留特性对于理解视觉传达机制、发展早期动画技术以及现代视觉媒体的制作和体验都至关重要。

3.1.2 动画的分类

根据不同的分类方式，动画可以分成各种不同的类别，这些分类展示了动画作为一种艺术形式和媒介的多样性和广泛性。随着技术的发展和观众观看习惯的变化，动画的传播方式也在不断地发展和演变。以下按技术形式、传播方式、创作性质三种分类方式介绍一下动画的类别。

1. 按技术形式分类

（1）手绘动画

主要采用手绘的方式在不同材料上绘制图案来制作动画，包括传统手绘动画、赛璐珞动画、数字手绘动画等。例如，1960 年 7 月，由上海美术电影制片厂摄制完成的世界上第一部水墨动画片《小蝌蚪找妈妈》，以及水墨动画片《牧笛》等。

（2）摆拍动画

摆拍动画通常指的是定格动画，制作时需要根据导演的设想创设环境和情节，逐帧移动物体并拍摄实际物体的动作，然后合成动画影片后连续播放以创造动态效果的动画技术。主要包括黏土动画、木偶动画、纸偶动画、剪纸动画等，如《阿凡提》《企鹅家族》等。

（3）计算机生成动画

计算机生成动画（computer-generated animation，简称 CG 动画）是一种使用计算机软件和硬件来创建动画的技术。与传统的手绘动画或摆拍动画不同，CG 动画依赖于数字技术来生成图像和动画效果。按照制作原理，计算机生成动画通常可以分为平面动画（二维动画）和立体动画（三维动画）两种类型。

随着技术的不断发展，计算机生成动画的形式也在不断创新和扩展，广泛应用于电影、电视、广告、游戏、虚拟现实和增强现实等领域。例如虚拟现实动画，它是三维动画的一种高级形式或应用领域，结合虚拟现实技术，提供了一个沉浸式的、可以交互的三维环境，使观众获得更加丰富和逼真的视觉体验。此外，AI 技术在动画制作中的应用也越来越广泛，使用人工智能技术来辅助或自动化完成动画制作，将为动画师提供新的工具和可能性。

（4）合成动画

合成动画通常是指将多种不同的动画技术或元素结合在一起，创造出独特视觉效果的动画。其运用的技术包括实拍与动画的结合、二维与三维动画的结合等，可以增强视觉表现力，实现完全虚构或者现实中难以拍摄的场景。合成动画通常涉及抠像技术、3D 建模、特效添加、色彩校正以及多层图像的合成等多个步骤，使用软件如 Adobe After Effects、NUKE 等完成。国产电影《捉妖记》就是一部典型的真人与 CG 动画合成的作品，此外许多商业广告和网络短片也大量运用了合成动画。

2. 按传播方式分类

① 电视动画：通过电视台播放的连续剧形式的动画作品。

② 剧场动画：专为电影院上映而制作的高质量动画电影。

③ OVA（original video animation）动画：直接发行于视频媒体（如 DVD 光盘）的动画作品，不首先在电视或电影院上映。

④ 网络动画：专为互联网平台制作的动画作品，如视频社交媒体上的动画。

⑤ 实验动画：侧重于探索新的动画技术和艺术表达方式的非商业动画，注重艺术创新和实验性质。

⑥ 新兴媒体动画：包括在移动智能设备、游戏、虚拟现实（VR）、增强现实（AR）等新兴平台和技术设备上播放的动画。这类动画利用新技术和新平台的特性，提供独特的观看体验和互动性。

3. 按创作性质分类

① 商业动画：以盈利为主要目的的动画作品，包括影视动画、广告动画、MTV 动画、产品演示宣传动画等。

② 艺术动画：通过不同的绘画技巧和不同的故事情节为观众创造一种视觉艺术享受的动画作品，注重艺术表现和创意探索，例如实验动画。

③ 教育动画：旨在传授知识或技能的教育型动画作品。

除上述分类方式以外，动画还可以按题材分为科幻、运动、搞笑、萌系等类别。这些分类方式并不是相互排斥的，一部动画可能同时属于多种类别。例如，一部水墨动画既可以属于手绘动画，又可以属于艺术动画；而一部三维动画则可能同时属于计算机生成动画、商业动画以及科幻题材等多个类别。

3.1.3 动画的制作流程

动画制作是一个复杂的过程，涉及多个阶段和专业团队的协作。图 3-1 展示了一个简化的动画制作流程，包含最初的概念开发到最终的审查与发布。每个阶段都可能包含多个子任务和迭代过程，以确保动画的质量。实际的动画制作流程可能会根据项目的具体需求和动画类型的不同而有所变化。

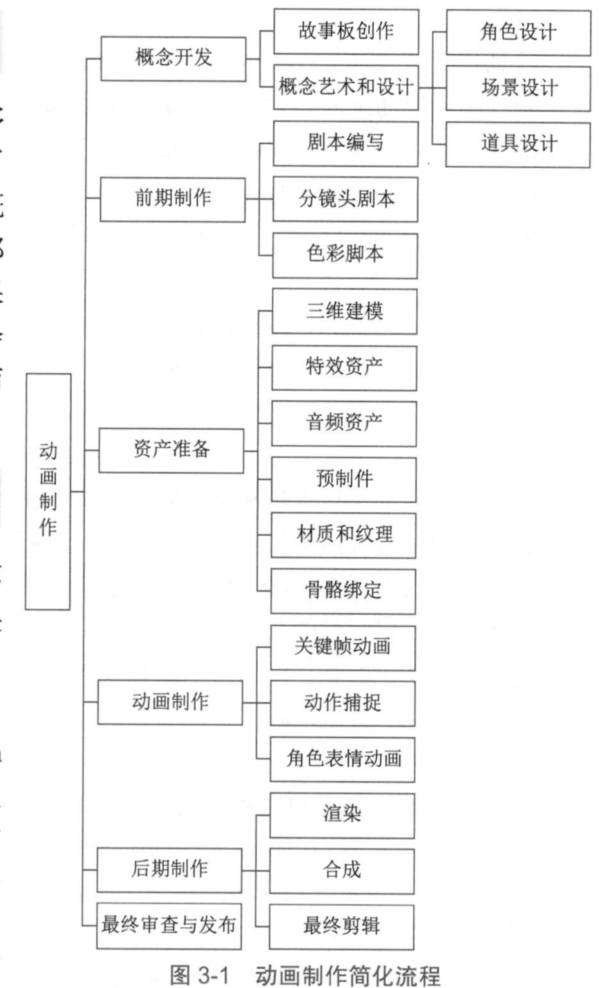

图 3-1 动画制作简化流程

3.1.4 常见的动画文件格式

在动画制作过程中，会使用到多种不同的文件格式来存储和交换数据。以下是一些常见的动画文件格式：

① FLA（flash professional format）：FLA 文件是一种项目文件，是 Adobe Flash Professional（现称 adobe animate）的原生文件格式，它包含了创建动画所需的所有资源和设置。

② SWF（shock wave flash）：一种矢量动画格式，容量小，曾广泛应用于网页

动画和游戏，适用于 Adobe Flash Player 播放。

③ GIF（graphics interchange format）：广泛应用于网络分享的简单动画，支持透明背景和循环播放。

④ FLV（flash video）：设计用于在线流媒体播放，允许用户在视频下载完成之前开始观看。随着 HTML5 和现代浏览器技术的发展，FLV 格式的使用已经逐渐减少。

⑤ AVI（audio video interleave）：一种视频容器格式，可以包含多种编码的视频和音频数据。

⑥ MP4（MPEG-4 Part 14）：一种流行的视频格式，兼容性好，支持高清视频和多种视频编码标准，是视频分享、点播、高清视频存储和在线视频流媒体服务的首选格式之一。

⑦ MOV（QuickTime movie）：由 Apple 公司开发的一种视频容器格式，支持多种编码和解码标准，在电影制作、专业视频编辑和动画制作中被广泛使用。

⑧ AEP（After Effects Project）：Adobe After Effects 的项目文件格式，包含了项目的完整信息，如动画的图层、效果和合成设置等。

⑨ 3DS（3D studio）：是 Autodesk 3ds Max（当时称为 3D studio）的原生文件格式，包含模型、动画和材质信息。

⑩ FBX（filmbox）：由 Autodesk 公司开发的一种用于三维数据交换的文件格式，被广泛应用于电影和电视行业、游戏开发、建筑可视化和其他多个领域。

⑪ MAX：3ds Max 的另一种原生文件格式，用于保存项目的所有数据。

除上述文件格式以外，动画文件还有很多其他的格式，不同的文件格式具有不同的特点和用途，选择合适的格式取决于项目需求、软件兼容性和最终的发布平台。随着技术的发展，新的文件格式将不断出现，以满足行业的需求。

3.1.5 常用的动画制作软件

动画制作软件根据其功能和适用范围大致可以分为二维动画软件和三维动画软件两大类。以下是几种常用的动画制作软件：

（1）二维动画软件

Adobe Animate（前身为 Adobe Flash）、Toon Boom Harmony、TVPaint Animation、万彩动画大师、Procreate 等。

（2）三维动画软件

Autodesk Maya、3D Studio Max（3ds Max）、Blender、Houdini、Cinema 4D（C4D）等。

除上述两大类以外，动画还有一些跨领域或特定功能的软件，例如 Adobe After Effects（特效合成）、Adobe Premiere Pro（视频编辑）、Unity（游戏开发）等，它们也常用于动画项目的后期制作和编辑。

3.2 Animate 入门

本书以 Adobe Animate 为例介绍二维动画的制作方法。Animate 是一款强大的动画创作软件，它支持用户创建丰富多样的二维动画、交互式内容、游戏、广告等，无论是初学者还是专业人士都能借助其全面的功能创造出精彩的动画作品。

3.2.1 Animate 简介

1. 工作界面简介

Adobe Animate 的工作界面有多种布局方式，用户可以选择默认搭配好的布局类型，也可以执行“窗口”菜单命令，自定义添加各类窗口面板进行布局，以提高工作效率。以“基本功能”布局类型为例，如图 3-2 所示，布局设计功能丰富、直观，可以满足基础动画制作的需求。

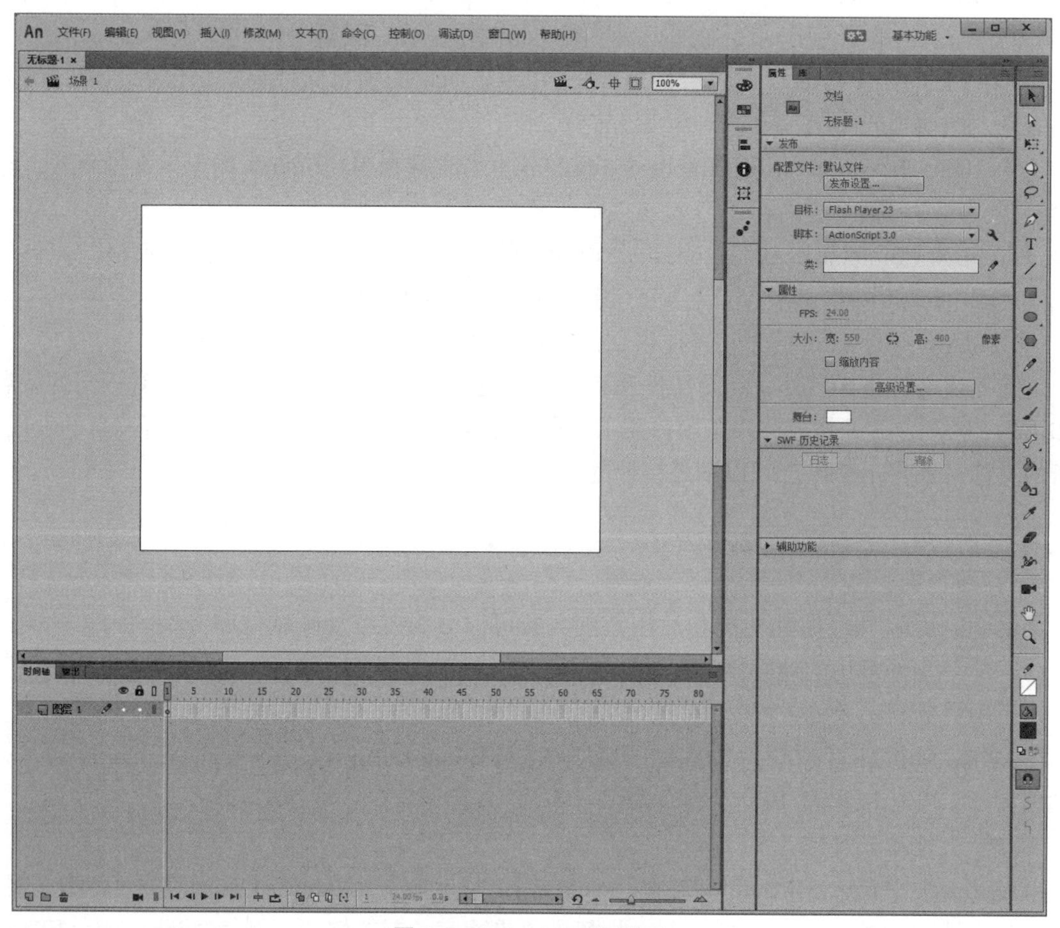

图 3-2 Animate 工作界面

Animate 工作界面的主要组成部分包括：

（1）菜单栏

菜单栏位于工作界面顶部，包含多个下拉菜单，如“文件”“编辑”“修改”“窗口”等，用于访问各种命令和选项。

（2）工具栏

工具栏通常位于工作界面任一侧或顶部，提供了一系列工具按钮，如选择工具、画笔工具、文本工具等。部分工具带有下拉箭头，可扩展出更多工具选项。

（3）时间轴面板

时间轴面板通常位于工作界面底部，是动画创作的核心。它包含了图层、帧和时间滑块等，用于控制动画的图层顺序、帧序列、播放测试等。

（4）舞台

舞台即创作工作区，是编辑矢量图形、文本、按钮、位图图像等元素和预览动画的地方。可以通过更改缩放比率级别来查看整个舞台，或放大查看舞台的特定区域。

（5）属性面板

属性面板一般位于工作界面右侧，会根据所选工具、帧或舞台上的对象类型显示相关属性和设置选项。

（6）库面板

库中存储了动画制作中所需的资源，包括元件（如图形、按钮和影片剪辑元件）等，可以在此管理并重复调用素材资源。

【注意】本书所用动画软件版本为 Adobe Animate CC 2017。若要修改用户界面配色，可以执行“编辑”｜“首选参数”菜单命令，打开“首选参数”对话框，在其内进行设置。本书后续截图均为应用“浅”的界面主题时截取，如图 3-3 所示。

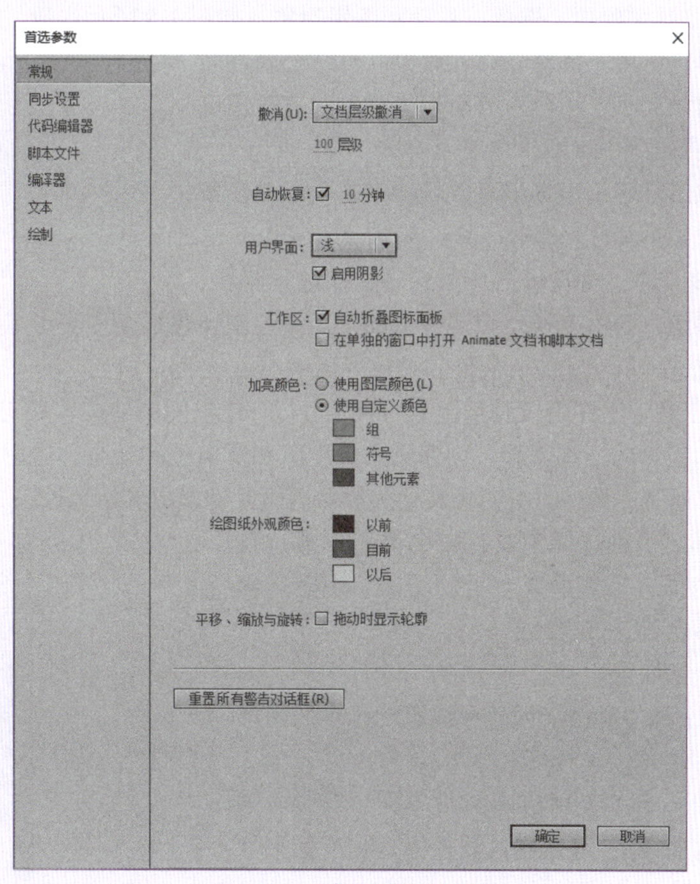

图 3-3 用户界面颜色设置

2. 常用工具简介

Adobe Animate 的工具栏包含了多种类型的动画制作工具，方便用户快速选择并使用。如图 3-4 所示，按工具栏的默认划分方式，大致可以将工具分为选择和编辑工具、绘图和文本工具、颜色和骨骼工具、视图工具几大类。此外，在选择特定的工具后，可以在颜色工具属性和绘图工具属性栏进行相应的工具属性设置。

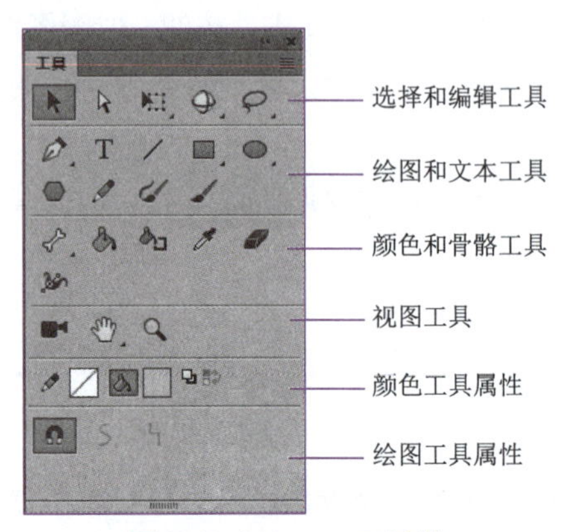

图 3-4 Animate 工具栏

（1）选择和编辑工具

选择和编辑工具主要用于选择、移动和编辑对象，如图 3-5 所示。

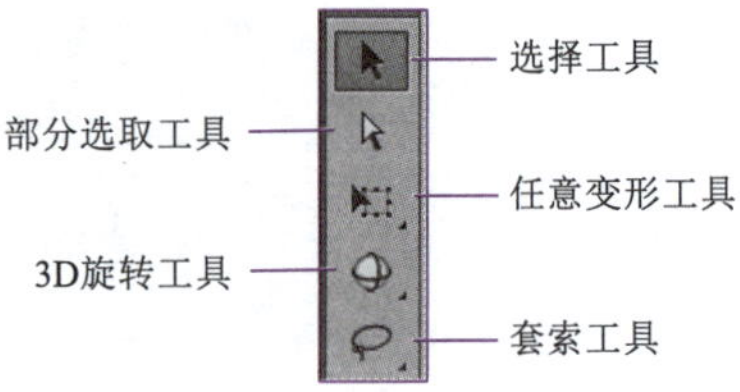

- 选择工具：可用于选择、移动对象，可结合属性面板调整对象大小，结合对齐面板将对象对齐，还可以用于线条或轮廓对象的变形操作。
- 部分选取工具：用于选择对象的特定部分，如线条或形状的某一部分。
- 任意变形工具：功能包括自由旋转、缩放、倾斜、扭曲、斜切、自由变换点控制等。同一工具组中还包括渐变变形工具，主要用于对渐变填充进行重新定位、旋转和缩放等调整。
- 3D 旋转工具：允许用户对舞台上的对象进行三维空间中的旋转和定位，从而为二维动画添加逼真的三维效果，创建具有深度感和真实感的动画。适用于多种类型的图形元素，通常需要将目标对象转化为影片剪辑元件以更灵活地控制 3D 变换。
- 套索工具：一种选择工具，它允许用户通过自由绘制的方式来选择舞台上的对象，用于选择复杂或不规则分布的对象。

选择工具
部分选取工具
任意变形工具
3D旋转工具
套索工具

图 3-5 选择和编辑工具

（2）绘图和文本工具

绘图和文本工具主要用于创建和编辑动画中的图形元素和文本内容，如图 3-6 所示。

- 钢笔工具：用于绘制精确的路径（如直线或平滑流畅的曲线），可以通过调整锚点和手柄来修改路径形状。

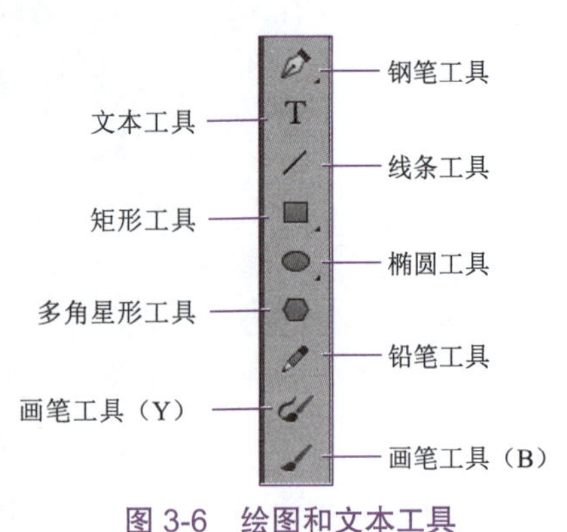

图 3-6 绘图和文本工具

- 文本工具：用于在舞台上创建文本对象。
- 线条工具：用于绘制直线，可搭配选择工具转化为曲线。
- 矩形工具：用于绘制矩形，支持圆角矩形的绘制。
- 椭圆工具：用于绘制圆形或椭圆形，可以设置开始和结束角度来绘制圆弧或扇形。
- 多角星形工具：用于绘制多边形或星形，可以设置边数和星形的顶点大小。
- 铅笔工具：用于绘制自由形式的线条和形状，可以选择不同的笔触、样式、宽度和颜色。
- 画笔工具（Y）：多功能的绘图画笔工具，允许用户以类似于真实画笔的方式在舞台上绘制。如图 3-7 所示，可以在此画笔工具的属性面板打开“画笔库”，选择特殊形状画笔进行绘制。此种画笔工具的颜色属性对应的是笔触颜色。
- 画笔工具（B）：可以通过设置笔刷的形状和大小等参数来自定义画笔，如图 3-8 所示。此种画笔工具的颜色属性对应的是填充颜色。

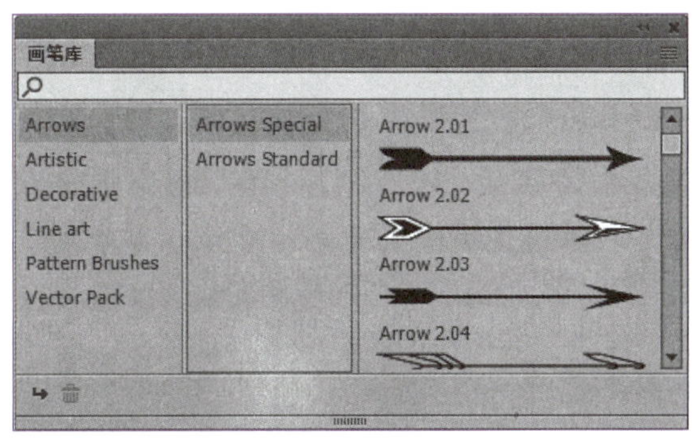

图 3-7　画笔库

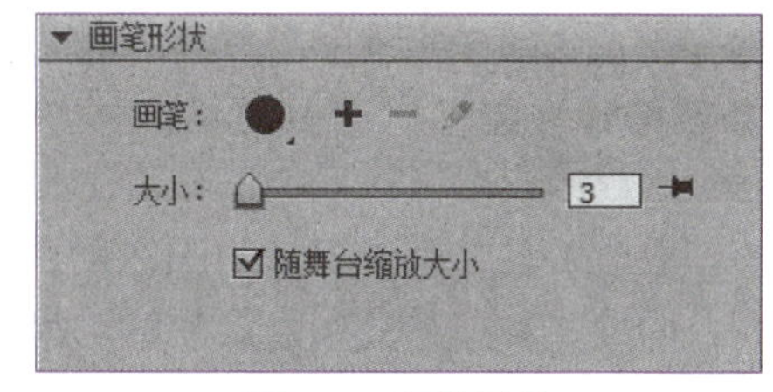

图 3-8　画笔形状

在使用绘图工具组的工具时，如图 3-9 所示，若对象绘制模式为关闭状态（按钮弹起），则绘制出的对象被选择工具选中时，会呈现由无数像素化小点构成的散件状态，当多个像素化图形叠加时，上层图形像素会将下层图形像素遮盖替代；若对象绘制模式开启（按钮按下），绘制出的对象被选择工具选中时，能保持其矢量图形的属性，不会出现像素化，且多个图形之间互不干扰。

（3）颜色和骨骼工具

颜色工具主要用于调整矢量图形的颜色，包括笔触颜色（对象的轮廓或线条颜色）和填充颜色（对象的内部颜色）。对于位图图像，由于位图是由像素组成的栅格图像，因此不能直接修改图像的颜色，但可以使用橡皮擦工具来擦除图像的某些部分或使用颜料桶工具为图像添加颜色。骨骼工具用于创建骨骼动画，在编辑复杂角色动画时有较多的应用。颜色和骨骼工具的相关按钮如图 3-10 所示，其对应功能如下：

- 骨骼工具：可以为角色或其他对象添加骨骼，使得图形各部分可以随着骨骼的位置变化而变化，实现更加自然、流畅的动画效果。
- 颜料桶工具：用于填充封闭路径或选定区域的颜色，设置颜色属性时对应的是填充颜色，可以选择纯色、渐变或位图填充。
- 墨水瓶工具：用于更改图形的描边颜色，设置颜色属性时对应的是笔触颜色。

- 滴管工具：用于颜色的采样。
- 橡皮擦工具：用于擦除矢量图形的笔触或填充部分。
- 宽度工具：用于调整线条或笔触的粗细，创建可变宽度的线条效果。

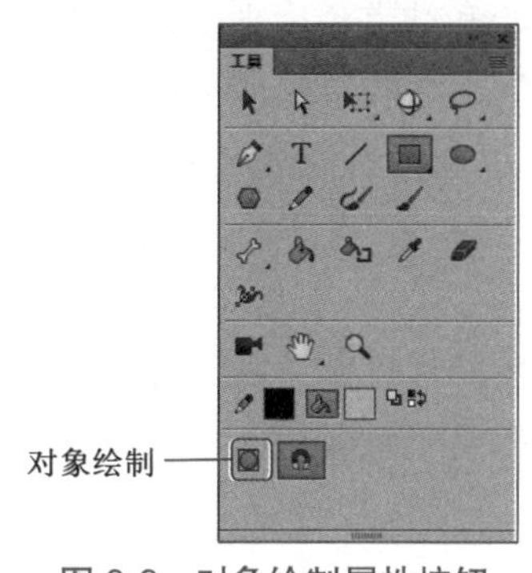

图 3-9　对象绘制属性按钮

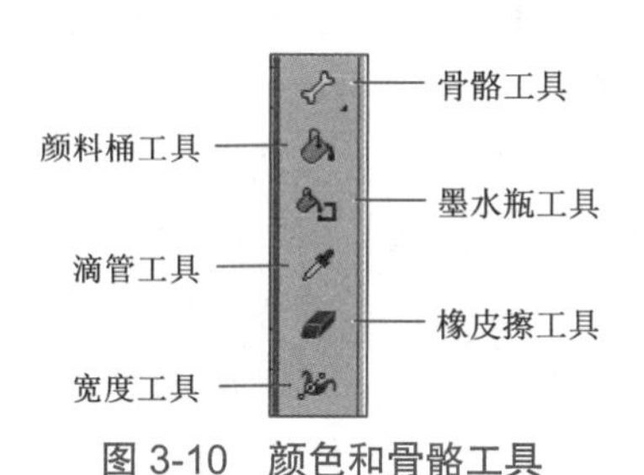

图 3-10　颜色和骨骼工具

（4）视图工具

如图 3-11 所示，在 Animate 中，视图工具组包括摄像头、手形工具和缩放工具，它们主要用于控制用户在舞台上查看内容的方式。

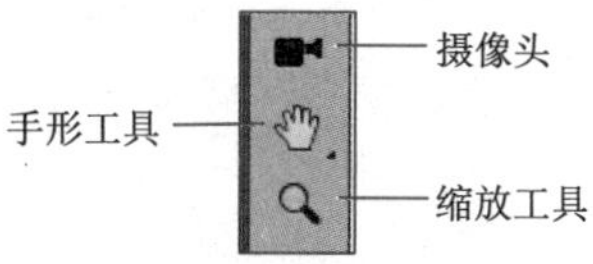

图 3-11　视图工具

- 摄像头：摄像头允许用户在动画场景中设置虚拟摄像头，用户可以定义摄像头的位置、目标和视角，从而实现动态的视图变化。
- 手形工具：手形工具用于在舞台上移动视图，就像使用手在纸上移动图像一样。
- 缩放工具：缩放工具用于放大或缩小舞台工作区的视图比例。

3. 窗口面板的使用

Animate 的“窗口”菜单中提供了一系列多功能的窗口面板，这些面板可以帮助用户更有效地创建和管理动画项目。常用的窗口面板有：

① 时间轴面板：用于管理动画图层、动画中的帧、播放顺序和动画时长。

② 库面板：存储所有项目中使用的资产，如图形、按钮、影片剪辑和音频文件。可以导入、管理、删除和预览库中的资源。

③ 工具栏：提供了一系列工具，用于绘制、选择、编辑和变换舞台上的对象。

④ 属性面板：显示当前选中对象的属性，并允许用户修改这些属性，如颜色、大小等。

⑤ 颜色面板：用于选择和编辑颜色，包括基本颜色、渐变和高级颜色设置。

⑥ 对齐面板：提供对齐和分布对象的工具，可以快速对齐对象的边缘、中心或分布对象的间隔。

⑦ 变形面板：用于对对象进行更高级的变换操作，如旋转、缩放、倾斜和扭曲。

4. 文档属性设置

在 Animate 中，对于文档属性的设置可以在创建新文件时进行，也可以在项目进行过程中进行调整。若要新建文档，用户可以通过执行“文件”|“新建”菜单命令，打开图 3-12 所示窗口来设置并创建；若文档已经存在，要对其基本参数进行编辑，可以通过执行“修改”|“文档”菜单命令，打开如图 3-13 所示窗口来设置，可设置项包括舞台大小、颜色、帧频等。其中，帧频是指动画播放的速度，通常以每秒播放的帧数（fps）为度量单位。

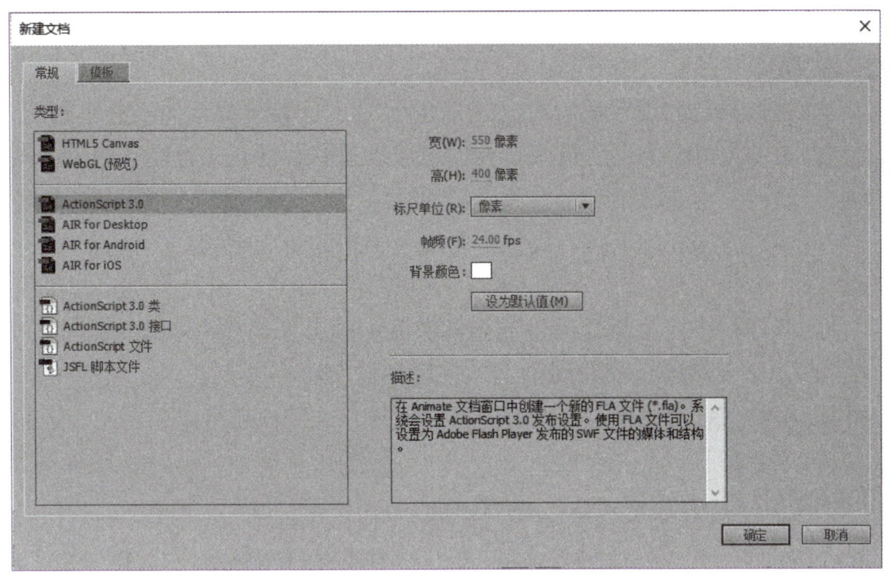

图 3-12 “新建文档”对话框

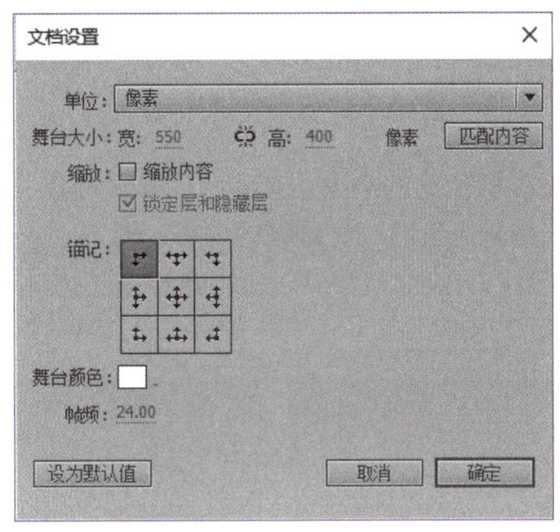

图 3-13 “文档设置”对话框

5. 文件保存

执行“控制”|“测试影片”|“在 Animate 中”菜单命令，或者按【Ctrl+Enter】组合键，可以进行动画预览，若要保存和传输动画，需要在 Animate 中将动画保存或导出。Animate 支持多种文件格式的保存和导出。基础动画项目保存为 .FLA 格式，这是 Animate 的原生文件格式，包含所有编辑图层和动画信息，可以使用“文件”|“保存”或“文件”|“另存为”菜单命令来保存创建，确保创作内容的安全与持续编辑能力。完成的动画可以导出为多种格式，如 .GIF、.SWF、.SVG、.HTML5 Canvas、视频文件等，可以使用“文件”|“导出”菜单命令来保存创建，以适应不同平台的使用需求。

3.2.2 帧的概念和类型

在 Animate 中，帧是构成动画的基本单位，按照功能和特性不同，主要可以分为以下几种类型：

1. 空白关键帧

空白关键帧是指舞台上没有任何内容的关键帧，在时间轴上显示为空心小圆圈，如图3-14所示。插入空白关键帧可以为即将放入舞台的对象准备好容器，一旦在空白关键帧中创建了内容，它就会自动转变为关键帧。若在关键帧后插入空白关键帧，则可以在此帧处清空前面关键帧的连续内容，为添加的新内容提供一个舞台空白的新起点。

2. 关键帧

关键帧是动画序列中定义变化发生或内容改变的帧，在舞台上表现为具体的内容对象，如图形、文本、元件实例等。在时间轴上，关键帧以实心小圆点表示，如图 3-15 所示。在关键帧上，可以编辑和修改舞台上的实例对象。此外，关键帧还可以包含用于控制动画某些方面的代码或脚本。在前一个关键帧的后面任一帧处插入关键帧，可以复制前一个关键帧上的对象，并可对其进行编辑操作。

图 3-14 空白关键帧

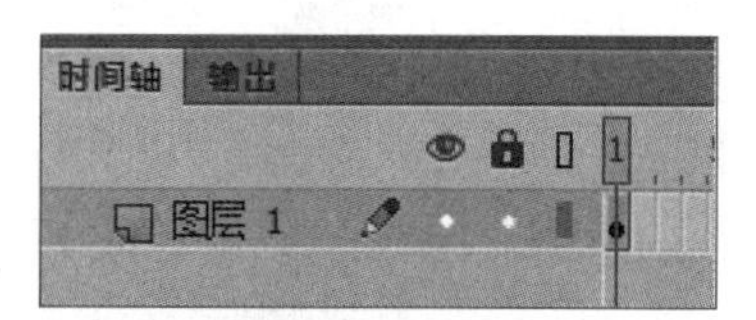

图 3-15 关键帧

3. 普通帧

普通帧在时间轴上用灰色填充的小方格表示，位于关键帧之后或之间，如图 3-16 和图 3-17 所示。普通帧主要用于延续前一关键帧的内容，而不引入新的变化。若普通帧在空白关键帧后，表示延续舞台空白的时长。在任一普通帧内进行内容修改，则前一个关键帧或空白关键帧会同步更改，反之亦然。

图 3-16 关键帧后的普通帧

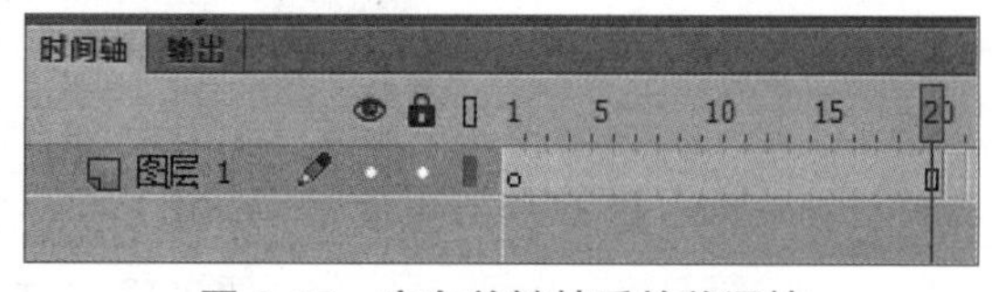

图 3-17 空白关键帧后的普通帧

4. 过渡帧

过渡帧是关键帧之间创建补间动画后自动生成的帧，用于平滑地过渡关键帧内容的变化，使动画看起来流畅。Animate 会自动计算这些帧的内容，根据关键帧间的差异创建补间动画。如图 3-18 和图 3-19 所示，为传统补间运动过渡帧和补间形状过渡帧。

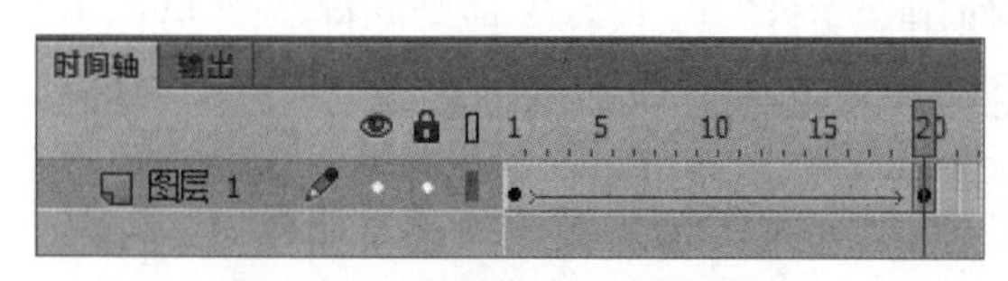

图 3-18 传统补间运动过渡帧

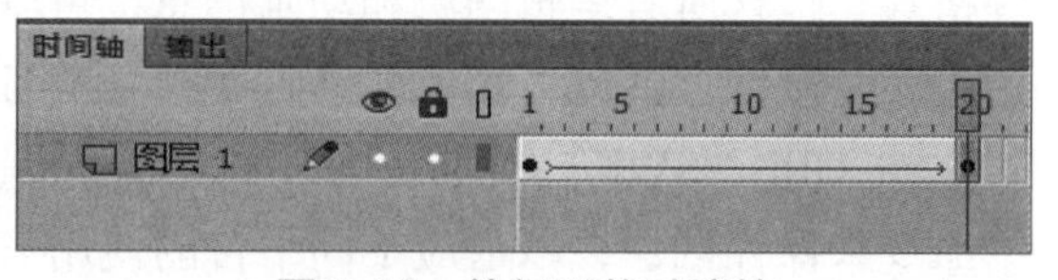

图 3-19 补间形状过渡帧

5. 属性关键帧

属性关键帧是用于记录和定义动画对象在特定时间点的属性值的关键帧，例如位置、大小、颜色、透明度等的变化，它需要在关键帧后才能生成。如图 3-20 所示，在补间动画中，通过设置不同的属性关键帧，Animate 可以自动生成中间帧，实现两个或多个属性关键帧之间的平滑过渡。

6. 空帧

空帧一般是指时间轴上未放置任何内容或没有特别定义的帧，表现为在时间轴上的一个个矩形小方块，如图 3-21 所示，在这些矩形小方块里可以插入关键帧。当时间轴运行到空帧时，动画会停止放映。

图 3-20 补间动画的属性关键帧

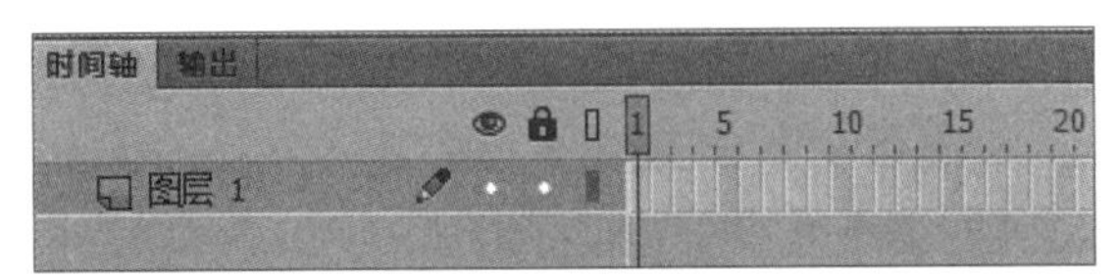

图 3-21 空帧

3.2.3 元件的概念和类型

1. 元件的概念

元件是指由用户创建并存储于当前 Animate 文档库中，可以在动画制作时重复使用的图形、按钮或影片剪辑等资源。它是 Animate 中用于构建动画和交互式内容的基本构建块，通过提供可重用、可管理的组件，帮助简化创作过程。

实例是指位于舞台上或嵌套在另一个元件内的元件副本。创建元件之后，可以将元件从库中拖放至舞台上，即可创建该元件的实例。也可以在编辑新的元件时，使用库中已有的元件，拖放进元件编辑舞台后成为实例。若对元件进行编辑修改，会更新它的所有实例；但若修改元件的一个实例属性，则只会更新该实例自身，而不会影响元件和其余实例。因此，实例在修改后可以与其父元件在大小和功能等方面有所差异。

2. 元件的类型

执行“插入”｜“新建元件”菜单命令，或者选中舞台上的对象后执行“修改”｜“转换为元件”菜单命令，打开“创建新元件”对话框即可创建新元件，如图 3-22 所示。

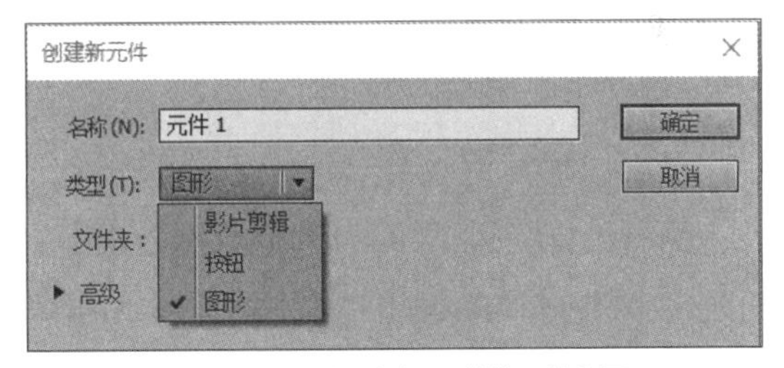

图 3-22 “创建新元件”对话框

Animate 的元件类型主要包括以下几种：

（1）图形元件

图形元件一般由静态图像构成，可以在主动画中重复使用，在库中的图标为 。

（2）影片剪辑元件

影片剪辑元件可以包含几乎任何类型的内容，比较常用于制作可重复使用的独立动画片段，每个动画片段拥有各自独立于主时间轴的多帧时间轴。其在库中的图标为 。

（3）按钮元件

按钮元件用于创建响应鼠标事件的交互式按钮，如图 3-23 所示，其时间轴包括“弹起”“指针经过”“按下”“点击”四帧。可以在每帧上定义不同的图形或元件实例，搭配“动作”和“代码片段”面板，即可创建用于响应鼠标单击、滑过或其他动作的交互式功能按钮。按钮元件在库中的图标为 。

【注意】“点击”帧是指对用户的点击有响应的区域，在播放期间，“点击帧”的内容在舞台上不可见。如果前几帧设置的按钮比较小，或者其图形区域不是连续的，可以定义此帧来控制可点击范围。

每个元件都有各自独立的编辑舞台。如图 3-24 所示，舞台区左上角会提示当前时间轴的编辑环境是位于场景还是元件中，可以点击此处进行切换。只有场景舞台上的对象才能在最终导出的影片中显示。

图 3-23　按钮元件时间轴

图 3-24　场景 - 元件舞台切换

3. 元件的特点

元件具有以下特点：

① 可复用性：元件可以被多次拖放至动画场景中成为实例，而无须重新绘制或创建，提高了动画制作的效率。

② 类型多样：包括图形元件、按钮元件、影片剪辑元件，每种类型都有其特定的用途。

③ 嵌套结构：元件可以包含其他元件，形成嵌套结构，如将重复使用的动画片段做成影片剪辑元件，安放至舞台中使用，可以使得复杂的动画结构组织更为清晰，时间轴、图层更为简洁。

④ 易于修改：元件的原始图形或动画片段可以在库中进行修改编辑，所有该元件在舞台中的实例将自动更新，确保一致性。

元件的这些特点使其成为 Animate 动画制作中不可或缺的工具，为动画制作提供了强大的创作能力和灵活性。

3.2.4　Animate 动画类型

Animate 提供了多种动画类型，用户可以根据项目的创意需求来选择最合适的类型，也可以将多种动画类型进行组合。以下列举了几种常见的动画类型：

1. 逐帧动画

在逐帧动画中，每一帧都是独立的关键帧，包含不同的图像内容，适合于那些每一帧图像都需要精细控制和变化的场景，如细腻的角色动画或复杂的视觉效果。

2. 补间动画

分为传统补间动画、补间形状动画和补间动画（基于对象），主要实现的是两个关键帧之间的动画过渡，可以是对象的位置、大小、色彩效果等属性的变化，也可以是对象形状的变化。

3. 引导层动画

引导层动画通过在引导层上绘制路径，控制对象沿该路径运动，而引导层本身不显示在最终的动画中。

4. 遮罩动画

遮罩层是一种特殊的图层，用于显示下方图层内容的部分区域。通过在遮罩层上绘制形状，可以创造出有趣的视觉效果，如镜头聚焦、动态窗口等。

5. 骨骼动画

使用骨骼工具可以为角色或对象创建骨架结构，通过操控骨骼来驱动角色，适合于角色的肢体动作和姿势调整。

范例 3-1　绘制乘风破浪主题画

制作要求如下：

新建 Animate 文档，练习工具栏和窗口面板的使用，参考样张“乘风破浪 .swf”，使用多样化的工具绘制图案，样张如图 3-25 所示。

图 3-25　乘风破浪样张

（1）执行“文件”|“新建”菜单命令。设置舞台大小 700 × 400 像素，帧频、舞台颜色默认。

（2）选择“画笔工具（Y）”，在属性面板单击打开画笔库，如图 3-26 所示，找到“Decorative”|“Elegant Curl and Floral Brush Set”|“Cloudy Half”，双击选中；如图 3-27 所示，属性面板设置自定义笔触颜色，笔触设置 50 或以上，画笔选项勾选“绘制为填充色”复选框。

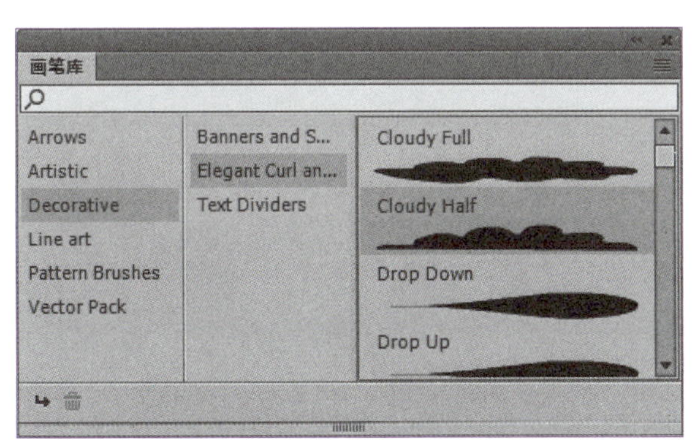

图 3-26　画笔库

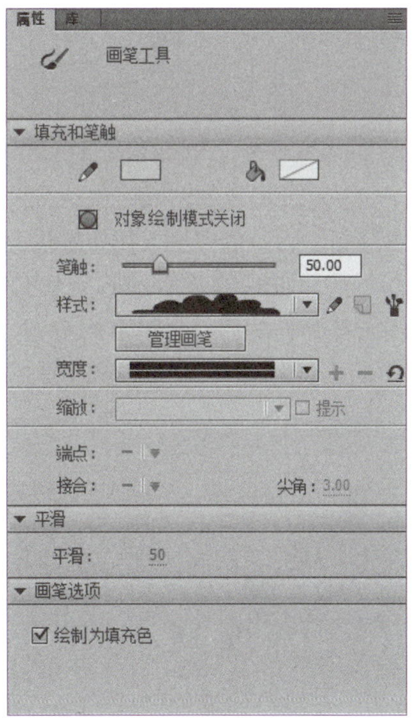

图 3-27　画笔工具属性

（3）在舞台上按住鼠标左键拖动画笔，绘制出云的形状，如图 3-28 所示；使用“选择工具”选中云形，可以看到其呈现点状像素化，如图 3-29 所示；使用“任意变形工具”调整云的角度和大小，如图 3-30 所示。

【注意】当操作有误时，可以按【Ctrl+Z】组合键撤销操作，或打开“历史记录”面板，调整滑块至前面某一步来返回，如图 3-31 所示。

图 3-28 云形画笔

图 3-29 云形像素化

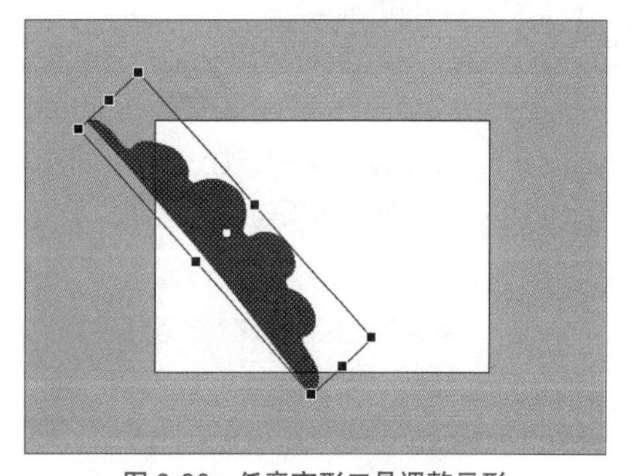

图 3-30 任意变形工具调整云形

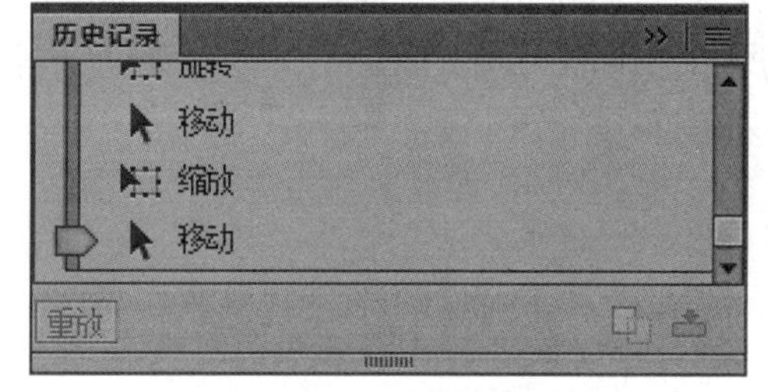

图 3-31 历史记录面板

（4）将云形复制粘贴多次，分开排列摆放，分别修改颜色、调整大小和角度；将所需云全部绘制好后，依次从下往上层层叠加；叠加好后，单击“剪切掉舞台范围以外的内容”进行预览，如图 3-32 所示；预览完毕后，可以再次单击该按钮恢复，继续绘制剩余部分；两侧云都叠加好后，再单击此按钮，预览效果如图 3-33 所示。锁定当前图层作为背景，以免后续图案绘制时因叠加导致像素缺失。

图 3-32 左侧叠加云形效果

图 3-33 两侧叠加云形效果

【注意】需要注意，移动叠加时保持当前云形在选中状态的时候还能调整位置，当调整后确认不改位置了，再用鼠标单击其他位置，否则像素融合后再移动就会出现底部原本被遮盖部分的像素缺失。

（5）新建图层 2，画船。

方法一：使用“铅笔工具”，笔触 5，单击按钮设置光滑的笔型；如图 3-34 所示，绘制轮廓线时线条要交叉，然后再填充颜色，最后用“选择工具”双击选中轮廓线，按【Delete】键删除；参考样张移动调整小船位置。

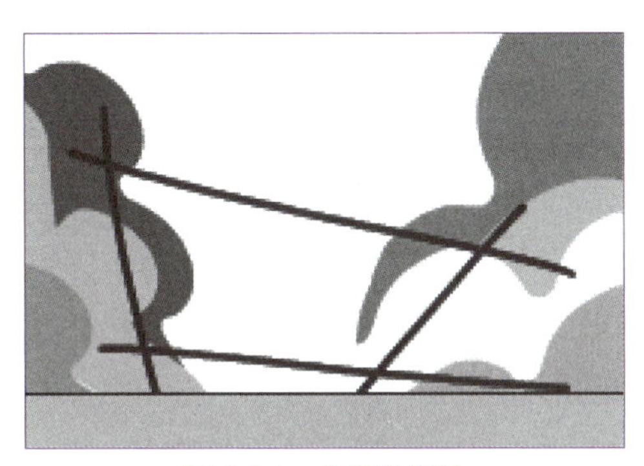

图 3-34 小船轮廓线

方法二：使用“线条工具”画轮廓线，结合“选择工具”变形，再填充颜色；

方法三：使用“矩形工具”，设置无笔触颜色，绘制一个矩形后，用“选择工具”调整端点和四边进行变形。

小船绘制完成后，用“线条工具”绘制旗杆，“矩形工具”搭配“选择工具”绘制红旗；锁定图层 2。

（6）新建图层 3，绘制一个无边框的矩形；打开“颜色”面板，设置天空线性渐变色，如图 3-35 所示；使用“颜料桶工具”，按住鼠标左键在矩形上由上往下拖动，即可绘制出如图 3-36 所示的渐变效果；调整图层 3 至最底层，作为天空背景，锁定。

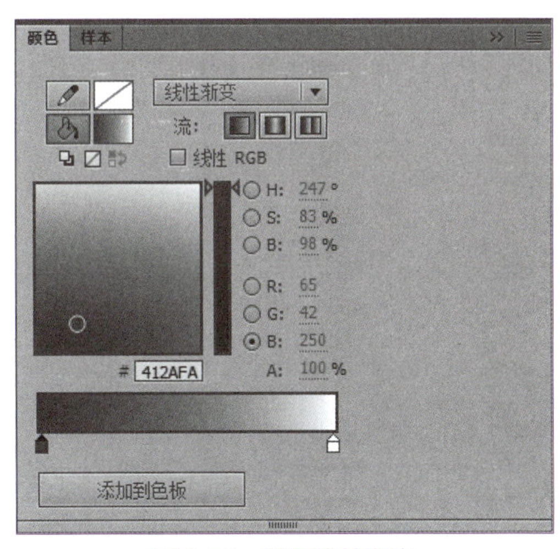

图 3-35 设置线性渐变

图 3-36 绘制渐变色

（7）新建图层，使用椭圆工具，按住【Shift】键的同时按住鼠标左键拖动，先绘制一个黄色的正圆，再绘制一个除黄色以外颜色的正圆，参考图3-37所示方法部分叠加在黄色正圆上；在空白处单击后，两种颜色的像素完成结合，此时再单击选中叠加的圆，按【Delete】键删除，即可获得弯月。

（8）新建图层，使用画笔工具（B）绘制海鸥、海浪、其余点缀色；使用“多角星形工具”绘制星星，工具设置如图3-38所示。

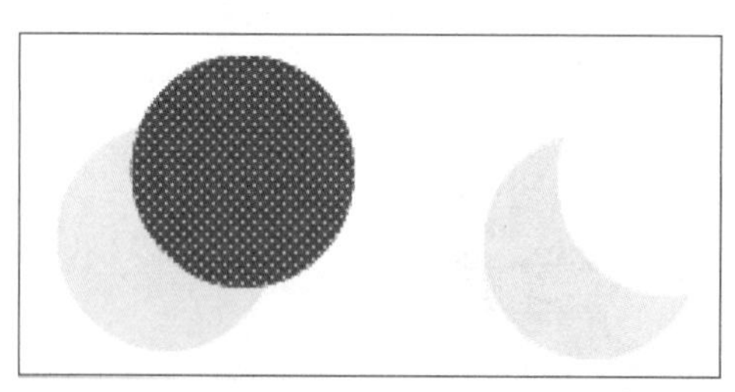

图3-37 绘制月亮

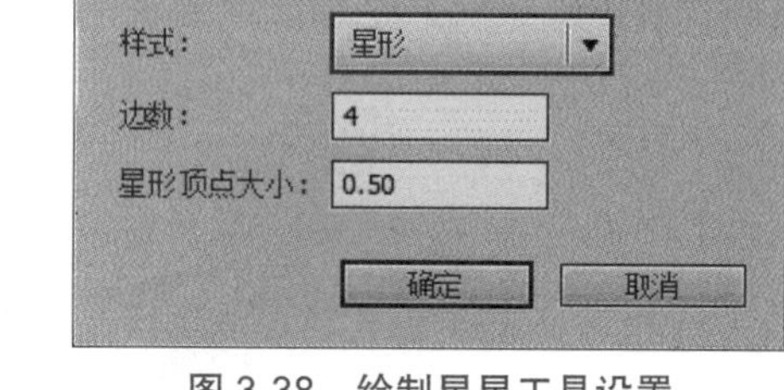

图3-38 绘制星星工具设置

（9）测试影片，保存文件，导出影片。

范例 3-2 制作花朵图形元件

制作要求如下：

新建Animate文档，制作花心为黄色，花瓣为线性渐变色（“#FFFFFF”至“#FF00FF”）的花朵图形元件，如图3-39所示。

（1）新建Animate文档，类型为ActionScript 3.0，舞台尺寸和帧频均默认设置。

（2）执行“插入”｜“新建元件”菜单命令，打开“创建新元件”对话框，创建图形元件，命名为“花朵”。

（3）在元件编辑环境下，选择“椭圆工具”，设置笔触颜色为无，填充颜色为黄色，按住【Shift】键的同时在舞台上拖动鼠标，绘制一个正圆作为花心。使用“选择工具”选中正圆，打开“窗口”｜“对齐”面板，确保勾选“与舞台对齐”，再单击“对齐”系列的“水平中齐”和“垂直中齐”按钮。

（4）继续使用“椭圆工具”，设置笔触颜色为无，填充颜色为渐变色，如图3-40所示，绘制一片椭圆花瓣。使用“选择工具”选中椭圆花瓣，打开“对齐”面板，设置“水平中齐”。

图3-39 花朵图形

图3-40 花瓣绘制

（5）保持椭圆花瓣选中状态，打开“窗口”｜“颜色”面板，设置颜色类型为“线性渐变”，流样式为“扩展颜色”。单击渐变色带左下角滑块，设置颜色为“#FFFFFF”，再单击渐变色带右下角滑块，设置颜色为“#FF00FF”，如图 3-41 所示。

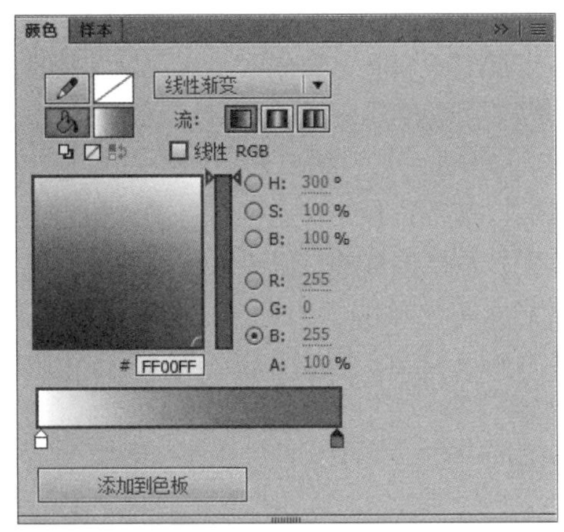

图 3-41 渐变色设置

（6）使用任意变形工具选中椭圆花瓣，如图 3-42 所示，将花瓣中心点位置调整至与黄色正圆中心点重合。如图 3-43 所示，打开“窗口”｜“变形”面板，设置旋转角度为 20°，多次重复单击“重置选区和变形”按钮，直至花瓣复制形成完整的花型。

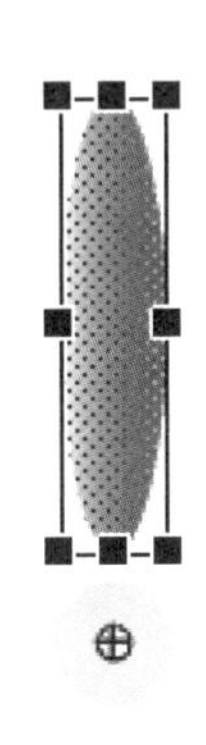

图 3-42 调整中心点位置

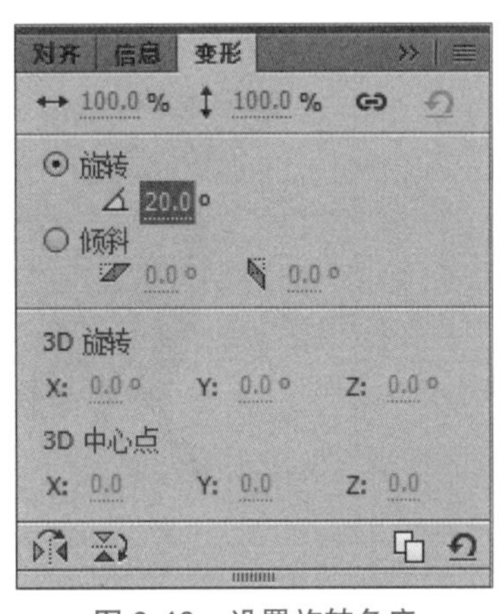

图 3-43 设置旋转角度

（7）完成后的图形效果如图 3-39 所示。同时，在库中也可以预览到该花朵图形。该元件即可在后续舞台场景制作中使用。

（8）回到舞台场景，将花朵图形元件拖放入舞台，测试影片，保存文件，导出影片。

范例 3-3 制作蝴蝶影片剪辑元件

制作要求如下：

新建 Animate 文档，使用“蝴蝶 1.png”“蝴蝶 2.png”“蝴蝶 3.png”三张图片，制作蝴蝶挥动翅膀的影片剪辑元件，如动画样张“蝴蝶 .swf”所示。

（1）新建 Animate文档，类型为 ActionScript 3.0，舞台尺寸和帧频均默认设置。

（2）执行“文件”｜“导入”｜“导入到库”菜单命令，选择三张图片后导入。

（3）执行“插入”｜“新建元件”菜单命令，打开“创建新元件”对话框，创建影片剪辑元件，命名为“蝴蝶”。

（4）在元件编辑环境下，在图层 1 连续插入空白关键帧，共需要 4 帧。

（5）选中第 1 帧，将图片“蝴蝶 1.png”拖放至舞台，设置舞台显示比例为“显示全部”。依次选中第 2、3 帧，将图片“蝴蝶 2.png”“蝴蝶 3.png”分别拖放至舞台。最后选中第 4 帧，将图片“蝴蝶 2.png”再次拖放至舞台。

（6）选中第 1 帧，单击时间轴底部“编辑多个帧”按钮。如图 3-44 所示，将帧上方的编辑范围拉至涵盖全部帧，随后按【Ctrl+A】组合键，将舞台上的所有蝴蝶选中。利用“对齐”面板设置所有蝴蝶图片“水平中齐”和“垂直中齐”。

（7）所有蝴蝶图片对齐后，再次单击“编辑多个帧”按钮，退出多帧编辑状态，即可完成蝴蝶影片剪辑元件的制作。该元件可以拖放至舞台场景中作为实例使用，测试影片时即可看到蝴蝶挥舞翅膀的动态效果。

（8）保存文件为“蝴蝶 .fla”。

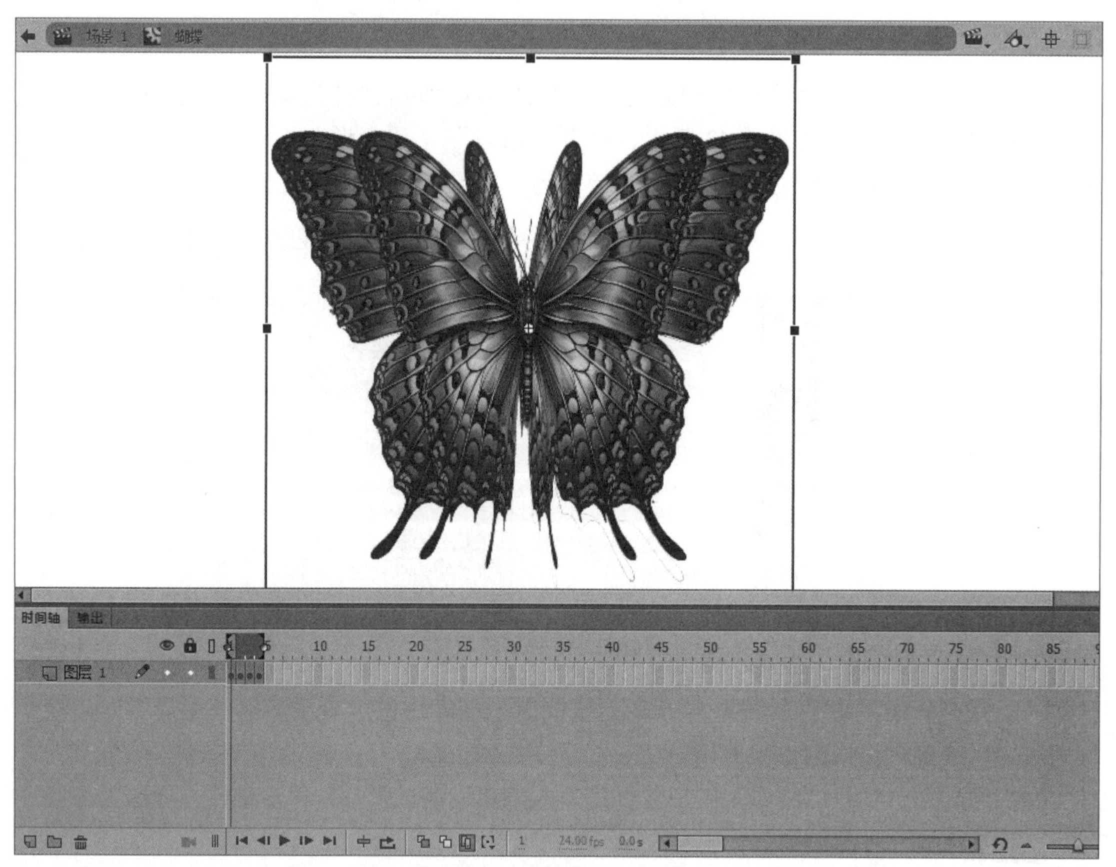

图 3-44　编辑多个帧功能

范例 3-4　制作按钮元件

制作要求如下：

新建 Animate 文档，使用“按钮 1.png”“按钮 2.png”“按钮 3.png”三张图片，制作按钮元件。

（1）新建 Animate 文档，类型为 ActionScript 3.0，舞台尺寸和帧频均默认设置。

（2）执行“文件”｜“导入”｜“导入到库”菜单命令，选择三张图片后导入。

（3）执行“插入”｜“新建元件”菜单命令，创建按钮元件，命名为“播放”。

（4）在元件编辑环境下，在图层 1 的“弹起”“指针经过”“按下”三帧分别添加空白关键帧，依次分别插入三张图片，并设置对齐。

（5）在“点击”帧处插入关键帧，实现前一帧内容的复制。由于“点击”帧控制用户点击的响应区域，可以在此帧按需调整舞台中的图片大小，确保包含按钮控制范围内的所有图形元素。

（6）如图 3-45 所示，完成按钮元件制作，保存文件为“播放 .fla”。此按钮元件后续可以在舞台场景中作为实例，搭配代码片段实现动作功能。

图 3-45　按钮元件时间轴

3.3　逐帧动画

3.3.1　逐帧动画的概念

逐帧动画是一门传统的动画技术，它需要制作每一个关键帧中的内容，通过连续展示每一个关键帧之间的微小变化来创造动态的效果。在逐帧动画中，每一帧都是单独绘制或编辑的，当这些帧以一定的速率连续播放时，就形成了流畅的动画。逐帧动画在时间轴上的表现如图 3-46 所示。

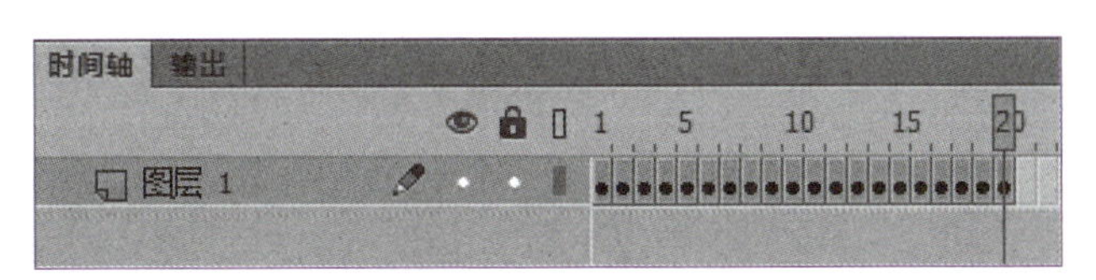

图 3-46　逐帧动画时间轴

3.3.2 逐帧动画的创建

早期逐帧动画多通过手绘完成，动画师需要在透明赛璐珞上绘制每一帧。使用 Animate 制作逐帧动画时，在时间轴上可以先插入多个空白关键帧，再依次逐帧绘制或添加动画对象；或者先制作好第 1 个关键帧，在此帧后面先将剩余关键帧插好，再逐帧修改微调。

此外，外部导入方式也是逐帧动画常采用的创建方法。用户执行“文件” | “导入” | “导入到舞台”菜单命令，即可将多种格式的动画影片以逐帧动画的形式导入时间轴。

3.3.3 逐帧动画的特点

① 表现力强：逐帧动画适合表现细腻的情感和动作细节，允许用户对每一帧进行精细调整，能够创造出逼真的视觉效果，适合表现复杂动作和细微表情变化。

② 技术要求高：需要用户具备良好的绘画技巧和对运动规律的深刻理解。

③ 工作量大：由于每一帧都需要单独制作，逐帧动画是一门非常耗时的动画技术。

④ 艺术性独特：手工绘制的逐帧动画往往具有独特的艺术风格和创造性。

逐帧动画广泛应用于电影、电视、网络视频、广告、游戏和艺术作品。尽管制作耗时，但因其独特的表现力和细节的丰富性，仍然属于动画领域中一门重要的技术。

范例 3-5 创建汉字演变逐帧动画

按下列要求操作，创建汉字演变逐帧动画，如动画样张“汉字演变 .swf”所示。

制作要求如下：

1. 新建 Animate 文档，舞台尺寸 550×400 像素，舞台颜色“#CC9900”，帧频 2 fps。

执行“文件” | “新建”菜单命令，新建 Animate 文档，类型为 ActionScript 3.0，设置舞台宽 550 像素，高 400 像素，帧频 2 fps，背景颜色“#CC9900”。

2. 制作文字“汉字演变”（华文隶书，80 磅，黑色）逐字出现效果，每个字的出现占 1 帧，显示完整后持续显示至第 8 帧。

（1）使用“文本工具”，设置字符系列“华文隶书”，大小 80 磅，颜色黑色（Alpha100%），在第 1 帧输入“汉字演变”。

（2）使用“选择工具”选中文字，执行“修改” | “分离”菜单命令，或按【Ctrl+B】组合键，将连续的四字文本框分离为单字文本框，如图 3-47 所示。

图 3-47 文字分离

（3）在第 1 帧后连续插入 3 个关键帧，实现第 1 帧内容的复制。

（4）选中第 1 帧，删除“字”“演”“变”三个字；选中第 2 帧，删除“演”和“变”两个字；最后选中第 3 帧，删除“变”字，即可实现文字的逐字逐帧出现效果。

（5）右击第 8 帧，选择“插入帧”，实现四个字的持续显示。

3. 参考图 3-48，制作汉字演变过程，每个字的出现占 1 帧，最后一个字持续显示至第 20 帧，字体为华文行楷，大小 200 磅，黑色。

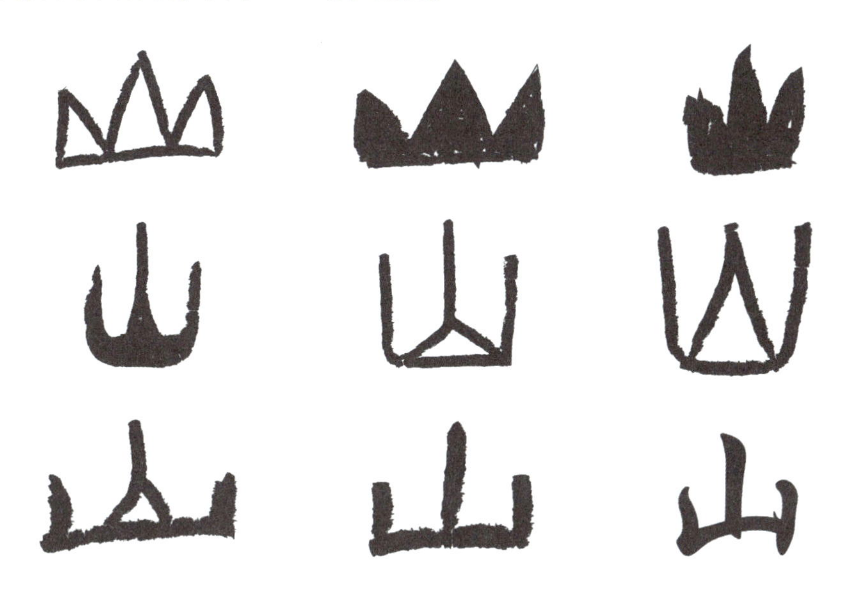

图 3-48　“山”字演变图

（1）在第 9 帧插入空白关键帧，单击“画笔工具（Y）”，如图 3-49 所示，在属性面板中设置笔触颜色为黑色，笔触大小约为 20。

（2）在画笔样式栏单击“画笔库”图标，打开“画笔库”对话框，如图 3-50 所示，自主选择合适的画笔样式（以“Artistic”｜“Chalk Charcoal Pencil”｜“Chalk - Round”为例）。

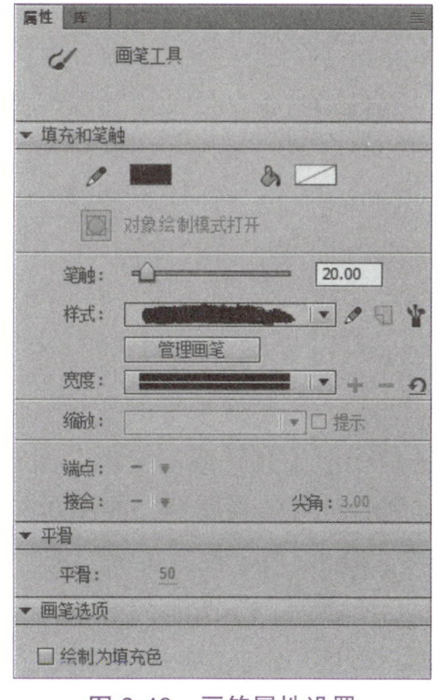

图 3-49　画笔属性设置

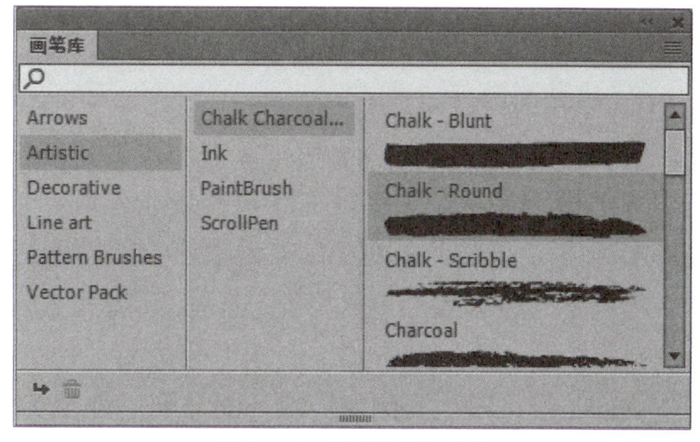

图 3-50　选择画笔样式

（3）参考图 3-48 中第一个“山”字的样式，使用画笔在第 9 帧书写绘制。完成后在时间轴上单击第 9 帧，全选舞台上所有的笔画对象，选择“修改”｜“组合”菜单命令，将原本分离的每个笔画对象组合成一个整体后，再使用“对齐”面板相对于舞台水平、垂直居中对齐。

（4）同（3）操作，继续在时间轴上插入空白关键帧，并参考图 3-48 书写绘制“山”字。最后一个“山”字使用“文本工具”输入，字体华文行楷，大小 200 磅，黑色。

（5）右键单击第 20 帧，选择“插入帧”，实现最后一个字的持续显示。

（6）测试影片，保存文件，导出影片。

3.4 传统补间动画

补间动画通过在两个关键帧之间自动生成过渡帧来实现动画效果，具体可分为传统补间动画、补间形状动画和补间动画（基于对象）。补间动画不需要像逐帧动画那样绘制每一帧，而是定义动画的起始和结束关键帧后，由计算机计算并填充过渡过程。它是一种高效的动画制作技术，通过自动化的过程简化了动画制作流程，同时提供了丰富的控制选项，使动画制作更加便捷。

3.4.1 传统补间动画的概念

传统补间动画是一种基于关键帧的动画技术，通常用于简单的属性变化，如位置、大小、色彩效果等，可以自动生成属性变化之间的中间帧。用户需要先定义动画的起始和结束状态，即设置首尾关键帧，再在两个关键帧之间创建传统补间，然后动画软件会自动计算两者之间的变化，补全过渡帧。此种动画在时间轴上的表现如图 3-51 所示。

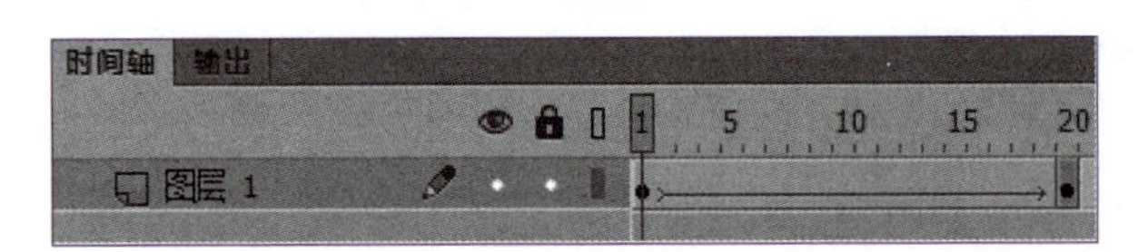

图 3-51 传统补间动画时间轴

3.4.2 传统补间动画的创建

1. 设置关键帧属性

传统补间动画可以实现同一元件的实例对象的位置、大小、色彩效果等的变化，例如使用“选择工具”在关键帧拖动实例发生位移，使用“任意变形工具”或“变形”面板在关键帧修改实例大小，以及在关键帧使用属性面板调整实例的色彩效果属性，如图 3-52 所示。可调整的色彩效果包括亮度、色调、高级和 Alpha。其中，Alpha 用于控制实例的透明度，值的范围为 0% 到 100%，0% 表示完全透明，100% 表示完全不透明，如图 3-53 所示。通过调整 Alpha 值可以让实例在传统补间动画过程中实现淡入淡出的效果。

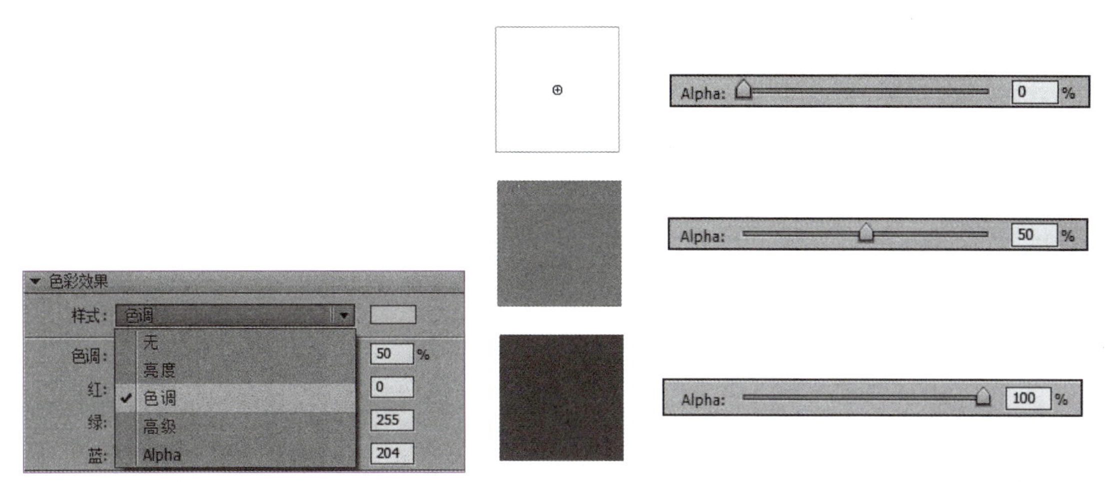

图 3-52　“色彩效果”属性面板　　　　图 3-53　Alpha 值属性

2. 设置过渡帧属性

如图 3-54 所示，传统补间动画还可以通过在过渡帧设置“缓动”值来实现加速或减速效果，设置“旋转”来控制动画过程中实例对象的旋转情况，以此模拟自然运动，例如，物体的自由落体或弹跳、旋转等动作。这种动画形式大大减少了原本使用逐帧动画制作动画效果时所需的工作量，同时保持了动画的流畅性和逼真度。

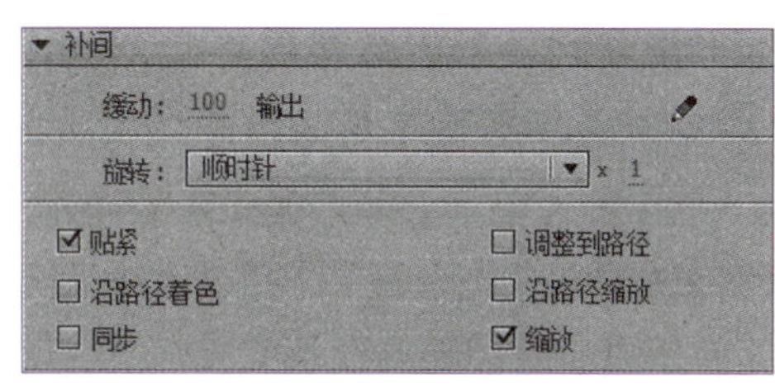

图 3-54　过渡帧属性设置

缓动值的可填写区间为 -100 ～ 100，负值表示加速，正值表示减速，值越大加速度越快。还可以单击缓动值旁的笔形编辑按钮，打开图 3-55 所示的“自定义缓入 / 缓出”对话框，通过调整曲线来实现不规则的变速运动。

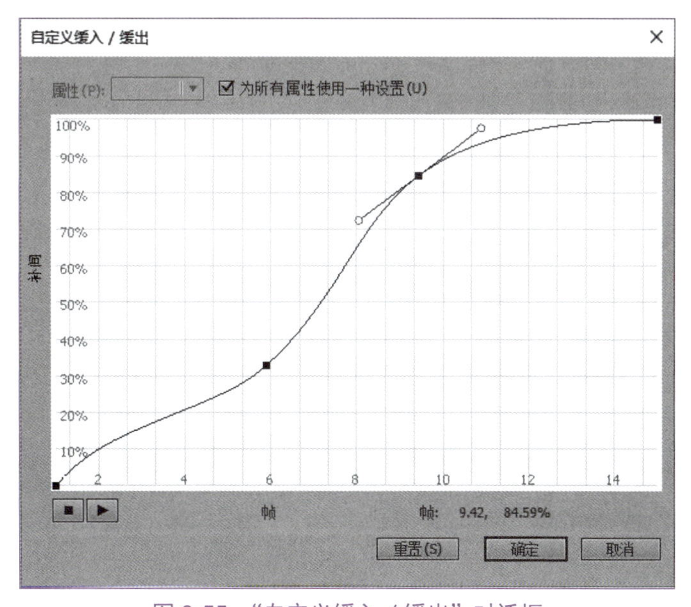

图 3-55　“自定义缓入 / 缓出”对话框

3.4.3 传统补间动画的特点

在制作传统补间动画时，需要注意以下几点：

① 在一个传统补间动画中至少需要有两个关键帧。

② 两个关键帧中的对象必须是同一个对象，可以调用同一个元件作为实例来实现对象的统一性。

③ 若要实现过渡帧的动态变化效果，则两个关键帧中至少有一个关键帧的对象必须发生位置、大小或色彩效果的变化，其变化可以在选中对象后通过属性面板设置。

范例 3-6 创建汽车运动动画

按下列要求操作，使用传统补间创建汽车运动动画，如动画样张“汽车 .swf”所示。制作要求如下：

1. 打开素材“汽车 .fla”，修改舞台尺寸为 600×500 像素，舞台颜色“#66CCFF”，帧频 12 fps。

执行“修改”｜“文档”菜单命令，打开“文档设置”对话框，按题目要求设置相应参数。适当调整舞台显示比例使舞台显示完整，建议选择显示“符合窗口大小”。

2. 新建图形元件“云朵”，绘制一朵云作为元件内容。

（1）执行“插入”｜“新建元件”菜单命令，打开“创建新元件”对话框，创建图形元件，命名为“云朵”。

（2）在元件编辑环境下，选择“椭圆工具”，设置笔触颜色为无，填充颜色为白色，如图 3-56 所示，在舞台上拖动鼠标绘制多个椭圆的叠加，最后组合成云朵的形状。

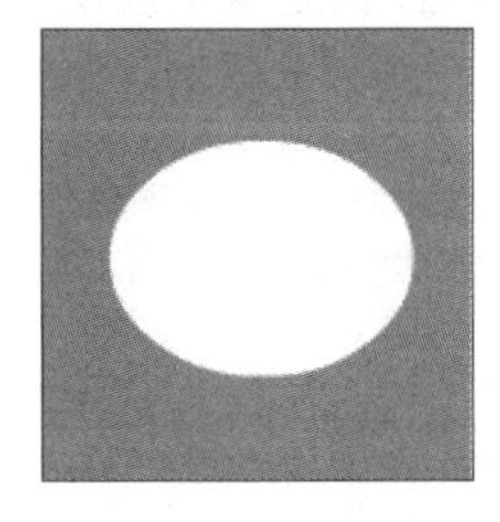

图 3-56 制作云朵元件

3. 制作云朵左右移动、变化大小的动画效果，变化过程持续 30 帧。

（1）回到“场景 1”舞台中，在图层 1 将“云朵”元件拖放至舞台顶部右侧成为实例，使用“任意变形工具”适当调整云朵大小；在第 15 帧插入关键帧，将该帧云朵移动到舞台顶部中间位置，并将云朵适当放大；在第 30 帧插入关键帧，将该帧云朵移动到舞台顶部左侧位置，并将云朵适当缩小。

（2）在前两个关键帧之间的任意普通帧位置右击，在快捷菜单中选择“创建传统补间”，实现云朵由小变大、由右向左的运动效果；同理，在后两个关键帧之间也创建传统补间，可实现云朵由大变小且继续向左运动的效果。

（3）制作第二朵云，先单击“新建图层”按钮，新建图层 2，将“云朵”元件拖放至舞台顶部左侧成为实例，执行“修改”｜“变形”｜“水平翻转”菜单命令，调整云朵方向；使用“选择工具”单击选中该云朵实例，如图 3-57 所示，设置该实例对象的色彩效果样式为“Alpha”，自定义设置其百分比，以调整云朵的不透明度；随后参考前 2 个步骤，制作云朵由小变大再变小、由左向右的运动效果。

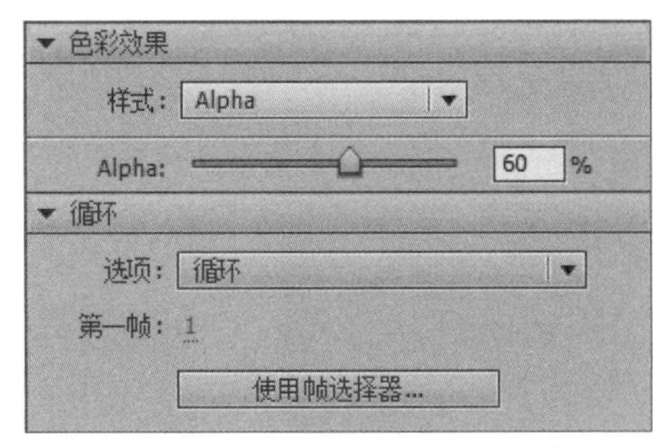

图 3-57 调整色彩效果 Alpha 值

（4）单击🔒按钮锁定图层 1、2，以免后续操作误触影响。

【注意】两朵云变形和移动的图层时间轴如图 3-58 所示。若想让云朵效果更多样化，可新建多个不同样式的云朵元件进行调用，或设置多个关键帧来呈现更多变的云朵。

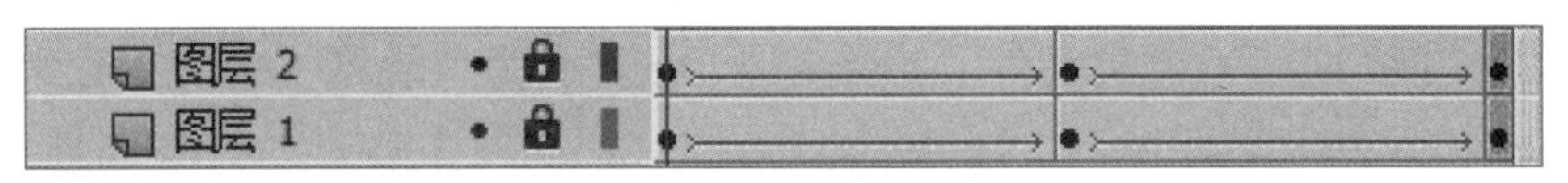

图 3-58 云朵变形和移动的时间轴

4. 使用库中的“sun.png”图片，制作太阳在空中顺时针旋转的效果。

（1）新建图层，将“sun.png”图片从库中拖放至舞台，使用“任意变形工具”适当调整图片大小，调整的同时按住【Shift】键，以保持等比例变化。

（2）选中舞台中的太阳图片，执行“修改”｜“转换为元件”菜单命令，将图片转换为图形元件，命名为“太阳”。

（3）在太阳所在图层的第 30 帧插入关键帧，在第 1 和第 30 两个关键帧之间的任意普通帧位置右击，在弹出的快捷菜单中选择“创建传统补间”命令；保持在两个关键帧中间的任意一个过渡帧位置选中状态，可以看到属性面板显示为帧属性。如图 3-59 所示，设置补间“旋转”属性为顺时针，旋转圈数为“1”。

5. 使用库中的“car.png”图片，制作汽车由右向左、加速运动的效果。

（1）新建图层，参考“太阳”元件制作方法，制作“汽车”图形元件，并将汽车实例放置于舞台外部右侧，如图 3-60 所示。

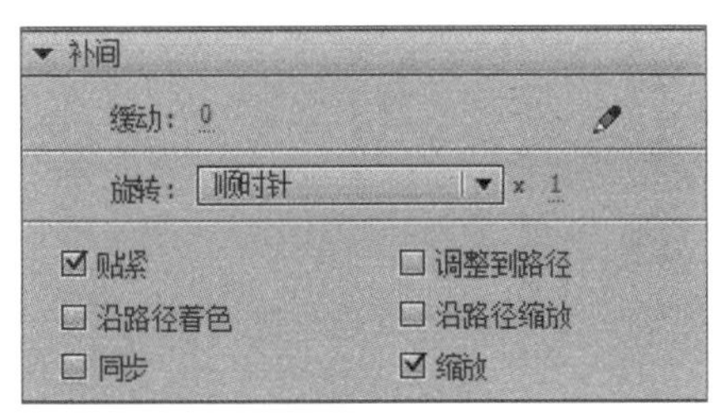

图 3-59 过渡帧补间属性设置

图 3-60 汽车图层起始关键帧

（2）在该图层的第 30 帧插入关键帧，按住【Shift】键的同时将小汽车平移到舞台外部左侧，如图 3-61 所示。

（3）在第 1 和第 30 两个关键帧之间创建传统补间；如图 3-62 所示，在过渡帧属性面板设置缓动值为“-100”，实现加速运动效果。

图 3-61　汽车图层结束关键帧

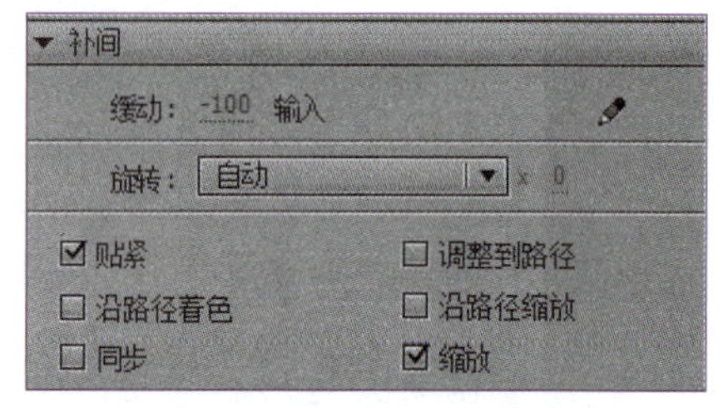

图 3-62　过渡帧缓动值设置

6. 制作“播放”按钮元件，实现点击该按钮后，动画开始播放的控制功能。

（1）执行“插入”｜“新建元件”菜单命令，新建名为“播放”的按钮元件。

（2）在按钮元件编辑环境下，选择“矩形工具”，如图 3-63 所示，在属性面板设置笔触颜色为黑色，填充颜色为“#66FFCC”，笔触高度为“5”，矩形选项中的矩形边角半径为“10”，在图层 1 的“弹起”帧处绘制一个圆角矩形；使用“选择工具”双击该矩形，选中整个矩形的填充及描边部分，在“对齐”面板中设置水平中齐和垂直中齐。

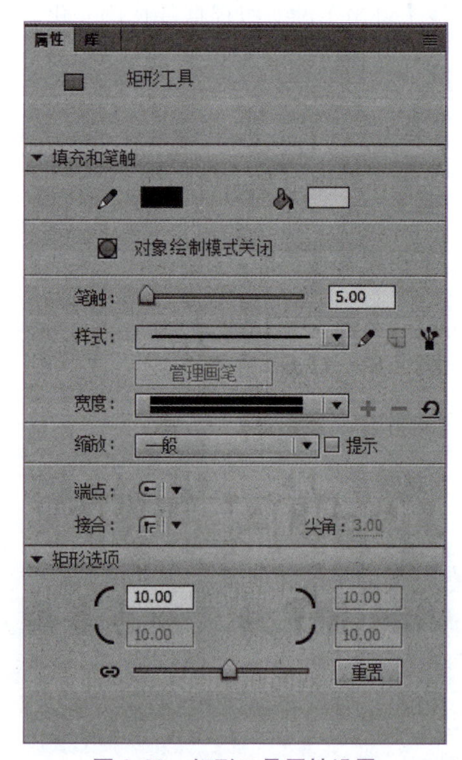

图 3-63　矩形工具属性设置

（3）选择“文本工具”，在属性面板设置美观的字体、颜色以及合适的字体大小（以字体“Georgia，30磅，黑色”为例），如图3-64所示，在圆角矩形中添加文本“PLAY”，并用“选择工具”选中后，利用“对齐”面板设置文本水平、垂直居中对齐。

图3-64 “弹起”帧效果

（4）在“指针经过”“按下”“点击”这三帧依次插入关键帧，实现“弹起”帧的复制；使用“颜料桶工具”，将“指针经过”和“按下”两帧的圆角矩形填充色进行修改（以“#6600FF”和“#FFFF66”为例）；由于“点击”帧控制的是用户点击的响应区域，因此可以保持不变或按需进行区域大小的调整。

（5）回到“场景1”舞台中，新建图层，将库中的“播放”按钮元件拖放至舞台中，使用对齐面板令其水平、垂直居中；在该图层的第1个关键帧右击，在弹出的快捷菜单中选择“动作”命令，打开“动作”面板；点击“代码片段”按钮，打开“代码片段”面板；如图3-65所示，选择“ActionScript”|“时间轴导航”|“在此帧处停止”指令，实现在未点击按钮元件时，动画播放停止在第1帧的状态。

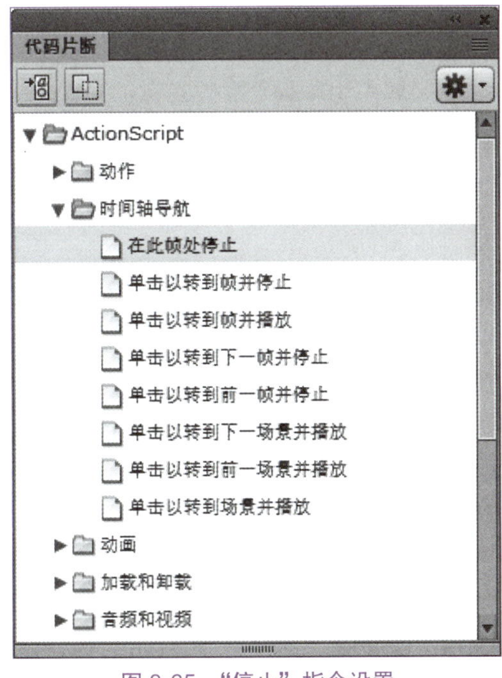

图3-65 “停止”指令设置

（6）设置完成后，如图3-66所示，在“动作”面板中添加了第1帧的动作脚本代码及其注释；如图3-67所示，时间轴上出现了新图层“Actions”，第1帧上出现了一个代码标志“α”。

（7）在舞台中使用选择工具选中播放键实例对象，如图3-68所示，在属性面板设置实例名称为“播放键”；继续使用“代码片段”面板，如图3-69所示，选择“ActionScript”|“时间轴导航”|“单击以转到帧并播放”指令，在“动作”面板中添加了第1帧的播放动作脚本代码及其注释；如图3-70所示，修改脚本为gotoAndPlay(1)，即点击该按钮元件后实现从第1帧开始播放动画的效果。

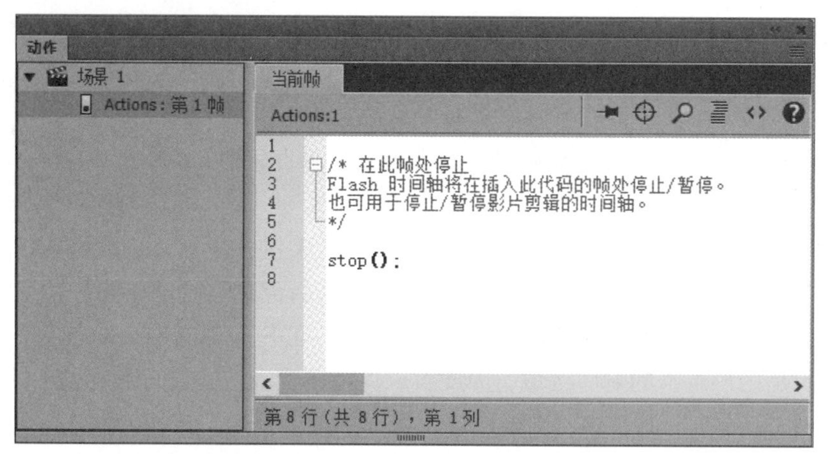

图 3-66 “停止”动作脚本代码及注释

图 3-67 添加“停止”动作后的图层时间轴

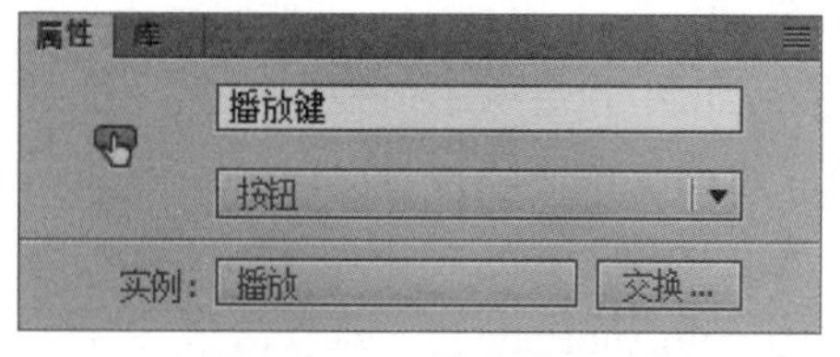

图 3-68 设置实例名称

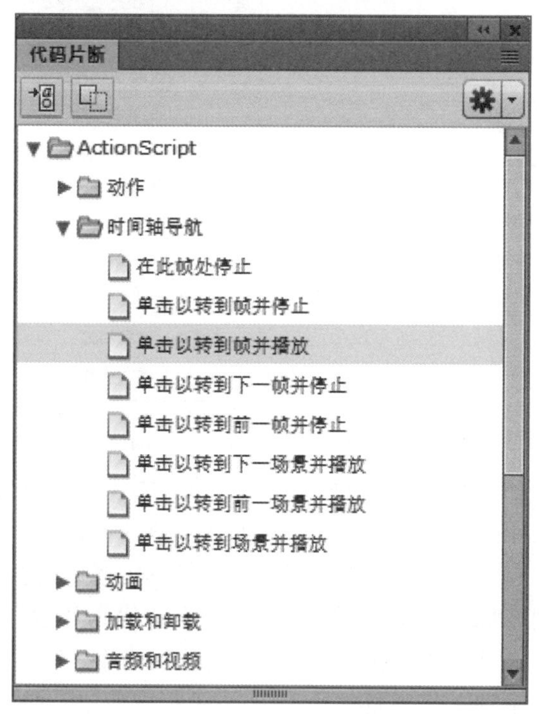

图 3-69 “播放”指令设置

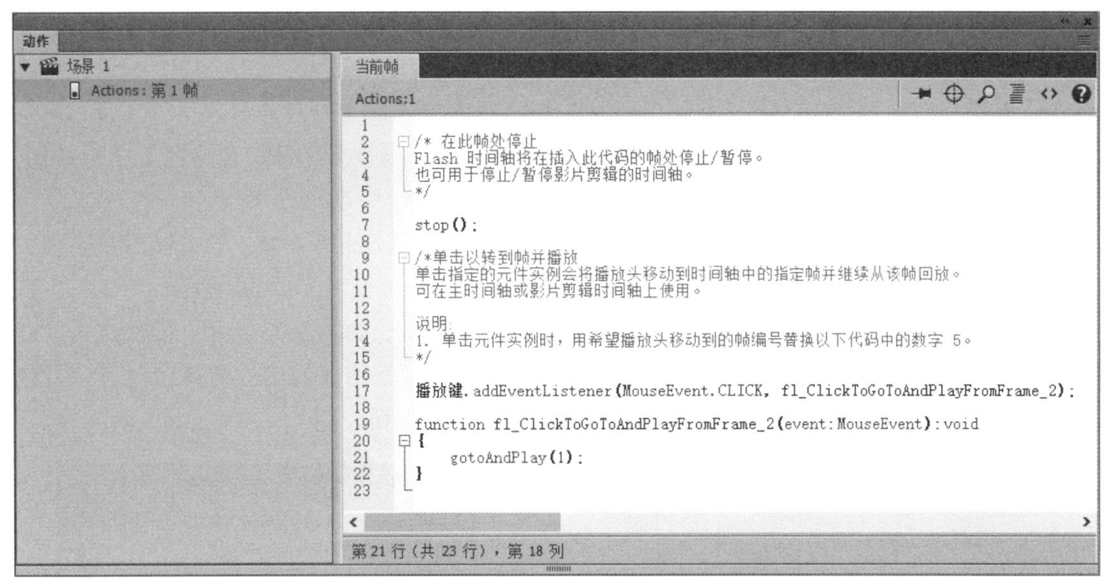

图 3-70 “播放”动作脚本代码及注释

（8）在按钮实例所在图层的第 30 帧插入关键帧，以便动画完成播放时可以继续点击该按钮进行重播；再在第 2 帧插入空白关键帧，使得动画播放过程中舞台上不出现按钮，完成设置后的时间轴如图 3-71 所示。

【注意】若想要重播按钮显示不同的文本或者图案效果，可以再新建一个“重播”按钮元件，参考“播放”按钮元件的制作过程进行动作添加。

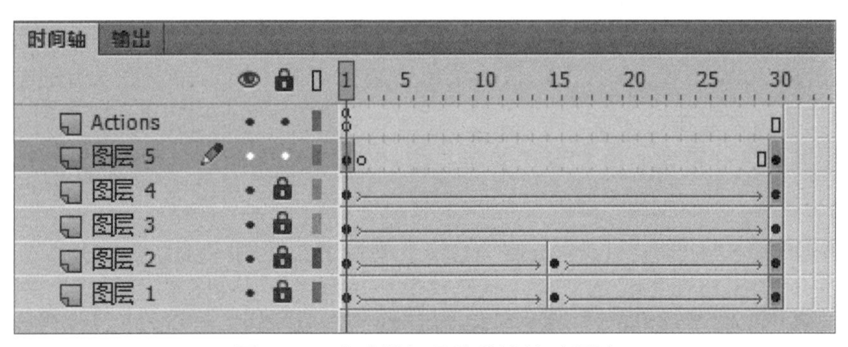

图 3-71 完成按钮元件设置的时间轴

7. 为动画添加背景图案。

（1）新建图层，将库中的“山路”图形元件拖放至舞台中，持续显示 30 帧；调整图层顺序，将此图层调至最底层作为背景。

【注意】可以使用工具栏中的绘图工具自制美观的图形元件作为背景。

（2）测试影片，保存文件，导出影片。

范例 3-7 创建指针转动的怀表动画

按下列要求操作，使用传统补间创建指针转动的怀表动画，如动画样张“怀表 .swf”所示。制作要求如下：

1. 打开素材“怀表.fla”，修改舞台大小为宽 600 像素，高 600 像素，帧频 12 fps。

执行“修改”｜“文档”菜单命令，打开“文档设置”对话框，如图 3-72 所示，按题目要求设置相应参数。

2. 将库中的“表盘.png”图片拖放至舞台，调整大小与舞台一致，在舞台上居中放置，持续显示至第 30 帧。

（1）将库中的“表盘.png”图片拖放至舞台，置于图层 1 的第一帧，第一帧即从空白关键帧转换为关键帧。

（2）在舞台中选中图片，打开“窗口”｜“对齐”面板，如图 3-73 所示，依次点击“匹配大小”系列按钮，设置图片“匹配宽度”和“匹配高度”；确保勾选“与舞台对齐”复选框，再单击“对齐”系列的“水平中齐”和“垂直中齐”按钮。

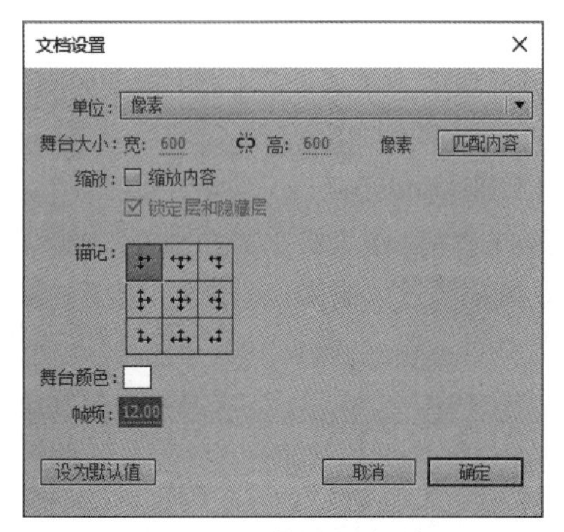

图 3-72 文档设置对话框

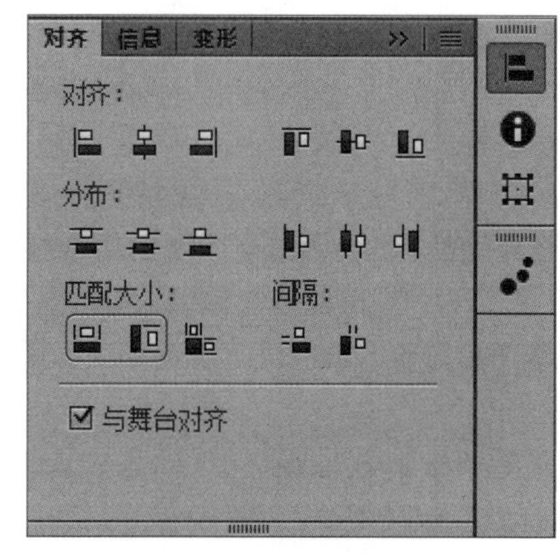

图 3-73 图片匹配舞台大小

（3）右击第 30 帧位置，在弹出的快捷菜单中选择“插入帧”命令插入普通帧，实现“表盘.png”图片的持续显示。

3. 依次新建三个图层，分别制作长针、短针绕大表盘中心点旋转，以及小针绕小表盘中心点旋转的效果。

（1）新建图层，将图片“长针.png”拖放至舞台中，使用“任意变形工具”适当调整图片大小，调整的同时按住【Shift】键，以保持等比例缩小。

（2）选中舞台中的长针图片，执行“修改”｜“转换为元件”菜单命令，打开“转换为元件”对话框，将图片转换为图形元件，命名为“长针元件”。

（3）将舞台中的“长针元件”实例参考样张适当调整位置，可借助方向键进行位置的微调。实例中心的白点即实例中心点，如图 3-74 所示，将实例的中心点移至与表盘中心黑点重合。注意，仅移动白点位置，实例其余部分位置保持不变。

（4）右击第 30 帧位置，在弹出的快捷菜单中选择“插入关键帧”命令，再在两个关键帧中间任意帧位置右击创建传统补间。

（5）在两个关键帧中间的任意一个过渡帧位置单击，可以看到属性面板显示为帧属性。如图 3-75 所示，设置“旋转”属性为顺时针，并适当设置旋转圈数。

（6）新建图层，制作短针的旋转方法与长针相似，在设置旋转圈数时可设置得比长针少些。

图 3-74 实例中心点与表盘中心黑点重合

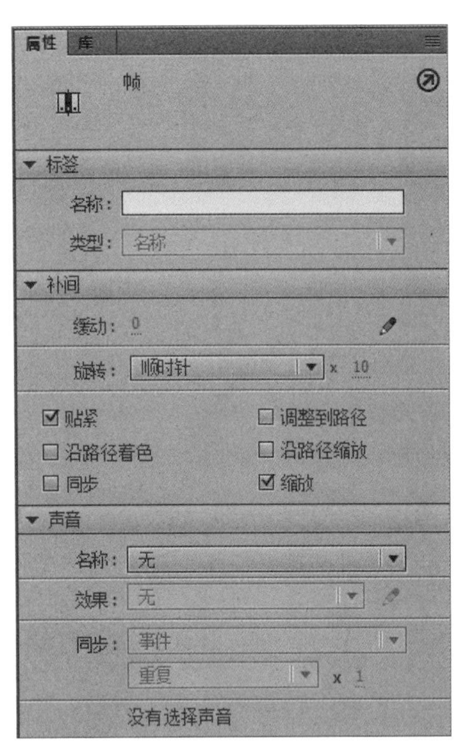

图 3-75 设置过渡帧旋转属性

（7）新建图层，制作小针绕小表盘中心点旋转时与前述方法类似，但不需要单独移动实例的中心点，如图 3-76 所示，只需要在整体移动小针实例时将其中心点与小表盘中心黑点重合即可。

图 3-76 小针实例中心点与小表盘中心黑点重合

（8）测试影片，保存文件，导出影片。

3.5 补间形状动画

3.5.1 补间形状动画的概念

补间形状动画作为补间动画中的形变类别，可以用于创建对象形状、大小、位置、颜色等的变化，允许一个对象的形状在两个关键帧之间进行平滑过渡，从而实现复杂的变形效果。例如，一个圆形可以逐渐变成方形，或者一个字母可以流畅地变换成其他形状。此种动画在时间轴上的表现如图 3-77 所示。

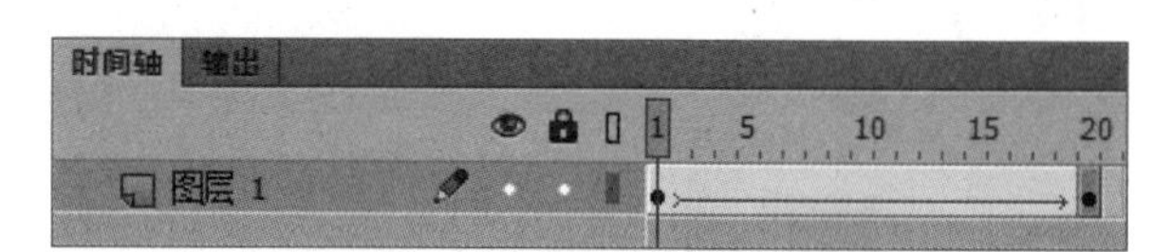

图 3-77 补间形状动画时间轴

3.5.2 补间形状动画的创建

制作补间形状动画时，用户需要先定义起始关键帧和结束关键帧，且两帧上的形状对象必须为彻底分离的矢量图形像素对象，如图 3-78 所示。若原始素材为文本、位图等，可以执行“修改” | “分离”菜单命令（或按【Ctrl+B】组合键），或执行“修改” | “位图” | “转换位图为矢量图”菜单命令，将素材分离为像素对象。当在两个关键帧中间创建补间形状后，动画软件会自动计算两者之间的形状变化，补全过渡帧。这种技术常用于动态图形设计和角色表情变化，能够以较少的工作量创造出丰富的动画效果。

图 3-78 彻底分离为像素对象的文本和位图

补间形状动画的自动补间有时可能会产生不自然或不期望的变形效果，特别是在复杂形状或自由排列形式的图形中，这时就需要执行“修改” | “形状” | “添加形状提示”菜单命令（或按【Ctrl+Shift+H】组合键）来添加形状提示。形状提示可以指导过渡帧按照更合理的路径进行形状变化，确保动画按照预期的路径和方式进行。

3.5.3 补间形状动画的特点

在制作补间形状动画时，需要注意以下几点：

① 在一个补间形状动画中至少需要有两个关键帧。

② 两个关键帧中的对象必须是彻底分离的矢量图形像素对象。

③ 若要实现过渡帧的形状动态变化效果，则两个关键帧中至少有一个关键帧的对象必须发生形状、大小、位置、颜色等的变化。

范例 3-8 创建进度条动画

按下列要求操作，使用补间形状创建进度条动画，如动画样张“进度条 .swf”所示。制作要求如下：

1. 新建 Animate 文档，舞台尺寸、颜色、帧频默认。在图层 1 中绘制进度条框，居中对齐，持续显示至第 30 帧。

（1）执行“文件” ｜ “新建”菜单命令，新建 Animate 文档，类型为 ActionScript 3.0，舞台尺寸、帧频、颜色默认为 550×400 像素、24 fps、白色。

（2）选择“矩形工具”，笔触颜色设置“黑色”，填充颜色单击“无”按钮，笔触大小为 2，矩形边角半径为 45；如图 3-79 所示，在舞台上绘制一个适当长度的圆角矩形，作为进度条外框；使用“选择工具”双击选中该圆角矩形，打开对齐面板，设置水平中齐、垂直中齐。

（3）在时间轴上图层 1 的第 30 帧右击，在弹出的快捷菜单中选择“插入帧”命令，使进度条框持续显示至第 30 帧。

2. 制作从第 1 帧至第 30 帧逐渐拉长的进度条。

（1）锁定图层 1，新建图层 2；选择“矩形工具”，设置无笔触颜色，填充颜色为蓝色，矩形边角半径为 45；如图 3-80 所示，在图层 2 的第 1 帧绘制一个比进度条外框略小的蓝色圆角矩形；使用“选择工具”选中该圆角矩形，打开对齐面板，设置水平、垂直中齐。

【注意】可以使用“任意变形工具”适当调整圆角矩形尺寸，以符合进度条外框比例。

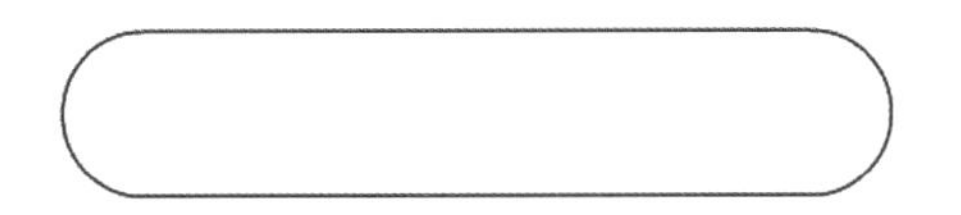

图 3-79 进度条外框

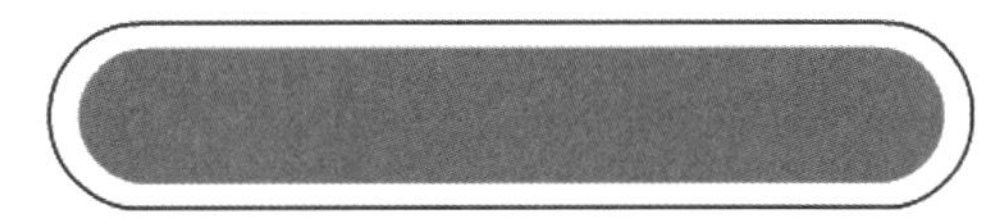

图 3-80 进度条

（2）在图层 2 的第 30 帧插入关键帧，使得进度条完整拉长的状态保持在第 30 帧。

（3）修改图层 2 第 1 帧进度条的长度。选中第 1 帧，使用“选择工具”，按住鼠标左键自进度条左上方拉动到右下方，绘制一个长方形选区，长度以能遮盖部分进度条的长为准，如图 3-81 所示；松开鼠标，生成选区后，按【Delete】键删除中间段长方形。

（4）使用“选择工具”选中右半段进度条，按住【Shift】键的同时拖动，将其与左半段进度条合并成一个整体，作为进度条的起始状态，如图 3-82 所示。

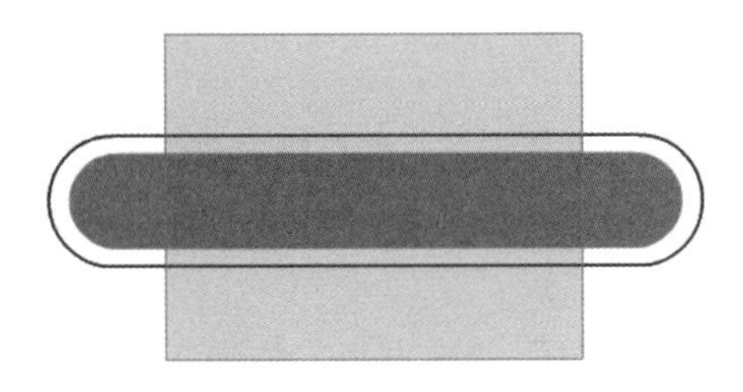

图 3-81 截取部分进度条

图 3-82 起始关键帧进度条状态

（5）在进度条图层的第 1 帧和第 30 帧之间任意位置右击，在弹出的快捷菜单中选择“创建补间形状”命令，完成进度条逐渐变长的动画过程。

3. 制作动态提示文本和文本的形变，形变后文本持续显示至第 50 帧。

（1）锁定图层 2，新建图层 3。输入文本“Loading...”，字体 Calibri，大小 50 磅，黑色。设置文本框水平中齐。

（2）选中文本框，执行“修改”｜“分离”菜单命令，或按【Ctrl+B】组合键，将文本框分离为单个字符文本框；随后分别在第 5 帧至第 30 帧每隔 5 帧插一个关键帧，先在第 5 帧删除两个点号，再在第 10 帧删除一个点号，在第 20 帧删除两个点号，在第 25 帧删除一个点号，最后呈现省略号逐渐出现并再反复一次的效果。

（3）在图层 3 第 40 帧插入空白关键帧，输入文本“载入完成”（隶书，50 磅，蓝色）；将第 30 帧、第 40 帧文本分离，其中第 40 帧文本需分离两次，从而将文本转换为对象；随后在第 30 帧至第 40 帧之间创建补间形状，完成文字形变。

（4）右击图层 3 第 50 帧，选择“插入帧”，实现文本持续显示至第 50 帧。

（5）测试影片，保存文件，导出影片。

范例 3-9 创建翻页动画

按下列要求操作，使用补间形状创建翻页动画，如动画样张“翻页 .swf”所示。制作要求如下：

1. 新建 Animate 文档，舞台尺寸 550×400 像素、颜色 #66FFCC、帧频 24 fps。在图层 1 中绘制一个长方形，颜色自定义，居中对齐，持续显示至第 80 帧。

（1）执行“文件”｜“新建”菜单命令，新建 Animate 文档，类型为 ActionScript 3.0，舞台尺寸、帧频默认为 550×400 像素、24 fps，颜色设为“#66FFCC”。

（2）选择“矩形工具”，笔触颜色设置“无”，填充颜色自定义（以“#CC9933”为例），在舞台上绘制一个长方形；使用“选择工具”选中后，打开对齐面板，设置水平、垂直中齐。

（3）在第 80 帧“插入帧”，使用普通帧保持长方形的持续显示。

2. 绘制左右两侧的书页，颜色自定义。

（1）锁定图层 1，新建图层 2；使用“矩形工具”（笔触颜色“无”，填充颜色自定义）绘制一个略小于图层 1 长方形一半的小长方形作为左侧书页，设置垂直中齐，如图 3-83 所示。

（2）新建图层 3；选中图层 2 上的长方形书页，按【Ctrl+C】组合键复制，随后锁定图层 2，选中图层 3，按【Ctrl+V】（或【Ctrl+Shift+V】）组合键粘贴；使用“选择工具”，在按住【Shift】键的同时，将书页平移至右侧，如图 3-84 所示。

3. 制作右侧书页往左侧翻页的动画效果。

（1）在图层 3 的第 20 帧插入关键帧，使用“部分选取工具”，在右侧书页的右上、右下端点分别按住鼠标左键拖动，以调整书页翻动状态，如图 3-85 所示；在第 1 帧、第 20 帧之间创建补间形状，可以看到右侧书页翻起效果。

（2）在第 40 帧插入关键帧，继续使用“部分选取工具”调整书页，如图 3-86 所示；在第 20 帧、第 40 帧之间创建补间形状。

图 3-83　绘制左侧书页

图 3-84　制作右侧书页

图 3-85　调整书页翻动状态

图 3-86　书页翻动到中间的状态

（3）在第 60 帧插入关键帧，选中书页，执行“修改”｜“变形”｜“水平翻转”菜单命令，将书页翻转后，使用“选择工具”，同时按住【Shift】键平移书页至左侧，保持书页一侧与中心线重合。

（4）在第 40 帧、第 60 帧之间创建补间形状，并通过添加形状提示来控制变形过程：选中第 40 帧，执行“修改”｜“形状”｜“添加形状提示”菜单命令（或按【Ctrl+Shift+H】组合键），看到舞台中出现编号为“a”的形状提示图标；再次执行三次该菜单命令，一共创建“a”“b”“c”“d”四个图标；在工具栏中按下“贴紧至对象”按钮（或执行“视图”｜“贴紧”｜“贴紧至对象”菜单命令），将图标自书页的左下角起按逆时针顺序逐个放置，如图 3-87 所示；选中第 60 帧，按书页翻动后点位置的变化，依次放置形状提示图标，如图 3-88 所示，如两个关键帧的点位置对应成功，后一帧上的图标会变成绿色。

（5）在第 80 帧插入空白关键帧，选中第 1 帧书页后复制粘贴至第 80 帧，按住【Shift】键将其平移至与图层 2 的书页重合；在第 60 帧、第 80 帧之间创建补间形状，若变形不合理，可参考第（4）步添加形状提示图标辅助变形。

4. 添加“music.mp3”作为背景音乐。

（1）执行“文件”｜“导入”｜“导入到库”菜单命令，将“music.mp3”导入。

（2）锁定图层 3，新建图层 4，将音乐文件拖放至舞台，即可在时间轴看到音频波形。

（3）测试影片，保存文件，导出影片。

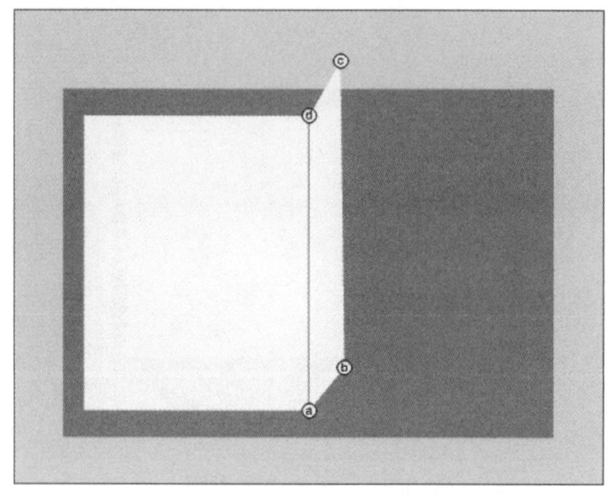

图 3-87 放置起始关键帧形状提示图标

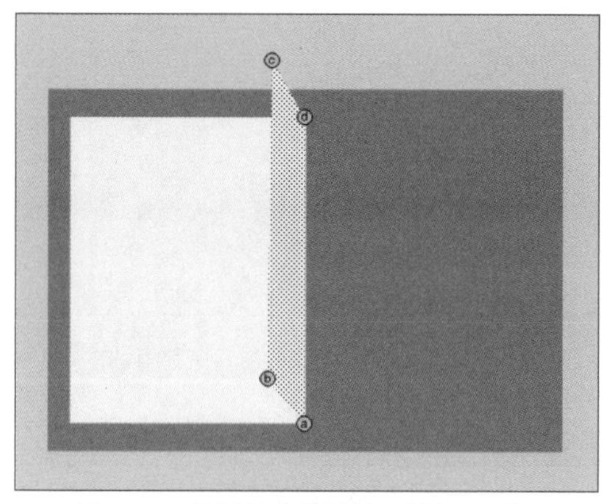

图 3-88 放置结束关键帧形状提示图标

3.6 补间动画

补间动画分为传统补间动画、补间形状动画和基于对象的补间动画，本小节介绍的是基于对象的补间动画。由于 Animate 快捷菜单中将其直接命名为“补间动画”，因此本小节中出现的“补间动画”特指基于对象的补间动画。

3.6.1 补间动画的概念

补间动画允许直接对动画元件的实例本身应用动画效果，如调整位置、大小、颜色和透明度等，而不需要依赖于多个关键帧。这种方式简化了动画制作过程，使得用户在对实例所在关键帧创建补间动画后，能够直接在时间轴的帧上通过调整实例的属性来创建动画效果添加属性的帧会转换为属性关键帧。补间动画适合制作简单的动态效果，保持了高度的可控性和灵活性。此种动画在时间轴上的表现如图 3-89 所示。

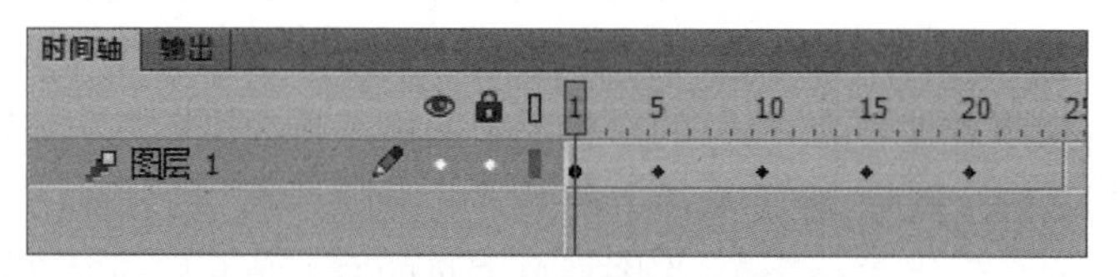

图 3-89 补间动画时间轴

3.6.2 补间动画的创建

若时间轴上已有一个关键帧，且关键帧上的舞台内容为实例，则可以直接创建补间动画，创建好后默认会生成一段补间区间，如图 3-90 所示，可以将指针移至区间右侧边缘拖动来调整区间范围。

若时间轴关键帧上的对象不是元件实例，在创建补间动画时会提示是否要将其转换为元件，如图 3-91 所示。单击“确定”按钮后，库中会自动生成该对象的影片剪辑元件，同时舞台上对象的性质转变为实例。

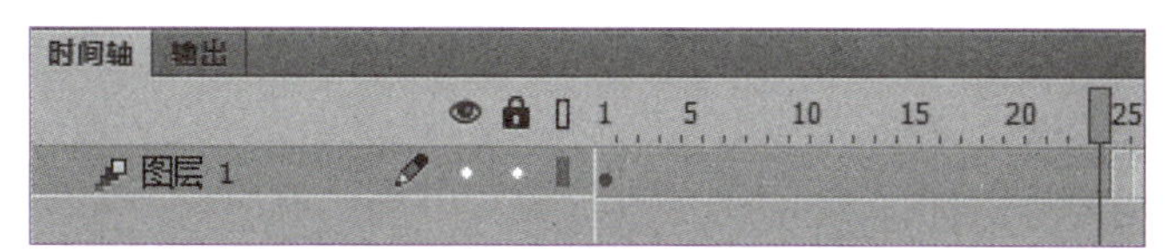

图 3-90 补间动画默认补间区间

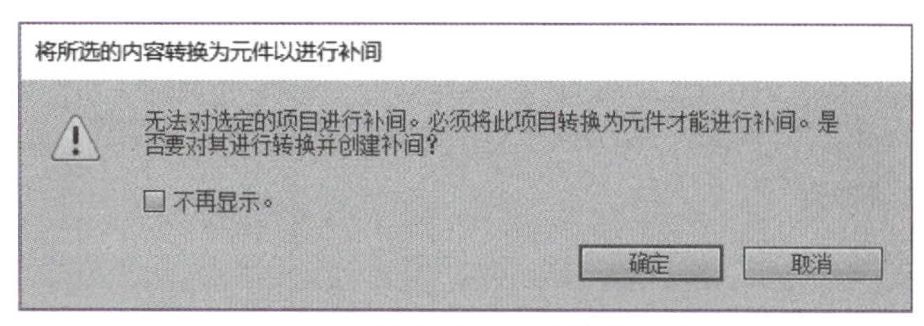
将所选的内容转换为元件以进行补间

无法对选定的项目进行补间。必须将此项目转换为元件才能进行补间。是否要对其进行转换并创建补间?

不再显示。

确定 取消

图 3-91 补间动画自动转换元件

创建好补间区间后，即可在补间区间范围内选中帧并调整实例的位置，从而创建属性关键帧。以直线运动为例，将某一属性关键帧上的圆形实例位置放置于起始关键帧圆形实例所在位置的正下方，则舞台上生成了一条直线运动路径，如图 3-92 所示，这条路径在动画播放时会隐藏。使用“选择工具”，将指针靠近这条路径，当指针右下角出现弧形时，即可将路径进行弯曲，如图 3-93 所示，则实例对象变为弧线运动。

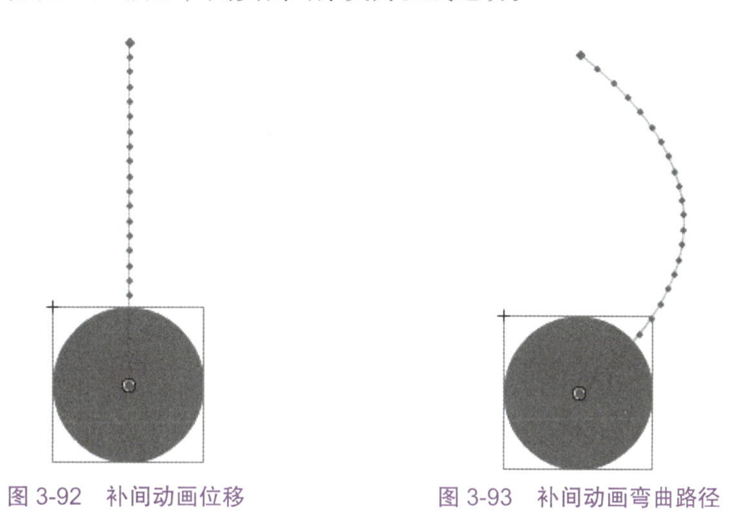

图 3-92 补间动画位移　　图 3-93 补间动画弯曲路径

3.6.3 补间动画的特点

补间动画和传统补间动画都可以用于实现运动类型的动画效果，但两者之间仍有一些差异：

① 关键帧依赖性：传统补间动画依赖于关键帧来定义动画的起始和结束状态，而补间动画直接作用于对象属性，不依赖关键帧。

② 对象使用：补间动画在整个动画过程中只使用一个对象，与传统补间动画不同，后者在关键帧间可能涉及多个对象实例。

③ 对象类型限制：两种动画类型都对可进行补间的对象类型有所限制，但处理方式不同。补间动画会将不支持的对象转换为影片剪辑元件，而传统补间动画将其转换为图形元件。

④ 文本处理：补间动画将文本视为可补间对象，不转换为影片剪辑；传统补间动画则会将文本转换为图形对象。

⑤ 时间轴操作：补间动画在时间轴上表现为对单个对象的拉伸和调整大小，而传统补间动画是对补间范围的调整。

⑥ 缓动应用：传统补间动画的缓动效果可以单独应用于关键帧之间的过渡，提供更精细的控制，而补间动画的缓动效果则应用于整个动画范围，若需要对特定帧应用缓动，需创建自定义缓动曲线。在“时间轴”面板中双击补间动画中任意一帧，进入如图 3-94 所示的“动画编辑器”进行设置即可。

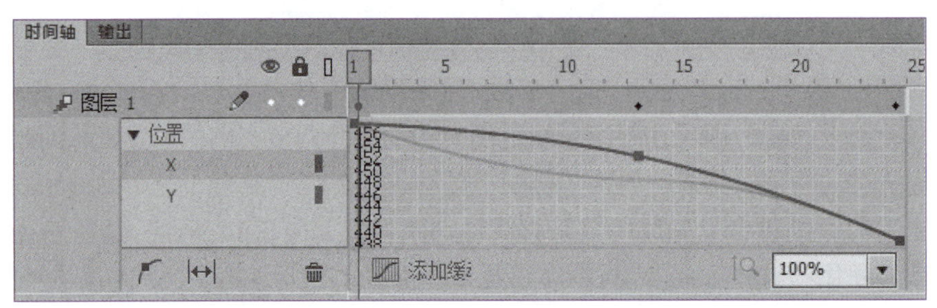

图 3-94　动画编辑器自定义缓动曲线

补间动画和传统补间动画的这些差异反映了 Animate 在不同补间动画类型上的灵活性和特定应用场景的适应性。

范例 3-10　创建端午节海报动画

按下列要求操作，使用补间动画创建端午节海报动画，如动画样张“端午节 .swf”所示。制作要求如下：

1. 打开素材“端午节 .fla”，修改舞台尺寸为 500×800 像素，帧频 12 fps。添加图片背景，持续至第 50 帧。

执行“修改”｜“文档”菜单命令，按题目要求设置相应参数，适当调整舞台显示比例使舞台显示完整；将库中图片“背景 .png”拖放至舞台，使用“对齐”面板设置图片匹配宽度、高度，水平、垂直中齐；在第 50 帧插入普通帧，使背景持续显示；锁定图层 1。

2. 使用补间动画制作粽子由上至下运动，运动过程中从无到有逐渐显示。

（1）新建图层 2，将库中图片“粽子 .png”拖放至舞台，使用“变形”面板或“任意变形工具”适当调整粽子大小；选中舞台中粽子图片，执行“修改”｜“转换为元件”菜单命令，创建名为“粽子元件”的图形元件。

（2）缩小舞台显示比例，使舞台四周区域露出显示；在第 1 帧将粽子移动到舞台上方外侧；右击时间轴上的第 1 帧，在弹出的快捷菜单中选择“创建补间动画”命令；选中第 20 帧，将此时舞台上方的粽子向下移动到舞台上，如图 3-95 所示，此时在粽子的起点和终点间出现一条运动路径，且时间轴上

图 3-95　补间动画路径

第 20 帧出现一个黑色实心菱形的属性关键帧。

（3）选中图层 2 第 1 帧，使用“选择工具”单击舞台上的粽子实例，在属性面板设置色彩效果 Alpha 值 0%；选中第 20 帧，单击此时舞台上的粽子实例，设置 Alpha 值 100%，完成粽子从无到有的变化过程。

（4）在图层 2 的补间动画范围内选中任意一帧，在属性面板中设置缓动值为“100”，使粽子做减速运动；锁定图层 2。

3. 使用补间动画制作云纹由下至上的运动过程，运动路径为波浪曲线。

（1）将图片“云纹 .png”拖放至舞台并转换为元件后，参照第 2 小题粽子运动补间动画的制作方法，先制作云纹实例从第 1 帧至第 20 帧由下至上的直线运动路径，其中第 1 帧是关键帧，第 20 帧是属性关键帧。

（2）如图 3-96 所示，使用“选择工具”将箭头指针靠近运动路径，当指针右下角出现弧线时，按住鼠标左键向右侧拖动，运动路径被弯曲成弧形。

图 3-96　调整运动路径至弧形

（3）在图层 3 上选中第 10 帧，按住【Shift】键的同时将舞台中的云纹实例向左侧稍作平移，如图 3-97 所示，弧形运动路径变形为波浪形，第 10 帧变为属性关键帧；锁定图层 3。

图 3-97　调整运动路径至波浪形

4．制作文字边旋转边变换大小的动画效果。

（1）新建图层 4，输入文本“端午安康”，自定义字体（以华文隶书、70 磅、黄色为例）；使用“选择工具”适当调整文本框位置，或设置水平中齐。

（2）保持文本框选中状态，执行“窗口”｜“动画预设”菜单命令，弹出“动画预设”面板，如图 3-98 所示；右击“脉搏”预设，在弹出的快捷菜单中选择“在当前位置应用”命令；若图层 4 的补间范围缩小，可在范围右侧边缘按住鼠标左键拖动来延长至第 50 帧，时间轴如图 3-99 所示。

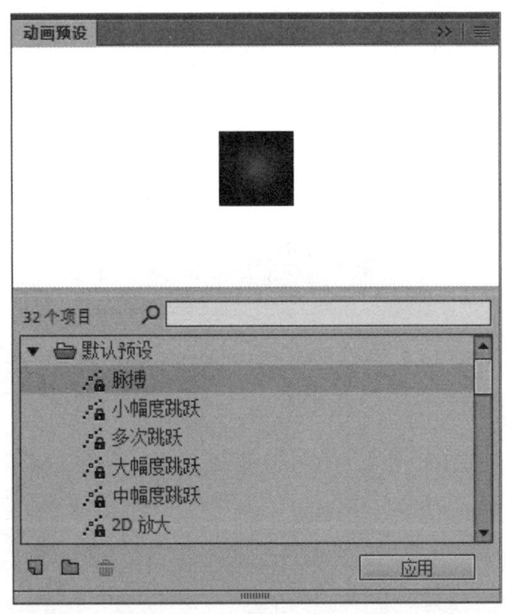

图 3-98 “动画预设”面板

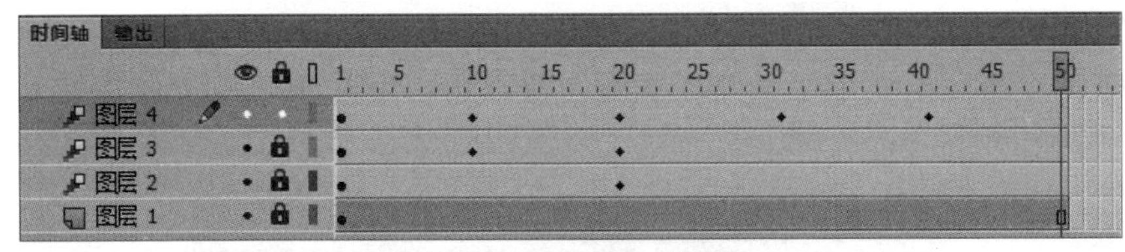

图 3-99 补间动画时间轴

（3）在图层 4 的补间动画范围内选中任意一帧，在属性面板中设置“顺时针”方向旋转 1 次。

（4）测试影片，保存文件，导出影片。

3.7 引导层动画

3.7.1 引导层动画的概念

引导层动画是指使用引导图层来控制动画对象的运动路径。制作运动引导层动画至少需要两个图层，一个运动引导层用于绘制对象将遵循的路径，另一个或多个图层用于存放实际沿路径运动的对象。在最终的动画输出中，引导线是不可见的，只显示对象沿路径的运动。引导层动画是一种强大的动画工具，它为用户提供了一种直观且高效的方式来创建复杂的运动路径，轻松实现富有表现力的动画效果。

3.7.2　引导层动画的创建

创建引导层动画主要有两种方法：使用快捷菜单命令“添加传统运动引导层”、修改“图层属性”将普通图层转换为引导层。

1. 添加传统运动引导层

此方法需要先将被引导的运动图层制作完毕，再在该图层上右击，在弹出的快捷菜单中选择“添加传统运动引导层”命令，如图 3-100 所示。在引导层上绘制运动路径，可以是手绘的自由曲线或使用工具创建的精确曲线，随后将被引导图层首尾关键帧上的对象依次吸附到运动路径的起点和终点，如图 3-101 所示，吸附时可以看到对象中心出现的黑色圆圈状中心点，确保黑色圆圈吸附到路径两端，且首尾关键帧要分别进行调整吸附。

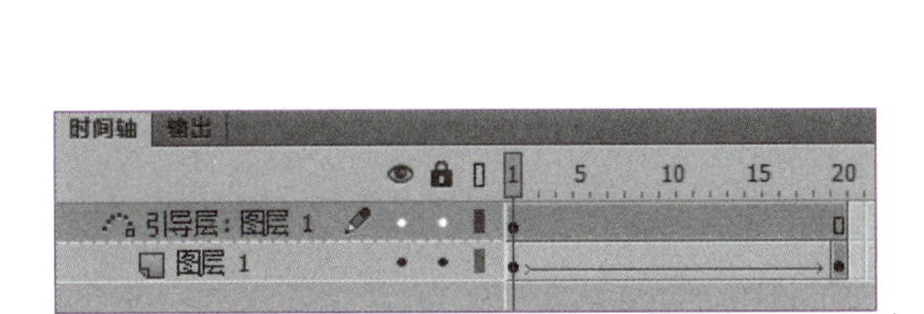

图 3-100　添加传统运动引导层

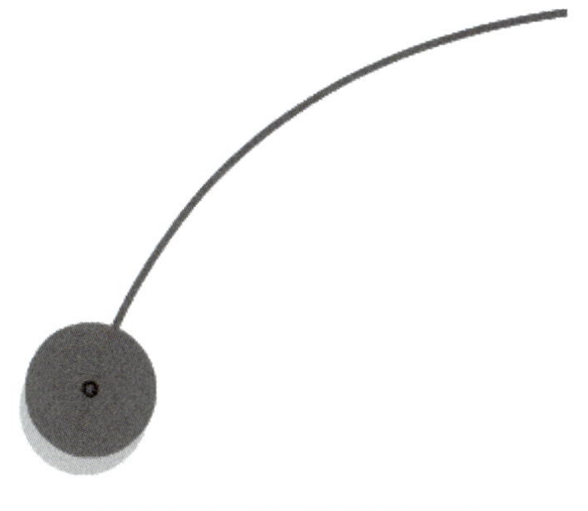
图 3-101　将对象吸附到路径

2. 普通图层转换为引导层

如图 3-102 所示，首先新建两个普通图层，底层制作对象的传统补间运动，上层绘制引导线；其次在上层图层上右击，修改属性为“引导层”，如图 3-103 所示。

随后在底层图层上按住鼠标左键向上拖动一点点，如图 3-104 所示，当黑色提示线出现在引导层下方内侧时，松开鼠标左键，即可将底层图层修改为被引导层。最后，检查首尾关键帧上的对象是否已吸附到运动路径的起点和终点。

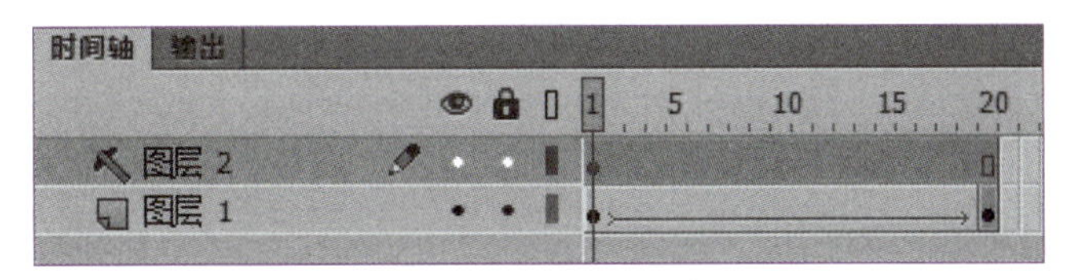

图 3-102　修改普通图层属性为引导层

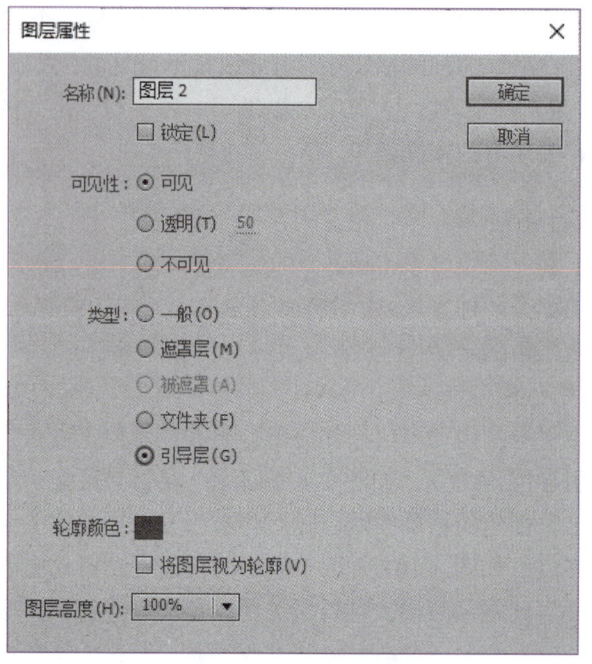

图 3-103 修改图层属性

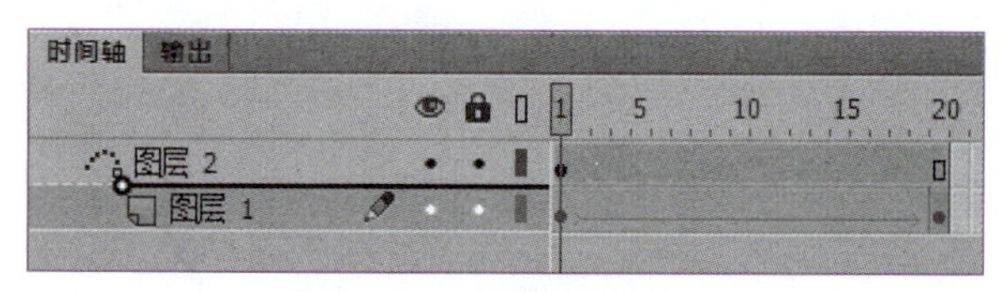

图 3-104 设置被引导层

3. 多个被引导层的创建

一个引导层可以设置多个被引导层。按上述方法创建一个引导层后，可以为其添加多个被引导层，并调整好对象在路径上的吸附。时间轴面板如图 3-105 所示。

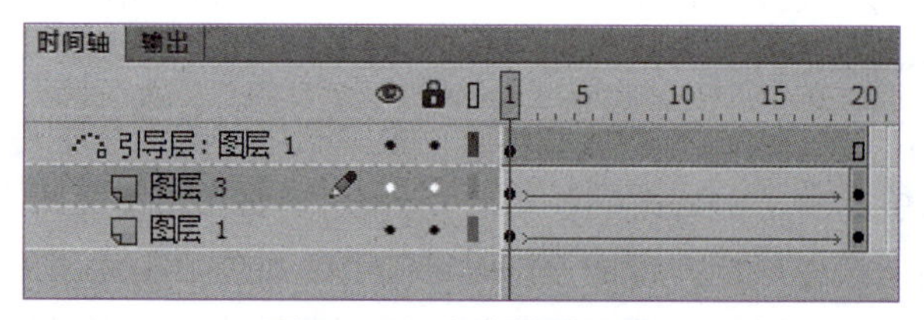

图 3-105 多个被引导层

3.7.3 引导层动画的特点

① 隐藏性：引导线仅作为制作过程中的辅助工具，不会在最终动画中显示。

② 共享性：一个运动引导层可以控制多个对象，使它们沿同一路径运动。

③ 灵活性：可以创建直线或曲线等不同类型的路径，以适应各种运动需求。

范例 3-11 创建吃豆人动画

按下列要求操作，创建吃豆人动画，如动画样张“吃豆人 .swf”所示。制作要求如下：

1. 新建 Animate 文档，舞台尺寸 550×400 像素、帧频 12 fps。在图层 1 中制作字母 B 的轮廓线，字体、大小、颜色自定义，居中对齐，持续显示至第 60 帧。

（1）执行“文件”｜“新建”菜单命令，新建 Animate 文档，按要求设置文档属性参数。

（2）选择“文本工具”，字体、大小、颜色自定义（以“Arial，400 磅，红色”为例），在舞台上输入字母“B”；使用“选择工具”选中后，打开对齐面板，设置水平、垂直中齐。

（3）按【Ctrl+B】组合键，将文字分离成像素散件；使用墨水瓶工具为字母添加描边（以“黑色、笔触 3”为例）；再使用“选择工具”选中字母描边内颜色，按【Delete】键删除，删除后如图 3-106 所示。

（4）在第 60 帧“插入帧”，使字母持续显示；锁定图层 1。

2. 新建“吃豆人”影片剪辑元件，制作逐帧动画实现动态开合效果。

（1）执行“插入”｜“新建元件”菜单命令，新建“吃豆人”影片剪辑元件。

（2）在元件编辑界面，选择“椭圆工具”，设置笔触颜色“黑色”，填充颜色“黄色”，笔触大小 3，开始角度 50，结束角度 310；按住【Shift】键和鼠标左键并拖动鼠标，绘制吃豆人开嘴状态，如图 3-107 所示；使用“选择工具”双击两次吃豆人，同时选中填充和描边，在属性面板按🔗键锁定宽度高度比例后，设置高 220，则宽度等比例变化；使用对齐面板设置水平、垂直居中。

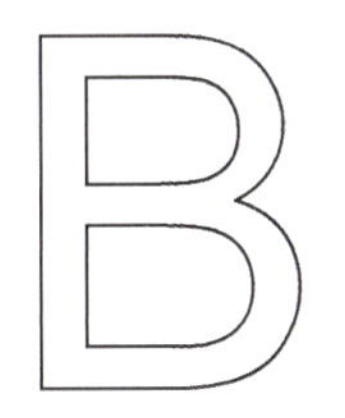

图 3-106　字母轮廓线

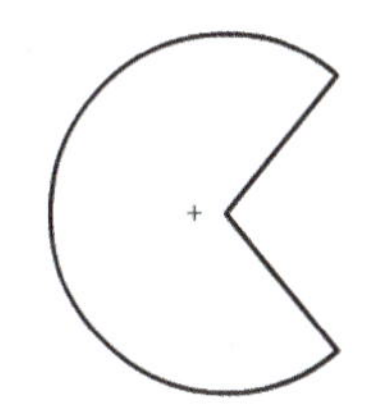

图 3-107　吃豆人开嘴状态

（3）在第 2 帧插入空白关键帧，继续使用“椭圆工具”，设置开始角度 30，结束角度 330，参考第 1 帧步骤绘制第 2 个吃豆人状态，并调整大小和对齐。

（4）在第 3 帧插入空白关键帧，仍然使用“椭圆工具”，设置开始角度 5，结束角度 355，绘制第 3 个吃豆人状态，并调整大小和对齐。

3. 制作吃豆人在字母 B 中的路径运动一圈的动画效果。

（1）回到舞台“场景 1”编辑状态，新建图层 2，将库中“吃豆人”元件拖放至舞台，并参考路径宽度等比例调整大小，放置于路径左下角，如图 3-108 所示。

（2）在时间轴面板右击图层 2，在弹出的快捷菜单中选择“添加传统运动引导层”命令；将图层 1 中的字母“B”轮廓线复制粘贴至引导层，去除中间部分，仅保留外圈轮廓线；使用“变形”面板调整大小（以 85% 为例）；为便于辨识，选中轮廓线后调整笔触颜色为红色，然后放置于字母“B”内，如图 3-109 所示。

（3）在图层 2 第 60 帧插入关键帧，首尾关键帧之间创建传统补间，并设置补间属性“调整到路径”；使用“橡皮擦工具”将引导层上的路径擦一个小缺口，使引导线不闭合；调整首尾关键帧上吃豆人元件的位置，使其分别位于缺口的两侧，并确保中心点吸附在路径上；使用任意变形工具调整首尾关键帧上吃豆人的角度，如图 3-110 和图 3-111 所示。

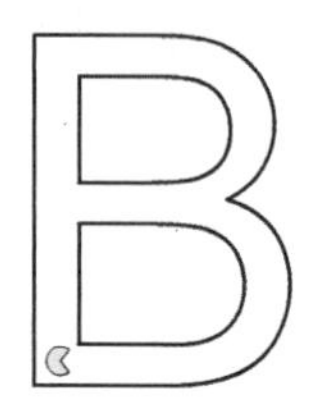

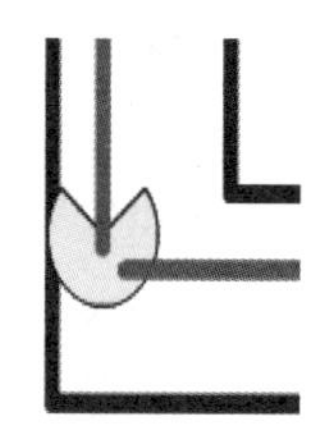

图 3-108 元件起始位置及大小　图 3-109 制作引导路线　图 3-110 起始关键帧　图 3-111 结束关键帧

（4）测试影片，保存文件，导出影片。

3.8 遮罩动画

3.8.1 遮罩动画的概念

遮罩动画通过使用一个特殊的图层——遮罩层，来确定显示区域。遮罩层充当一个“窗口”，遮罩层上定义的可见区域决定了下方被遮罩层（或多个被遮罩层）中哪些部分可以被观众看到。这种技术可以创造出各种动态的效果，如图像的局部显示、过渡、聚焦或隐藏。

3.8.2 遮罩动画的创建

与引导层动画类似，创建遮罩动画也主要有两种方法：使用快捷菜单命令“遮罩层”、修改“图层属性”将普通图层转换为遮罩层（图 3-112）。创建成功的遮罩层在时间轴面板上的图层如图 3-113 所示。

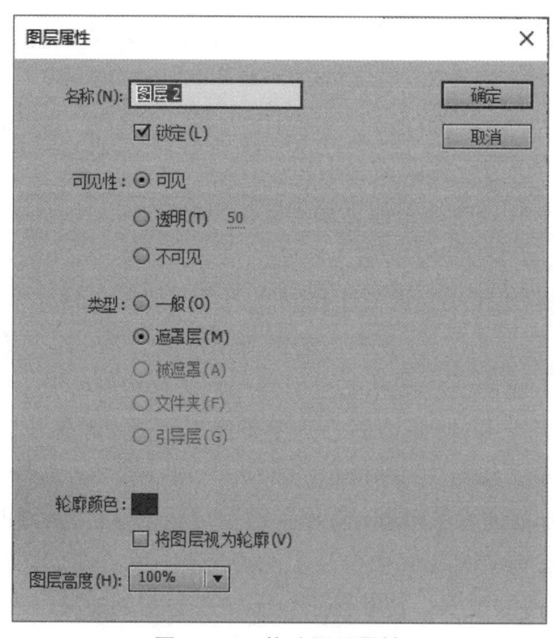

图 3-112 修改图层属性

图 3-113 遮罩层

3.8.3 遮罩动画的特点

遮罩动画主要具有如下特点：

① 选择性显示：只展示遮罩层轮廓内的被遮罩层内容。

② 动态显示：遮罩层和被遮罩层都可以动画化，实现动态变化的效果。

③ 层级独立性：遮罩层和被遮罩层可以独立编辑。

④ 非破坏性：遮罩不影响被遮罩层上的原始素材，便于修改和调整。

范例 3-12 创建环保公益动画

按下列要求操作，创建保护环境公益动画，如动画样张“环保 .swf”所示。制作要求如下：

1. 打开素材“环保 .fla”，舞台尺寸默认，设置帧频 12 fps。制作渐变蓝天图层，利用遮罩使蓝天在第 1 帧至第 60 帧自左向右逐渐出现。

（1）打开素材文件，执行“修改” | “文档”菜单命令，在“文档设置”对话框中修改帧频为 12。

（2）选择“矩形工具”，笔触颜色设置“无”，填充颜色任意，在舞台上绘制一个盖满整个舞台的矩形；若绘制后矩形偏小或偏大，可通过“对齐面板”设置矩形匹配舞台宽度、高度，再设置居中对齐。

（3）选择“颜料桶工具”，打开“颜色”面板，如图 3-114 所示，选择“线性渐变”；单击左侧色带滑块，设置初始颜色为蓝色，再单击右侧色带滑块，设置目标颜色为白色。

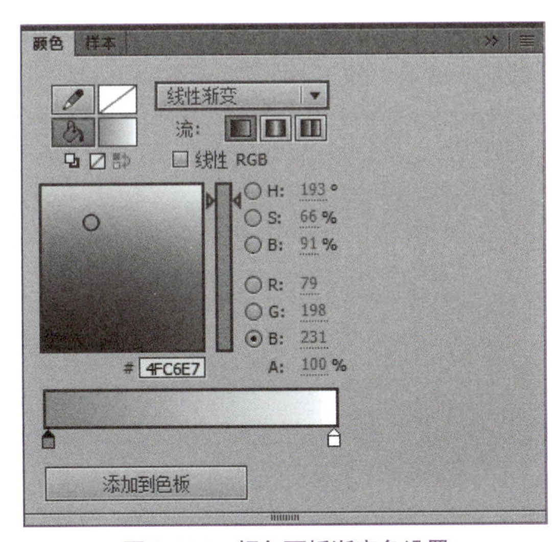

图 3-114 颜色面板渐变色设置

（4）使用“颜料桶工具”，自舞台顶部居中位置起，按住鼠标左键向下拖动，绘制渐变色效果；在第 60 帧插入普通帧，实现蓝天的持续显示。

【注意】渐变蓝天还可以先绘制从左至右的蓝白渐变矩形后，使用任意变形工具将矩形旋转 90° 至纵向渐变。

（5）锁定图层 1，新建图层 2；绘制一个与舞台相同大小的矩形（无边框，任意填充色），转换为图形元件，放置于舞台左侧外部；在第 60 帧插入关键帧，将矩形实例移动到全面覆盖整个舞台；在两个关键帧之间创建传统补间，实现矩形实例从左往右的运动，最后停留在舞台上；在图层 2 上右击，在弹出的快捷菜单中选择“遮罩层”命令，则图层 1 自动缩进成为被遮罩层，实现蓝天自左向右逐渐出现效果。

2. 制作森林自左向右由黑白变为彩色的效果。

（1）在图层 2 上层新建图层 3，将库中的“trees_black.png”图片拖放至舞台中，使用“对齐面板”调整图片大小与舞台一致、水平垂直中齐，持续显示至第 60 帧。

（2）锁定图层 3，新建图层 4，将库中的“trees_color.png”图片拖放至舞台中，同样调整图片大小与舞台一致、水平垂直中齐，持续显示至第 60 帧。

（3）在图层 2 上右击，在弹出的快捷菜单中选择“复制图层”命令，生成图层 2 副本，默认图层名为“图层 2 复制”；将该副本图层在时间轴面板中按住鼠标左键拖动，调整图层顺序至图层 4 上层；在图层 4 上右击，打开“图层属性”对话框，将类型修改为“被遮罩”；此时“图层 2 复制”为遮罩层，实现了彩色森林逐渐出现的效果；锁定图层 4。

3. 制作文字填充图案动态变化的效果。

（1）在“图层 2 复制”上层新建图层 5，将“bottom.png”图片拖放至舞台后，适当调整大小并转换为图形元件；在第 60 帧插入关键帧，并适当调整实例位置后，在两个关键帧之间创建传统补间，实现图案移动效果。

（2）在图层 5 上层新建图层 6，输入两行文字“保护生态环境 共建美好家园”，字体以华文琥珀、50 磅为例，颜色自定义；执行“修改”｜“分离”菜单命令，或按【Ctrl+B】组合键，将文本分离两次；将图层 6 转换为遮罩层，图层 5 为被遮罩层，实现文字填充图案动态变化效果，如图 3-115 所示。

图 3-115　完成遮罩的画面效果

（3）测试影片，保存文件，导出影片。

范例 3-13　创建线条动画

按下列要求操作，创建线条动画，如动画样张“线条动画 .swf”所示。制作要求如下：

1. 打开素材“线条动画 .fla”，将库中的“手势 .png”图片拖放至舞台，调整大小与舞台一致，在舞台上居中放置，持续显示至第 50 帧。

（1）打开素材文件，将“手势 .png”图片拖放至舞台。选中图片，打开“窗口”｜“对齐”面板，设置图片“匹配宽度”和“匹配高度”；确保勾选“与舞台对齐”，设置图片“水平中齐”和“垂直中齐”。

（2）右击第 50 帧位置，在弹出的快捷菜单中选择“插入帧”命令，插入普通帧，实现图片的持续显示。

2. 新建图层作为遮罩层，利用遮罩实现线条逐步出现的效果。

（1）在图层 1 上方新建图层 2，选择画笔工具（B），设置笔触颜色为无，填充颜色为任意色，画笔形状默认，大小以能盖住图层 1 的线条为准；以画笔大小 10 为例，如图 3-116 所示。

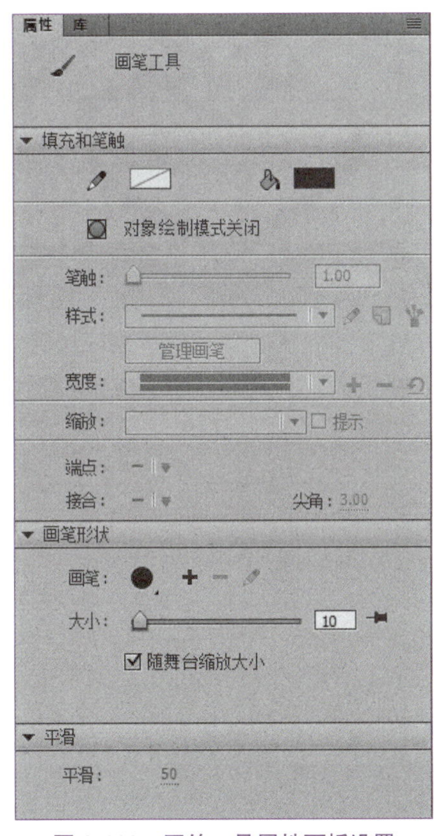

图 3-116　画笔工具属性面板设置

（2）锁定图层 1，以防止误操作。在图层 2 的第 1 帧使用画笔开始绘制，参考图层 1 的线条位置，从左侧起先绘制一段，如图 3-117 所示。

（3）在第 2 帧插入关键帧，在复制第 1 帧内容的基础上继续使用画笔沿着线条绘制，如图 3-118 所示。

图 3-117　遮罩层第 1 帧绘制

图 3-118　遮罩层第 2 帧绘制

（4）重复上述步骤，继续逐帧插入关键帧，并沿着线条逐段绘制；以利用 23 个关键帧描绘完毕为例，时间轴图层如图 3-119 所示。

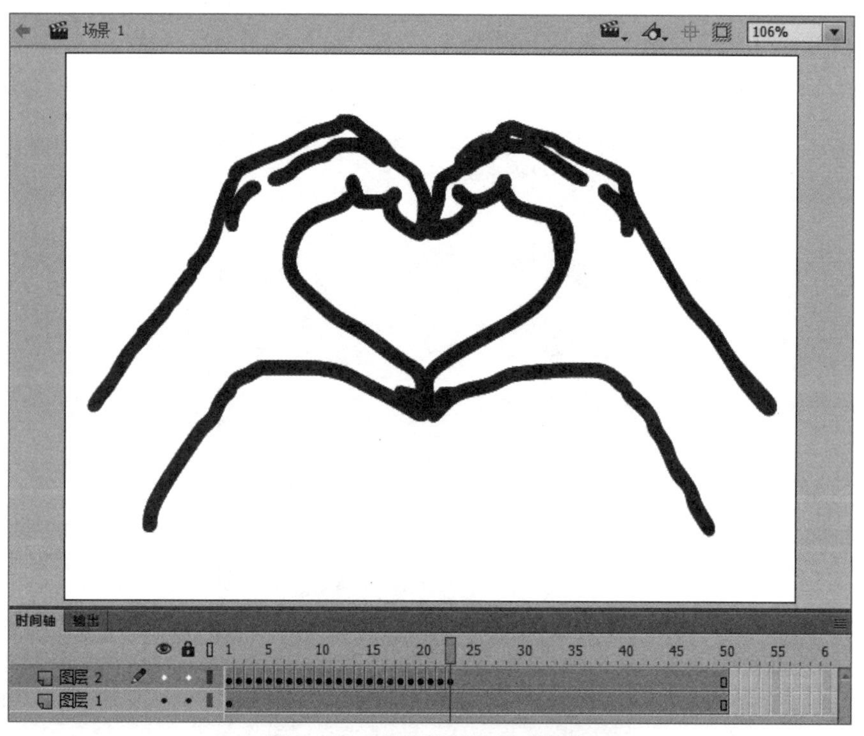

图 3-119　逐帧绘制效果时间轴

（5）在时间轴面板的图层 2 上右击，在弹出的快捷菜单中选择“遮罩层”命令，即可将图层 2 转换为遮罩层，图层 1 转换为被遮罩层，如图 3-120 所示。

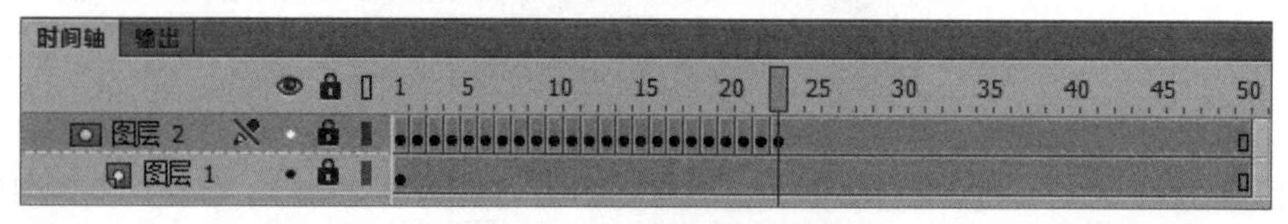

图 3-120　时间轴遮罩层效果

【注意】若想要线条动画更流畅，可以在沿着线条逐段绘制时每帧描绘得更短些，以增加图层 2 逐帧动画部分的帧数；另外，还可以使用补间形状动画逐段遮罩线条来实现。

3. 利用遮罩，实现图片“heart.png”在手势线条描绘完毕后，自圆形起逐渐扩大显示，直至完整显示的效果。

（1）新建图层 3，在第 23 帧插入空白关键帧，将“heart.png”图片拖放至舞台，参考手势所在位置放置。

（2）新建图层 4，同样在第 23 帧插入空白关键帧；使用“椭圆工具”（笔触颜色无，填充颜色任意）在舞台上绘制一个小的圆形，绘制的同时按住【Shift】键，可以生成一个小的正圆。

（3）在图层 4 的第 50 帧插入关键帧，结合“变形”面板和“任意变形工具”，将圆形等比例放大至可以盖住整张“heart.png”图片。

（4）在第 23 帧和第 50 帧之间右击创建补间形状，实现圆形由小变大的形变过程。

（5）在时间轴面板的图层 4 上右击，在弹出的快捷菜单中选择“遮罩层”命令，即可将图层 4 转换为遮罩层，图层 3 转换为被遮罩层。

（6）测试影片，保存文件，导出影片。

3.9 骨骼动画

3.9.1 骨骼动画的概念

骨骼动画是一种高效的动画技术，通过创建一个由相互连接的骨骼组成的骨架，来驱动对象的运动。这些骨骼按照层级关系组织，通常由一个主骨骼控制着身体其他部分的骨骼，用于创建和控制复杂的角色动画。

3.9.2 骨骼动画的创建

使用“骨骼工具”创建骨骼动画时主要有两种方法：

1. 层级骨骼动画

层级骨骼动画通过构建一个由主骨骼和多个子骨骼构成的骨架来模拟真实生物的动作。在这个结构中，主骨骼通常代表脊柱或中心线，而子骨骼则包括四肢、头部等身体部位。每个子骨骼相对于主骨骼的位置能够独立控制，使得用户可以创造出复杂且逼真的动作和姿态。这种动画形式因其能够准确地捕捉和再现生物体的运动特点，特别适用于表现人类的行走、跳跃等动作。

2. 非层级骨骼动画

非层级骨骼动画通过独立控制每个骨骼的旋转和位置来创造动画效果。这种动画技术提供了更高的灵活性，特别适合模拟机械或非生物的动作，例如机器人的移动或物体的变形。此外，它也适用于那些不具备明确层级关系的对象，如多触手的生物或结构复杂的植物，以便能够处理更加复杂和独特的动画需求。

选择骨骼动画的创建方法应基于动画对象的特性和所需的效果。在动画制作实践中，可能会综合运用层级和非层级骨骼动画技术，以实现最佳动画效果。例如，在制作生物行走的动画时，可能会采用层级骨骼动画来操纵身体的主干和四肢，确保基本动作的自然流畅。与此同时，对于如手指弯曲或面部表情变化这类更精细的动作，则可能利用非层级骨骼动画进行控制，以增加动作的细节和真实性。通过这种结合使用的方法，就能够创作出既逼真又具有表现力的动画作品。

范例 3-14 创建小花跳舞骨骼动画

按下列要求，使用骨骼动画的两种制作方法，创建小花跳舞动画，如动画样张“小花跳舞 1.swf”和“小花跳舞 2.swf”所示。制作要求如下：

1. 打开素材“小花跳舞 .fla”，设置舞台尺寸 1 000×1 000 像素，帧频 24 fps。运用层级骨骼动画方式，使用库中元件绑定骨骼，制作时长为 50 帧的动画。

（1）打开素材，按要求修改文档设置。将库中元件“叶子 1”“叶子 2”“花茎”“花瓣组合”按层次关系依次拖放至舞台，或全部拖放至舞台后，右击某个元件的实例，在弹出的快捷菜单中选择“排列”命令，进行图层顺序调整。

（2）使用“骨骼工具”，以花茎中心作为起点，按住鼠标左键拖动拉出骨骼，连接至“花瓣组合”实例，重复上述操作，再连接“叶子 1”“叶子 2”实例，如图 3-121 所示。

（3）以骨骼绑定连接所有元件实例后，生成“骨架 _1”图层，图层 1 变为空，删除图层 1。

（4）在骨架图层上右击第 15 帧，选择“插入姿势”，使用“选择工具”在舞台上调整各实例位置；同理，在第 30 帧、第 50 帧插入姿势后适当调整各实例位置，调整后的图层如图 3-122 所示。

图 3-121 元件实例绑定骨骼

（5）测试影片，将文件改名另存，导出影片。

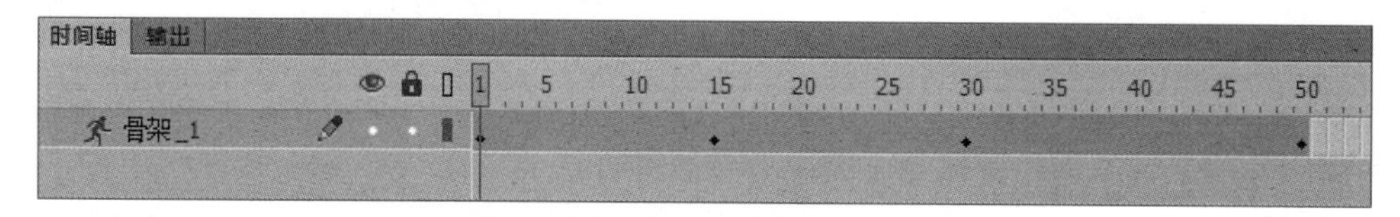

图 3-122 骨架图层

2. 仍然使用素材“小花跳舞 .fla”，设置舞台尺寸 1 000×1 000 像素，帧频 24 fps。运用非层级骨骼动画方式，使用对象绘制方法，分部件绑定骨骼，制作时长为 50 帧的动画。

（1）重新打开原始素材，按要求修改文档设置。将库中元件“花瓣组合”拖放至舞台，按【Ctrl+B】组合键分离，选择“骨骼工具”，以花心作为起点，按住鼠标左键拖动拉出骨骼，连接至“花瓣”实例，重复上述操作，直至所有花瓣都连接完成，如图 3-123 所示。

（2）删除空图层，在骨架图层第 15 帧插入姿势，逐个微调花瓣位置；在第 30 帧、第 50 帧插入姿势后同样进行微调；姿势插入完毕后的图层如图 3-124 所示。

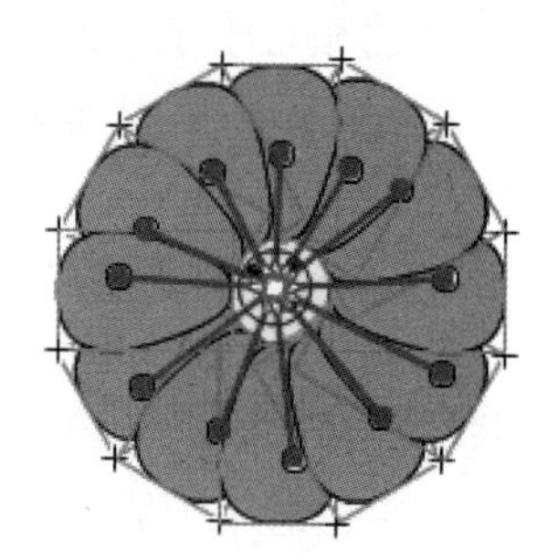

图 3-123 花瓣骨骼绑定

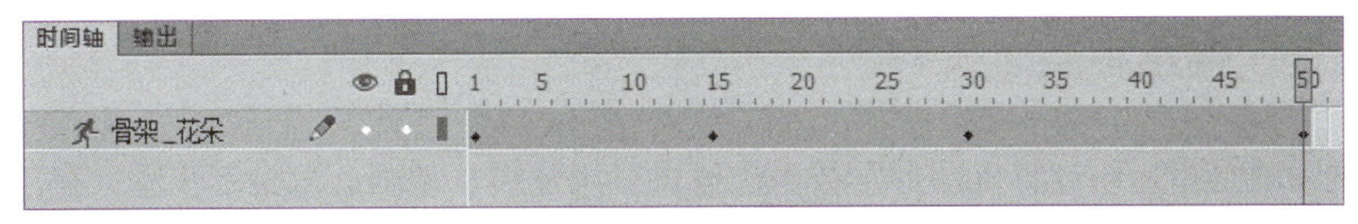

图 3-124 花朵骨架图层

（3）新建图层，将元件“花茎”拖放至舞台，按【Ctrl+B】组合键分离后，使用“骨骼工具”由下至上为花茎添加骨骼，如图 3-125 所示。添加骨骼时，先按住左键由下至上绘制第一段骨骼，将鼠标指针放置于第一段骨骼结束的节点，当指针右下角骨骼变为黑色时按住左键拖动，绘制下一段骨骼。骨骼添加完成后，依次在第 15、30、50 帧插入姿势，并进行骨骼姿势微调。在时间轴面板调整花茎骨架图层位置至花朵骨架图层下方，删除空图层。

（4）参考前述骨架制作方法，依次制作“叶子 1”“叶子 2”骨架图层，如图 3-126 所示。制作时可以先放置好叶片位置，在使用“任意变形工具”调整大小后，按【Ctrl+B】组合键分离，然后添加骨骼，最后删除空图层。

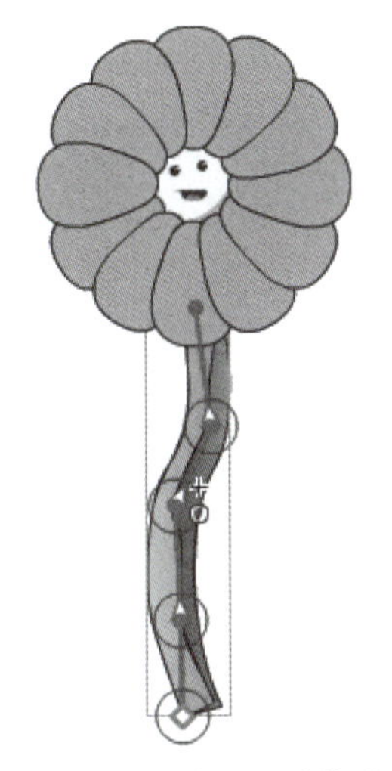

图 3-125 花茎骨骼绑定

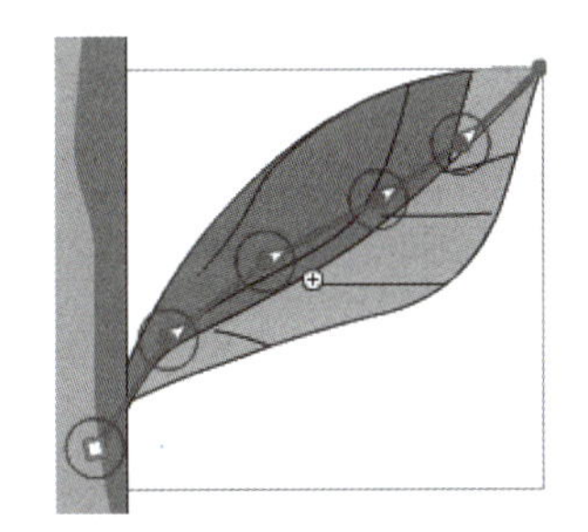

图 3-126 叶子骨骼绑定

（5）完成骨骼绑定和姿势插入的图层如图 3-127 所示。测试影片，保存文件，导出影片。

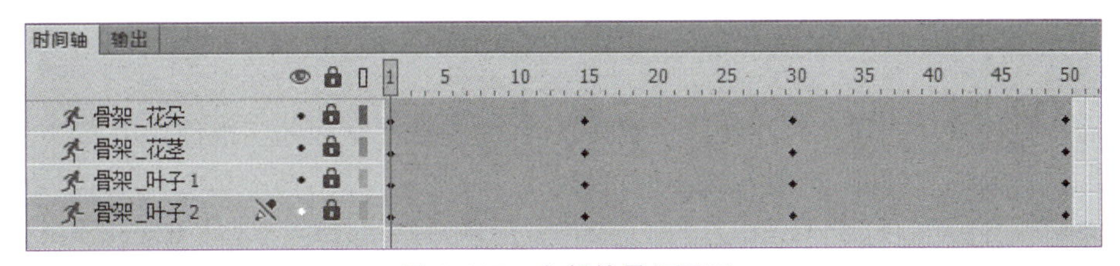

图 3-127 多部件骨架图层

3.10 三维动画制作简介

三维动画，作为一种数字艺术形式，可以运用计算机生成具有空间维度的动态图像，为观众提供沉浸式的观看体验。随着计算机图形学的发展，三维动画技术已成为娱乐产业的重要组成部分。

3.10.1 三维动画的概念

三维动画是指运用计算机图形学技术，通过三维建模、动画、渲染等步骤，在三维空间中创造出具有立体效果的动态图像的过程。它是动画制作的一种形式，利用三维动画技术生成的动态效果可以在二维平面上进行展示。与二维动画相比，三维动画能够呈现更加立体和真实的视觉效果。

3.10.2 三维动画的类型

三维动画按不同的分类方式可以分为多种类型，包括但不限于：

- 角色动画：专注于人物或其他生物的动作和表情。
- 环境动画：创造自然景观和建筑环境等动态背景。
- 技术动画：展示产品功能或技术流程。
- 产品动画：展示产品的功能和设计，常见于广告和市场营销。
- 游戏动画：为角色和环境提供动态立体效果。

3.10.3 三维动画的常用软件

三维动画制作依赖于专业的软件工具，其中最为流行的软件包括：

1. Maya

Maya是工业标准的三维动画软件,它提供了全面的3D建模、渲染、动画和视觉效果工具,广泛用于电影和游戏制作。

2. 3ds Max

3ds Max以其在建筑可视化、游戏开发和电影特效中的广泛应用而知名。它提供了强大的建模、动画和渲染功能。

3. Unity

Unity是一个跨平台的游戏开发引擎，支持三维动画和交互式内容的制作，也常用于虚拟现实（VR）和增强现实（AR）体验的创建。

4. Blender

Blender是一款功能强大的开源三维动画软件,它提供了全面的三维创作工具,包括建模、雕刻、动画、模拟、渲染、合成和视频编辑等。

3.10.4 Blender软件简介

Blender作为一款多功能的开源三维动画软件，适用于从初学者到专业人士的各类用户。其软件界面如图3-128所示。

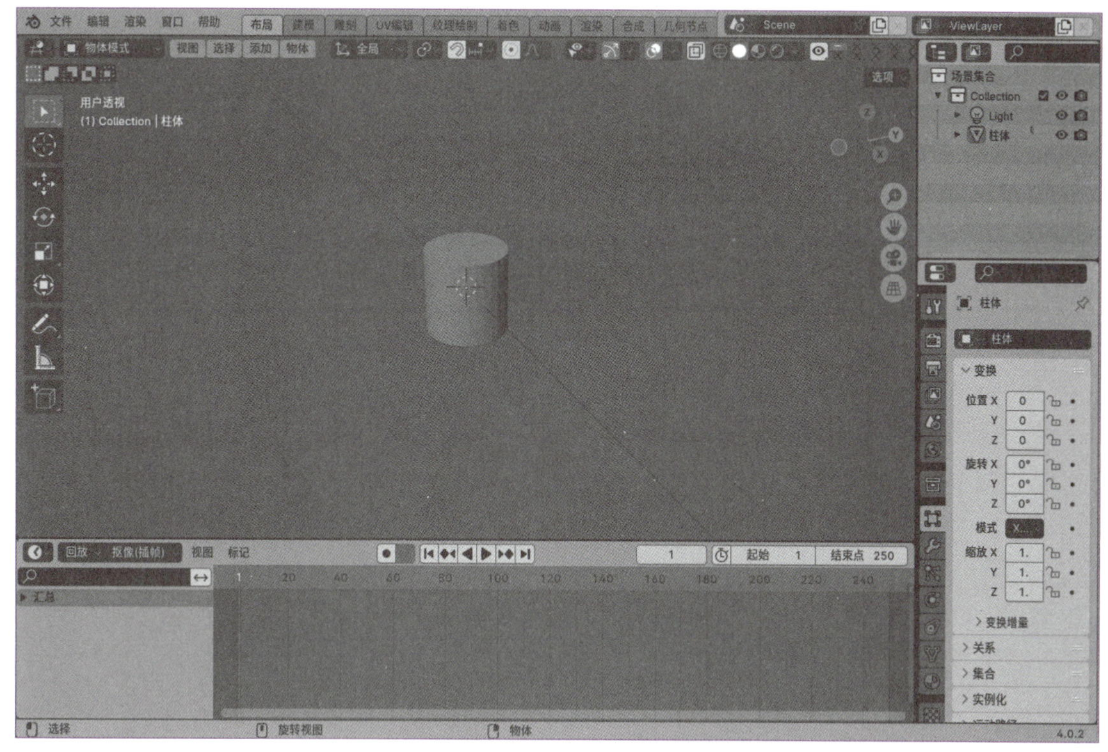

图 3-128 Blender 工作界面

如图 3-129 所示，用户可以通过单击“添加”按钮，添加预设的基础图形。可以通过调整图形对象在三维空间各个维度的长度参数，进行形状、大小的改变，或进行图形的叠加组合，如图 3-130 和图 3-131 所示。

Blender 功能强大且支持不断更新，如图 3-132 所示，用户可以通过执行“编辑”｜“偏好设置”，打开图 3-133 所示窗口，勾选添加一些多功能插件，以便动画创作使用。

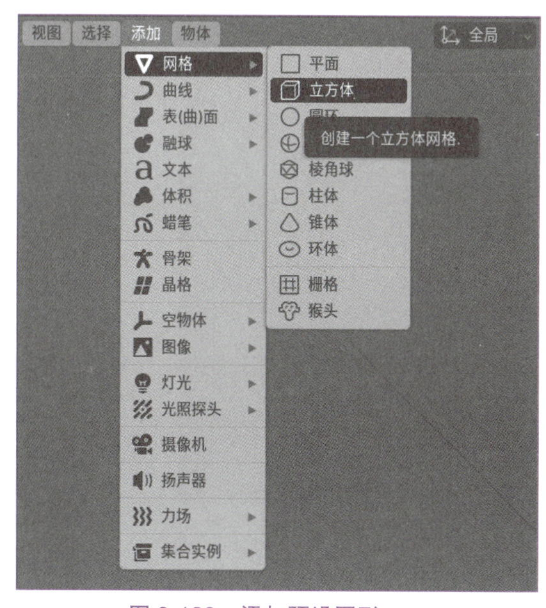

图 3-129 添加预设图形

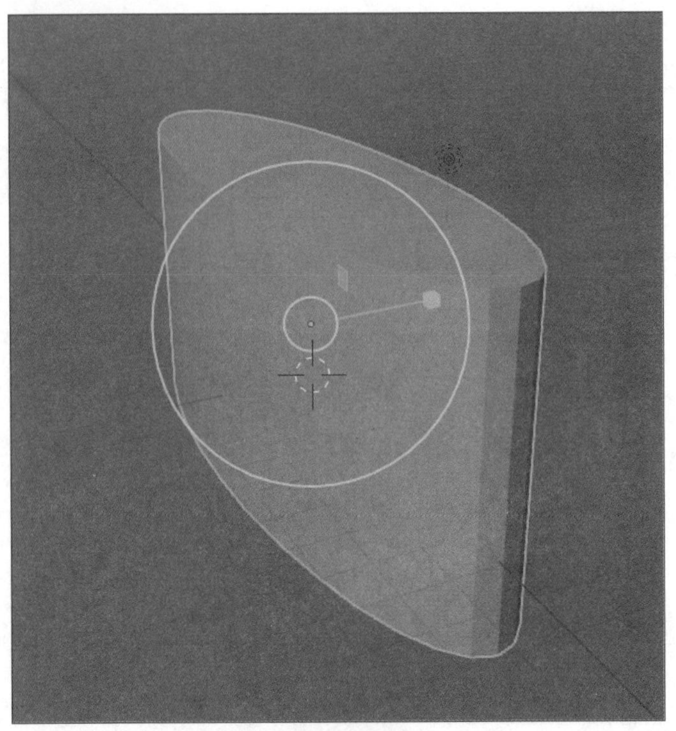

图 3-130　调整图形形状和大小

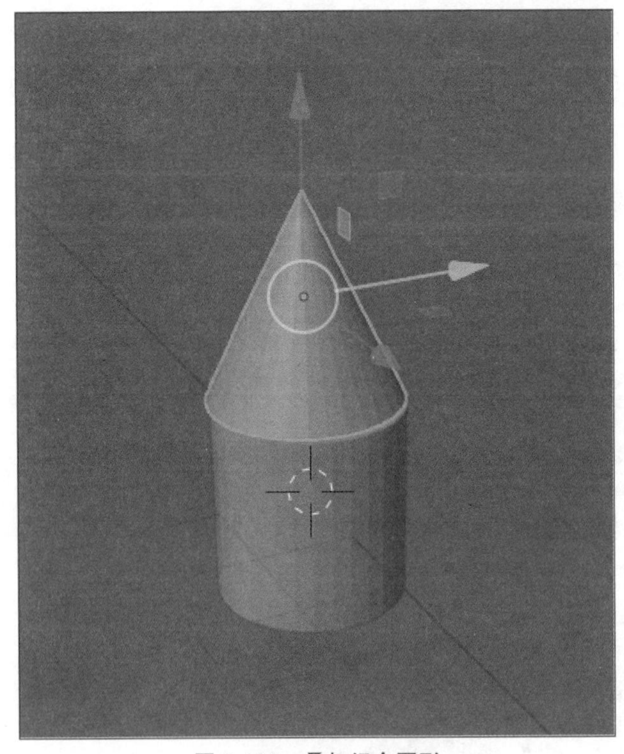

图 3-131　叠加组合图形

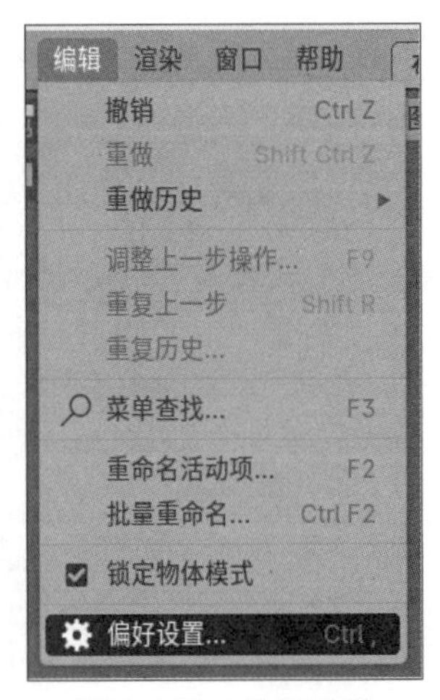

图 3-132　偏好设置

图 3-133　偏好设置窗口

3.11 综合案例

以古诗《春雪》为创作灵感，选取“春雪”素材文件夹中的图像，参照样张的动画效果，制作具有创意的诗词动画。在保持样张动画风格的基础上，鼓励加入新的素材，以打造出更加美观的动画作品。

制作提示步骤如下：

（1）新建 Animate 文档，舞台尺寸、颜色默认，帧频根据播放需求自定义设置。将所有素材图片导入库后，将背景拖放至舞台，如图 3-134 所示，修改“文档设置”中舞台大小为“匹配内容”，则舞台尺寸变为与背景图片一致，且居中对齐。设置舞台显示“符合窗口大小”，在第 50 帧“插入帧”，使背景持续显示，随后锁定此图层。

舞台大小：宽：1024　高：1024　像素　匹配内容

图 3-134　舞台大小匹配内容

（2）制作雪花飘落影片剪辑元件。先使用“雪花 .png”图片制作雪花的图形元件，再利用雪花的图形元件制作雪花飘落的影片剪辑元件。在影片剪辑元件中，结合传统补间动画、引导层动画和元件 Alpha 值的调整，实现雪花沿曲线飘落并逐渐消失的效果，动画持续 30 帧。制作时可以暂时将舞台颜色修改为彩色，以便查看白色的雪花。如图 3-135 所示，制作引导层时可以结合“线条工具”绘制、“选择工具”弯曲的方式，最后删除辅助线，即可获得运动引导波浪线。雪花的影片剪辑元件制作完成后，可以适当修改雪花图形元件中雪花的大小，则影片剪辑元件中的雪花大小会同步更新。

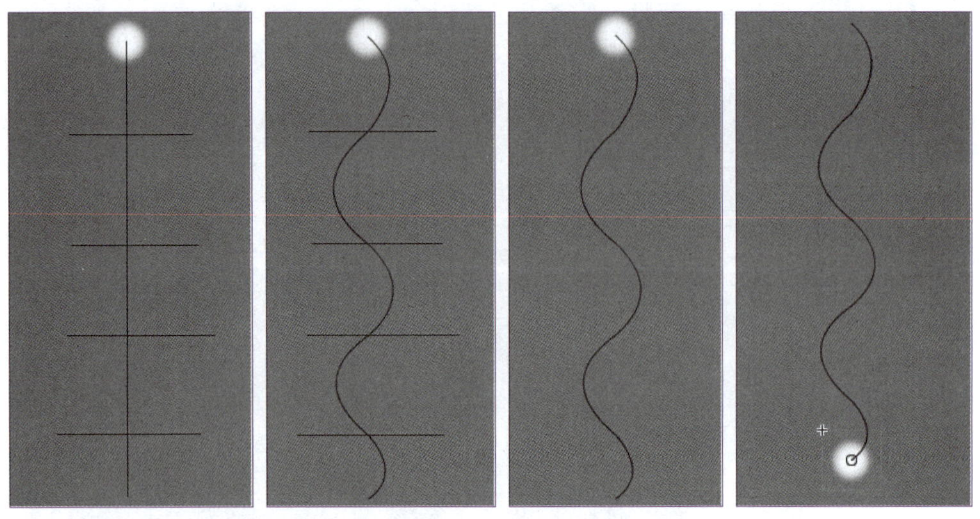

图 3-135 引导层绘制

（3）制作舞台中雪花纷纷飘落的效果，每片雪花存放于单独图层。回到“场景 1”舞台中，新建图层 2，重复多次将雪花飘落影片剪辑元件拖放至舞台各处。测试影片，此时舞台上的所有雪花实例为同时、同频率沿波浪形路径飘落。单击选中图层 2 的第 1 帧，则舞台上所有的雪花实例被选中，执行“修改”｜“时间轴”｜“分散到图层”菜单命令，如图 3-136 所示。此时，时间轴面板上按拖放至舞台的雪花飘落实例个数生成了多个图层，每个图层上放置着一个雪花飘落实例。

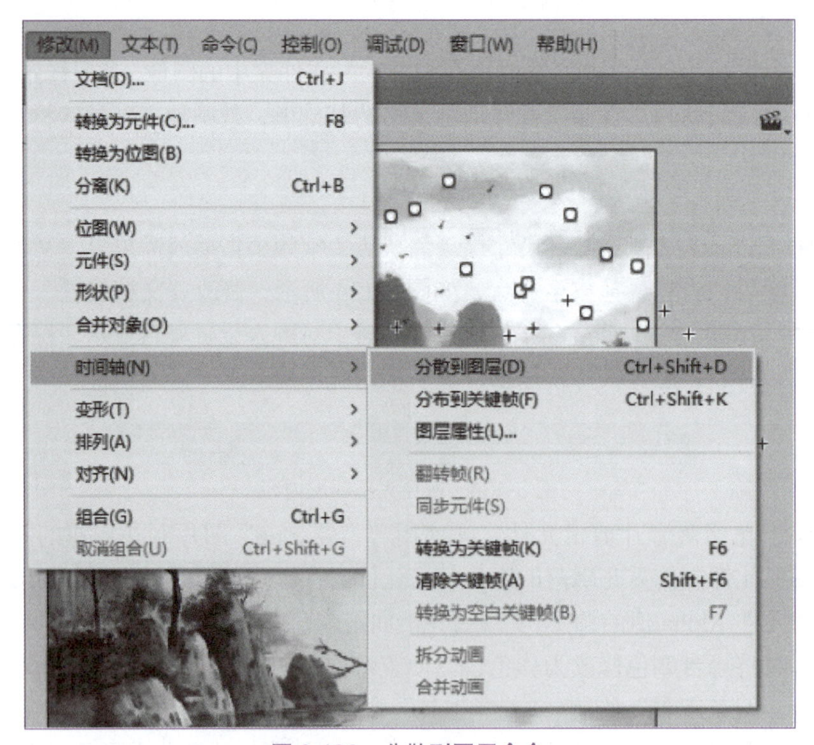

图 3-136 分散到图层命令

（4）制作雪花交错出现的自然飘落效果。单击选中雪花飘落图层的第 1 帧，当指针右下角出现一个小矩形时，按住鼠标左键拖动第 1 帧关键帧的起始位置，向后随机移动几帧；依次修改所有图层，使所有雪花飘落图层的第 1 帧起始位置不完全相同，实现雪花交错出现的效果，图层时间轴参考图 3-137。

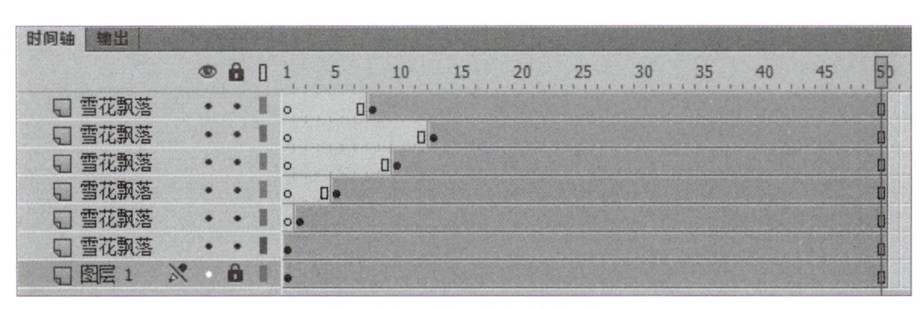

图 3-137　调整起始关键帧

【注意】

- 若雪花飘落太快，可将帧频适当调小。
- 若时间轴上雪花飘落图层过多，可新建图层文件夹，并将所有雪花飘落图层移动至其内，方便折叠管理，如图 3-138 和图 3-139 所示。
- 若觉得雪花大小过于统一，还能适当调整部分雪花实例大小，使舞台呈现更自然、多样。

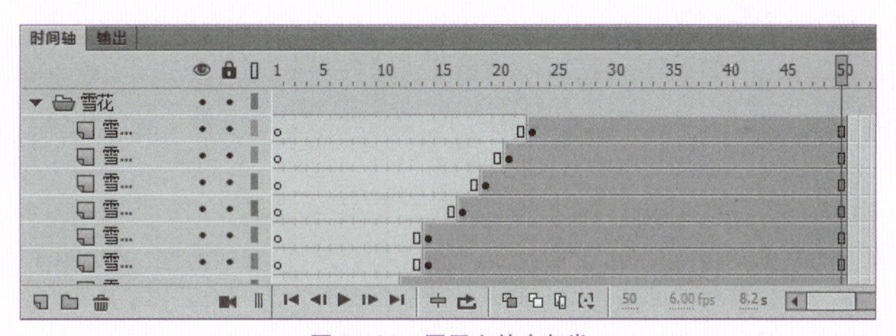

图 3-138　图层文件夹归类

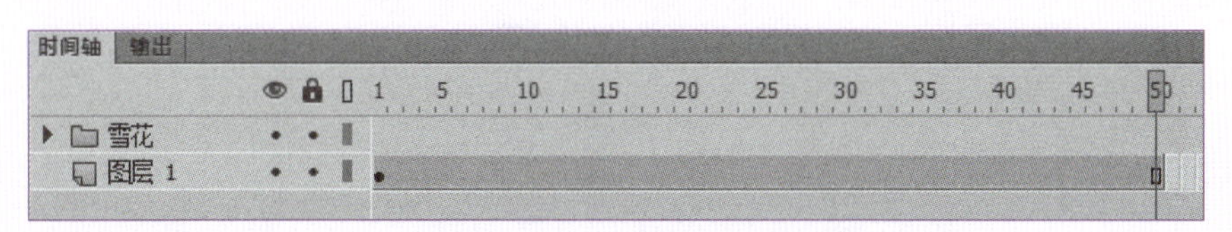

图 3-139　折叠图层文件夹

（5）制作云雾消散效果。先锁定前述所有图层，再新建两个图层。将库中的云雾图片制作成图形元件，再适当降低 Alpha 值（以 60% 为例）作为起始关键帧，分别在两个图层中利用云雾实例制作云雾逐渐放大且 Alpha 值逐渐变为 0 的传统补间动画，同时在结束关键帧将一个云雾实例向左、另一个云雾实例向右稍稍平移，即可实现云雾向两侧飘散的动画效果。

（6）制作飞雁影片剪辑元件和引导层动画。新建影片剪辑元件，使用三张飞雁素材图片制作逐帧动画，实现元件动态效果。回到舞台场景中，新建图层和引导层，制作引导层动画，引导路径参考图 3-140。缩小结束关键帧的飞雁实例，实现边飞边变小的动画效果。

图 3-140 飞雁引导层动画

（7）制作古诗逐行出现动画效果。锁定前述所有图层，新建图层，输入古诗全文，包含换行和居中对齐格式。自定义字体，此处以华文行楷、50 磅、深蓝色为例。先分离一次文本，使原本一个大文本框拆分为由单个字组成的小文本框。使用“选择工具”结合【Shift】键，先选中第一行标题的四个小文本框，执行“修改”｜“组合”菜单命令，将第一行文本合并在一个文本框内，接着后续每行同样操作，每行文本单字一起选中时的状态如图 3-141 所示。依次合并好每行，共获得四个行文本框。选中第 1 帧，执行“修改”｜“时间轴”｜“分散到图层”菜单命令，获得四个新图层。绘制遮罩矩形元件，为四个图层依次添加并制作遮罩层，通过控制关键帧位置来影响遮罩效果出现时间，图层参考图 3-142。

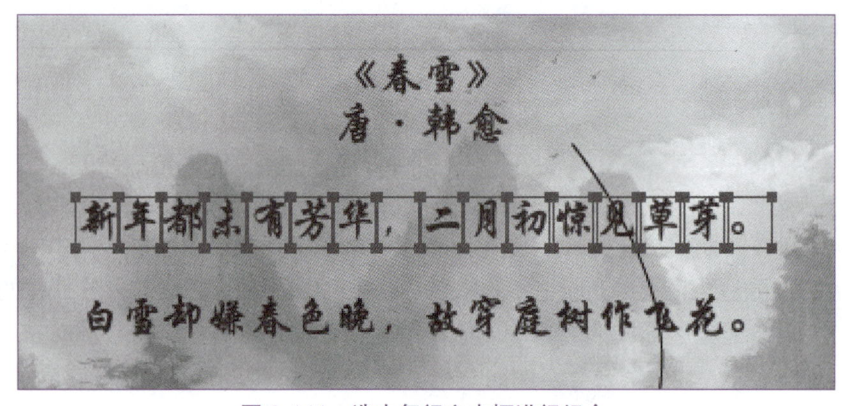

图 3-141 选中每行文本框进行组合

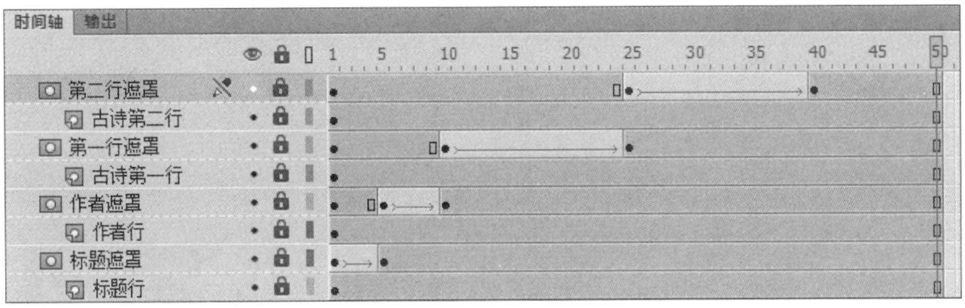

图 3-142 古诗遮罩层效果

第 4 章 音视频处理

本章概要：

随着信息技术、数字技术以及网络技术的发展，音频和视频领域的技术已向“数字体制”转变，数字音视频的技术、产品以及应用目前已成为全球信息产业发展的重点。在数字媒体作品中，数字化音频和视频是经常采用的一种形式，并且是数字媒体设计中较活跃、较能触动使用者的元素之一。在数字媒体作品中穿插音视频能够有力地烘托主题气氛，使作品变得更加丰富多彩。

本章通过介绍音视频软件的设计与制作过程，使读者了解音视频编辑与处理技能，以及音视频的基础知识，包括：

1. 音频数字化原理；
2. 音频处理技术；
3. 语音合成与识别技术；
4. 数字视频压缩原理；
5. 数字视频处理技术。

学习目标：

◎了解语音合成与识别技术；

◎理解音视频的数字化原理；

◎掌握音视频文件格式；

◎掌握音视频的相关处理技术。

4.1 音频编辑基础

音频，作为承载声音信息的重要载体，不仅让人们能够欣赏到丰富多样的旋律和节奏，也可以将创作者的情感、创作意图和音乐构思通过声音传递给听众，使人们在听觉享受中获得情感的共鸣。

音乐作品中的音色饱满度、动态范围、立体声效果等元素都离不开音频技术的处理与优化。无论是电话通话、网络会议，还是实时语音聊天等各种通信场景中，音频信号捕获、传输、解码和播放的过程均涉及音频处理技术，以确保人与人之间的清晰、高效沟通。

本章的核心内容旨在介绍与音频相关的基础知识和处理技术。

4.1.1　音频基础与原理

音频是日常生活中常见的数字媒体形式之一，它可以通过语言、音乐、自然界的声音来表达。

1. 声音的基本原理

声音是通过一定介质（如空气、水等）传播的一种连续的、震动的波，并且声音会随着时间的变化而变化，它有三个物理特性和三个组成要素。

（1）声音的物理特性

振幅：波的高低幅度，表示声音的强弱，也就是通常所说的音量。

周期：两个相邻波之间的时间长度，以规则的时间间隔重复出现，这个时间间隔称为声音信号的周期，用秒表示。

频率：每秒钟波振动的次数，用赫兹（Hz）表示。通常，人们把频率范围位于 20 Hz ～ 20 kHz 的声音信号称为音频（audio）信号，音频信号也是人耳能识别的音频范围；频率小于 20 Hz 的信号，被称为次声波或称为亚音信号；高于 20 kHz 的信号则称为超声波，或称超音信号。

（2）声音的组成要素

声音有三个组成要素：音强、音调和音色，这三个要素共同决定了一个声音的基本特征，并使人们能够分辨出各种各样声音的差异。

① 音强：又称响度，是声音的强度或声波的能量大小，与声波振幅有关。振幅越大，声音就越响亮；反之则越轻。此外，音强还与听者距离声源的距离有关，距离声源越近，感受到的音强通常越大。

② 音调：即声音的高低，取决于声波的频率。频率越高，音调就越高，声音听起来越尖锐；频率越低，音调就越低，声音听起来越低沉。

③ 音色：是指声音的品质和特性，它能帮助我们区分同样音强和音调但来源不同的声音，例如，音色能帮助人们区分不同乐器发出的声音。西方乐器中的钢琴，以其明亮和饱满的音质闻名，而小提琴则以其多变、敏感的音质著称；中国民族乐器产生的声音更接近自然，且多带有浓郁的民俗文化特色。例如，二胡的音色深沉、悠扬，古琴的音色古朴浑厚，琵琶的音色悠远而清脆。

2. 音频数字化过程

声音的波形变化是一个连续的量，它是一种音频模拟信号，也称为模拟音频，不能被计算机直接处理，必须先将其转换成音频数字信号即数字音频，计算机才能识别和处理。

模拟音频转换成数字音频的数字化过程称为“A/D 转换”（模数转换）。如图 4-1 所示，它完成各种声音信号（由麦克风等）输入计算机后，通过声卡进行采样、量化和编码，最终转换成音频数字信号，并以文件形式保存在磁盘的过程。采样、量化和编码，不仅影响着声音质量,同时也对音频文件的大小起到决定性作用。声音波形数字化前后的示意图如图 4-2 所示。

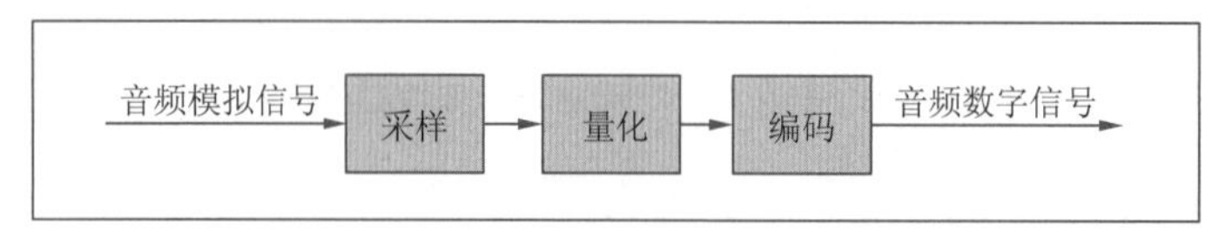

图 4-1 “A/D 转换”

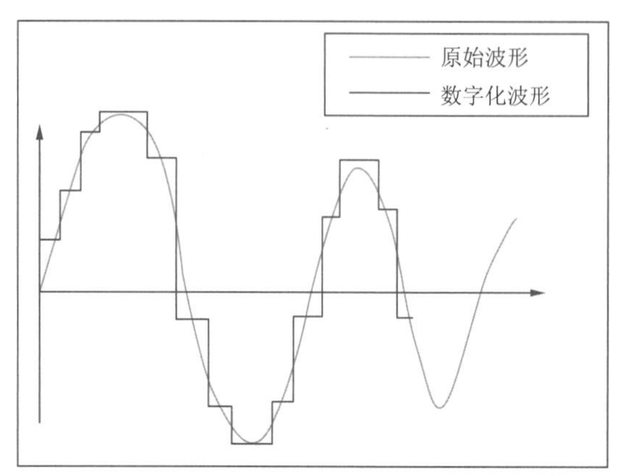

图 4-2 声音波形的数字化示意图

在播放音频时，计算机需要将数字信号转换回模拟信号，并由扬声器输出。这个过程称为“D/A 转换”（数模转换）。

（1）采样

“采样”是获得音频数字信号的基本手段，它是指在特定的时间段内对连续变化的音频模拟信号进行不断地测量和截取，并记录下来的过程。

计算机每秒钟采集多少个声音样本称为采样频率。它是描述声音文件音质、音调，衡量声卡、声音文件的质量标准。采样频率越高，声音的质量也就越好，但是它占的内存势必比较多；采样频率越低，声音越失真，音质越差。

另外，采样频率与声音频率之间有一定的关系，根据奈奎斯特理论，只有采样频率大于等于声音频率的两倍时，才能把数字信号表示的声音还原成原来的声音。例如，要还原 22 kHz 的声音频率，若选择 44 kHz 的采样频率，基本能还原成原音。数字音频较常用的采样频率见表 4-1。

表4-1 数字音频较常用的采样频率

音质级别	需还原的声音频率范围	采样频率
音质较低的AM广播电台	0～5 512 Hz	11 025 Hz
接近FM广播电台	0～11 025 Hz	22 050 Hz
优于FM广播电台	0～16 000 Hz	32 000 Hz
CD	0～22 050 Hz	44 100 Hz
标准DVD	0～24 000 Hz	48 000 Hz
蓝光DVD	0～48 000 Hz	96 000 Hz

（2）量化

采样时截取到的值称为采样值，采样值需要进行分级“量化”，也就是将采样得到的模拟量表示的音频信号转换成二进制数字组成的数字音频信号的过程。

数字音频信号的范围称为量化位数，它决定了动态范围，也称位深度，通常以位（bit）为单位。量化位数的多少，决定着数字音频可表现的声音幅度层次的多少。声音幅度的最大层次数是以 2 为底的量化位数的幂。一般来说，量化位数分为 8 位、16 位、24 位和 32 位。量化位数越高，信号的动态范围越大，采集数字化后的音频信号就越可能接近原始信号，声音质量也就越好。例如，CD 的量化位数为 16 位，DVD 的量化位数为 24 位。

（3）编码

音频经过“采样”和“量化”后，还需要进行“编码”。“编码”涵盖了如何组织这些数字化后的音频数据以便存储或传输，包括选择合适的编码格式、安排各个声道的数据结构以及压缩技术。

（4）编码格式

音频的编码格式有很多种，其中，脉冲编码调制（PCM）是对连续变化的模拟信号进行采样、量化和编码产生数字信号的波形编码技术。它是最早，也是最基础的音频数字化方法，同时还是目前广泛应用于电话通信、数字音频存储及传输等领域的重要技术之一。除 PCM 外，音频的编码格式还有 MP3、AAC、FLAC 等。

（5）声道数据结构

编码时需要区分声道配置，不同的声道数意味着不同的数据排列方式，会影响最终编码后的整体数据量。声道数是声音通道的个数，是指一次采样的声音波形个数，它直接影响到声音环境的立体声效果和声音定位准确性。常见的声道数有：单声道、双声道和多声道。

单声道是比较原始的声音形式。较早期的声卡主要采用单声道形式，当使用两个扬声器播放单声道信息时，可以清楚地听到声音的来源是从两个不同的音箱中传出的，有很明显的差异感。这种缺乏位置定位的录制方式在声卡刚刚起步时，已经是非常先进的技术了。

为了解决单声道缺乏声音位置感的问题，双声道技术（俗称立体声）应运而生。它的主要原理是：录音时把声音分配到两个独立的声道，能够把不同声源的空间位置反映出来，这种具有立体感的声音，就是立体声。双声道由于采样的声音波形个数多，所以相对单声道音质更好，但是数据量也是单声道的两倍。

尽管双声道立体声的音质和声场效果大大好于单声道，但在家庭影院应用方面，它还是存在一定的局限性。双声道立体声系统只能再现一个二维平面的空间感，并不能使听众产生置身其中的现场感。因此，多声道技术也开始发展起来。例如，广泛应用于家庭影院系统的 5.1 声道，它包括前置左、中、右三个声道，后置左右环绕声道以及一个独立的超低音声道。

在 5.1 声道的基础上再增加后方两侧的环绕声道，形成更丰富的环绕声场的声道是 7.1 声道。此外，还有更高阶的 9.1 声道、11.1 声道甚至更多声道的系统，它们适用于专业级音频制作或追求极致沉浸式体验的场合。随着技术的发展，现代音频设备支持的声道数还在不断扩展。

由于数字音频采用了不同的声道数、采样频率和量化位数，其文件的数据量也不尽相同，计算声音文件的数据量可以使用如下公式：

数据量（Byte）= 声道数 × 采样频率（Hz）×（量化位数 /8）× 时间（s）

[例] 录制声音的采样频率是 22.05 kHz，量化位数为 16，双声道，计算录制 1 min 声音信息所需要的存储空间。

存储空间 =2 × 22.05 × 1 000 ×（16/8）× 60（Byte）=5 292 000 B=5.292 MB

（6）音频压缩技术

以 PCM 编码为例，经过 PCM 编码后的音频数据流可直接在计算机中传输和存储，但需要较大的存储空间来存放，对其进行压缩可优化音频数据存储、提升传输效率。

音频压缩技术可以分为无损压缩和有损压缩两类：

① 无损压缩这类的压缩技术在解压后能够恢复到与原始文件完全一致的数据。主要利用音频数据中存在的统计冗余或其他数学特性来压缩数据，但不会造成任何音频信息损失。常用的无损压缩算法有熵编码、预测编码和游程编码等。

② 有损压缩。这种技术在压缩过程中牺牲了一部分音频信息以换取更高的压缩比。压缩比是指未经压缩的原始数据量与经过压缩后的数据量之间的比率，它是衡量音频压缩效率的一个重要指标。压缩比越大，丢失的信息越多，信号还原时失真也越大。常用的有损压缩算法有心理声学模型、预测编码和哈夫曼编码等。

如前文所述，音频模拟信号通过“采样”“量化”“编码”，便可转换成能被计算机识别处理的二进制数字。

4.1.2 数字音频格式

数字音频以文件的形式保存在计算机中，音频文件的格式一直在日新月异地发展中。除 CD 音频外，在数字媒体作品中广泛应用的数字音频文件还有两类：一类是采集各种音频信号的数字文件，也称为波形文件。目前主流的音频文件格式包括：WAV、AIFF、FLAC、MP3、WMA、RealAudio、M4A、OGG Vorbis、AAC、DSD、ALAC、Opus 等。另一类是专门用于处理音乐合成技术的 MIDI 文件。

1. 波形文件格式

（1）WAV 格式

WAV 文件是微软开发的、没有采用压缩技术的音频格式，也是经典的 Windows 数字媒体音频格式。WAV 格式支持 MSADPCM、CCITT A LAW 等多种压缩算法，同时支持多种音频位数、采样频率和声道。

标准格式的 WAV 文件和 CD 格式一样，也是 44.1 kHz 的采样频率，速率 88 K/s，16 位量化位数，WAV 格式的声音文件质量和 CD 相差无几，也是 PC 机上广为流行的声音文件格式，几乎所有的音频编辑软件都识别 WAV 格式，适用于高质量的专业音频编辑和处理，文件相对较大，占用磁盘空间较多。

（2）FLAC 格式

FLAC 格式是一种无损音频压缩格式，能够在不损失任何音频数据的情况下进行压缩，保证了音质与原始 CD 相当，但文件大小却小于 WAV 等未压缩或其他无损压缩格式。

（3）MP3 格式

MP3 是 MPEG 标准中的音频部分，也称 MPEG3 音频，它是一种有损压缩，因其较小的文件体积与相对较高的音质而流行。

MPEG3 音频编码具有 10：1 ～ 12：1 的高压缩率，同时基本保持低音频部分不失真，但是牺牲了声音文件中 12 ～ 16 kHz 高音频这部分的质量来换取文件的尺寸。相同长度的音乐文件，用 MP3 格式来存储，一般只有 WAV 文件大小的 1/10，所以在音质效果上，也次于 WAV 格式的声音文件。

MP3 格式压缩音乐的采样频率有很多种，可以用 64 kbit/s 或更低的采样频率来节省空间，也可以用 320 kbit/s 的标准达到极高的音质。

（4）WMA 格式

WMA 全称为 Windows Media Audio，压缩率可达 18∶1，生成的文件大小只有相应 MP3 文件的一半。WMA 可以通过 DRM 方案加入防止复制，或者加入限制播放次数和播放时间，可以有效地防止盗版。此外，由于 WMA 支持“音频流”技术，所以适合网络在线和实时播放。

（5）RealAudio（RA）格式

RealAudio 也支持“音频流”技术，主要适用于在线音乐欣赏。RealAudio 的文件格式主要有以下几种：RA（RealAudio）、RM（RealMedia，RealAudio G2）、RMX（RealAudio Secured）。与 WMA 相比，RealAudio 文件的音质稍差一点。

（6）AAC 格式

AAC 格式作为 MP3 的一种后继格式，它提供了更高的编码效率和更好的音质，尤其在较低比特率下表现更优，被广泛用于流媒体服务、数字广播和移动音乐文件中。

（7）M4A 格式

M4A 是 AAC 音频格式的一个容器，通常用于 iTunes 和 iOS 设备上的音频文件，也可以包含无损音频内容。

（8）AIFF 格式

AIFF 格式是 Apple 公司开发的标准音频格式，属于 QuickTime 技术的一部分。与 WAV 格式类似，AIFF 格式也是一种无损音频格式，主要用于 Mac OS 系统上。

（9）OGG 格式

OGG 是一种先进的有损音频压缩技术，正式名称是 OGG Vorbis，是一种免费的开源音频格式。它可以在相对较低的数据速率下实现比 MP3 更好的音质。此外，OGG 格式可以对所有声道进行编码，支持多声道模式，常用于网络流媒体和游戏行业。

（10）DSD 格式

DSD 格式是超高清音频格式，用于 SACD（Super Audio CD），提供非常高的采样率和模拟般的音质。

2. 音乐合成技术——MIDI 文件

MIDI（musical instrument digital interface）格式在音乐届使用广泛，是合成音乐或声响效果的直接手段。MIDI 允许数字合成器和其他设备交换数据。MIDI 文件并不是一段录制好的声音，而是记录声音的信息。比如，将电子乐器键盘的弹奏过程记录下来，当需要再次调用这个乐谱时，只需提取出该 MIDI 文件生成对应的声音波形，再由声卡处理后输出。这样一个 MIDI 文件每存 1 min 的音乐只用大约 5 ～ 10 KB，占用的数据量小，并且可以随意再次编辑。可以说，MIDI 文件是所有音频文件格式中数据量相对较小的，但也正是由于该原因，它只能播放简单的电子音乐。

MIDI文件的最大用处是在计算机作曲领域。MIDI文件可以用作曲软件写出，也可以通过声卡的MIDI接口把外接乐器演奏的乐曲输入计算机中，制作成MIDI文件。

4.1.3 数字音频处理技术

1. 音频处理技术的发展

音频处理技术的发展历程可以追溯到早期的电信和录音技术，随着科学技术的进步，人工智能和机器学习技术的发展，音频处理技术经历了从模拟信号处理到数字信号处理的重大转变，如今，智能音频时代逐渐到来。

（1）模拟音频时代

1877年，爱迪生发明了留声机，这是最早的音频记录设备，使用的是机械式录音与播放。

电子管的出现使得音频放大器得以实现，从而能够增强声音信号并进行传输。

磁带录音机在20世纪40年代开始商业化生产，实现了可擦写、可编辑的音频记录方式。

（2）数字音频时代

1937年，英国科学家Alec Reeves提出了脉冲编码调制（PCM）理论，为数字音频奠定了基础。

1970年代初期，日本NHK与美国AT&T贝尔实验室合作研发出世界上首个商业化的数字音频磁带（DAT）系统，标志着数字音频存储时代的开始。

1979年，飞利浦和索尼共同推出了CD（compact disc），这是一种以数字格式存储音乐的标准，采样率为44.1 kHz，量化位数为16 bit，极大地提高了音质，并且推动了数字音频的普及。

1980年代，个人计算机的兴起以及数字信号处理器（DSP）的发展，促进了数字音频工作站（DAW）和各种音频软件的开发，如Pro Tools、Cubase等，使得音频降噪、混音、效果处理等可以在计算机上使用音频编辑软件完成。

音频压缩算法如MP3（MPEG-1 Audio Layer Ⅲ）于1990年代中期推出，使得高质量音频能够在互联网上传输和分享。

21世纪以来，基于深度学习的语音识别、语音合成、噪声消除、音源分离等高级音频处理技术得到快速发展，AI技术开始广泛应用于音频领域。

移动通信技术进步带来了手机和其他移动设备上的高质量音频播放功能。多声道环绕声技术和三维沉浸式音频格式，如杜比全景声（Dolby Atmos）、DTS:X等，让听众能够体验到更加逼真的空间音效。

（3）智能音频时代

智能音频技术的特点是利用机器学习和人工智能技术对音频数据进行处理和分析，以实现更高效、更精准的音频生成、控制和处理。智能音频技术包括AI音乐生成、语音识别、语音合成、音频分类、音频检测等，广泛应用于语音助手、智能客服、智能家居等领域。

2. 常用音频编辑软件简介

音频编辑软件是音乐制作、播客制作、语音处理、音效设计等领域不可或缺的工具。

（1）Adobe Audition

Adobe Audition 是一款专业级的数字音频工作站（DAW），提供全面的音频编辑和混音功能，原名为 Cool Edit Pro。它具有强大的噪声消除、频谱编辑工具，支持多轨录音与混合，并且可以与 Adobe Creative Cloud 系列中的其他产品如 Premiere Pro 等无缝集成。其 2022 版本的界面环境如图 4-3 所示。

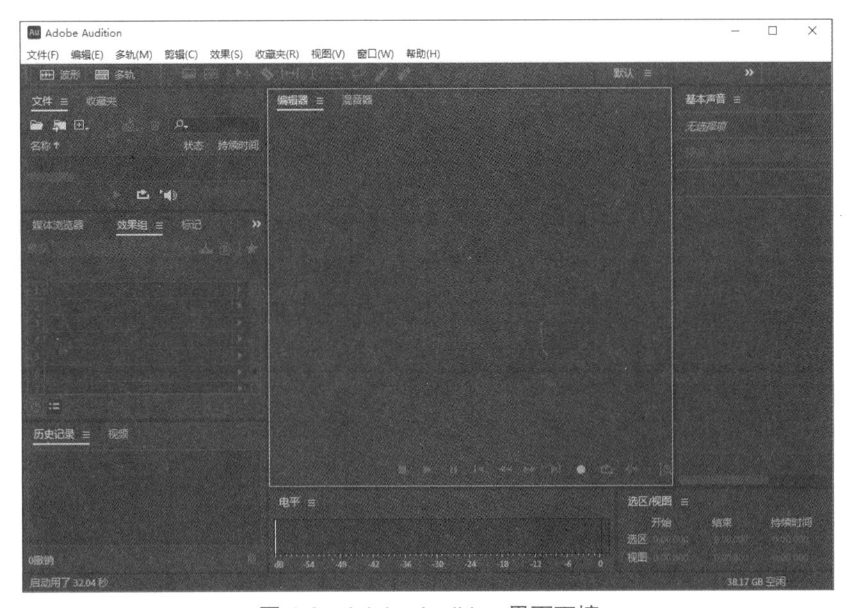

图 4-3　Adobe Audition 界面环境

（2）GoldWave

GoldWave 是一款不需要安装的绿色软件，功能强大，除了可以对音频内容进行播放、录制、编辑和格式转换外，它还能将编辑好的文件存为 OGG、VOC、AVI、WAV、AU、SND、RAW 和 AFC 等格式，而且它可以不经由声卡直接抽取 SCSI 形式的 CD-ROM 中的音乐来录制编辑。GoldWave 的界面环境如图 4-4 所示。

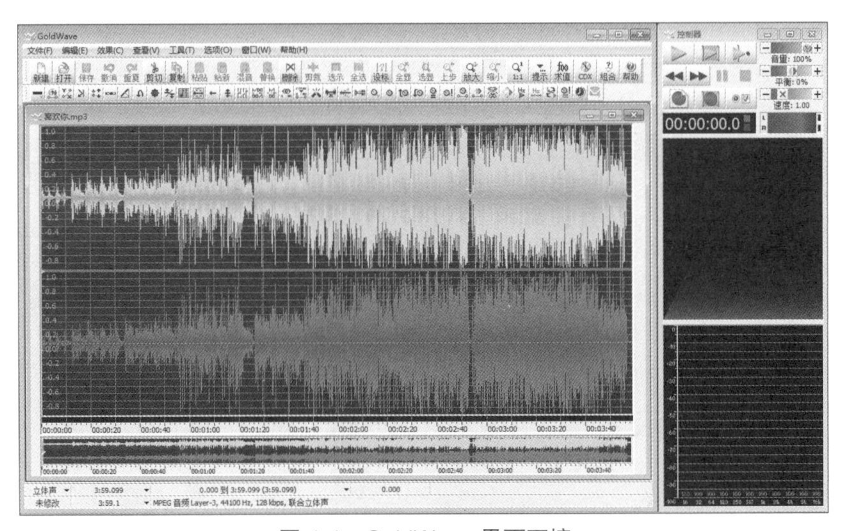

图 4-4　GoldWave 界面环境

（3）Audacity

Audacity 是一个开源免费的跨平台音频编辑器，适合初学者，也适合专业人士使用。它提供了剪辑、合并、录制、调整音量、降噪、改变速度等多种基础及进阶音频编辑功能。Audacity 的界面环境如图 4-5 所示。

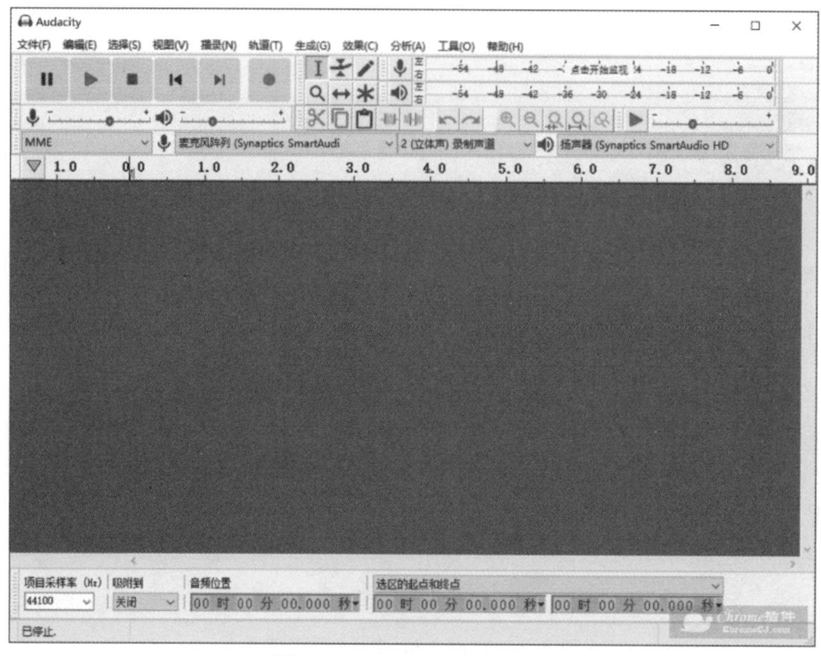

图 4-5　Audacity 界面环境

（4）GarageBand

GarageBand 是 Apple 设备上的入门级音乐创作软件，适合初学者学习音乐制作和音频编辑，同时也提供了足够的深度供专业使用者进行简单的音频编辑工作。GarageBand 界面环境如图 4-6 所示。

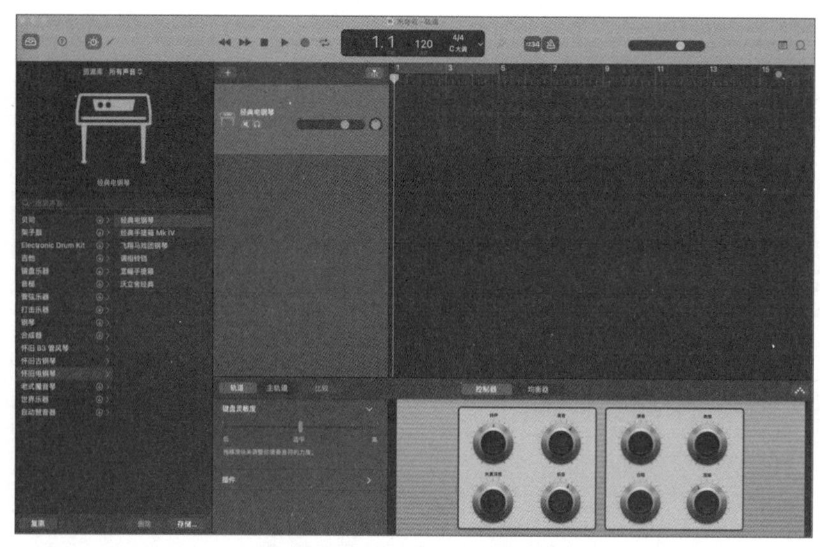

图 4-6　GarageBand 界面环境

（5）Pro Tools

Avid 公司的 Pro Tools 是音频后期制作行业标准之一，广泛应用于电影、电视、广播和音乐录制领域，提供高端的音频编辑、混音和母带处理功能。Pro Tools 的界面环境如图 4-7 所示。

图 4-7　Pro Tools 界面环境

3. AI 音乐生成工具

学习和运用 AI 生成内容的能力，正在悄然成为一个通用技能。以下介绍几种常用的 AI 音乐生成工具：

（1）Stable Audio

Stable Audio 是一个在线 AI 音乐制作工具，它通过 AI 人工智能技术，快速高效地制作音乐。Stable Audio 音乐创作平台预设了以下四种结构化的输入模板，允许通过简练的文字指令来创作音频作品。

- 添加细节：描述音乐的流派属性、整体氛围以及核心主题等艺术特点。
- 调整心情：确定音乐所传达的情感色彩，如忧郁、欢快、宁静等各种情绪倾向。
- 选择乐器：明确选用何种乐器进行演奏编排。
- 设置节奏：给出合适的每分钟节拍数（BPM）值，以精确把握音乐的整体速度和节奏感。

（2）Suno AI

使用 Suno AI 的 Discord 语音频道，能够便捷地创作出独一无二的音乐作品。只需输入 /chirp 指令，然后附上任意一段英文歌词，Suno AI 将会在短短一分钟内迅速响应，依据这些歌词灵活生成一首完整且连贯的歌曲。该 AI 具备自主谱曲和人声合成技术。

（3）Splittic AI

在 Splittic AI 所集成的 Discord 语音频道中，输入 /sing 指令后，同样需要提供一小段歌词内容，Splittic AI 就能在几秒钟之内，自动生成与之匹配的背景音乐，并运用其高度拟真的人声合成技术来生动地“诠释”这段歌词，仿佛真实演唱一般。

（4）Google MusicLM

Google MusicLM 是谷歌运用先进的大型语言模型技术研发出的一款音乐创作工具，它能够依据提供的文本描述精准创造各种类型的背景音乐。不论是流行、爵士的节奏感，还是电子、古典的雅致韵律，MusicLM 都具备生成这些风格音乐的能力，音乐主题涉猎广泛且适应性强。使用时，根据具体情境、情感氛围输入相应的文字描绘，MusicLM 便能智能化地为这些场景匹配适宜的配乐，以满足多元化的音乐使用需求。

（5）网易天音

网易天音是网易云音乐推出的一站式 AI 音乐生成工具，无需乐理知识，一键上手。只需根据灵感输入文本，网易天音便可以辅助完成词、曲、编和唱。在生成 AI 初稿后，网易天音也同样支持词曲协同调整。

（6）BGM 猫

BGM 猫是北京灵动音科技有限公司（DeepMusic）旗下的一款 AI 音乐生成器工具。该公司的创始团队来自清华大学，核心技术来自清华大学计算机系智能技术与系统国家重点实验室。输入关键词或选择标签后，设置音乐时长，即可快速得到匹配的视频背景音乐。它还拥有调整音乐段落、高能点等关键信息的处理能力，界面如图 4-8 所示。

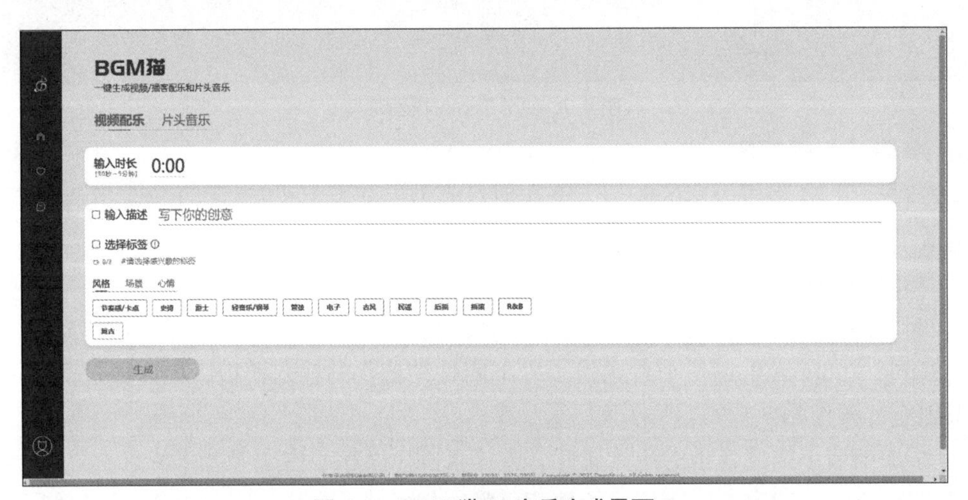

图 4-8 BGM 猫 AI 音乐生成界面

4.1.4 语音合成与识别技术

1. 语音合成技术

语音合成技术（text-to-speech，TTS）是一种可以将文本转化为语音的技术，该技术通过计算机系统模拟人的声音，将任意文字信息实时转化为标准流畅的语音朗读出来，相当于给机器装上了人工嘴巴，从而让机器能够像人类一样“说话”。

它主要包括以下几个核心步骤：

① 文本预处理：首先需要对输入的文本进行语言学处理，包括词汇、语法和语义的分

析，以确定句子的底层结构和每个字的音素组成。例如，断句、字词切分、多音字的处理、数字的处理、缩略语的处理等，以便理解并正确表达语句的意义和情感色彩。

② 韵律分析：语音合成系统必须识别出文本中的语调、重音、停顿等韵律特征，以确保生成的语音自然流畅，具有恰当的情感表达和口语化特点。

③ 声学建模：基于大量的语音数据库训练模型，这个过程会将语言学特征映射到声学参数上，例如基频（决定音高）、共振峰（影响音色）以及幅度包络（与响度相关）。通常采用马尔可夫模型（HMM）、深度神经网络（DNN）、卷积神经网络（CNN）或长短时记忆网络（LSTM）等人工智能技术来实现这一复杂任务。

④ 语音合成：声学参数被进一步用来合成实际的声波信号，可以采用不同的方法，如拼接法（waveform concatenation）、参数法（parameter-based synthesis）或端到端神经网络合成技术（end-to-end neural synthesis），生成最终的语音波形文件。

⑤ 后处理：为了提高合成语音的质量和自然度，还可能涉及一些后期处理操作，例如，噪声整形、回声消除、平滑过渡等。

随着深度学习等技术的发展，现代语音合成技术已经能够生成更加真实、个性化的语音内容，广泛应用于智能客服、导航系统、电子书朗读、有声内容制作等多个领域。

2. 语音识别技术

语音识别技术，也被称为自动语音识别（automatic speech recognition，ASR），其目标是将人类语言中的词汇内容转换为计算机可识别的输入。例如，二进制编码等。

语音识别系统通常包含以下几个关键步骤：

① 声音采集：首先，需要一个麦克风或其他声音获取设备来收集语音信号。

② 信号预处理：采集到的原始语音数据会经过预处理，包括对原始语音信号进行降噪、滤波等处理，以提高语音信号的质量，以便后续分析。

③ 特征提取：将每帧音频转化为一组数学特征向量，以便于后续的声学建模处理。

④ 声学建模：构建声学模型，该模型通常基于统计建模方法，用于将特征向量转换为对应的音素或词。

⑤ 语言建模：基于语言学的知识和训练数据，建立语言模型以评估不同的词汇组合出现的可能性，从而在识别过程中对可能的句子结构和语义进行优化。

⑥ 解码：通过结合声学模型和语言模型的结果，寻找最有可能对应输入语音的文本序列。

⑦ 后处理：输出的文本可能会进一步经过后处理阶段，例如，修正语法错误、拼写修正或根据上下文信息调整词汇选择。

语音识别技术在生活中的应用也非常广泛，例如，语音拨号、语音导航、语音文档检索、手机中的语音转文字功能、智能家居中的语音控制、语音到语音的翻译等。

科大讯飞（iFLYTEK）是国内比较早研发语音识别与合成技术并且比较成功企业。2010年前后，百度开始深度布局人工智能，并在语音识别技术方面取得显著成果。阿里巴巴和腾讯在语音识别与合成技术方面也有着深厚积累。

范例 4-1　AI 音乐生成

按下列要求操作，生成图 4-9 所示的 AI 音乐。

图 4-9 AI 音乐生成

制作要求如下：

1. 访问“AI 音乐生成工具”网站。

打开浏览器，在地址栏输入“https://bgmcat.com/home”，进入“BGM 猫”主界面。

2. 生成一段时长 30 s 的片头音乐，其音乐风格为“民谣”、适用场景为“庆祝 / 节日”、心情为“燃 / 励志”。

（1）切换至“片头音乐”，在“输入时长”后输入数字 30。

【注意】片头音乐可设置的时长为 1 ～ 30 s；视频配乐可设置的时长为 30 s ～ 5 min。

（2）勾选“选择标签”复选框，分别在“风格”标签、“场景”标签和“心情”标签中选择“民谣”、“庆祝 / 节日”和“燃 / 励志”。

（3）单击“生成”按钮。

【注意】即使使用同样的标签，AI 音乐生成工具每次生成的音乐也各不相同，因此，生成音频的波形也不同。

3. 保存音频。

（1）单击图标进行下载，如图 4-10 所示。

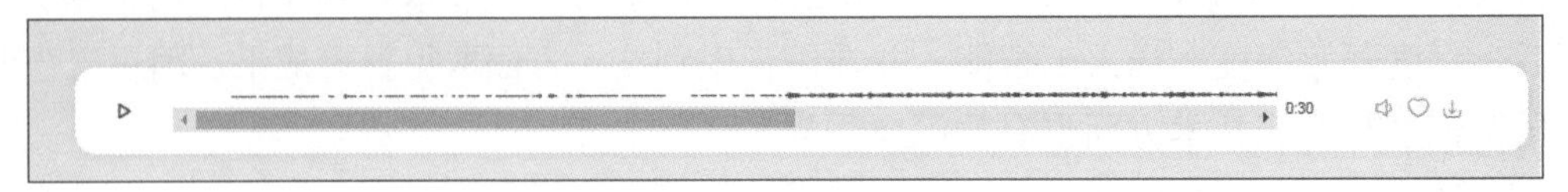

图 4-10 下载音频

（2）以“AI 音乐生成 .MP3”为文件名保存音频。

4.2　Audition 入门

Audition 简称 AU，原名为 Cool Edit Pro，2003 年被 Adobe 公司收购后，改名为 Adobe Audition。它是一个集声音录制、播放、编辑和转换为一体的音频工具，功能相当强大。不仅可打开二十几种格式的音频文件，还可以从 CD 或 VCD 或 DVD 或其他视频文件中提取声音。内含丰富的音频处理特效，从一般的诸如淡入淡出、音调、速度、混音、回声、混响、降噪特效到高级的公式计算，可以轻松实现各种音频效果的处理。

Audition 先后出了多个版本，本书以 Adobe Audition 2022 展开介绍。

4.2.1　Audition 界面介绍

打开 Adobe Audition 2022 程序，界面如图 4-11 所示，这是一个空白的 Audition 窗口。

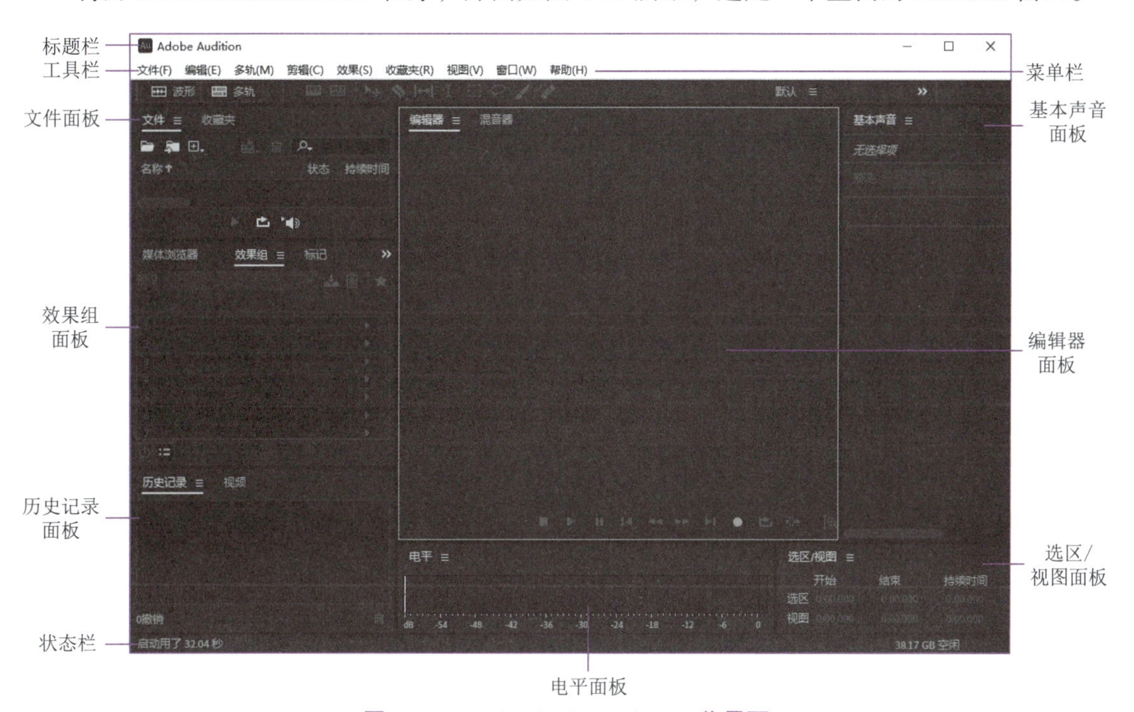

图 4-11　Adobe Auditon 2022 工作界面

Aobobe Audition 2022 工作界面主要由标题栏、菜单栏、工具栏、状态栏以及文件面板、效果组面板、历史记录面板、基本声音面板、编辑器面板、选区 / 视图面板等浮动面板组成。

1. 标题栏

标题栏位于整个工作界面的最顶端，显示当前应用程序的名称，以及用于控制文件窗口显示大小的“最小化”按钮、“最大化”按钮和“关闭”按钮，如图 4-12 所示。

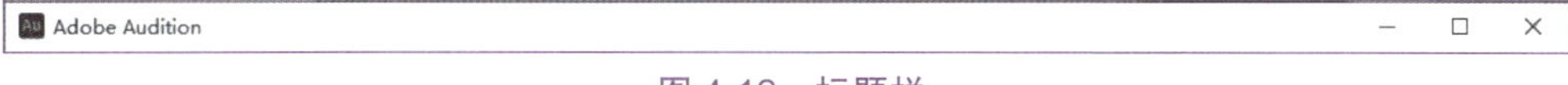

图 4-12　标题栏

2. 菜单栏

菜单栏位于标题栏下方，由“文件”“编辑”“多轨”“剪辑”“效果”“收藏夹”“视图”“窗口”“帮助”九个菜单组成。

各菜单主要功能如下：

- 文件：主要用于管理音频文件，包括新建、打开、保存、导入和导出音频文件。
- 编辑：提供了音频编辑的基本功能，如剪切、复制、粘贴、撤销和重做等功能。
- 多轨：用于管理多轨道音频编辑的重要部分。在这个菜单中，可以添加多个轨道、设置节拍器等操作。
- 剪辑：主要提供一些针对剪辑的操作，如移动、删除、分割、合并剪辑等。此外，还可以使用“剪辑”菜单进行多轨音频的淡入淡出处理，以及调整剪辑的播放速度等。
- 效果：效果菜单提供了众多的音频效果处理功能，如混响、压缩、均衡器、噪声消除等，以改善音频的质量和听感。
- 收藏夹：是 Audition 中用于快速访问常用效果、工具或功能的便捷方式。可以将常用的效果或工具添加到收藏夹中，以便快速访问和使用。
- 视图：用于调整 AU 的工作区视图，如显示或隐藏工具栏、状态栏、属性栏等。可以根据自己的需要调整工作区的布局，以提高工作效率。
- 窗口：用于管理 Audition 中的各种面板和窗口，包括编辑器、效果组、混音器等。
- 帮助：提供了关于 Audition 软件的使用说明、用户论坛、支持信息和其他资源。

3. 工具栏

工具栏位于菜单栏下方，主要用于对音频文件进行简单的编辑操作，如图 4-13 所示。

图 4-13 工具栏

各工具按钮的主要功能如下：

- 波形：编辑单轨中的音频波形。
- 多轨：编辑多轨中的音频对象。
- 显示频谱频率显示器：显示音频素材的频谱频率。
- 显示频谱音调显示器：显示音频素材的频谱音调。
- 移动工具：对音频素材进行移动操作。
- 切断所选剪辑工具：可音频素材进行分割操作。
- 滑动工具：对音频素材进行滑动操作。
- 时间选择工具：对音频素材进行部分选择操作。
- 框选工具：对音频素材进行框选操作。
- 套索选择工具：使用套索的方式对音频素材进行选择操作。
- 画笔选择工具：使用画笔的方式对音频素材进行选择操作。
- 污点修复画笔工具：对音频素材进行污点修复操作。

4. 浮动面板

Audition 中大部分区域显示的是各类浮动面板，对音频的编辑和处理等操作都在这些面板中进行。在菜单栏中单击“窗口”菜单，可自由选择需要显示的浮动面板。

下面介绍一些常用面板：

（1）“文件”面板

此面板主要用于管理音频文件的相关操作，如打开、新建、导入音频文件。可以在这里选择需要处理的音频文件。

（2）“效果组”面板

此面板主要对音频素材或轨道进行多种效果的处理，软件提供了一些系统预设的效果。

（3）“标记”面板

此面板用于在音频波形上添加标记，以便快速定位到特定位置。标记可以是简单的标记点，也可以是带有注释的标记，有助于在编辑过程中进行导航和参考。

（4）“历史记录”面板

此面板记录了对音频进行的所有编辑操作。可以通过历史记录面板撤销或重做之前的操作，以便在需要时恢复到某个状态。

（5）“基本声音”面板

此面板提供了一组基本的声音处理工具，如音量调整、均衡器、压缩器等。可以通过这些工具对音频进行基本的处理和调整，以改善音质或达到特定的效果。

（6）“编辑器”面板

这是 Audition 中核心面板之一，用于显示音频波形并提供各种编辑工具。可以在编辑器面板中进行音频的切割、拼接、调整等操作，以及各种效果的应用和处理。此面板中的按钮可以用来播放音频、停止播放音频、快进音频等。

（7）“电平”面板

此面板用于显示音频的电平变化，以及监视录音和播放音量的级别。

（8）“选区/视图”面板

此面板可以对音频素材或音轨的开始、结束和持续时间进行设置及精确的选择和查看。

5. 状态栏

状态栏提供关于当前操作状态、文件信息、磁盘空间和其他数据的实时反馈。

4.2.2 Audition 基本操作

1. 新建文件

Adobe Audition 可以创建三种类型的项目文件，分别是音频文件、多轨会话和 CD 音频。

（1）新建音频文件

打开 Adobe Audition，选择“文件”｜“新建”菜单中的“音频文件”命令，或单击工具栏上的“波形”按钮，在打开的“新建音频文件”对话框中，通过设置文件的名称、采样率、声道和位深度等属性可新建音频文件，如图 4-14 所示。

（2）新建多轨会话

如果需要将声音文件和视频文件混合成一个声音文件，可以通过创建多轨会话实现。

选择“文件”｜“新建”菜单中的“多轨会话”命令，或单击工具栏上的“多轨”按钮，在打开的“新建多轨会话”对话框中，设置会话的名称、存放的文件夹位置、模板类型、采样率、位深度和音轨混合后的声道模式等属性便可新建多轨会话，如图 4-15 所示。

会话文件是基于 XML 的小文件，本身不包含任何音频数据，而是指向硬盘中的其他音频文件，扩展名为 .sesx。

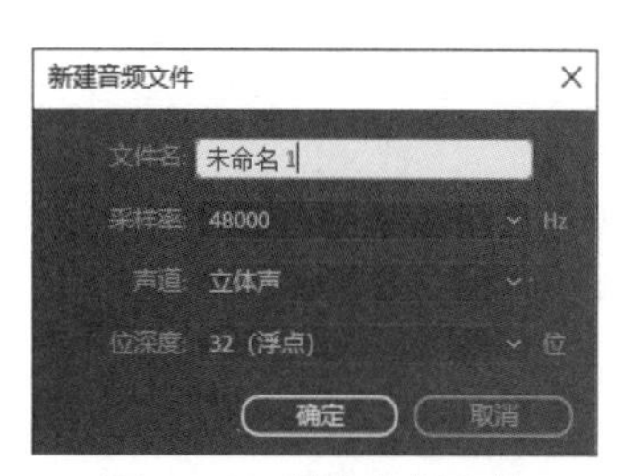

图 4-14　新建音频文件

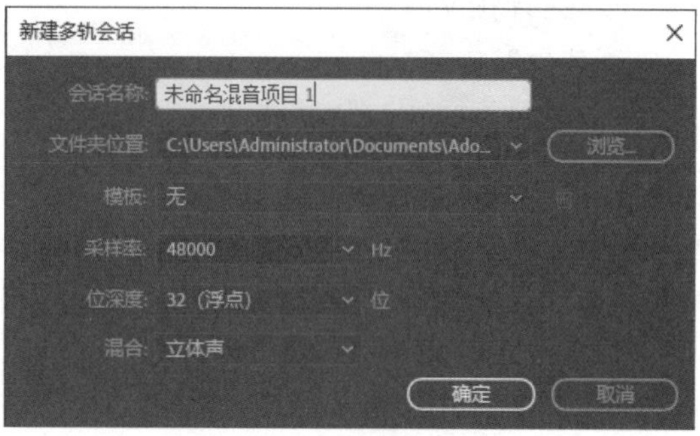

图 4-15　新建多轨会话

（3）新建 CD 布局

使用 Adobe Audition 还可以制作 CD 音频，通过选择“文件”｜“新建”菜单中的“CD 布局”命令来编辑 CD 音乐，如图 4-16 所示。

图 4-16　新建 CD 布局

2. 打开与导入

（1）打开文件

打开 Adobe Audition，在“文件”菜单中选择“打开”命令，或单击“文件”面板上的“打开文件”按钮，随后在打开的“打开文件”对话框中，根据文件存储的路径选择需要打开的文件即可。

此外，通过“文件”｜“导入”菜单中的“文件”命令，或者单击“文件”面板的“导入文件”按钮，在打开的“导入文件”对话框中选择文件存储的路径，也可以打开文件。

【注意】Adobe Audition 多轨会话、Adobe Audition 3.0 XML、Adobe Premiere Pro 序列 XML、Final Cut Pro XML 交换格式和 OMF 格式需要在多轨编辑器中打开。

（2）导入原始数据

若要打开缺少描述采样类型的标头信息的文件，则需手动指定此信息。此时，需要将该

文件导入为原始数据。需要通过“文件”|“导入”菜单中的“原始数据”命令,在打开的“导入原始数据”对话框中根据文件存储的路径打开文件。

（3）保存与导出

在Adobe Audition中，若要保存当前文件，可在“文件”菜单中，使用“保存”命令完成文件的保存。

“文件”菜单中的“另存为”命令，和“文件”|“导出”菜单中的“文件”命令，可将文件以不同的文件名、文件格式和采样类型保存。

若需采用当前格式保存所有打开文件，可以选择“文件”菜单中的“全部保存”命令。

有时，也需要将大量音乐做同一种格式处理，例如，将多种格式的音频文件转换为统一格式，此时，便可通过“编辑”菜单中的“批处理”命令实现。该命令会将全部音频文件放入“批处理”面板，在导出时可调整文件格式。

【注意】完全在Adobe Audition中创建的多轨会话，将以本地SESX格式保存。重新打开保存的会话文件，还可以对混音进行进一步的修改。

在完成多轨会话之后,若需要采用各种常见的格式保存文件,则需要选择“文件”|“导出”菜单中的“多轨混音”命令来保存文件。

导出时，可选择导出的时间选区，导出整个会话还是导出选定的多个剪辑，并且产生的文件会显示混合音轨的当前音量、声像和效果设置。

3. 音频录制

（1）录音的硬件环境

使用计算机录制声音，需要麦克风、声卡、录音软件等基本设备，也可根据需要添加其他辅助设备以改善录音效果。

① 麦克风主要用于捕捉声音，麦克风的选择会影响录音的音质和清晰度。

② 声卡是计算机处理声音的硬件设备，它将麦克风捕捉到的模拟信号转换为计算机可以处理的数字信号。声卡的质量和性能也会影响录音的音质。

③ 录音软件用于控制录音过程，将声卡处理后的数字信号保存为音频文件。常见的录音软件有Audition、Cool Edit等。

（2）单轨录音

对单个音频文件进行录音的操作称为单轨录音。在Adobe Audition中录音时，需要先新建一个音频文件，并在“编辑器”面板下方单击“录制”按钮进行录音，如图4-17所示。录音过程中，单击■按钮，将暂停录音，再次单击该按钮，可继续录音。录音完成后，单击■按钮，可停止录音。若要试听录音效果，可单击▶按钮。

图4-17　单轨录音

（3）多轨录音

使用Adobe Auditon进行多轨录音，可以在多个音轨中同时录制不同的音频，然后通过混合获得一个完整的波形文件。录音时，需要先新建一个新的多轨会话文件，然后，在每个需要录音的轨道上，单击●按钮进行录音。录音完成后，通过单击■按钮来停止录音。

Adobe Auditon 也可以将预先录制好的音频保存在音轨中，再进行其他轨道的录制，并将它们混合制作成一个完整的作品。

范例 4-2 批量转换格式

按下列要求操作，将所有音频文件批量处理为图 4-18 所示的音频格式。

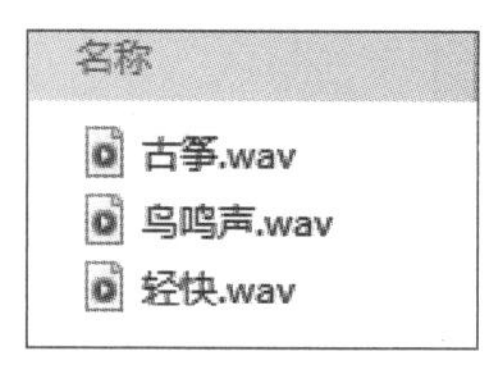

图 4-18 批处理转换后的音频格式

制作要求如下：

1. 添加文件。

（1）启动 Audition，执行“编辑” | “批处理”菜单命令，打开“批处理”面板。

（2）在“批处理”面板单击“添加文件”按钮，如图 4-19 所示。在打开的“导入文件”对话框中，选择“古筝 .wma”“鸟鸣声 .mp3”“轻快 .m4a”文件，单击“打开”按钮，便可在“批处理”面板中看到添加的音频文件。

2. 设置导出格式为 wav。

（1）在“批处理”面板的下方，单击“导出设置”按钮，如图 4-20 所示。

图 4-19 添加文件

图 4-20 导出设置

（2）在打开的“导出设置”对话框中，选择“格式”下拉列表中的“Wave PCM”选项，如图 4-21 所示。

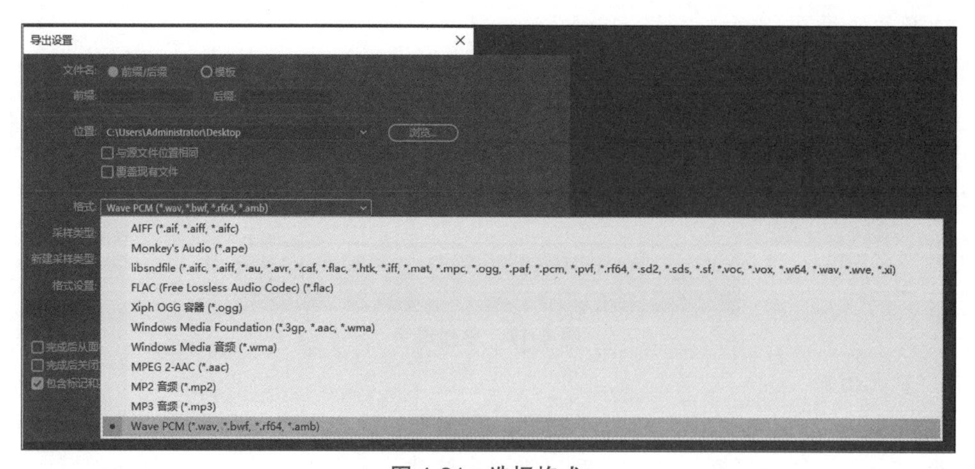

图 4-21 选择格式

（3）根据需要设置文件存储位置，单击“确定”按钮。

3. 运行批处理。

在“批处理”面板的下方，单击“运行”按钮后便开始批处理转换，如图 4-22 所示。转换完成后，此面板的“阶段”信息内会显示“完成”字样，如图 4-23 所示。

图 4-22　运行批处理

图 4-23　批处理完成

【注意】批处理转换后，若在文件夹中生成了 pkf 格式的文件，请删除。

范例 4-3　保存音乐片段

按下列要求操作，将“二胡 - 我和我的祖国 .m4a”音频文件中 20 s 至 40 s 的音乐片段，保存为一个新的音频文件，文件名为“音乐片段 .mp3”，波形如图 4-24 所示。

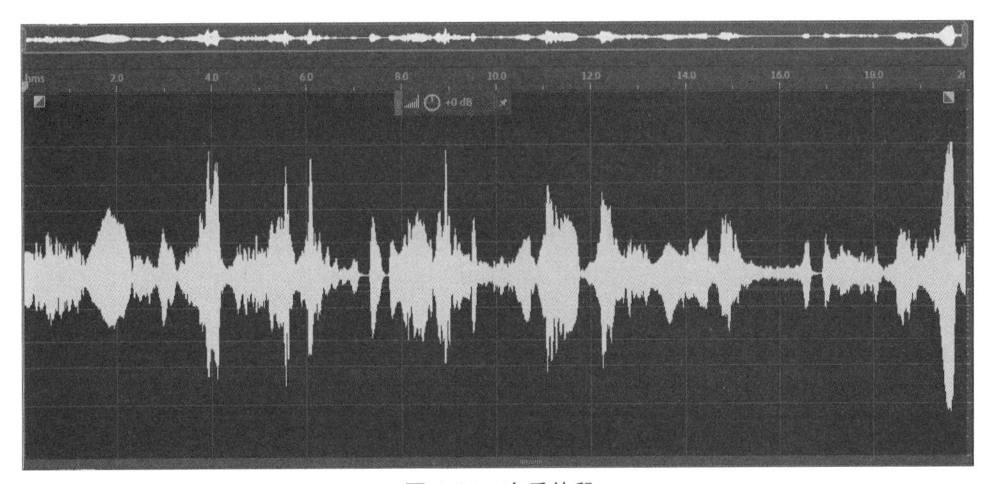

图 4-24　音乐片段

制作要求如下：

1. 打开文件。

启动 Audition，执行“文件”｜“打开”菜单命令，选择“二胡 - 我和我的祖国 .m4a”文件。

2. 选取 20 ～ 40 s 的片段。

在“选区 / 视图”面板中，设置选区的开始时间为 0:20.000，结束时间为 0:40.000，如图 4-25 所示。

图 4-25　选取音频片段

【注意】若需要预览该片段内的音频，可以单击“编辑器”面板下方的▶按钮。若需要循环播放选区的片段，可以在单击▶按钮的同时单击⮌按钮。

3. 保存片段。

执行“文件”｜“将选区保存为”菜单命令，如图 4-26 所示，在打开的“选区另存为”对话框中，设置音频的文件名为“音乐片段 .mp3”。

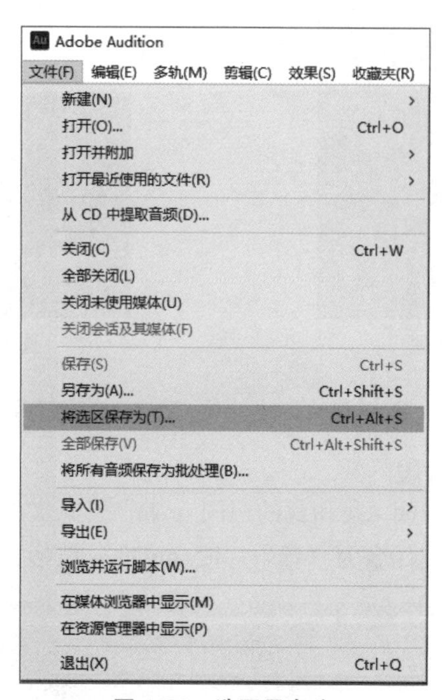

图 4-26　选区另存为

4.3 音频编辑

音频编辑与 Windows 其他应用软件类似，也会使用到剪切、复制、粘贴等操作。通常，执行这类操作之前需要先选中这部分音频，然后使用“编辑”菜单或工具栏中相关的命令来实现。

4.3.1 选择音频波形

1. 选择部分波形

对音频文件进行效果处理时，往往需要选取音频文件某段时间内的波形。比如，将“音频 1”文件的某段声音合成到“音频 2”文件中、对“音频 1”文件的某时间段波形添加回声效果、淡入淡出效果等。这里按照不同的选择需求介绍两种方法。

（1）精确选择

打开音频文件后，使用“选区 / 视图”面板设置选区的开始时间和结束时间，前文的范例中已介绍过操作方法，此处不再赘述。

（2）模糊选择

打开音频文件后，在希望选取的音频文件起始处单击并拖动光标至结束处，即可选择波形片段。

无论使用哪种方法选择波形，选中的波形均会以高亮显示。

2. 选择全部波形

打开音频文件后，在"编辑器"面板的波形处右击，在弹出的快捷菜单中选择"全选"命令。另外，使用【Ctrl+A】组合键，或者在波形上使用鼠标左键快速单击三次也可选中全部波形。

3. 取消选择

在"编辑器"面板的波形处右击，在弹出的快捷菜单中选择"取消全选"命令即可取消所选中的波形。

4.3.2　编辑音频波形

1. 剪切和复制

编辑音频的过程中，常常会使用"剪切"和"复制"命令，将音频文件中的片段移动或复制到同一音频文件的其他位置或其他的音频文件中。

剪切操作可使用【Ctrl+X】组合键，或者在波形中鼠标右击，在弹出的快捷菜单中选择"剪切"命令完成。

复制操作可使用【Ctrl+C】组合键，或者在波形中右击，在弹出的快捷菜单中选择"复制"命令完成。

2. 粘贴

在 Adobe Audition 中，粘贴分为"粘贴"和"混合粘贴"两种。

① 复制或剪切音频后右击，在弹出的快捷菜单中选择"粘贴"命令可将音频移动到当前文件的指定位置。

② 混合粘贴是指在已有的音频文件上，与剪切或复制的音频数据进行混合修改，主要用于对音频部分属性的修改，例如：反转已复制的视频。

3. 删除和裁剪

若需要删除音频中的一些多余片段，可以使用"删除"命令或"裁剪"命令。其中，"删除"命令用于删除选中的音频片段，而"裁剪"命令则是将没有被选中的音频部分进行删除。

通过删除或剪裁后得到的音乐有时会显得有些生硬，开始和结束都很突然。此时，可以添加淡入淡出效果，目的是使声音有一个从无到有、从有到无的渐变过程。

4. 标记

在音频的不同位置添加音频标记，可以起到提示的作用。例如，可以在音频中标记需要回放的片段，或者需要重新录制的片段等。

标记可以是特定的时间点，也可以是时间范围。在"编辑器"面板的波形处右击，在弹出的快捷菜单中选择"编辑" | "添加提示标记"命令即可设置提示标记。

4.3.3 提取声道

如果需要对立体声音频文件中的独立声道进行保存，可通过提取声道实现。

提取声道的方式是，在“编辑器”面板的波形处右击，在弹出的快捷菜单中选择“提取声道到单声道文件”命令即可将立体声文件提取为左声道和右声道两个独立的文件。其中，“音乐 _L”表示左声道文件；“音乐 _R”表示右声道文件。

4.3.4 多轨会话

Audition 中还提供了多轨会话的功能，主要用于混合处理多个音频元素的复杂项目。例如，在一个多轨文件中，第 1 个轨道放置二胡声；第 2 个轨道放置人声；第 3 个轨道放置鸟鸣声，依此类推，Audition 可以将这些音轨混合到一起形成立体声文件或环绕效果文件，也可以添加效果器进行音频修饰。

多轨会话中的轨道类型包括普通轨道和主轨道。普通轨道用于放置和编辑音频素材，而主轨道则用于混合所有普通轨道的音频信号。

每个轨道上都有一些常用的按钮，如静音按钮（M）、独奏按钮（S）和录音准备按钮（R）。静音按钮可以将当前轨道设置为静音状态，独奏按钮可以让当前轨道独奏，而录音准备按钮则表示当前轨道已准备好进行录音。

范例 4-4 音频剪辑

按下列要求操作，在“合并 1.mp3”音频文件的 1 min 处，混入“合并 2.mp3”音频文件 1 ～ 2 min 的音频片段，并以“音频剪辑 .mp3”为文件名保存，编辑后的波形如图 4-27 所示。

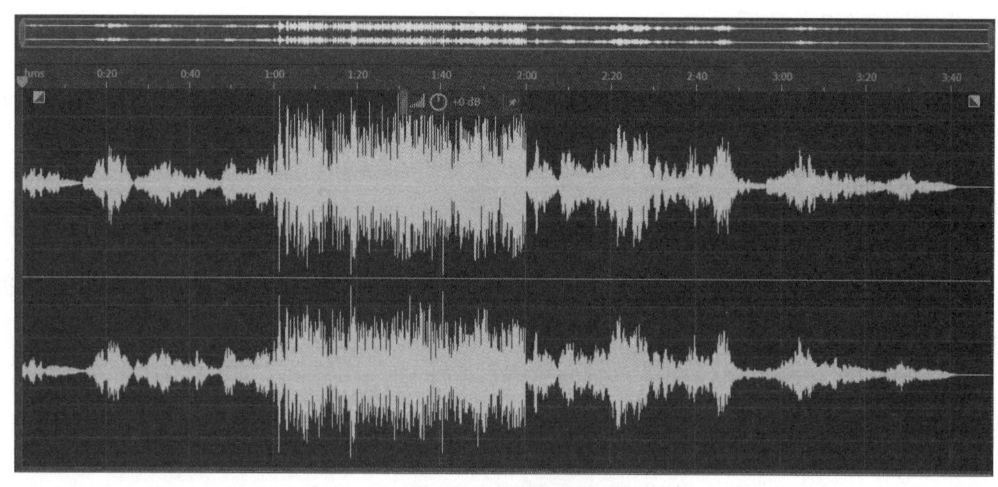

图 4-27 音频剪辑

制作要求如下：

1. 打开文件。

启动 Audition，执行“文件”｜“打开”菜单命令，选择“合并 1.mp3”和“合并 2.mp3”文件。

2. 复制“合并 2.mp3”中的音频片段。

（1）双击“文件”面板中的“合并 2.mp3”文件，使“合并 2.mp3”文件成为“编辑器”面板中的当前窗口。

（2）在“选区 / 视图”面板设置选区的开始时间为 1:00.000，结束时间为 2:00.000。或在“编辑器”面板波形的 1 min（1:00）处单击并拖动光标至 2 min（2:00）处，松开鼠标后即可选出所需要的波形片段。

（3）单击选中的波形，在弹出的快捷菜单中选择“复制”命令。

3. 在“合并 1.mp3”1 min 处混入“合并 2.mp3”中的音频片段。

（1）双击“文件”面板中的“合并 1.mp3”文件，使“合并 1.mp3”文件成为“编辑器”面板中的当前窗口。

（2）在“编辑器”面板波形的 1 min（1:00）处单击，或在“编辑器”面板的下方，输入 1:00.000，确定混入音频的位置，如图 4-28 所示。

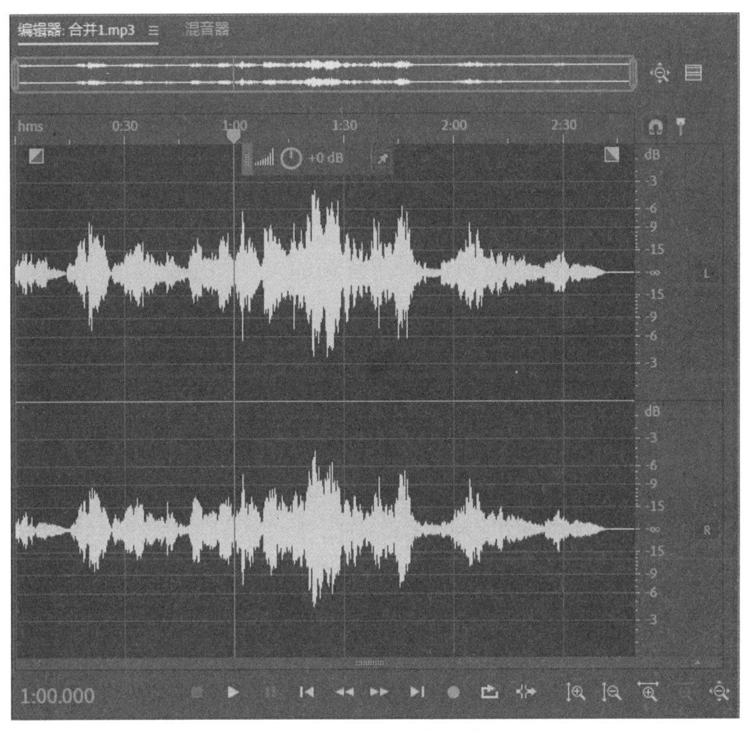

图 4-28　确定混入音频的位置

（3）右击“编辑器”面板，在弹出的快捷菜单中选择“粘贴”命令。

4. 保存文件。

执行“文件”｜“另存为”菜单命令，在打开的“另存为”对话框中，设置文件的存储格式为“MP3 音频”，文件名为“音频剪辑 .mp3”。

范例 4-5　声道混合

按下列要求操作，将“音乐 .mpa”音频文件的左声道中 4 ～ 14 s 的音频合成到新音频的左声道中，同时将“鸟鸣声 .mp3”音频文件的右声道中 1 ～ 11 s 的音频合成到新音频的右声道中。新音频以“声道混合 .mp3”为文件名保存，编辑后的波形如图 4-29 所示。

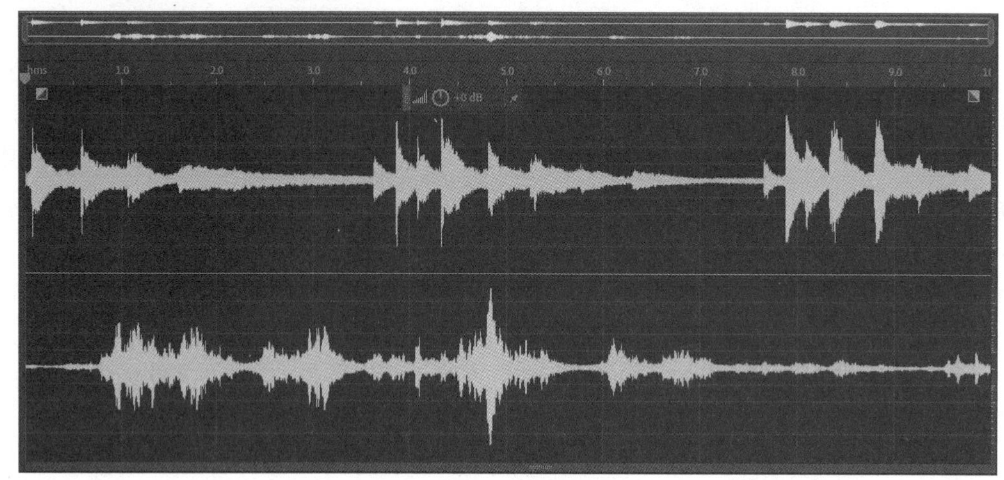

图 4-29　声道混合

制作要求如下：

1. 新建音频文件。

启动 Audition，执行“文件”|“新建”|“音频文件”菜单命令，打开“新建音频文件”对话框，设置文件名为“声道混合”，声道为“立体声”，其他参数保留默认值，如图 4-30 所示。

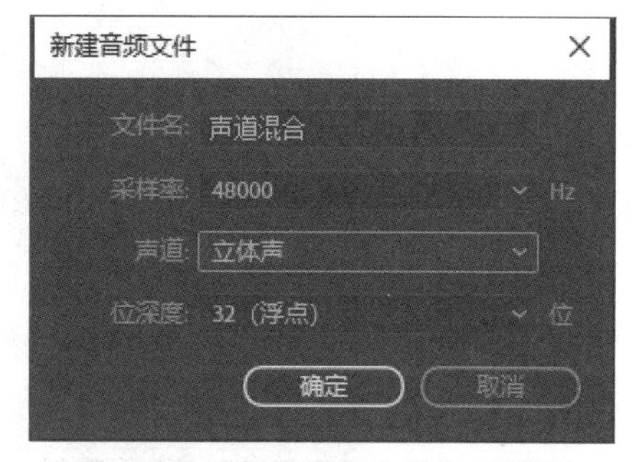

图 4-30　“新建音频文件”对话框

2. 混合“音乐 .mpa”文件的左声道到新音频的左声道中。

（1）执行“文件”|“打开”菜单命令，打开“音乐 .mpa”音频文件。

（2）在“文件”面板中展开“音乐”文件，双击“1: 左侧”，并在“选区 / 视图”面板设置选区的开始时间为 0:04.000，结束时间为 0:14.000。

（3）右击选中的波形，在弹出的快捷菜单中选择“复制”命令。

（4）展开“文件”面板中的“声道混合”文件，双击“1: 左侧”，并右击“编辑器”面板，在弹出的快捷菜单中选择“粘贴”命令。

3. 混合“鸟鸣声 .mp3”文件的右声道到新音频的右声道中。

（1）执行“文件”|“打开”菜单命令，打开“鸟鸣声 .mp3”音频文件。

（2）在“文件”面板中展开“鸟鸣声”文件，双击“2: 右侧”，并在“选区 / 视图”面板设置选区的开始时间为 0:01.000，结束时间为 0:11.000。

（3）右击选中的波形，在弹出的快捷菜单中选择“复制”命令。

（4）展开“文件”面板中的“声道混合”文件，双击“2: 右侧”，并右击“编辑器”面板，在弹出的快捷菜单中选择“粘贴”命令。

【注意】若想要预览混合后的音频文件，可双击“文件”面板中的“声道混合”文件，然后，单击“编辑器”面板下方的播放按钮进行播放。双击“1: 左侧”或“2: 右侧”进行播放，只能分别播放单声道效果。

4. 保存文件。

执行“文件” | “另存为”菜单命令，在打开的“另存为”对话框中，设置文件的存储格式为“MP3 音频”，文件名无须再次修改。

4.4 音效处理

Audition 提供了各种效果来优化音频，不仅可以改变音频的音量、速度、音调、增加回音、制作淡入淡出效果，还包含了反相、反向和静音等自动修复选区的功能。

这些效果可以在“效果器”面板中进行管理。“效果器”面板提供了 16 个效果插槽，每个插槽可以包含一个效果，如图 4-31 所示。在面板左侧单击开关按钮，可决定该效果是否生效。

如图 4-32 所示，“效果”菜单栏中的各种调整音效的命令也能用来美化音频。此外，通过“效果”菜单栏中的“音频增效工具管理器”命令，还可以增加、删除和管理第三方效果器的应用。

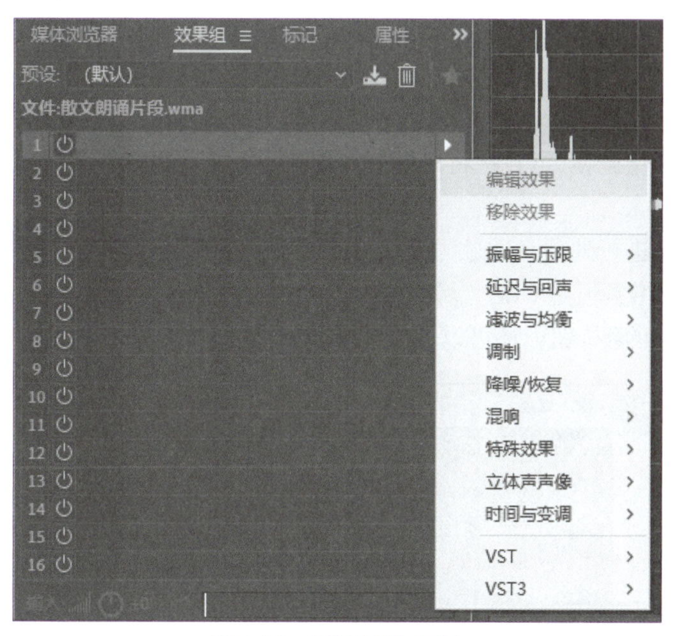

图 4-31 “效果组”面板

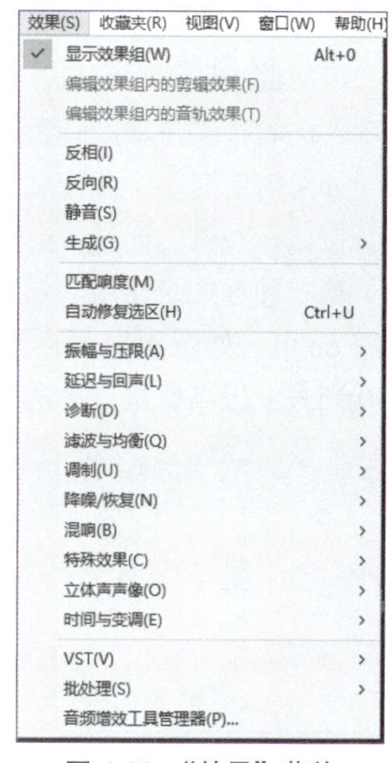

图 4-32 “效果”菜单

在 Audition 中，音效处理的效果主要有以下几种：

① 振幅与压限。振幅调整可以控制音频信号的强度，即声音的响度。压限器则用于控制音频的动态范围，防止声音过大或过小，保持音频信号的稳定性。

② 延迟与回声。延迟效果通过在音频信号中添加延迟副本，创造出空间感或回声效果。回声效果模拟声音在空间中反射的效果，常用于创建混响或室内环境的声音效果。

③ 滤波与均衡。滤波器用于去除或强调音频中的特定频率成分，如低通、高通、带通等。均衡器则用于调整音频的频率分布，改善音质或突出某些音频特征。

④ 调制。调制效果通过改变音频信号的参数（如振幅、频率等），创造出一种“抖动”或“波

动”的效果，常用于创建颤音或调制效果。

⑤ 降噪 / 恢复。降噪功能用于去除音频中的噪声成分，如背景噪声、杂音等。恢复功能则尝试修复受损的音频信号，提高音质。

⑥ 混响。混响效果模拟声音在封闭空间中的传播和反射，创造出丰富的空间感和深度感，常用于增强音频的立体感。

⑦ 特殊效果。特殊效果包括一系列独特的音频处理算法，如失真、合唱、镶边等，用于创造独特的听觉体验或风格化音频。

⑧ 立体声声像。立体声声像控制音频信号在左右声道之间的分布，用于调整音频的空间定位感，创造出更立体的听觉效果。

⑨ 时间与变调。时间调整功能可以改变音频的速度和节奏，如快进、慢放等。变调功能则用于改变音频的音调，如升高或降低音调。

4.4.1 音量调整

在 Audition 中，调整音频音量的方式主要有两种：

第一种方式是在波形编辑器中，先选中需要调整音量的音频波形，然后，将鼠标指针移向“振幅调整”浮动窗口，如图 4-33 所示，长按鼠标左键，向右或向左移动即可调整音量。其中，向右移动可增大音量，向左移动则是减小音量。

如果需要对整个音频文件进行音量调整,可直接将鼠标指针移向“振幅调整”浮动窗口，并长按鼠标左键，向右或向左移动。

第二种方式是使用“效果”菜单进行处理。通过“振幅与压限”效果中的“增幅”命令调整 db 值，如图 4-34 所示。默认的增益值是 0 dB，增益值小于 0 表示降低音量，增益值大于 0 则表示提高音量，单击对话框中的▶按钮，还可以进行试听。

图 4-33 “振幅调整”浮动窗口

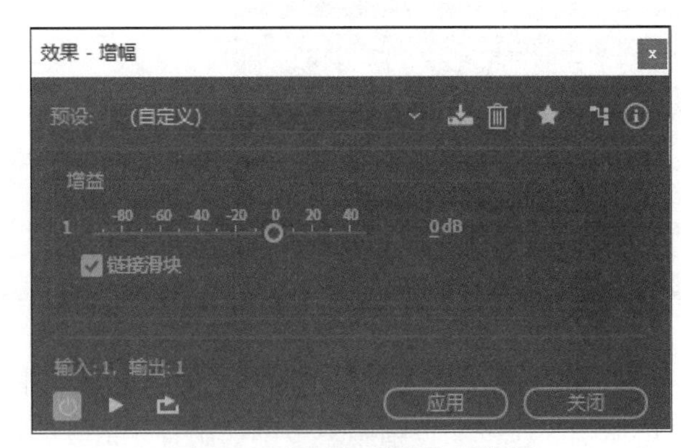

图 4-34 “效果 - 增幅”对话框

【注意】在编辑和处理音频时，有时需要从某个音频文件中移除某一特定部分，但为了保证与其他音频片段的同步和流畅播放，这段被移除的音频所对应的时间长度仍需保留。此时，使用“效果”菜单中的“静音”命令，可以将所选择的音频波形的时间区域转为零信号的静音区，而被处理的音频文件的时间长度不会发生变化。

4.4.2　淡入淡出效果

在引入音乐片段时,往往会对片段的开始和结束部分制作淡入淡出效果,使其听起来更自然。

Audition 提供了淡入淡出调节滑块。在音频波形左上角的正方形滑块是淡入滑块，而在音频波形右上角的正方形滑块则是淡出滑块，如图 4-35 所示。

向右拖动淡入滑块，可以延长淡入时间，而上下拖动淡入滑块则是用来改变淡入音效的形状。以相同的方式也可调整淡出滑块的淡出时间和淡出音效形状。

在调整完淡入淡出滑块后，单击▶按钮，可以播放一遍音频来试听最终的效果。

另外，Audition 还提供了“淡化包络”效果来处理音频的淡入淡出。设置淡入淡出效果时，需要先选择执行淡入淡出操作的波形选区，接着，在“淡化包络”中选择一个预设模式，如图 4-36 所示，并根据需要对预设进行更改。最后，选择“应用”就可以将淡入淡出的效果添加到音频文件中了。

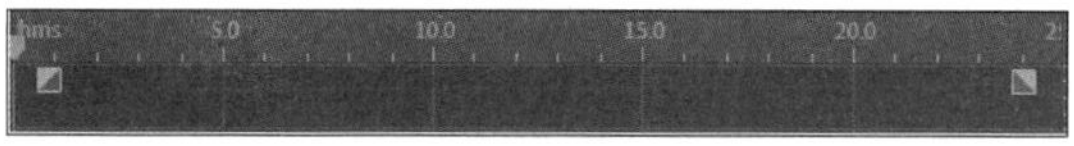

图 4-35　淡入淡出调节滑块

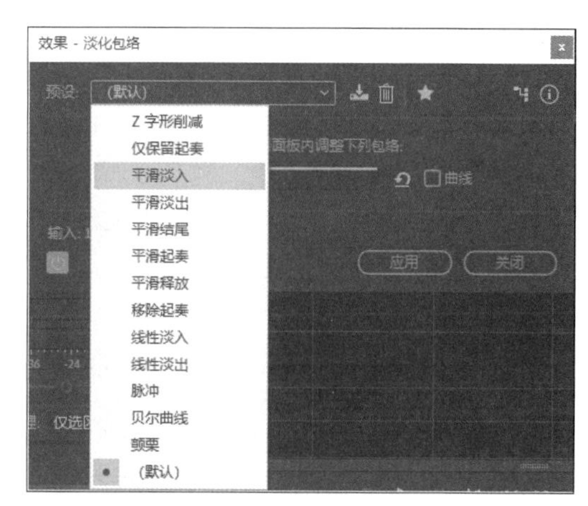

图 4-36　“淡化包络”预设模式

4.4.3　噪声处理与修复

在日常生活中，接触到的大部分音频素材并不完美，常常需要进行一定的修复和完善。例如，一段现场音乐会的录音，虽然内容精彩，但由于现场环境复杂，可能会混杂观众交谈、手机铃声等噪声;再比如，录制的语音课程，因为录制环境限制，可能包含回声、爆破音过强、咳嗽声、汽车喇叭声等噪声。如图 4-37 所示，使用 Audition“效果”｜“降噪 / 修复”菜单中的各种命令就可以改善音频质量，去除不需要的噪声，或者修复音频中的各种问题。

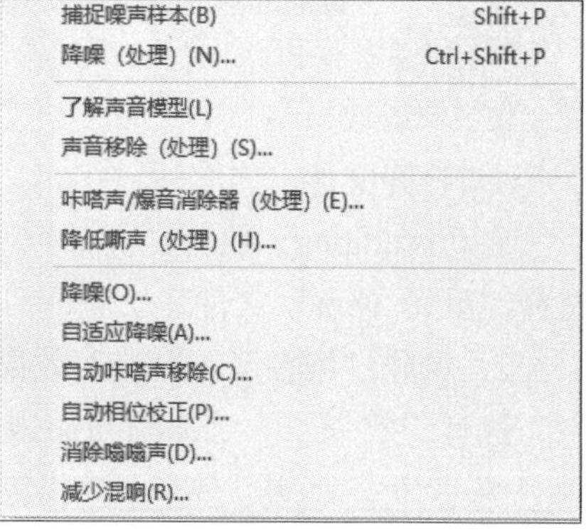

图 4-37　“效果”｜“降噪 / 修复”菜单中的命令

在 Audition 中，降噪功能主要通过选取噪声样本然后进行处理来实现。首先，需要选择音频中的噪声部分，然后通过“捕捉噪声样本”命令来捕捉这个噪声样本。接着，通过“降噪（处理）”命令打开降噪窗口。在这个窗口中，可以调整降噪的数值，数值越高处理得越干净，但同时人声失真的可能性就越大。因此，需要根据音频的具体情况和需求来调节这个数值。处理完的降噪效果可以应用于选中的噪声部分，也可以应用于整个音频文件。

此外，Audition 还提供了其他针对特定噪声的处理工具，如降低嘶声、嗡嗡声、咔嗒声、爆音等。根据需要选择相应的功能即可对噪声进行处理。

除了降噪功能外，Audition 的工具栏中还提供了“污点修复画笔工具”，用来去除音频中持续时间较短的杂音。操作时，需要先单击“显示频谱频率显示器”按钮打开频谱，然后使用“污点修复画笔工具”，或者结合工具栏上的选择工具，例如，框选工具、套索选择工具等，在频谱上进行杂音的修复。

范例 4-6　铃声制作

按下列要求操作，对“星光 .wma”音频文件添加淡入淡出效果，并提高音频文件中“标记 01”至“标记 02”音频片段的音量，最终以“铃声 .mp3”为文件名保存，编辑后的波形如图 4-38 所示。

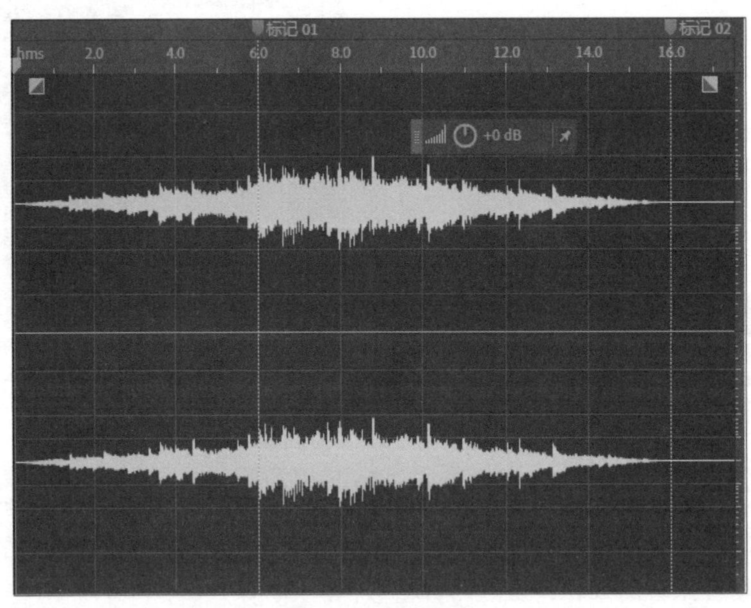

图 4-38　铃声制作

制作要求如下：

1. 打开文件。

启动 Audition，执行“文件”｜“打开”菜单命令，选择“星光 .wma”文件。

2. 制作“线性淡入”淡入效果。

执行“效果”｜“振幅与压限”｜“淡化包络（处理）”菜单命令，打开“效果 - 淡化包络”对话框，选择“线性淡入”预设模式，如图 4-39 所示。

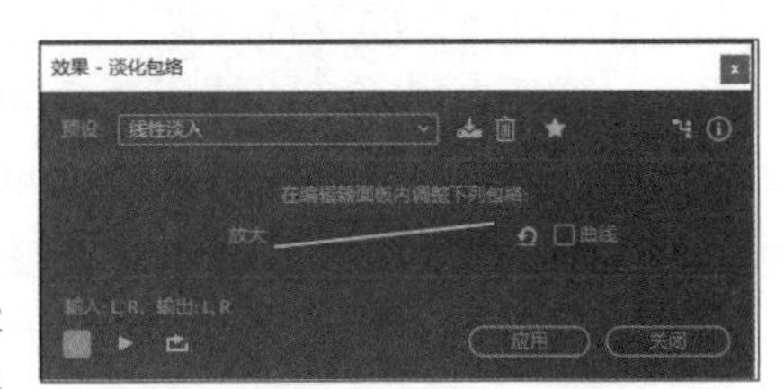

图 4-39　“线性淡入”预设模式

【注意】单击对话框中的▶按钮，可以对本预设模式进行试听，若对预设模式不满意，可在编辑器中调整本模式中如图 4-40 所示的淡入直线；若对效果满意，可单击对话框中的“应用”按钮将此淡入效果应用到音频文件中。

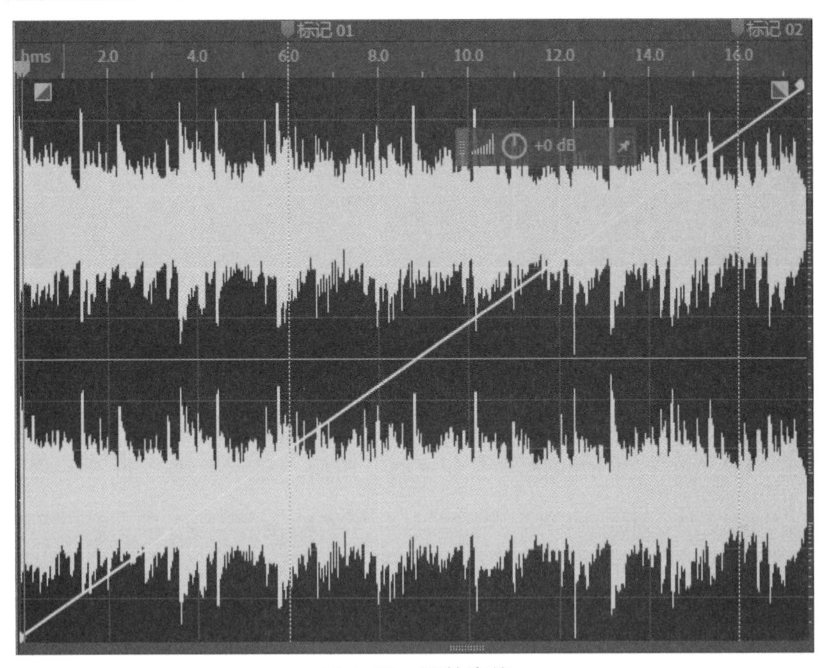

图 4-40　调整直线

3. 制作“平滑淡出”淡出效果。

执行“效果”｜“振幅与压限”｜“淡化包络（处理）”菜单命令，打开“效果 - 淡化包络”对话框，选择“平滑淡出”预设模式。

4. 提高 5 dB 音量。

（1）使用鼠标选中“标记 01”至“标记 02”的音频片段。

（2）执行“效果”｜“振幅与压限”｜“增幅”菜单命令，打开“效果 - 增幅”对话框，调整左右声道的增益值为 5 dB，如图 4-41 所示。

（3）单击“应用”按钮，将增幅效果应用于音频文件。

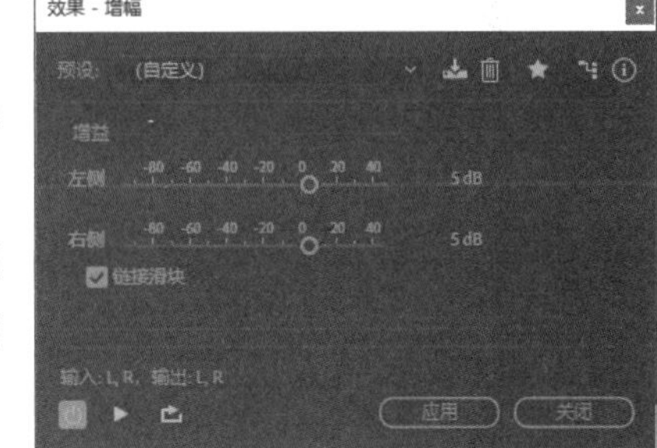

图 4-41　调整音量

5. 保存文件。

执行“文件”｜“另存为”菜单命令，在打开的“另存为”对话框中，设置文件的存储格式为“MP3 音频”，文件名为“铃声 .mp3”。

范例 4-7　杂音消除

按下列要求操作，对“背景声 .wav”和“人声 .m4a”音频文件中的噪声、回音等杂音进行处理，并将处理后的文件分别保存为“背景声已处理 .wav”“人声已处理 .wav”。然后，通过多轨编辑将处理完的音频混编到一起，最终以“不负韶华 .wav”为文件名保存，编辑后的波形如图 4-42 所示。

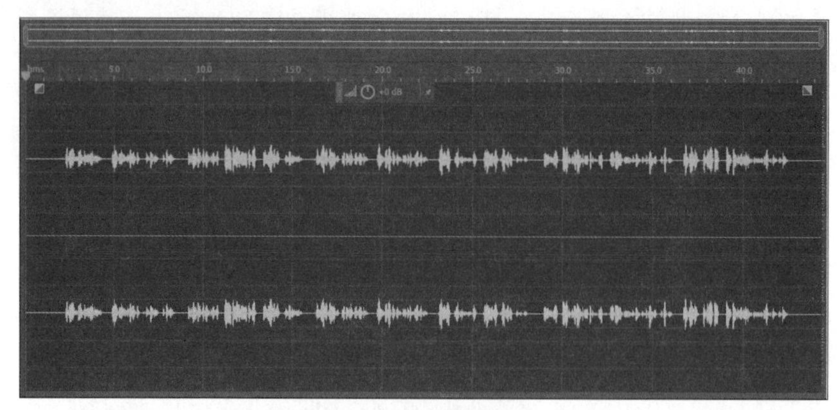

图 4-42　杂音消除

制作要求如下：

1. 处理“背景声 .wav”文件的环境噪声。

（1）启动 Audition，执行“文件”｜“打开”菜单命令，选择“背景声 .wav”文件。

（2）单击工具栏上的“显示频谱频率显示器”按钮，显示频谱，如图 4-43 所示。

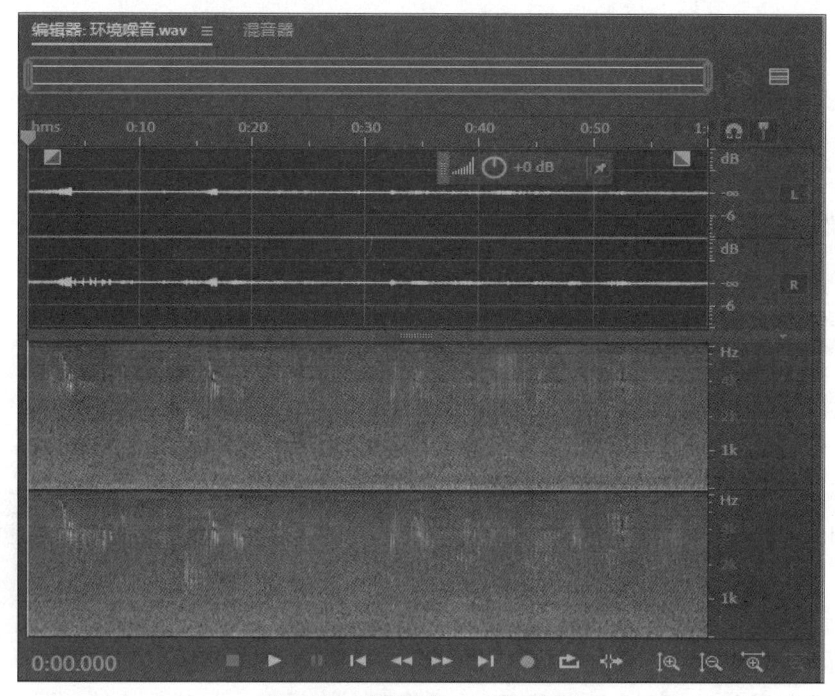

图 4-43　“背景声 .wav”频谱

（3）使用工具栏上的“框选工具”按钮，在频谱中选择任意一段噪声区，如图 4-44 所示。

（4）执行“效果”｜“降噪 / 恢复”｜“捕捉噪声样本”菜单命令，获取噪声样本。

（5）执行“效果”｜“降噪 / 恢复”｜“降噪（处理）”菜单命令，打开“效果 - 降噪”对话框，单击“选择完整文件”按钮，选中完整的音频文件，并调整“降噪”的参数为 90%，“降噪幅度”参数为 60 dB，如图 4-45 所示。

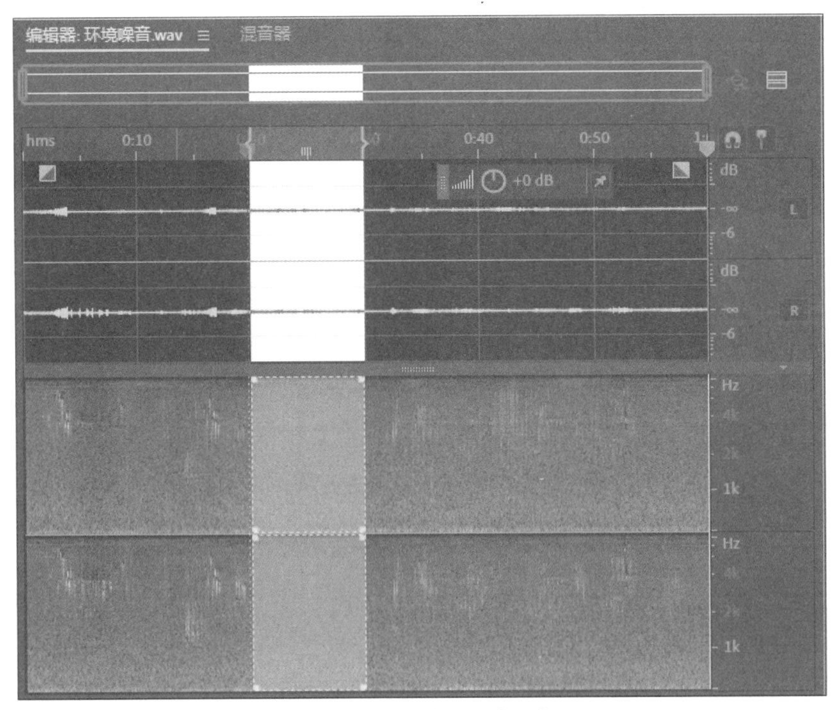

图 4-44　框选“噪声区”

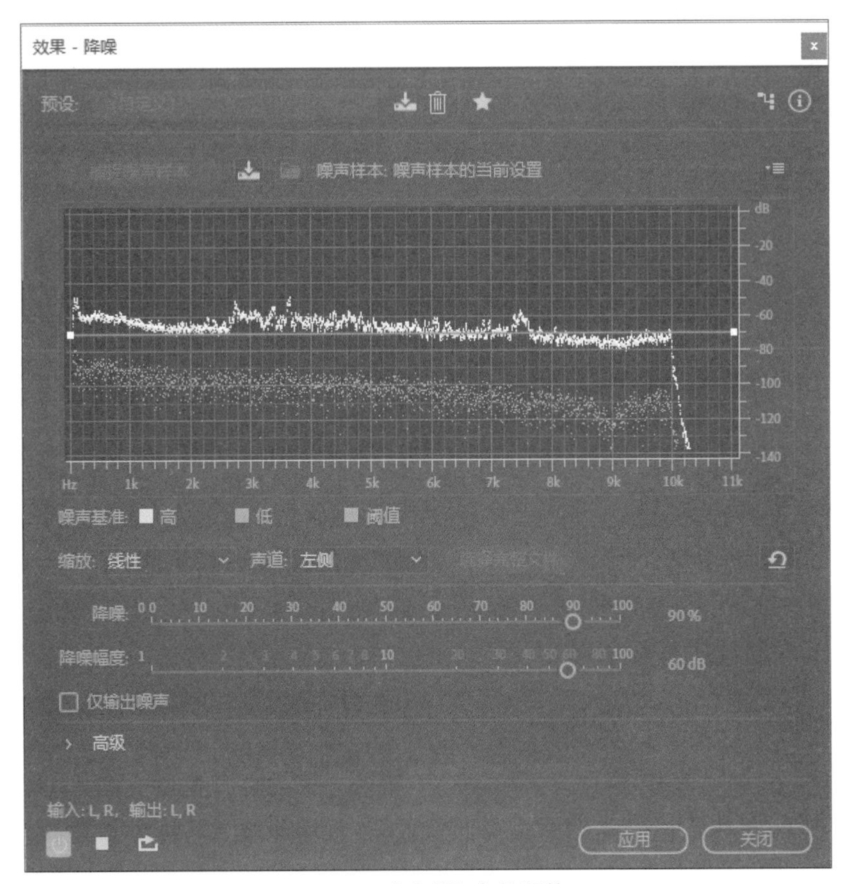

图 4-45　“降噪”参数调整

（6）单击“应用”按钮应用效果。

2. 保存处理后的背景声文件。

执行“文件”｜“另存为”菜单命令，在打开的“另存为”对话框中，设置文件的存储格式为“Wave PCM”，文件名为“背景声已处理 .wav”。

3. 处理“人声 .m4a”文件的回音。

（1）启动 Audition，执行“文件”｜“打开”菜单命令，选择“人声 .m4a”文件。

（2）执行“效果”｜“降噪 / 恢复”｜“减少混响”菜单命令，打开“效果 - 减少混响”对话框，选择“处理焦点”的类型为“着重于更高的频率”，调整处理数量为 40%，如图 4-46 所示。

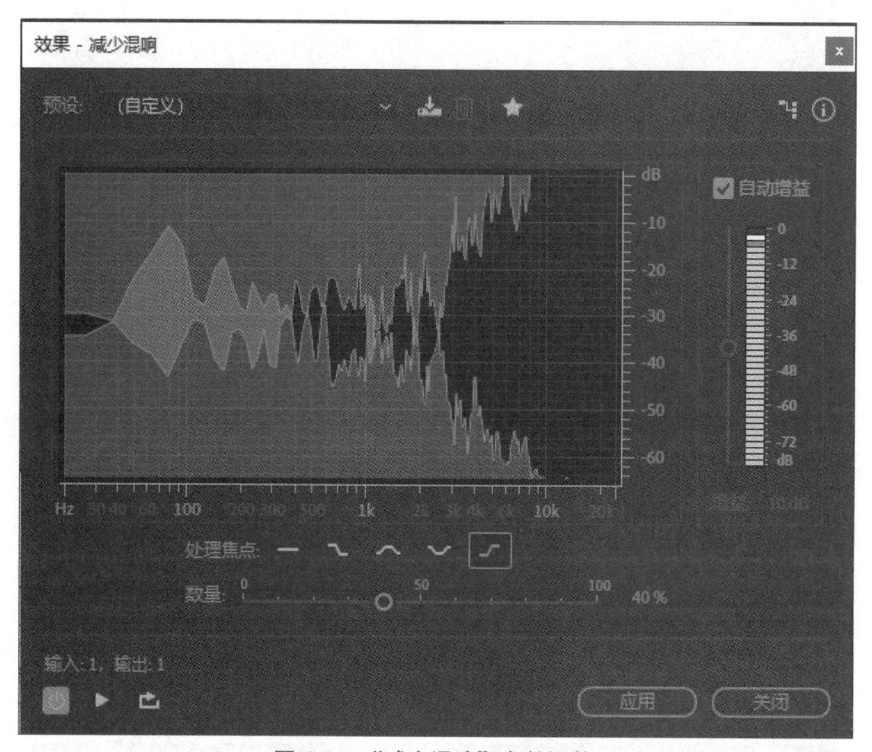

图 4-46 “减少混响”参数调整

（3）单击“应用”按钮应用效果。

4. 修复“人声 .m4a”文件的噪声。

（1）放大 40 s 后的时间选区，如图 4-47 所示。

图 4-47 放大时间选区

【注意】在处理较长时间的音频时，由于时间跨度比较大，从音频开头移到音频末尾需要较长的时间，此时，可以适当地放大时间选区。

（2）单击工具栏上的“污点修复画笔工具”按钮，使用默认大小的画笔，在频谱中如图 4-48 所示的噪声位置处单击并拖动鼠标，松开鼠标后即可自动修复噪声。

图 4-48 频谱噪声处

5. 保存处理后的人声文件。

执行“文件”｜“另存为”菜单命令，在打开的“另存为”对话框中，设置文件的存储格式为“Wave PCM”，文件名为“人声已处理 .wav”。

6. 创建并编辑多轨会话。

（1）执行“文件”｜“新建”｜“多轨会话”菜单命令，在打开的“新建多轨会话”对话框中，设置会话名称为“杂音消除”，并保留其他默认参数，单击“确定”按钮。

（2）将“人声已处理 .wav”音频文件拖入轨道 1，“背景声已处理 .wav”音频文件拖入轨道 2。

【注意】若弹出警告框，提示采样率与会话采样率不匹配，请单击“确定”按钮，此时，会产生一个副本文件，但不影响后续操作。

（3）选中轨道 1，并执行“效果”｜“振幅与压限”｜“增幅”菜单命令，打开“效果 - 增幅”对话框，调整左右声道的增益值为 -12 dB 来降低人声的音量。

（4）选中轨道 2，将鼠标指针移至音频结束处，当出现图标时，单击并拖动鼠标指针，以便对轨道 2 的素材进行裁切，使其与轨道 1 的结束时间匹配。

7. 导出文件。

执行“文件”｜“导出”｜“多轨混音”｜“整个会话”菜单命令，打开“导出多轨混音”对话框，设置文件的存储格式为“Wave PCM”，文件名为“不负韶华 .wav”。

【注意】若在文件夹中生成了 pkf 格式的文件，请删除。

4.5 视频编辑基础

视频在数字媒体设计中占有非常重要的地位，可以由文本、图像、声音、动画等媒体组成。泛指将一系列的静态影像以电信号方式加以捕捉、记录、处理、存储、传送与重现的各种技术。

4.5.1 视频基础与原理

1. 视频的基本原理

视频来源于摄像机、数字化的模拟摄像资料、视频素材库等。视频信息是连续变化的图像，是一个模拟量。早在 1829 年，比利时物理学家约瑟夫普拉多发现一个现象：当一个物体从人的眼前消失后，该物体的样子仍然会在人的视网膜上停留一段时间，这一发现，称之为“视觉暂留原理”。

当连续的图像变化每秒超过 24 帧画面时，根据视觉暂留原理，人眼看到的画面是平滑连续的视觉效果，这样连续的画面叫作视频。

视频的概念涉及多个层面，包括视频帧、帧率、视频分辨率、码率等。

（1）视频帧

视频是由一系列连续播放的静态图像组成的，每一个独立的图像被称为一帧（frame）。就像动画中的单幅画面，每一帧都是构成动态影像的一个瞬间。

（2）帧率

帧率（frame rate）是指每秒钟显示或播放的帧数。常见的帧率有 24 fps、25 fps、30 fps、60 fps 等。当帧率达到或超过每秒约 24 帧时，人眼就无法察觉到明显的停顿，从而形成平滑连贯的视觉效果。

（3）视频分辨率

分辨率是描述视频图像清晰度的标准，通常表示为宽度和高度像素点的数量，像素是组成图像的基本元素，每个像素包含颜色信息。例如，视频分辨率为 1 280 × 720 像素称为标清，也称为 720 p；视频分辨率为 1 920 × 1 080 像素称为高清，也称 1 080 p；通常在电影工业中，2K 分辨率的标准是 2 048 × 1 080 像素或 2 560 × 1 440 像素（也称作 QHD 或 Quad HD），它代表了比高清（1 080 p）更高的清晰度；4K UHD（Ultra High Definition）标准的分辨率通常是 3 840 × 2 160 像素，也被称为 2 160 p。相比 2K，4K 提供了四倍于 1 080 p 的像素总量，能够呈现更加细腻、清晰的画面细节。随着技术发展，更高分辨率如 8K 等也在逐渐普及。

（4）码率

码率（bitrate）是指单位时间内视频数据的传输速率，以比特 / 秒（bit/s）或千比特 / 秒（kbit/s）衡量，码率越高，视频质量越好，但文件体积也越大。

2. 视频数字化过程

（1）数字化三部曲

由于视频信息是一个模拟量，为了存储视觉信息，需要将模拟视频信号的山峰和山谷通过模拟 / 数字（A/D）转换器来转变为数字信号的“0”或“1”，接着，将得到的数字视频存储到帧存储器。

如果要观看数字视频，则需要一个从数字到模拟（D/A）的转换器将二进制信息解码成模拟信号，才能进行播放。

视频信号数字化过程与音频类似，一般称为数字化三部曲：采样、量化、编码。

（2）视频压缩技术

数字视频与数字音频一样，也需要压缩，因为它原来的格式占用非常大的空间。经过压缩后，视频的传输和存储都会更快捷、更方便。数字视频压缩以后不太会影响作品的最终视觉效果，因为它只影响人的视觉不能感受到的那部分视频。例如，在数十亿种颜色中，人类只能辨别大约 1 024 种颜色。因为人类觉察不到某一种颜色与其邻近颜色的差别，所以也就没必要把每一种颜色的信息都保留下来。

还有一个冗余图像的问题：如果在一个 1 min 的视频作品中，每帧图像的同一位置都有一个一模一样的“太阳”，有必要在每帧图像中都保存这个“太阳”的数据信息吗？

压缩视频的过程实质上就是将人类感觉不到的那些数据信息删掉。标准的数字摄像机的压缩率为 5 : 1，有的格式可使视频的压缩率达到 100 : 1。但过分压缩也未必是件好事。因为压缩得越多，丢失的数据也就越多。如果丢失的数据太多，即过分压缩视频，可能会导致解压后无法辨认。

① 空间冗余，即视频中相邻像素间的相关性。

空间冗余是静态图像中存在的最主要的一种数据冗余。因为同一景物表面上采样点的颜色之间往往存在着空间连贯性，但是基于离散像素采样来表示物体颜色的方式通常没有利用这种连贯性，在音频压缩技术中并未涉及。例如：在图像中有一片连续的区域，其颜色的像素值是相同的，则会产生空间冗余，如图 4-49 所示。

图 4-49　空间冗余

② 时间冗余，即视频连续帧与采样之间的相似性。

以视频压缩为例，时间冗余是指序列图像中包含的冗余。在一组连续的画面之间往往存在着时间和空间的相关性，但是基于离散时间采样来表示运动图像的方式通常没有用到这种连贯性。例如：在太阳升起和降落的过程中，动画的背景（树木、道路、彩虹等）完全相同，也没有移动；而且产生位置变化的也是同一个太阳，如图 4-50 所示。

图 4-50　时间冗余

4.5.2　数字视频格式

数字视频文件的格式由视频的压缩标准决定，常用的格式有以下几种：

1. AVI 格式

AVI 是音频视频交错（audio video interleaved）的英文缩写，它是 Microsoft 公司开发的一种符合 RIFF 文件规范的数字音频与视频文件格式，也是标准的 Windows 视频格式，是一种较早且广泛使用的容器格式。

在播放一些 AVI 格式的视频时，有时会出现由于视频编码问题而造成的视频不能播放，或者即使能够播放，但是不能调节播放速度和播放时只有声音没有图像等一些问题。此时，就需要通过下载相应的编码器解决。这是因为 AVI 这种视频格式的容量过大，而且压缩标准不统一。

2. MPEG 格式

MPEG 标准主要有以下几个，MPEG-1、MPEG-2、MPEG-4、MPEG-7、MPEG-21 和 MPEG-H 等。MPEG 这个名字本来的含义是指一个研究视频和音频编码标准的“动态图像专家组”组织，该组织致力于为 CD 建立视频和音频标准。

MPEG-1 是第一个官方的视讯音频压缩标准，随后在 Video CD 中被采用，其中的音频压缩的第三级（MPEG-1 Layer 3）简称 MP3，是目前比较流行的音频压缩格式。

MPEG-2 是广播质量的视讯、音频和传输协议。常被用于数字卫星电视（例如 DirecTV）、数字有线电视信号，以及 DVD 视频光盘技术中。

MPEG-3，原本目标是为高分辨率电视（HDTV）设计，随后发现 MPEG-2 的功能已足够满足 HDTV 的应用，故 MPEG-3 的研发便中止。

MPEG-4 主要是扩展 MPEG-1、MPEG-2 等标准以支持视频 / 音频对象（video/audio “objects”）的编码、3D 内容和数字版权管理（digital rights management）。MP4 就是基于 MPEG-4 标准的最常见的现代视频文件格式之一，因其高效的压缩率、跨平台兼容性以及包含音视频数据及字幕等多轨道信息而广受欢迎。

MPEG-7 并不是一个视讯压缩标准，它是一个数字媒体内容的描述标准。

MPEG-21 是一个关于多媒体框架的标准，致力于整合多个标准以实现多媒体资源从创作到消费全过程的数字版权管理和互操作性。

MPEG-H 包括 MPEG-H Audio（下一代音频编码系统），用于支持沉浸式声音和个性化混音等功能。

另外，除了 MEPG 和 MPG 之外，部分采用 MEPG 格式压缩的视频文件还以 DAT 为扩展名。而真正的 DAT 文件主要用于 VCD 光盘中，其实就是在 MEPG 的文件头部分加上了一些运行参数，可以使用软件将其转换成更为通用的 MPEG 格式。

3. RM 格式

RM 文件是 RealNetworks 公司开发的一种流式视频文件格式，RealVideo 除了可以播放普通的视频文件之外，还可以与 RealServer 服务器相配合，采用边传边播的形式，而不必像大多数视频文件那样，必须先下载然后才能播放。比较适合网络实时传送和播放，目前 Internet 上已有不少网站利用 RealVideo 技术进行重大事件的实况转播。

4. RMVB 格式

RMVB 影片格式比原先的 RM 多了 VB 两字，在这里 VB 是 VBR（variable bit rate，可变比特率）的缩写。它打破了原来 RM 格式的平均压缩采样方式，可以更合理地利用比特率原理，使得该文件格式在保证静止画面质量的前提下，将原先静止画面占用的带宽留给动态图像，从而提高了快速运动的画面场景质量。

5. ASF/WMV 格式

Microsoft 公司推出的 Advanced Streaming Format (ASF，高级流格式），也是一个在

Internet 上实时传播多媒体的技术标准，是 Microsoft 公司和 RealNetworks 公司竞争而来的产物。ASF 采用了 MPEG-4 的压缩方法，可以在网络上边浏览边下载，它的图像质量虽比 VCD 差一点，但比同样流格式的 RM 文件好。

WMV 也是 Microsoft 公司推出的流媒体格式，在同等视频质量下，WMV 格式的容量非常小。它的主要优点是:支持本地或网络回放、可扩充性好，支持多种语言以及流的优先级化。

6. MOV 格式

MOV 即 QuickTime 影片格式，是 Apple 计算机公司开发的一种音频、视频文件格式，用于保存音频和视频信息，具有先进的视频和音频功能。QuickTime 因具有跨平台、存储空间要求小等技术特点，而采用了有损压缩方式的 MOV 格式文件，画面效果较 AVI 格式要稍微好一些。

7. M4V 格式

M4V 是一种视频容器格式，由 Apple 公司开发，与 MP4 格式非常相似。M4V 文件通常用于在 iTunes Store 中销售的电影、电视节目和音乐视频。该格式支持 H.264 编码的视频内容。

8. 3GP 格式

3GP 是一种基于 3G 网络而开发的视频编码格式，也是手机中较为常见的一种视频格式。常应用在手机、mp4 播放器等移动设备上。其优点是文件体积小，移动性强，适合移动设备使用，缺点是在 PC 上兼容性差，支持软件少，且播放质量差，帧数低，较 AVI 等格式相差很多。

9. FLV/F4V 格式

Adobe Flash Video 格式，主要用于网页嵌入式视频内容，在 Flash Player 中播放。

10. H.264/MPEG-4 AVC 格式

这是一种高效的视频编码格式，被广泛应用于高清电视、蓝光光盘、互联网视频流和移动设备上。

11. HEVC/H.265 格式

高效视频编码标准，相较于 H.264 提供了更高的压缩效率，适合于 4K 和 8K 超高清视频的存储和传输。

4.5.3 数字视频处理技术

1. 视频编辑技术

（1）线性编辑技术

线性编辑是较早的一种磁带编辑方式，根据节目内容的要求将素材连接成新的连续画面，在编辑时必须顺序寻找所需要的视频画面。传统的线性编辑方法，需要先插入与原画面时间不等的画面，接着使用组合编辑将素材顺序编辑成新的连续画面，然后再以插入编辑的方式对某一段进行同样长度的替换。使用线性编辑技术删除节目中的片段时都要重新编辑，而且每编辑一次，视频质量都要有所下降。

（2）非线性编辑技术

非线性编辑是相对于以时间顺序进行编辑而言的。一个非线性编辑系统从硬件上看，可由计算机、视频卡或 IEEE1394 卡、声卡、高速 AV 硬盘、专用板卡（如特技加卡）以及外围设备构成。对素材的调用也是瞬间实现，不需要反复在磁带上寻找。改变了传统单一的时间顺序编辑模式，可以按各种顺序排列，特性是快捷简便、随机灵活。非线性编辑只要上传一次就可以多次编辑，信号质量始终不变，既节省了设备、人力，又提高了编辑效率。

2. 常用视频编辑软件简介

（1）Windows Movie Maker

Movie Maker 是 Windows 附带的一个影视剪辑小软件，功能比较简单，可以组合镜头，声音，加入镜头切换的特效，只要将镜头片段拖入就行，很简单，适合家用摄像后的一些小规模的处理。在 Win10、Win11 系统中虽然没有作为系统安装的组件之一，但仍可从官网上下载该软件安装并使用，界面环境如图 4-51 所示。

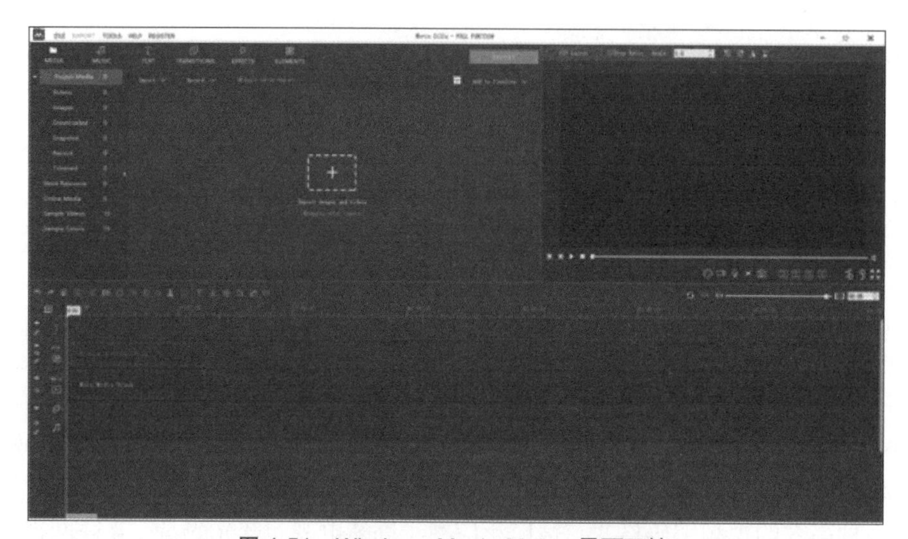

图 4-51　Windows Movie Maker 界面环境

（2）会声会影

会声会影是一个功能强大的准专业级“视频编辑”软件,具有图像抓取和编辑修改功能,可以采集、转换 MV、DV、V8、TV 等不同媒介，也能实时记录所采集到的画面文件，并提供有超过百种的编制功能与效果，让剪辑影片更快、更有效率。使用该软件也可以制作 DVD、VCD 光盘，同时它也支持各类编码，界面环境如图 4-52 所示。

图 4-52　“会声会影”界面环境

（3）Adobe Premiere

作为一款专用级视频编辑软件，Premiere 由 Adobe 公司开发，属于非线性视频编辑软件，有“电影制作大师”之称。该软件使用可视化界面，具有音视频同步处理的能力、可叠加和合成多个视频素材，形成复合作品，界面环境如图 4-53 所示。

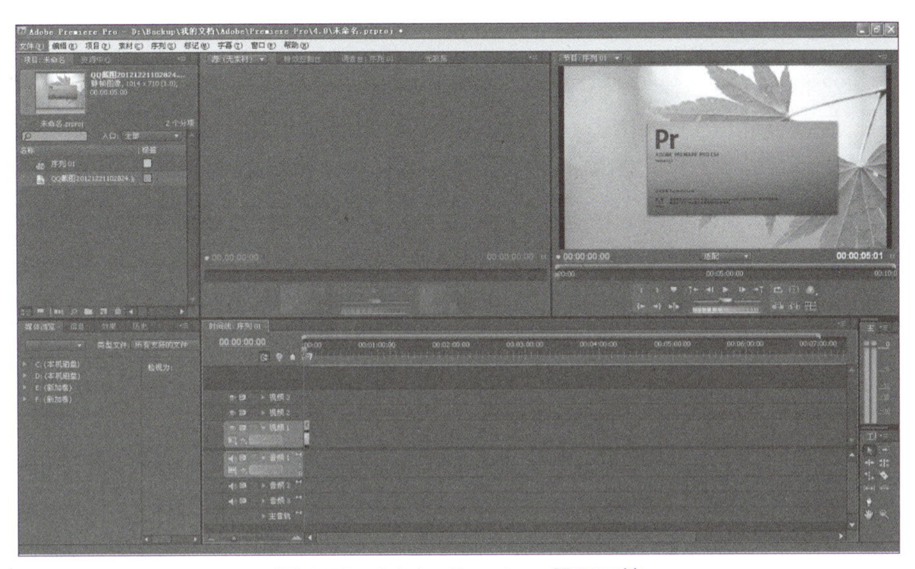

图 4-53　Adobe Premiere 界面环境

（4）Adobe After Effects

Adobe After Effects 是一款由 Adobe Systems 开发的专业级动态图形设计和视觉特效软件，主要用于创建电影、电视、视频、动画和网页等媒体的动态图像、2D/3D 合成、动画效果以及视觉特效，界面环境如图 4-54 所示。这款软件广泛应用于影视后期制作、广告包装、动画短片创作、游戏开发中的过场动画以及 UI 动效设计等领域。

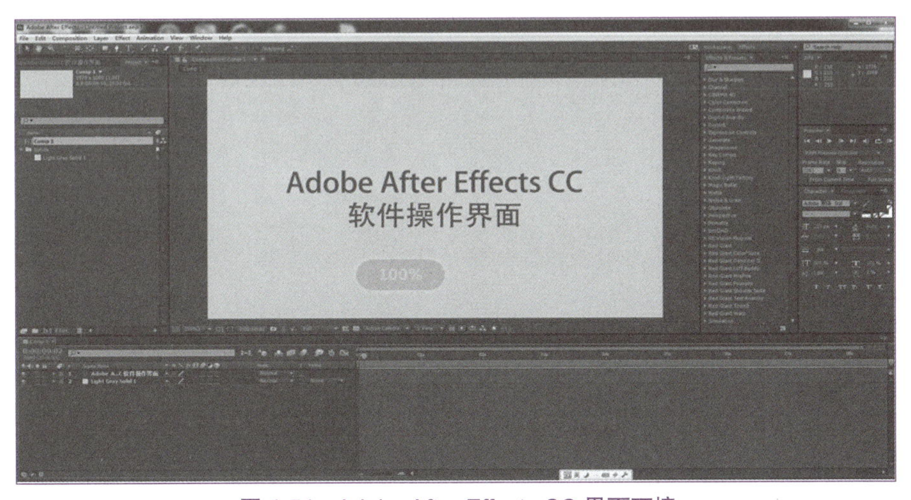

图 4-54　Adobe After Effects CC 界面环境

After Effects 具有强大的关键帧动画系统，可以对层进行精准的时间控制，实现复杂的运动路径动画，并支持各种文本动画、形状图层及滤镜特效。也可以通过其丰富的插件生态系统扩展功能，包括粒子特效、光效、模拟仿真、跟踪与稳定、色彩校正等高级处理技术来处理音频。

（5）Final Cut Pro

Final Cut Pro 是 Apple 公司开发的一款专业视频非线性编辑软件，第一代 Final Cut Pro 在 1999 年推出。Final Cut Pro X 包含进行后期制作所需的一切功能。导入并组织媒体、编辑、添加效果、改善音效、颜色分级以及交付，所有操作都可以在该应用程序中完成，界面环境如图 4-55 所示。

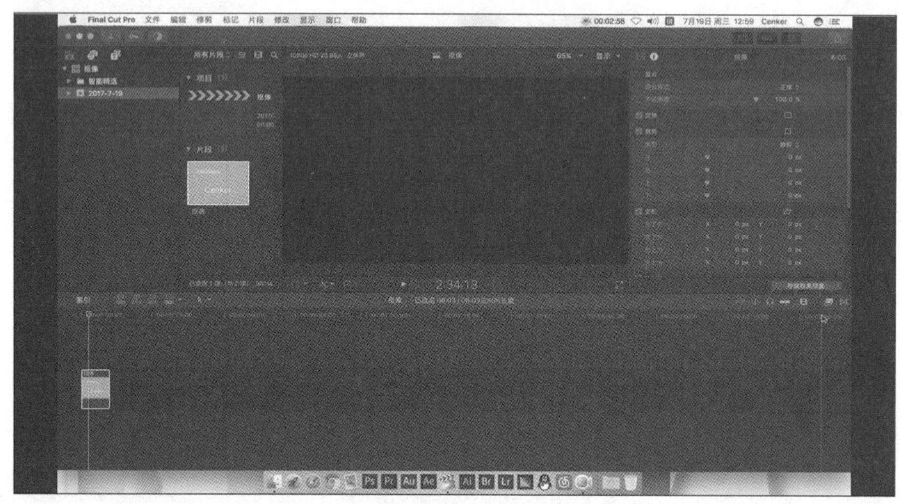

图 4-55 Final Cut Pro 界面环境

（6）剪映

剪映是抖音推出的一款视频编辑软件，它在移动端和桌面端均提供服务，无论是短视频社交平台上的个人用户，还是需要高效制作视频内容的专业人士，都可以借助剪映实现自己的创意。剪映以其易用性和丰富的功能而受到欢迎。桌面端的首页如图 4-56 所示，移动端的首页如图 4-57 所示。

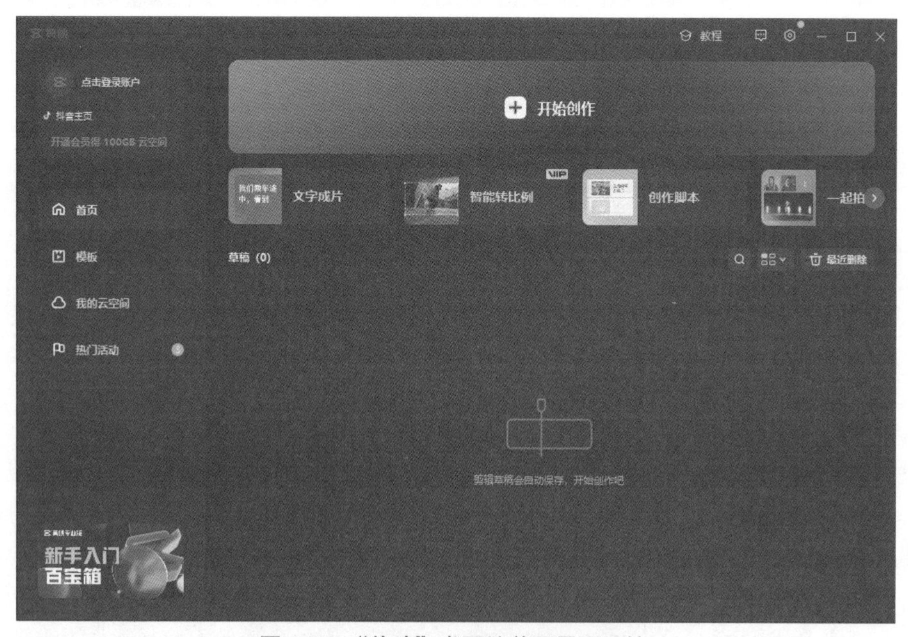

图 4-56 “剪映”桌面端首页界面环境

图 4-57　“剪映”移动端首页界面环境

3. AI 视频生成模型

OpenAI 在 2024 年 2 月份推出了一款名为 Sora 的文本生成视频模型，该模型代表了人工智能技术在跨模态生成领域的重大突破。Sora 能够根据提供的文本描述来创建逼真的视频内容，从而实现从文本到视频的直接转化。

OpenAI 在官网上展示了一些由 Sora 生成且未经修改的视频，这些视频时长不等，8 ～ 60 s，画面质量符合提示词。下述提示词是其中的一个示例，视频截图如图 4-58 所示。

图 4-58　Sora 生成的视频截图

Prompt：Several giant wooly mammoths approach treading through a snowy meadow, their long wooly fur lightly blows in the wind as they walk, snow covered trees and dramatic snow capped mountains in the distance, mid afternoon light with wispy clouds and a sun high in the distance creates a warm glow, the low camera view is stunning capturing the large furry mammal with beautiful photography, depth of field.

中文提示词：几只巨大的长毛猛犸象穿过一片白雪覆盖的草地，它们长长的毛茸茸的皮毛在风中轻拂，远处白雪覆盖的树木和戏剧性的雪山，午后的光线与缕缕的云和远处的太阳创造了温暖的光芒，低相机的视角是惊人的，捕捉到了美丽的摄影，景深的大型毛茸茸的哺乳动物。

4.6 剪映入门

剪映，是由抖音官方推出的一款视频编辑工具，自上线以来，以其简洁易用的界面和全面的剪辑功能受到广大视频编辑者的青睐。

剪映提供了从基础到高级的一系列视频编辑功能。例如，一键裁剪、视频变速、多样化的滤镜效果、美颜特效、丰富的曲库资源供用户添加背景音乐等。使用剪映可以为视频添加各类个性化字幕，还可以利用手绘贴纸来增添视频创意。

在推出了轻便的移动端短视频编辑应用“剪映 App”后，抖音官方又于 2021 年推出了桌面端视频剪辑软件“剪映专业版”。

剪映专业版的升级更新较为频繁，各版本之间的内置素材库会有些差异，本书以“剪映专业版 5.0.0”介绍软件应用。

4.6.1 剪映界面介绍

打开剪映专业版软件后，首先出现的是首页界面，如图 4-59 所示。通过单击“开始创作”按钮，可以切换至剪映专业版的编辑界面，如图 4-60 所示。

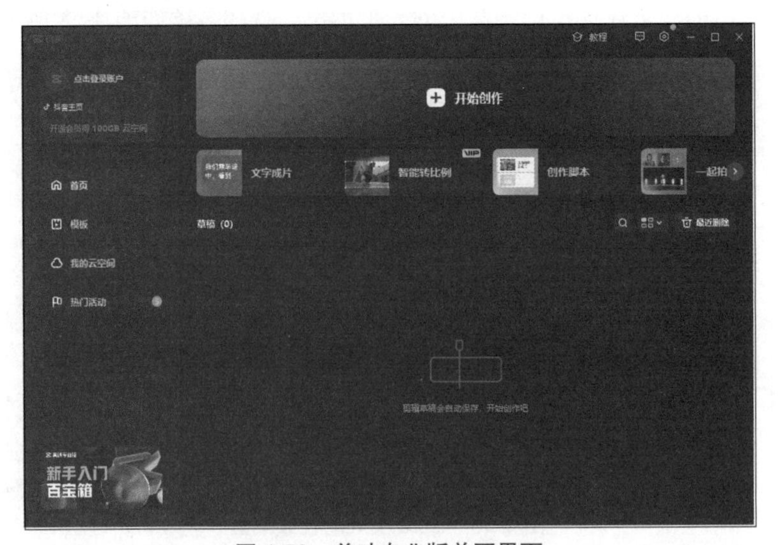

图 4-59 剪映专业版首页界面

图 4-60　剪映专业版编辑界面

剪映专业版的编辑界面主要由标题栏、工具栏区域、素材库、播放器、时间轴面板以及参数调整区组成。

1. 标题栏

标题栏位于整个编辑界面的最顶端，显示当前应用程序的名称，“菜单”按钮，创建项目的日期，以及用于控制文件窗口显示大小的“最小化”按钮、“最大化”按钮和“关闭”按钮。

“菜单”按钮中的各选项及其功能如下：

- 文件：主要用于管理项目文件，包括新建草稿、导入和导出文件。
- 编辑：提供基础操作，如剪切、复制、粘贴、撤销和恢复等。
- 布局模式：允许用户切换不同的界面布局以适应不同工作流程，例如时间线优先、播放器优先等。
- 更多操作：可用于查看隐私条款、第三方协议等。
- 帮助：可用于查看帮助文档和快捷键等。
- 全局设置：用于自定义草稿位置、素材下载位置等信息。
- 返回首页：可快速回到软件启动时的首页界面。
- 退出剪映：可关闭并退出整个剪映专业版程序。

2. 工具栏区域

工具栏区域包括顶部工具栏和左侧工具栏。顶部工具栏主要用于对视频文件的效果处理，如图 4-61 所示。

图 4-61　顶部工具栏

左侧工具栏通常是配合顶部工具栏一起使用的。单击不同的顶部工具栏按钮时，左侧工具栏的选项也会发生相应的改变。例如，使用“特效”工具时，左侧的工具栏选项如图 4-62 所示；使用“文本”工具时，左侧的工具栏选项如图 4-63 所示。

图 4-62 “特效”工具栏

图 4-63 “文本”工具栏

3. 素材库

素材库是用于放置素材的区域。这个区域内显示的素材内容将根据顶部工具栏中的不同按钮进行切换，如图 4-64 所示。

图 4-64 特效素材与滤镜素材

4. 播放器

导入素材后，可在此区域播放、暂停、显示素材播放时长和总时长、全屏播放素材，也可以在区域调整素材播放的视图显示比例。

5. 时间轴面板

时间轴面板在剪映专业版编辑界面的最底部，是剪辑视频的主要工作区域。将素材拖动到时间轴之后，便可使用时间轴上方如图 4-65 所示的基础剪辑工具，对视频进行剪辑。

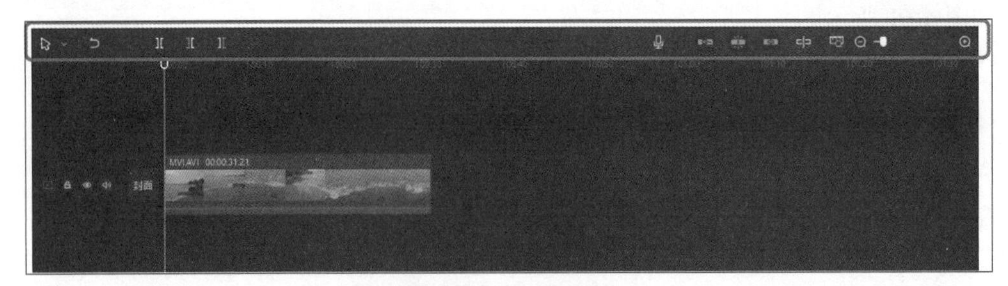

图 4-65 时间轴面板

时间轴面板中的竖线称为“时间线”，随着时间线的移动，播放器区域就会显示当前时间的画面。结合时间轴面板中的时间刻度，可以精确判断当前时间线所在的时间点。

时间轴面板左侧的按钮分别表示锁定轨道 / 解锁轨道、显示轨道 / 隐藏轨道、关闭原声 / 开启原声；

剪映中的轨道大致可分为视频轨道、音频轨道和其他轨道。

① 视频轨道：是剪映中默认的轨道类型，用来处理视频、图片等媒体素材。

② 音频轨道：用来处理音乐素材和音效素材的轨道，通常在视频轨道的下方。

③ 其他轨道包含了文本轨道、贴纸轨道、特效轨道、滤镜轨道和调节轨道，这些轨道的排列顺序可以互换。

6. 参数调整区

参数调整区位于剪映专业版编辑界面的右侧，当选中时间轴面板中某个素材时，可以在此区域对素材进行基本参数的调整，如图 4-66 所示。若没有选中素材，此区域将显示和修改草稿相关的参数，如图 4-67 所示，草稿主要用于存放剪映项目的过程文件。

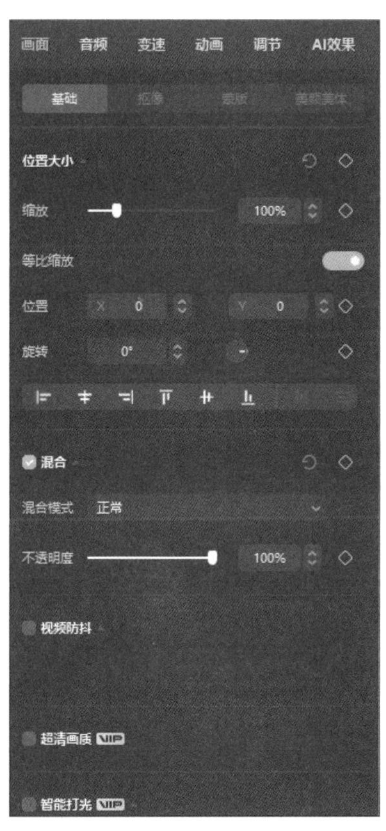

图 4-66　素材参数调整

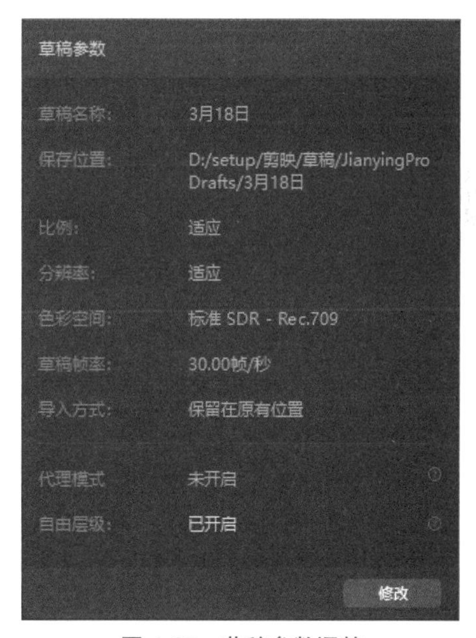

图 4-67　草稿参数调整

4.6.2　剪映基本操作

1. AI 智能成片

剪映专业版软件提供了一个将文字转化为视频的新颖方式。它可以根据文案智能匹配相应的图片素材、添加字幕、旁白和音乐，并自动生成视频，视频可以还再次剪辑。文案可以是手动输入或是从导入的链接中提取，也可以选择智能生成文案，还可以在智能生成后再对文案作修改。

打开剪映专业版软件，在首页界面单击“文字成片”按钮，打开图4-68所示的对话框。选择自由编辑文案，或者自拟主题、智能写文案，便可生成视频文案。剪映专业版一次可以生成三篇智能文案，如图4-69所示的文案是以“工匠精神”为主题，限时1 min左右的智能文案。

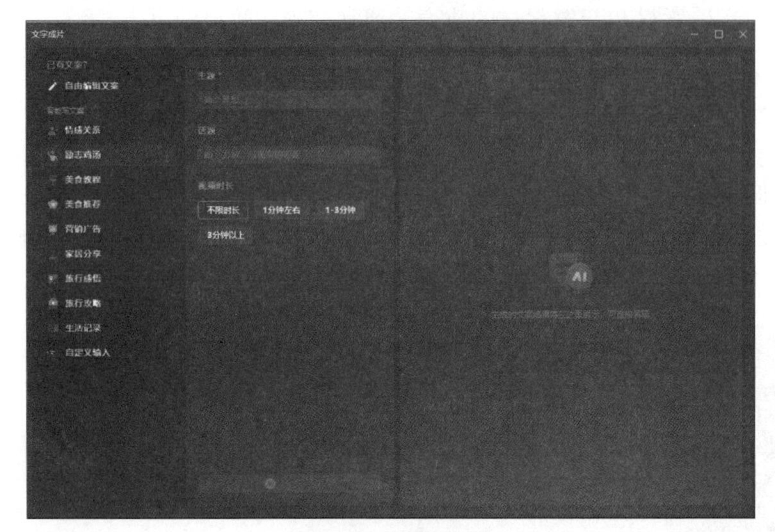

图4-68 文字成片

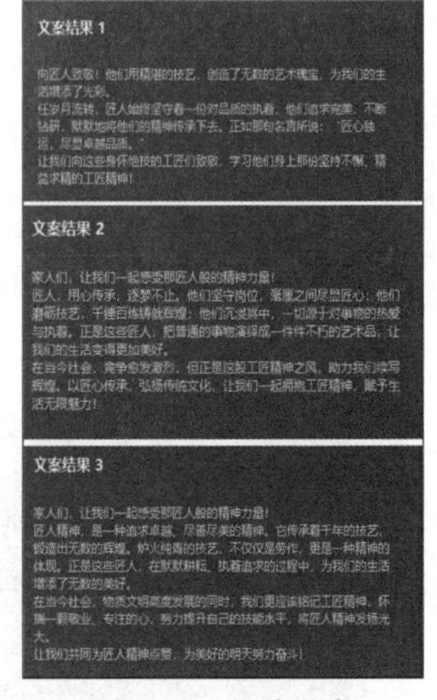

图4-69 智能文案

挑选满意的文案后，继续选择朗读的人声，例如：少儿百科，如图4-70所示，然后单击“生成视频”中的“智能匹配素材”选项便可自动生成视频，视频效果如图4-71所示。

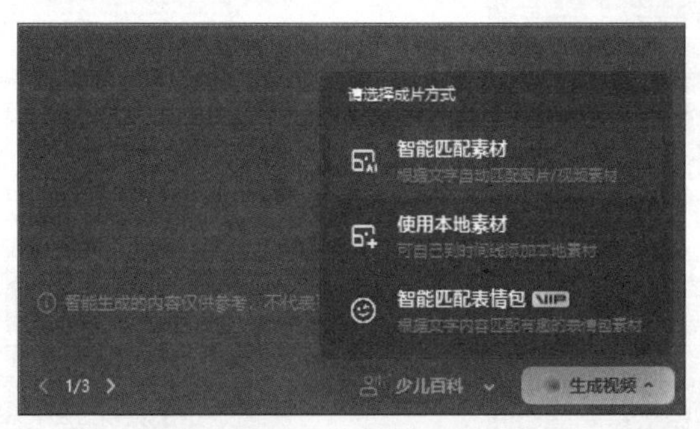

图4-70 智能匹配

图4-71 智能成片效果

2. 创建与管理项目

打开剪映专业版软件，在首页界面单击“开始创作”按钮，如图 4-72 所示，便创建了一个视频剪辑项目，与此同时，首页界面将切换到视频的编辑界面。

在剪辑视频的任何时刻，只要选择“菜单”按钮中的“返回首页”命令，如图 4-73 所示，即可回到首页界面。

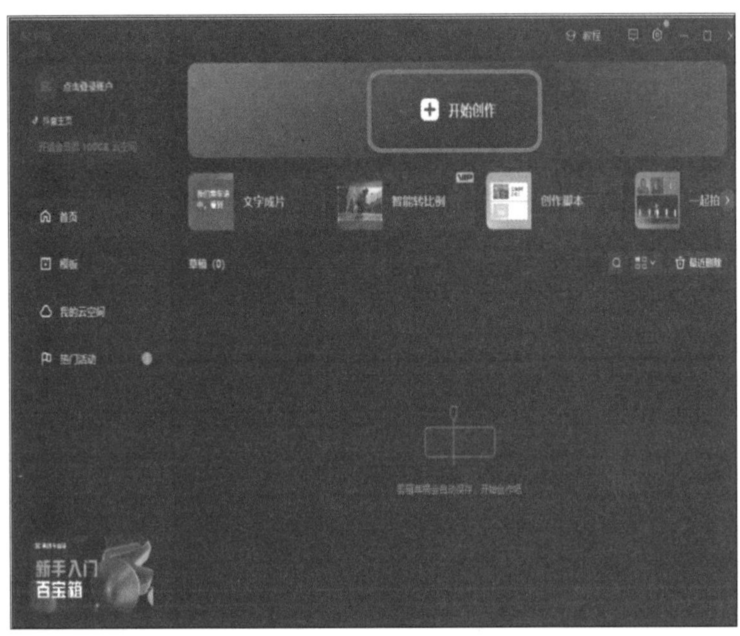

图 4-72　创建项目

返回首页后，可以看到刚才创建的项目被存放到了“草稿”区域，单击该项目缩览图右下角的三个点按钮，可以对项目进行“重命名”“复制草稿”“删除”等管理操作，如图 4-74 所示。若要继续编辑该项目，则可以单击项目缩览图，再次进入该项目的视频编辑界面。

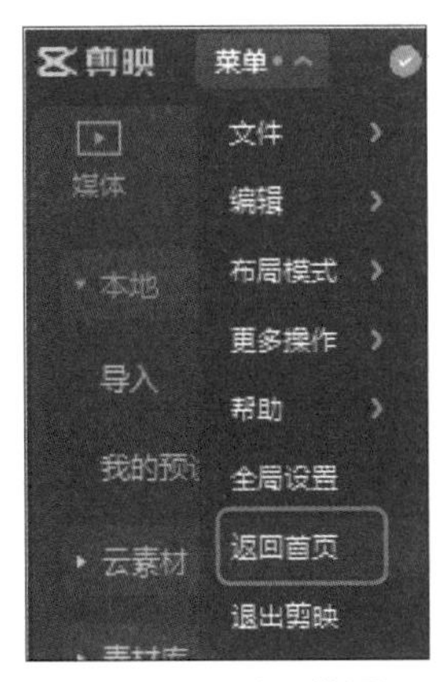

图 4-73　返回首页

图 4-74　管理项目的操作

3. 调用素材

在剪映专业版中创建项目后，可以导入本地的视频素材、图像素材、音频素材来制作视频，也可以直接使用剪映内置素材库中的素材来制作视频。将素材添加至时间轴面板，方可进行剪辑和后期制作。

（1）导入本地素材

进入项目的编辑界面后，单击“导入”按钮，如图 4-75 所示，在打开的“请选择媒体资源”对话框中，选择需要导入的素材文件。

导入素材后，按住鼠标左键，将素材拖入时间轴面板完成素材的调用，如图 4-76 所示。

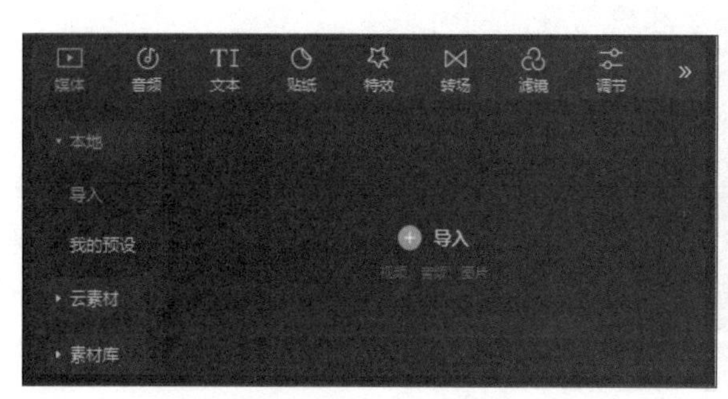

图 4-75　导入本地素材

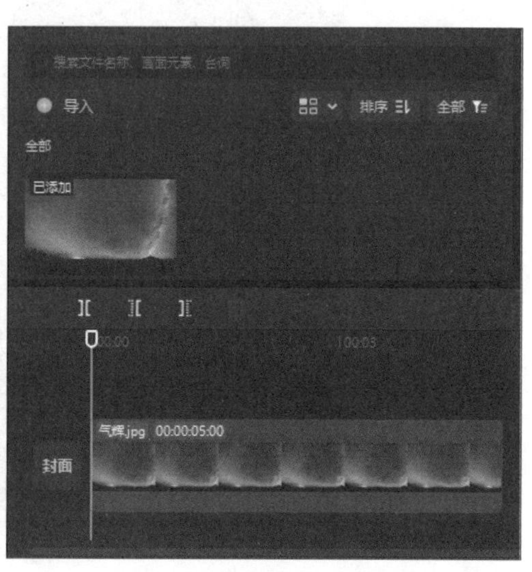

图 4-76　添加素材至时间轴

（2）使用素材库素材

进入项目的编辑界面后，单击“素材库”按钮，根据需要选择素材，例如片头、萌宠表情包、背景等。然后，单击素材缩览图右下角的➕按钮，将素材添加到时间轴面板中完成素材的调用。

4. 复制、剪切、粘贴、删除和替换

与 Audition 相同，在编辑视频的过程中也会使用到剪切、复制、粘贴、删除等基本命令。右击视频，在弹出的快捷菜单中选择“复制”“剪切”“粘贴”“删除”命令可以完成相应的功能，也可使用快捷键实现。“复制”的快捷键为【Ctrl+C】；“剪切”的快捷键为【Ctrl+X】；“粘贴”的快捷键为【Ctrl+V】；“删除”功能可直接使用【Delete】键。

对素材剪辑后，若对原始素材不满意，直接删除素材将会影响整个剪辑项目，此时可以通过快捷菜单中的“替换”功能来替换原始素材。此功能只替换素材，不会删除已经执行的剪辑操作。

5. 画面比例调整

不同社交媒体平台、视频网站对视频的画幅比例都有不同的标准要求。例如，16∶9 常用于主流视频网站，9∶16 适合手机竖屏播放等，合适的比例能够确保视频内容符合各平台的最佳展示格式。

素材添加至时间轴后，选中素材，单击播放器右下角中的“比例”按钮，即可调整视频画面的比例。也可以在“画面 | 基础”参数调整区，使用缩放、位置等参数进行自定义调整，如图 4-77 所示。

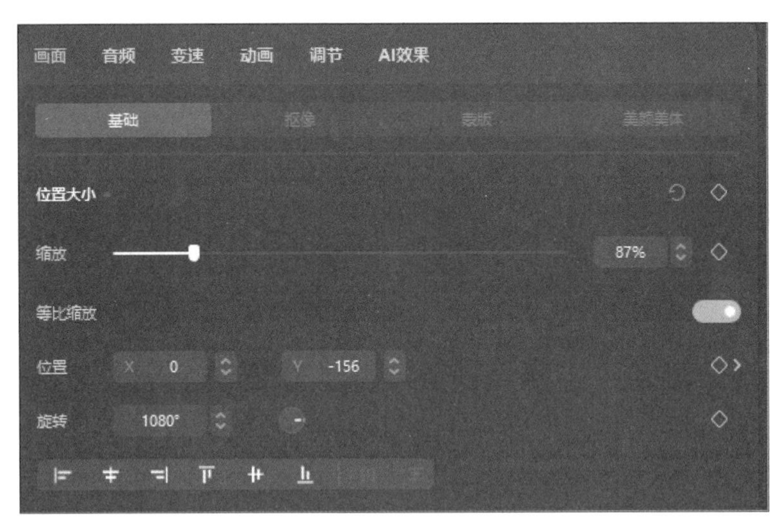

图 4-77　基础属性调整

对于尺寸过大的视频，剪映会对其进行压缩，可能会造成视频模糊。

6. 导出视频

通过剪映专业版右上方的“导出”按钮，可将视频导出保存。导出时，可以选择视频的分辨率、码率、格式等参数，还可以选择是否将视频同步发布到抖音等平台。

范例 4-8　横竖版视频转换

按下列要求操作，将本地素材“动物世界 .wmv”调整为竖版视频，以适应移动端平台的播放，并以 1 080 P 为分辨率，H.264 为编码格式，“动物世界竖版 .mp4”为文件名保存，视频预览效果如图 4-78 所示。

图 4-78　竖版视频预览效果

制作要求如下：

1. 调用本地素材“动物世界 .wmv”。

（1）启动剪映专业版，在首页界面单击“开始创作”按钮，进入视频编辑界面。

（2）在视频编辑界面中，单击“导入”按钮，在打开的“请选择媒体资源”对话框中选择“动物世界 .wmv”视频文件。

（3）按住鼠标左键，将“动物世界 .wmv”拖入时间轴面板。

2. 调整比例为 9 : 16。

单击播放器右下角中的“比例”按钮，选择“9 : 16（抖音）”选项。此时，画面上下将出现黑色背景，视频画面可以完整呈现。若对视频呈现效果不满意，可以在播放器内选中视频后，调整视频缩放和旋转角度，如图 4-79 所示。

图 4-79 调整缩放和旋转

【注意】调整视频缩放，虽可以将视频满屏呈现，但视频画面会被裁剪。

3. 预览。

在时间轴面板中，将时间线拖动至视频起始处，单击“播放器”中的▶按钮，完整预览制作效果。

4. 导出视频。

单击视频编辑界面右上方的“导出”按钮，在打开的“导出”对话框中，设置文件的标题为“动物世界竖版”，分辨率为 1 080 P，编码为 H.264，格式为“MP4”。

范例 4-9 春意盎然

按下列要求操作，使用本地素材“花 1.jpg”“花 2.jpg”“花 3.jpg”“花 4.jpg”与内置素材制作一个视频，并以 720 P 为分辨率，H.264 为编码格式，“春意盎然 .mp4”为文件名保存，视频预览效果如图 4-80 所示。

图 4-80 春意盎然预览效果

制作要求如下：

1. 调用内置片头素材“VLOG”。

（1）启动剪映专业版，在首页界面单击“开始创作”按钮，进入视频编辑界面。

（2）在视频编辑界面中，单击“素材库”按钮，选择素材库中的“片头”选项，并在片头列表中选择“VLOG”选项，如图 4-81 所示。

图 4-81　“VLOG”片头

（3）单击素材缩览图右下角的按钮，将该片头素材添加到时间轴面板中。

2. 调用本地素材“花 1.jpg”“花 2.jpg”“花 3.jpg”“花 4.jpg”。

（1）单击左侧工具栏中的“本地”按钮，然后，单击“导入”按钮，在打开的“请选择媒体资源”对话框中，选择“花 1.jpg”“花 2.jpg”“花 3.jpg”“花 4.jpg”文件。

（2）按照“花 1.jpg”“花 2.jpg”“花 3.jpg”“花 4.jpg”的顺序将素材拖入到片头素材后面。

【注意】若使用按钮添加素材到时间轴，需要先将时间线移动到插入素材的位置，如图 4-82 所示，然后再单击此按钮。

图 4-82　移动时间线

3. 调整所有本地素材的显示时长为 3 s。

（1）在时间轴面板中选中“花 1.jpg”素材，拖动素材右侧的白色拉杆，将素材的时长调整为 3 s。

（2）使用同样的方法，将“花 2.jpg”“花 3.jpg”“花 4.jpg”素材的时长均调整为 3 s。

4. 调整“花 2.jpg”素材的显示比例，使其全屏显示。

在时间轴面板中，将时间线移动至“花 2.jpg”素材处，选中“花 2.jpg”素材，在“画面 | 基础”参数调整区，调整“缩放”参数，使其全屏显示。

5. 调用内置片尾素材“未完待续”。

（1）单击左侧工具栏中的“素材库”按钮，选择素材库中的“片尾”选项，并在片尾列表中选择“未完待续”选项，如图 4-83 所示。

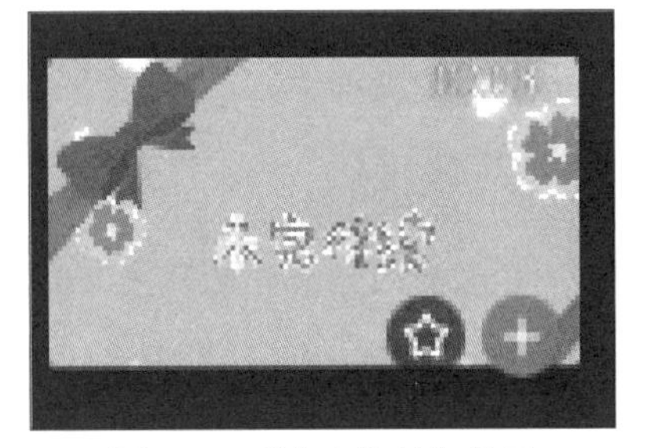

图 4-83　“未完待续”片尾

（2）将“未完待续”片尾素材拖入到时间轴的最后。

6. 设置背景音乐。

（1）在时间轴面板中，右击片头素材，在弹出的快捷菜单中选择“分离音频”命令。

（2）复制分离出来的音频，在同一轨道中粘贴 2 次，使音频的结束时间与上面轨道中的素材匹配，如图 4-84 所示。

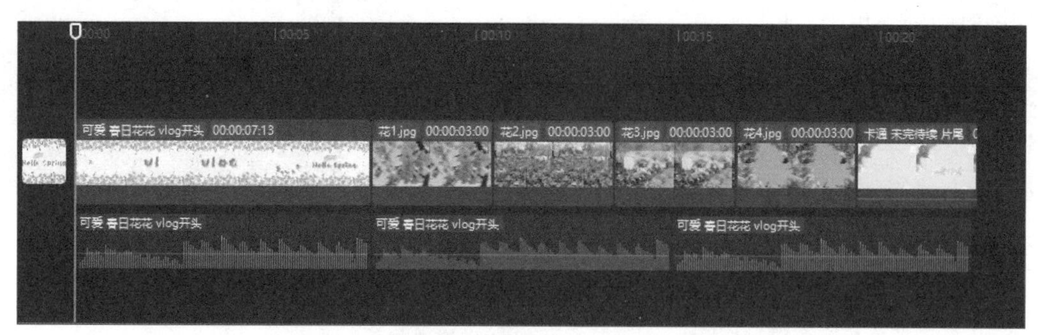

图 4-84　复制粘贴音频

7. 设置封面。

（1）在时间轴面板中，单击“封面”按钮，在打开的“封面选择”对话框中，选择图 4-85 所示的画面。

图 4-85　选择封面

（2）单击“去编辑”按钮，单击“完成设置”按钮。

8. 预览。

在时间轴面板中，将时间线拖动至视频起始处，单击“播放器”中的▶按钮，完整预览制作效果。

9. 导出视频。

单击视频编辑界面右上方的“导出”按钮，在打开的“导出”对话框中，设置文件的标题为“春意盎然”，分辨率为 720 P，编码为 H.264，格式为“MP4”。

【注意】若设置过视频封面，视频封面将会一起导出。

4.7 视频剪辑

剪映提供了对各类素材进行再加工的处理，包括倒放素材、定格素材、智能抠像和制作画中画等。

4.7.1 基础剪辑

在时间轴面板中，可以使用如图 4-86 所示的剪辑工具对选中的素材进行分割、向左向右裁剪、定格、倒放、镜像和旋转、调整裁剪比例和时间线缩放等基础剪辑操作。

图 4-86　剪辑工具

1. 分割与左右裁剪

分割工具可以把一段视频分割成多段视频。这样可以独立处理每段视频，例如添加转场特效、调整色彩或音效等。分割视频时，只要将时间线拖动至需要分割的位置，然后单击“分割”按钮即可。

向左向右裁剪是指从较长的视频中截取视频片段。将时间线拖动至需要裁剪的位置，根据需要单击“向左裁剪”按钮或“向右裁剪”按钮，也可以拖动素材左侧或右侧的白色拉杆来截取视频。

2. 定格

定格功能可以让视频的画面停留在某个瞬间。将时间线拖动至需要停留的画面位置，然后单击“定格”按钮，执行该操作后，即可生成定格图片，图片的显示时长一般为 3 s。

3. 倒放

倒放功能可以对视频进行倒放处理，常用来制作时光倒流的视频效果。选中需要倒放的视频素材，然后单击“倒放”按钮即可实现倒放处理。

4. 镜像和旋转

镜像和旋转功能主要用于对视频素材进行视觉翻转操作。当视频由于放置反了道具或人物站位导致画面方向不合理时，可以利用镜像或旋转功能快速调整视频的方向，使其看起来更自然合理，也可以用来增强视频动作的视觉冲击力。

其中，镜像是对视频素材进行水平翻转，旋转可以对视频素材按角度旋转。除了使用“镜像”和“旋转”按钮实现翻转外，也可以在播放器中通过调整旋转角度实现。

5. 调整裁剪比例

如果视频素材的局部有些瑕疵，或者构图不理想，可以使用“裁剪比例”按钮去除瑕疵画面，进行二次构图。

6. 时间线缩放

在处理较长时间的视频时，由于时间跨度比较大，从视频开头移到视频末尾需要较长的时间，此时，可以使用适当地调整时间线缩放。

全局预览缩放可以将时间轴调整到最合适的显示比例。

4.7.2 特效剪辑

1. 关键帧

类似于 Animate 动画制作，添加关键帧可以让原本非动态的素材在画面中动起来，或让一些后期增加的效果能够随时间变化。通过在特定时间点设置关键帧，并调整素材的位置、大小等属性，可以创建出平滑的动画效果。

选中时间轴中的素材后，在“画面 | 基础”参数调整区单击◇按钮添加关键帧，如需要取消关键帧，可以单击◆按钮。关键帧会记录此时此刻素材的所有信息参数，例如：时间、位置、大小和音量等信息。当创建了一个关键帧，且前后素材参数发生变化时，就会自动生成新的关键帧。

2. 抠像

抠图抠像功能能够识别并去除图片或视频的背景，从而抠出主体部分，主要分为色度抠图、自定义抠像和智能抠像，如图 4-87 所示。

其中，色度抠图主要针对纯色背景的抠图，例如绿幕抠图。只需要选择相应的色度范围，便能快速去除该色度范围内的背景，达到抠图效果。

自定义抠像，是指使用快速画笔工具，通过调整画笔大小，擦除不需要的部分以及抠像描边等操作，实现精细抠像的效果。这种自定义抠像方式适用于复杂的场景或需要精确抠像的情况。

智能抠像则可以实现自动抠图。

在抠图抠像的过程中，还可以利用混合模式来进一步优化效果，如图 4-88 所示。例如，通过调整混合模式中的参数，可以去除白色背景或黑色背景，使抠像结果更加自然和融合。

图 4-87 抠像功能

图 4-88 混合模式

3. 蒙版

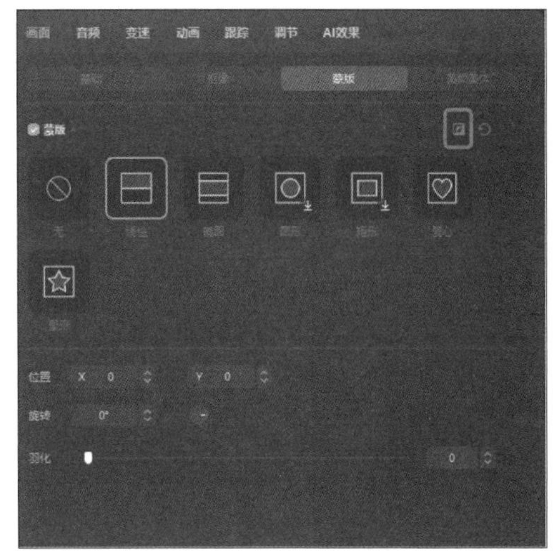

图 4-89　蒙版

与 Photoshop 中的蒙版作用类似，剪映中的蒙版功能同样可以用来遮挡视频中不需要的区域，显示要想的画面内容。选中时间轴中的素材后，通过调整蒙版的形状、旋转、位置和羽化值，可以精确地控制哪些部分被遮挡，哪些部分保持可见。

各种形状的蒙版工作原理是相同的，灰色部分表示想要显示的区域，黑色部分表示不需要显示的区域。以“线性”蒙版为例，上半部分为显示区、下半部分为遮挡区。通过右上方的“反转”按钮，可以对换两个区域，如图 4-89 所示。

4. 变速

变速功能用于调整素材的播放速度。加快速度可以用来压缩时间，快速展现长时间的过程，例如旅行日志中的行车过程等。减慢速度常用于强调动作细节，如体育赛事中的精彩瞬间、戏剧性的慢镜头呈现等。

剪映提供了常规变速和曲线变速两种功能，常规变速是对所选的素材进行统一调速。而曲线变速，则可以直接使用预设的变速效果或自定义效果，为所选素材中不同的部分，分别添加慢动作或快动作。例如，同一个素材，使用曲线变速可以制作出先快后慢的效果。

变速的参数可以在选中素材后，通过参数调整区设置，如图 4-90 所示。

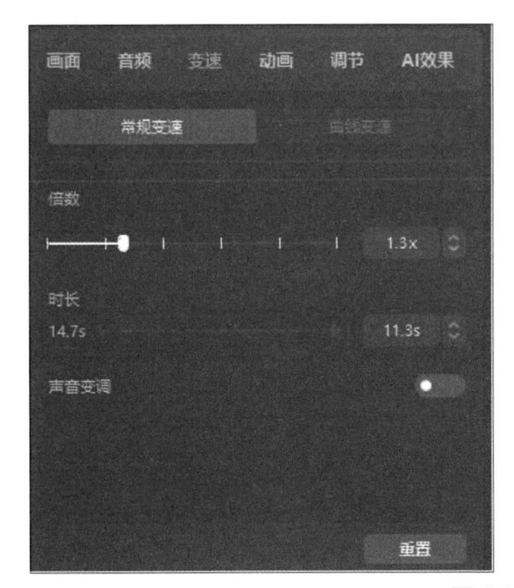

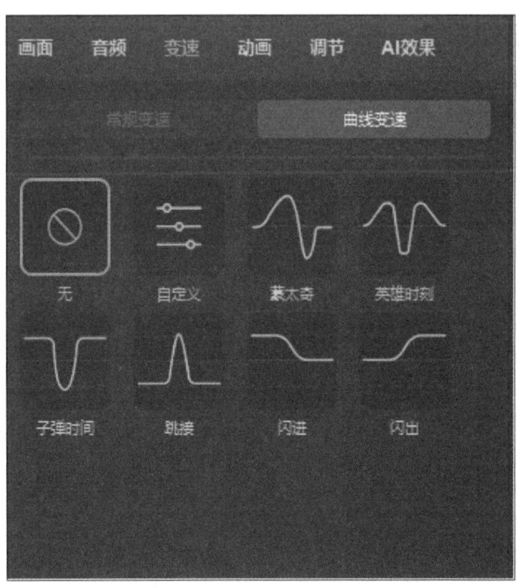

图 4-90　变速

5. 动画

在“动画”参数调整区，剪映内置了许多入场动画、出场动画和组合动画，例如：跳转开幕、渐隐、魔方等，如图 4-91 所示，添加这些效果可以起到丰富画面的作用。

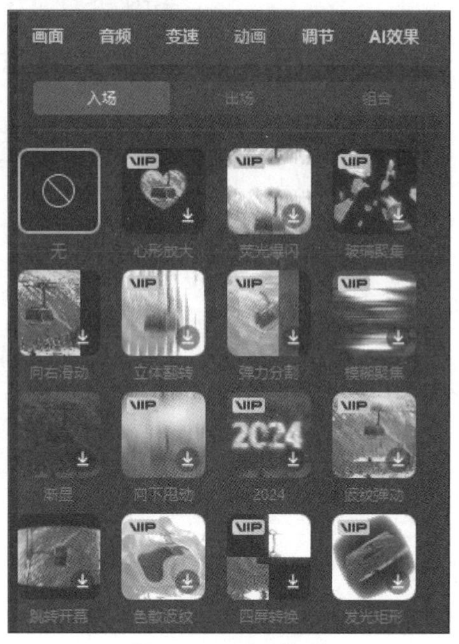

图 4-91　动画效果

6. 画中画

“画中画”是一个视频叠加功能，是指在一个主视频画面中嵌入并播放另一个窗口视频。这一功能常被用来创作对比镜头、微课讲解或其他创意视觉效果。

在剪映的移动端 App 中，有专门的“画中画”按钮，而桌面端的剪映专业版虽然没有直接显示该按钮，但可以通过拖动视频至第二个视频轨道来实现同样的效果，如图 4-92 所示。

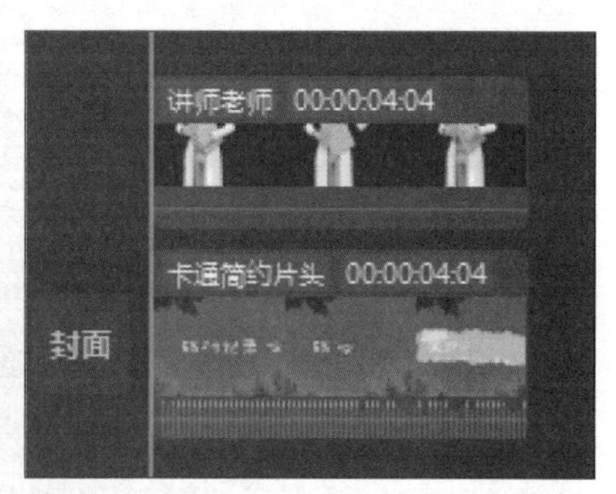

图 4-92　画中画效果

通常，两个视频轨道能制作出两个画面同时显示的画中画效果，如果需要制作更多画面同时显示的效果，可以添加多个视频轨道。

范例 4-10　延时摄影

按下列要求操作，使用本地素材“极光 1.mp4”“极光 2.mp4”制作延时摄影效果，并以 720 P 为分辨率，H.264 为编码格式，“极光 .mp4”为文件名保存，视频预览效果如图 4-93 所示。

图 4-93　延时摄影 预览效果

制作要求如下：

1. 调用本地素材“极光 1.mp4”“极光 2.mp4”，并在“极光 1.mp4”素材的第 10 s 处插入“极光 2.mp4”素材。

（1）启动剪映专业版，在首页界面单击“开始创作”按钮，进入视频编辑界面。

（2）单击左侧工具栏中的“本地”按钮，然后，单击“导入”按钮，在打开的“请选择媒体资源”对话框中，选择“极光 1.mp4”“极光 2.mp4”文件。

（3）将“极光 1.mp4”素材添加到时间轴面板中，调整时间线至 10 s 位置处，单击剪辑工具中的“分割”按钮，接着，将“极光 2.mp4”素材添加至此处，如图 4-94 所示。

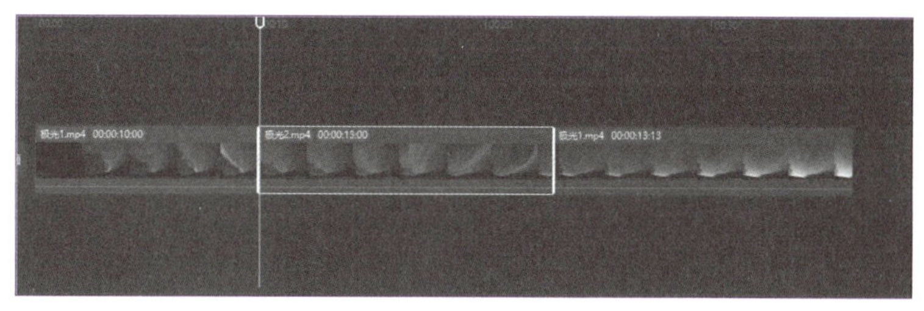

图 4-94　拆分、合并素材

2. 使用“常规变速”功能制作“极光 1.mp4”素材的延时摄影效果，并使用“曲线变速”功能制作“极光 2.mp4”素材的延时摄影效果。

（1）在时间轴面板中选中第一段“极光 1.mp4”素材，在“画面 | 变速 | 常规变速”参数调整区，设置倍数为 3.0×。

（2）使用同样的方法，将第二段“极光 1.mp4”素材的播放速度调整为原始速度的 3 倍。

（3）选中“极光 2.mp4”素材，在“画面 | 变速 | 曲线变速”参数调整区，选择“自定义”按钮。拖动第 1 个变速点和最后一个变速点到第 1 条线与第 2 条线的中间位置，其余变速点拖动到第 1 条线的位置，如图 4-95 所示。

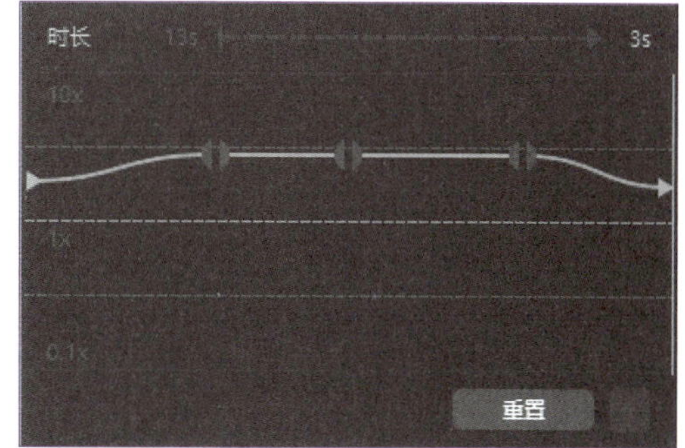

图 4-95　曲线变速

3. 定格最后 1 s 的画面，调整画面的缩放为 85%，旋转为 −5°。

（1）选中“极光 2.mp4”素材，调整时间线至最后 1 s，单击剪辑工具中的“定格”按钮，生成定格片段。

（2）将定格片段的持续时间调整为 1 s。

（3）在“画面 | 基础”参数调整区，设置缩放为 85%，旋转为 −5°。

4. 预览。

在时间轴面板中，将时间线拖动至视频起始处，单击“播放器”中的按钮，完整预览制作效果。

5. 导出视频。

单击视频编辑界面右上方的“导出”按钮，在打开的“导出”对话框中，设置文件的标题为“极光”，分辨率为 720 P，编码为 H.264，格式为“MP4”。

范例 4-11 画中画制作

按下列要求操作，使用本地素材“万花筒 .mp4”与内置素材制作画中画视频，并以 720 P 为分辨率，H.264 为编码格式，“画中画 .mp4”为文件名保存，视频预览效果如图 4-96 所示。

制作要求如下：

1. 调用内置素材“卡通”。

（1）启动剪映专业版，在首页界面单击“开始创作”按钮，进入视频编辑界面。

（2）在视频编辑界面中，单击“素材库”按钮，在素材库的搜索框中输入“卡通”，并在列表中选择如图 4-97 所示的素材。

图 4-96 画中画制作预览效果

图 4-97 “卡通”素材

（3）单击素材缩览图右下角的按钮，将该素材添加到时间轴面板中。

2. 使用“抠像”功能去除内置素材“老师”的黑色背景。

（1）在素材库的搜索框中输入“老师”，并在列表中选择图 4-98 所示的素材。

（2）时间线定位到起始处，将“老师”素材添加至时间轴面板，并拖动到“卡通”素材轨道上方的轨道中。

（3）拖动“老师”素材右侧的白色拉杆，将时长调整到结尾。

（4）切换到“画面 | 抠像”参数调整区，勾选“色度抠图”，并单击“取色器”按钮；在播放器的区域中，单击“老师”素材中的黑色区域，此时，取色器旁边会出现一个黑色的方块；如图 4-99 所示，拖动“强度”滑块，调整至 17，将“老师”素材中黑色背景去除。

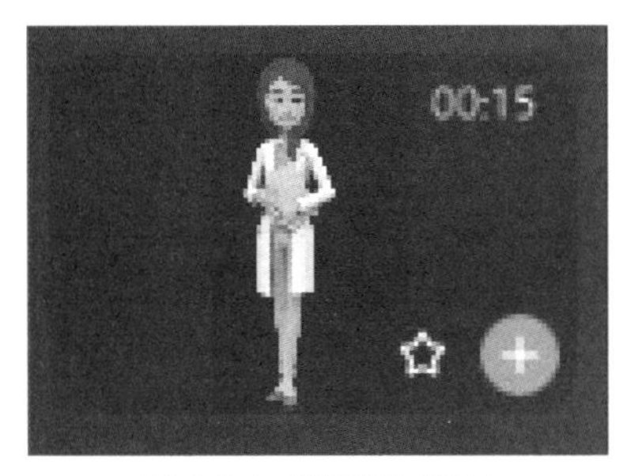

图 4-98 “老师”素材

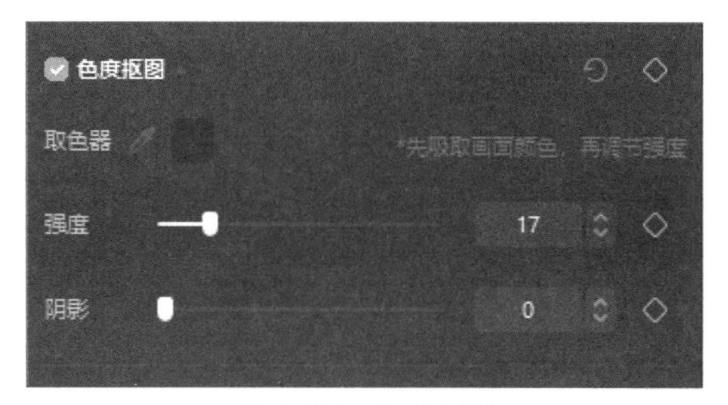

图 4-99 色度抠图

（5）在播放器的区域中，缩小“老师”素材的大小，并放置于画面左下角。

3. 使用本地素材“万花筒 .mp4”，结合“蒙版”功能制作彩色星星。

（1）单击左侧工具栏中的“本地”按钮，然后，单击“导入”按钮，在打开的“请选择媒体资源”对话框中，选择“万花筒 .mp4”文件。

（2）时间线定位到起始处，将“万花筒”素材添加到时间轴面板，并拖动至“老师”素材轨道上方的轨道中。

（3）拖动“万花筒”素材右侧的白色拉杆，将时长调整到结尾。

（4）切换到“画面 | 蒙版”参数调整区，单击“星型”蒙版，设置羽化值为 10，并调整位置和大小，如图 4-100 所示。

（5）复制该轨道，粘贴到上方的新轨道起始处，接着，在播放器区域中，缩小、旋转并移动第二颗星星，如图 4-101 所示。

图 4-100 第一颗星星

图 4-101 第二颗星星

（6）选中第二颗星星所在的轨道，单击剪辑工具栏中的“倒放”按钮。

4. 关闭原声。

（1）单击第二颗星星轨道左侧的按钮来关闭原声。

（2）使用同样的方法，关闭第一颗星星所在轨道的原声。

5. 预览。

在时间轴面板中，将时间线拖动至视频起始处，单击“播放器”中的按钮，完整预览制作效果。

6. 导出视频。

单击视频编辑界面右上方的“导出”按钮，在打开的“导出”对话框中，设置文件的标题为“画中画”，分辨率为 720 P，编码为 H.264，格式为“MP4”。

4.8 视频后期合成

在视频合成阶段，可以使用转场效果来衔接不同素材片段，确保素材流转顺畅，视觉转换自然不显突兀。而特效的应用则扩展了视觉叙事的多样性，通过动态修饰和艺术加工，打造出与众不同的视觉风格。通过精准调控亮度、饱和度、对比度等色彩参数，或者采用预设的滤镜效果，不仅可以美化原始画面，更是对影片整体色调与情绪基调的塑造。

文字在视频中是信息传递不可或缺的元素，字幕可以用来阐述视频的主题和重点，一些趣味性的艺术文字，还可以让视频的呈现更加丰富。而一段背景音乐或者语音旁白的融合则可以渲染和烘托视频的氛围。

4.8.1 转场与特效

转场效果是指两个素材片段之间的过渡效果，它可以让素材切换更加自然流畅。剪映提供了多种转场效果，如热门转场、光效转场、模糊转场等，如图 4-102 所示。此外，剪映还支持无缝衔接地点转场，通过叠化、关键帧羽化和蒙版关键帧等方式实现平滑的地点切换。

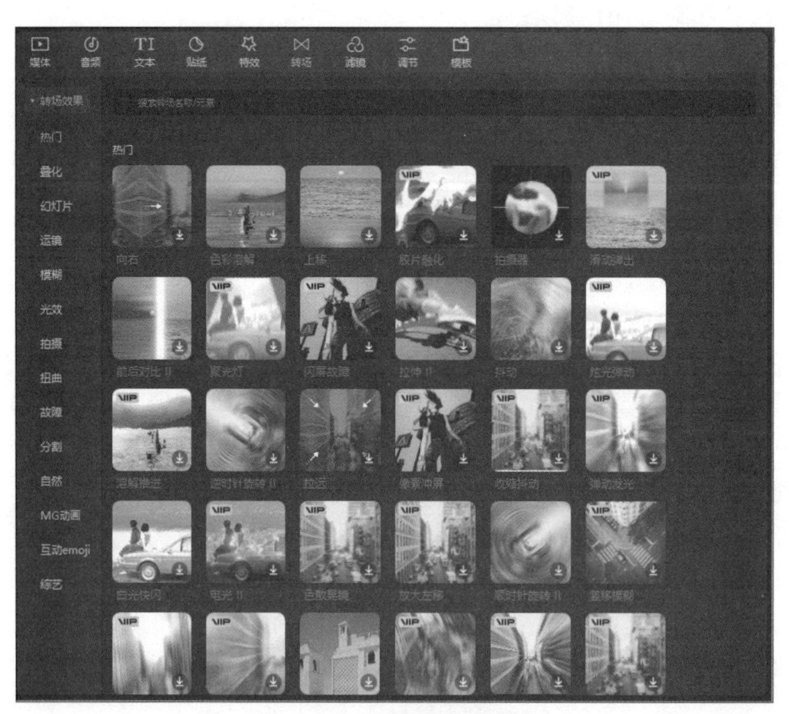

图 4-102　剪映内置转场效果

特效则是指添加的各种视觉增强效果。在剪映中分为画面特效和人物特效，这些特效能够增强视觉效果，使视频内容更加生动和有趣，例如各种边框、动感特效等，如图 4-103 所示。

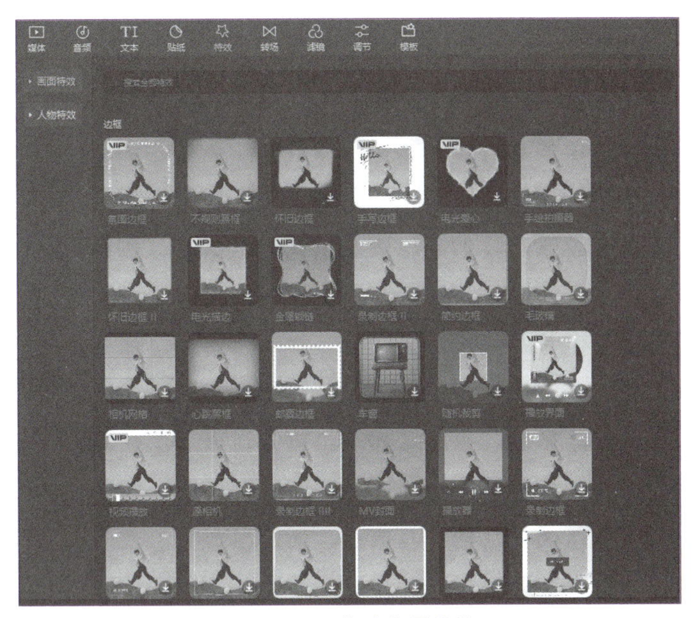

图 4-103　剪映内置特效

4.8.2　滤镜调色

剪映内置了多种滤镜效果，通过应用滤镜可快速改变素材的整体色调和风格，如图 4-104 所示。

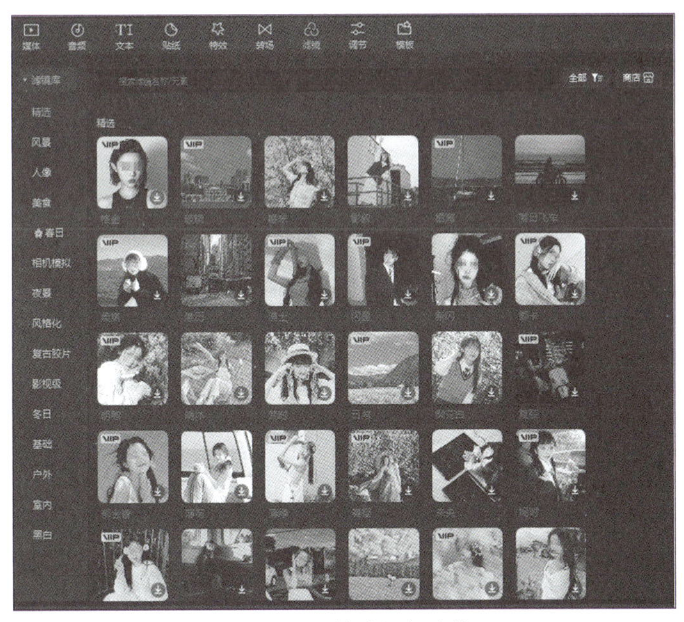

图 4-104　剪映调色功能

另外，剪映提供的基础调色功能，可以对素材的色温、亮度、对比度、饱和度等参数进行调整。若对色彩调整有更高要求，则可以使用 HSL 功能、曲线和色轮工具辅助矫正画面颜色，如图 4-105 所示。

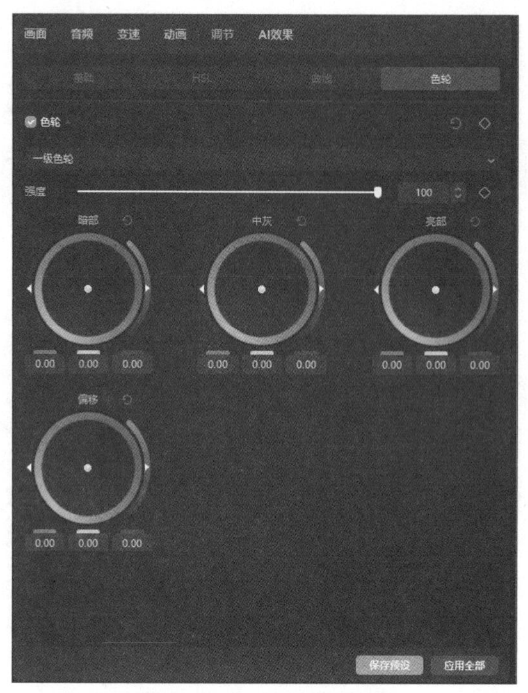

图 4-105　剪映调色功能

4.8.3　文字与图形

剪映的文本功能可以方便快捷地添加文字内容。不仅可以手动输入文字并设定文字的出现时间、位置、大小、字体、颜色、动画效果等属性，还可以使用"智能字幕"功能实现语音识别转字幕，来提升视频的创作效率；结合参数调整区的"朗读"设置，剪映可以将文字自动转语音，如图 4-106 所示。

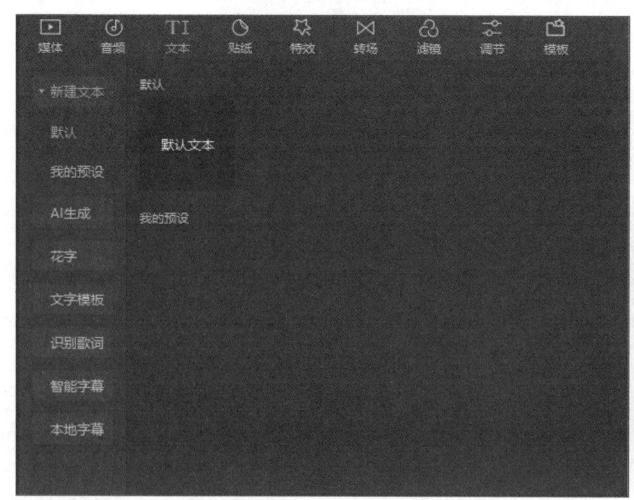

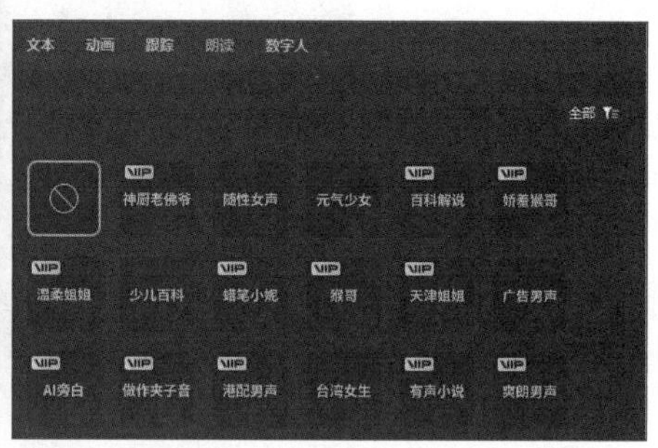

图 4-106　剪映文本功能

如需要插入各类静态或动态的图片元素，包括表情包、图标、水印、边框等，则可以使用剪映的贴纸功能实现。贴纸可以自由调整大小、位置、透明度，而且还能添加动画效果，让视频更具个性化和趣味性，如图 4-107 所示。

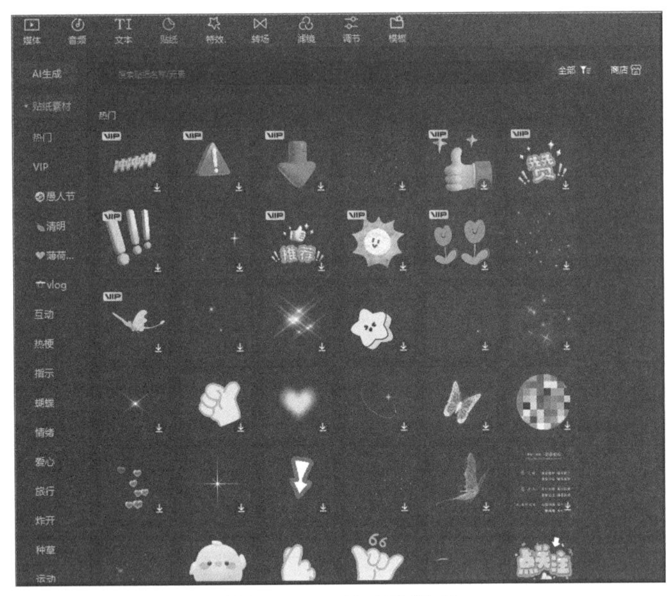

图 4-107　剪映贴纸库

4.8.4　添加音频

剪映支持导入多种音频格式，如 MP3、WAV 等，可以将音频文件导入到剪映中，也可以直接使用剪映提供的丰富音乐素材作为视频的背景音乐或音效。

对于有原音的素材，可以设置静音，也可以将音频与视频分离，以便进行单独编辑。

使用剪映还可以对音频进行裁剪、音效处理，如混响、回声、变速、变调等，来增强音频的质感和表现力，以满足视频制作的需求，如图 4-108 所示。

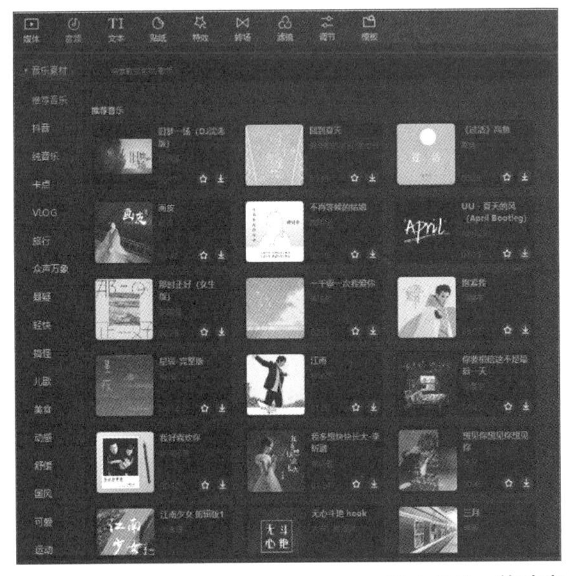

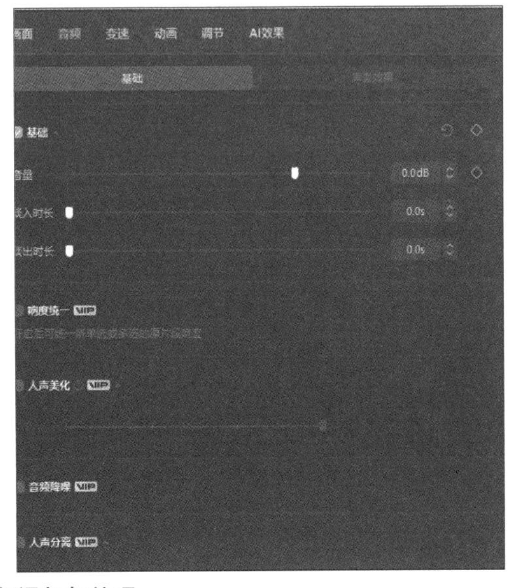

图 4-108　剪映音频添加与处理

范例 4-12　字幕识别

按下列要求操作，使用本地素材“瀑布 .mp4”、“语音 .m4a”以及内置的“心灵鸡汤”语音，制作一个识别字幕并自动朗读的视频，并以 720 P 为分辨率，H.264 为编码格式，“字幕识别 .mp4”为文件名保存，视频预览效果如图 4-109 所示。

图 4-109　识别字幕预览效果

制作要求如下：

1. 调用本地素材“瀑布 .mp4”和“语音 .m4a”，并调整“语音 .m4a”的音量为 -20 dB。

（1）启动剪映专业版，在首页界面单击“开始创作”按钮，进入视频编辑界面。

（2）单击左侧工具栏中的“本地”按钮，然后，单击“导入”按钮，在打开的“请选择媒体资源”对话框中，选择“瀑布 .mp4”和“语音 .m4a”文件，将素材分别拖入视频轨道和音频轨道中。

（3）调整“瀑布 .mp4”素材轨道的时长，使其与“语音 .m4a”时长匹配。

（4）选中“瀑布 .mp4”素材，在“音频 | 基础”参数调整区，设置音乐的音量为 -20 dB。

2. 识别字幕。

右击时间轴面板中的“语音 .m4a”素材，在弹出的快捷菜单中选择“识别字幕 / 歌词”命令，此时，会自动生成文本轨道。

3. 调整字幕位置与方向。

（1）选中自动生成的文本轨道，在“文本 | 基础”参数调整区，设置字体为“峰谷体”、字号大小 16，对齐方式为“竖排”，如图 4-110 所示。

图 4-110　对齐方式调整

（2）在播放器的区域中，将文本移动到画面左上方。

4. 使用内置语音“心灵鸡汤”作为配音。

（1）选择文本轨道中的“飞流直下三千尺”素材，接着，在“朗读”参数调整区，选择“心灵鸡汤”，勾选“朗读跟随文本更新”，并单击“开始朗读”按钮。

（2）使用同样的方法，将“疑是银河落九天”文本的配音替换成“心灵鸡汤”。

（3）关闭音频轨道的原音。

5. 预览。

在时间轴面板中，将时间线拖动至视频起始处，单击“播放器”中的▶按钮，完整预览制作效果。

6. 导出视频。

单击视频编辑界面右上方的“导出”按钮，在打开的“导出”对话框中，设置文件的标题为“字幕识别”，分辨率为 720 P，编码为 H.264，格式为“MP4”。

范例 4-13　旅行 VLOG

按下列要求操作，使用本地素材“北海 .mp4”“德天瀑布 .mp4”“明仕田园 .mp4”与内置素材制作无缝转场视频，并以 720 P 为分辨率，H.264 为编码格式，“旅行 VLOG.mp4”为文件名保存，视频预览效果如图 4-111 所示。

图 4-111　旅行 VLOG 预览效果

制作要求如下：

1. 调用本地素材“北海 .mp4”“德天瀑布 .mp4”“明仕田园 .mp4”。

（1）启动剪映专业版，在首页界面单击“开始创作”按钮，进入视频编辑界面。

（2）单击左侧工具栏中的“本地”按钮，然后，单击“导入”按钮，在打开的“请选择媒体资源”对话框中，选择“北海 .mp4”“德天瀑布 .mp4”“明仕田园 .mp4”文件，并按照“北海 .mp4”“德天瀑布 .mp4”“明仕田园 .mp4”的顺序将素材拖入时间轴面板中。

2. 去除“德天瀑布 .mp4”19 s 后的视频。

在时间轴面板中，选中“德天瀑布 .mp4”素材，拖动素材右侧的白色拉杆，将素材的时长调整为 19 s。

3. 添加“叠化”转场效果。

（1）将时间线定位至“北海 .mp4”素材与“德天瀑布 .mp4”素材的中间位置，单击顶部工具栏中的“转场”按钮，在“叠化”转场中选择“画笔擦除”效果，并将其添加到轨道中。

（2）在“转场参数”调整区，设置“画笔擦除”效果的时长为 1.5 s。

（3）将时间线定位至“德天瀑布 .mp4”素材与“明仕田园 .mp4”素材的中间位置，单击顶部工具栏中的“转场”按钮，在“叠化”转场中选择“叠化”效果，并将其添加到轨道中。

（4）在“转场参数”调整区，设置“叠化”效果的时长为 5 s。

4. 添加文本，设置“弹性伸缩”动画。

（1）将时间线定位到起始处，单击顶部工具栏中的“文本”按钮，将“默认文本”添加至轨道，拖动文本素材右侧的白色拉杆，将时长调整到结尾。

（2）在“文本 | 基础”参数调整区，输入文本“旅行 VLOG”，并设置字体为“悠然体”、字号大小 26、预设样式为白色填充色、蓝色投影，如图 4-112 所示。

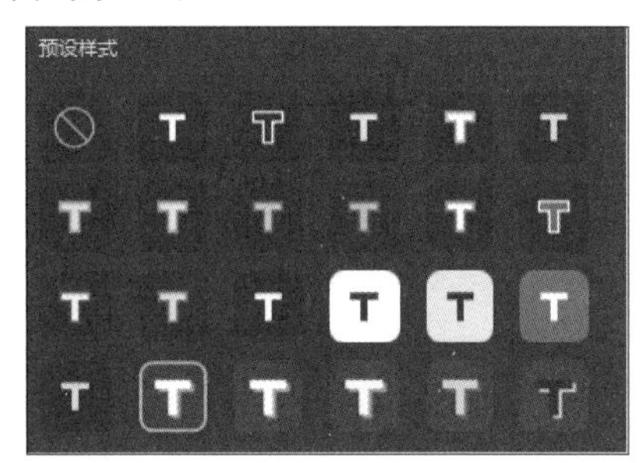

图 4-112　字体设置

（3）切换到“动画 | 入场”参数调整区，选择“弹性伸缩”动画作为文本的入场效果。

（4）在播放器的区域内，将文本移动到画面上方。

5. 添加录制边框特效。

将时间线定位到起始处，单击顶部工具栏中的“特效”按钮，在“边框”特效中选择录制边框，将其添加到轨道中，并将时长调整到结尾。

6. 添加“椿和”滤镜。

将时间线定位到起始处，单击顶部工具栏中的“滤镜”按钮，选择“椿和”滤镜，其添加到轨道中，并将时长调整到结尾。

7. 添加内置素材“RUNWAY”作为背景音乐。

（1）将时间线定位到起始处，单击顶部工具栏中的“音频”按钮，在搜索栏中输入“RUNWAY”，找到如图 4-113 所示的音乐，将其添加到轨道中，并将时长调整到结尾。

（2）选中音频轨道，在“音频 | 基础”参数调整区，设置音乐的音量为 -5 dB、淡入淡出时长均为 5.0 s。

图 4-113　背景音乐

8. 预览。

在时间轴面板中，将时间线拖动至视频起始处，单击“播放器”中的▶按钮，完整预览制作效果。

9. 导出视频。

单击视频编辑界面右上方的“导出”按钮，在打开的“导出”对话框中，设置文件的标题为“旅行 VLOG”，分辨率为 720 P，编码为 H.264，格式为“MP4”。

4.9 综合案例

按下列要求操作，使用本地素材“背景 .jpg”“晚霞 .mp4”“瀑布 .mp4”“音乐 .mp3”与内置素材，结合简单文案制作一个分屏开场视频，并以 720 P 为分辨率，H.264 为编码格式，“分屏开场 .mp4”为文件名保存，视频预览效果如图 4-114 所示。

图 4-114　综合案例预览效果

制作要求如下：

1. 调用本地素材“背景 .jpg”，并将素材的时长调整为 8 s。

（1）启动剪映专业版，在首页界面单击“开始创作”按钮，进入视频编辑界面。

（2）单击左侧工具栏中的“本地”按钮，然后，单击“导入”按钮，在打开的“请选择媒体资源”对话框中，选择“背景 .jpg”，将素材拖入时间轴面板中。

（3）拖动素材右侧的白色拉杆，将素材的时长调整为 8 s。

2. 使用“关键帧”功能制作运镜效果。

（1）选中时间轴面板中的“背景 .jpg”素材，将时间线定位到起始处，在“画面 | 基础”参数调整区，单击“缩放”选项旁边的◇按钮，并将素材缩放调整至 170%；单击“位置”选项旁边的◇按钮，移动播放器区域中素材的位置，直到画面左边与屏幕边缘重合。

（2）将时间线定位到 4 s 处，移动播放器区域中素材的位置，直到画面右边与屏幕边缘重合，此时，“位置”和“缩放”的第 2 个关键帧会自动创建。

（3）将时间线定位到结尾处，在“画面 | 基础”参数调整区，将素材缩放调整至 100%，此时，“位置”和“缩放”的第 3 个关键帧也会自动创建。

3. 添加文本，设置“打字机”动画。

（1）将时间线定位到起始处，单击顶部工具栏中的“文本”按钮，将“默认文本”添加至轨道，拖动文本素材右侧的白色拉杆，将时长调整到结尾。

（2）在“文本 | 基础”参数调整区，输入文案“稻田碧翠映青山”，设置文案的字体为“逸致拼音”、字号大小 10、字间距为 5、字体颜色为 RGB（82，108，134）、缩放为 85%，并在播放器区域，将文本置于画面左上方。

（3）切换到“动画”参数，单击“打字机 II”入场动画，时长设置为 3.5 s。

（4）复制文字轨道，粘贴到上方的新轨道中，将文本替换为“峰峦叠翠入眼帘”，并在播放器区域调整文本位置，如所图 4-115 示。

图 4-115　文字摆放位置

（5）调整“峰峦叠翠入眼帘”文本轨道的起始位置，对齐上一句动画结束的位置，然后拖动该文本素材右侧的白色拉杆，将时长调整到结尾，如图 4-116 所示。

图 4-116 文本轨道

4. 调用内置素材“粒子消散”制作特效。

（1）单击“素材库”按钮，在素材库中搜索“文字粒子消散”选项，选择如图 4-117 所示的素材。

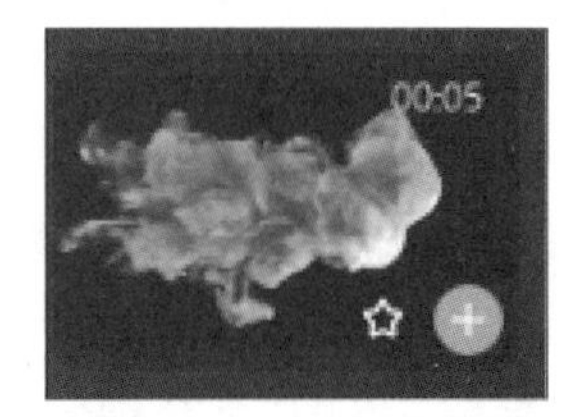

图 4-117 粒子消散素材

（2）将素材添加到文本轨道下方轨道的起始位置处，在“画面|基础”参数调整区设置“混合”选项为“滤色”来去除黑色背景；在“变速”参数调整区设置“倍数”为 0.7×；并将时长调整至“稻田碧翠映青山”动画结束的位置。

（3）在播放器区域，调整“文字粒子消散”素材的大小和位置，使其能遮住“稻田碧翠映青山”素材。

（4）复制“文字粒子消散素材”，粘贴在同一轨道中，并将时长调整到结尾，如图 4-118 所示。

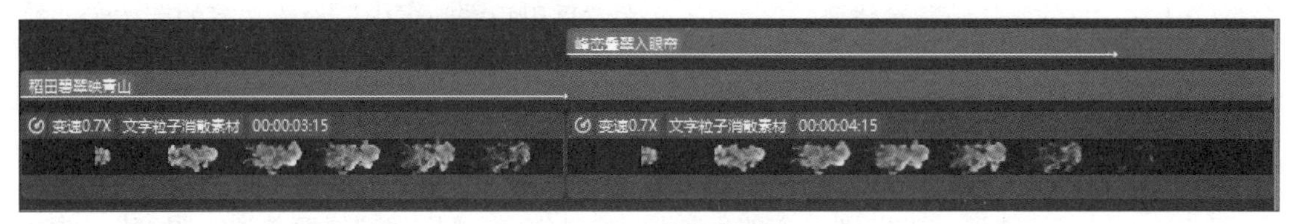

图 4-118 特效轨道

（5）在播放器区域，调整复制后的“文字粒子消散素材”大小和位置，使其能遮住“峰峦叠翠入眼帘”素材。

5. 添加“仙尘音效”音效。

（1）将时间线定位到起始处，单击顶部工具栏中的“音频”按钮，在“音效素材”中选择“仙尘音效”，将其添加到时间轴面板中，并在“基础”参数调整区，设置音量为 -20 dB。

（2）复制音效轨道，粘贴在同一轨道中，调整复制后的音效素材起始位置，对齐“峰峦叠翠入眼帘”素材轨道的起始位置，如图 4-119 所示。

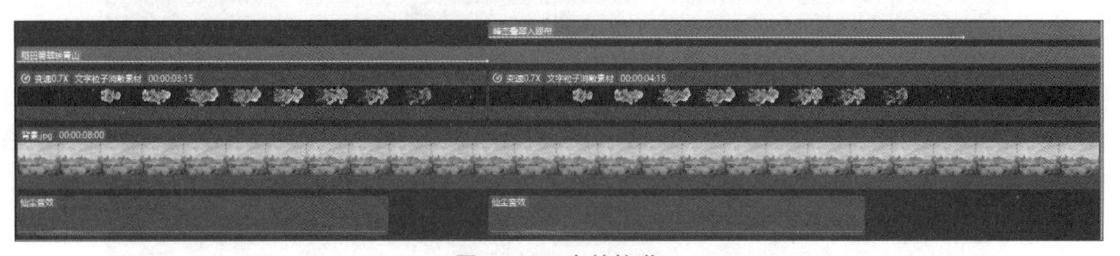

图 4-119 音效轨道

6. 导出“主视频”。

单击视频编辑界面右上方的“导出”按钮，在打开的“导出”对话框中，设置文件的标题为“主视频”，分辨率为 720 P，编码为 H.264，格式为“MP4”。

7. 制作分屏开场。

（1）在首页界面单击“开始创作”按钮，再次进入视频编辑界面。

（2）单击左侧工具栏中的“本地”按钮，然后，单击“导入”按钮，在打开的“请选择媒体资源”对话框中选择“主视频 .mp4”，将素材拖入时间轴面板中。

（3）选中时间轴面板中的“主视频 .mp4”素材，单击“画面 | 蒙版”参数调整区的“镜面”按钮，设置旋转为 −45°，宽为 650，调整位置，使文字都出现，如图 4-120 所示。

【注意】可以将时间线拖动到中间位置，以便调试文字显示范围。

图 4-120　主视频位置

（4）导入“晚霞 .mp4”，添加到“主视频 .mp4”轨道上方的新轨道起始位置处。

（5）选中时间轴面板中的“晚霞 .mp4”素材，单击“画面 | 蒙版”参数调整区的“镜面”按钮，设置旋转为 −45°，宽为 300，并在播放器区域，移动到左上角，如图 4-121 所示。

图 4-121　晚霞视频位置

（6）导入“瀑布 .mp4”，添加到“晚霞 .mp4”轨道上方的新轨道起始位置处。

（7）选中时间轴面板中的“瀑布 .mp4”素材，单击“画面 | 蒙版”参数调整区的“镜面”按钮，设置旋转为 -45°，宽为 750，并在播放器区域，移动到右下角。

（8）选中时间轴面板中的“主视频 .mp4”素材，单击“动画”参数调整区的“动感缩小”入场动画，时长 2.5 s。

（9）选中时间轴面板中的“晚霞 .mp4”素材，单击“动画”参数调整区的“向右滑动”入场动画，时长 2 s。

（10）选中时间轴面板中的“瀑布 .mp4”素材，单击“动画”参数调整区的“向左滑动”入场动画，时长 2 s。

（11）复制时间轴面板中的“主视频 .mp4”素材，粘贴到最上方的新轨道起始位置处，将时间线定位至 3 s 处，分别单击“画面 | 蒙版”参数调整区“旋转”和“大小”选项旁边的◇按钮来添加关键帧，同时设置羽化值为 2。

（12）将时间线定位至 4 s 处，在“画面 | 蒙版”参数调整区，设置旋转为 0°，并将画面放大到全屏。

（13）执行“菜单 | 返回首页”，将项目命名为“分屏开场”。

8. 处理背景音乐。

（1）启动 Audition，执行“文件”|“打开”菜单命令，选择“音乐 .mp3”文件。

（2）执行“效果”|“滤波与均衡”|“图形均衡器（20 段）”菜单命令，打开“效果 - 图形均衡器（20 段）”对话框，选择“20 段经典 V”预设模式，单击“应用”按钮。

（3）执行“效果”|“混响”|“环绕声混响”菜单命令，打开“效果 - 环绕声混响”对话框，选择“从前线”预设模式，单击“应用”按钮。

（4）执行“文件”|“另存为”菜单命令，在打开的“另存为”对话框中，设置文件的存储格式为“MP3 音频”，文件名为“bgm.mp3”，波形图如图 4-122 所示。

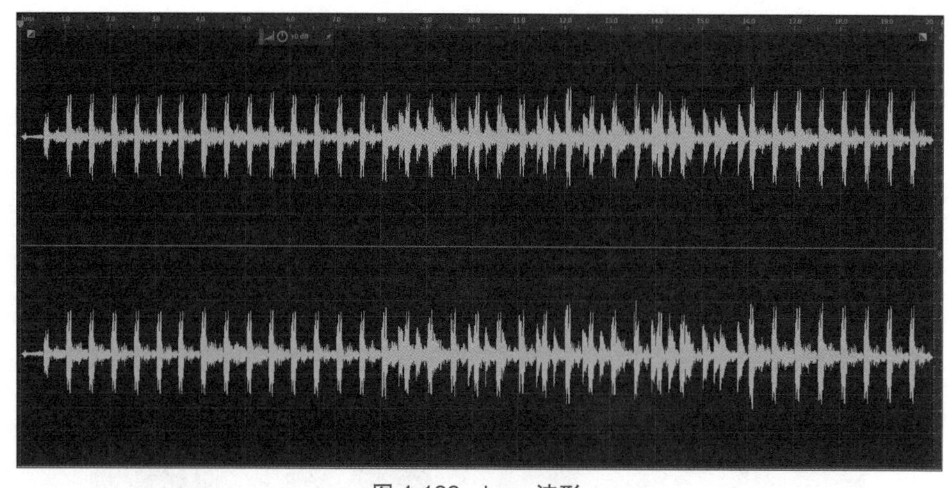

图 4-122 bgm 波形

9. 设置“bgm.mp3”为“分屏开场”项目的背景音乐。

（1）单击“分屏开场”项目，继续编辑。

（2）导入“bgm.mp3”，添加到音频轨道起始位置处，将时长调整到结尾。

（3）选中音频轨道，在“基础”参数调整区，设置音量为 10 dB。

10. 预览。

在时间轴面板中，将时间线拖动至视频起始处，单击“播放器”中的▶按钮，完整预览制作效果。

11. 导出视频。

单击视频编辑界面右上方的“导出”按钮，在打开的“导出”对话框中，设置文件的标题为“分屏开场”，分辨率为 720 P，编码为 H.264，格式为“MP4”。

第5章 网站建设与网页制作

本章概要：

随着Internet在全球的发展与普及，网页作为主流信息载体已成为当前主要的文件形式。网页除了包含文字和图像外，还可以包含更多的构成要素，如声音、视频、动画、脚本代码等。由于网页组成元素众多，因此，设计时必须整体规划，可通过网站将网页进行有机组合，实现连续、交互和实时地信息传递。

本章将向读者介绍如何建立网站和制作网页。

学习目标：

◎理解网页制作的基本概念及网站结构，学会规划和建立网站；

◎理解HTML语言与网页之间的关系；

◎熟练掌握网页的文本编辑、图片编辑；

◎熟练掌握网页中多媒体对象的处理、超级链接的设置方法、表单对象的处理以及利用表格进行网页布局；

◎掌握网站发布的方法。

5.1 网页制作基础

在学习制作网页之前，首先应了解一些网页与网站的基本知识，了解常用的网页制作工具，熟悉网站开发的工作流程。本节主要介绍与网页制作相关的一些基本知识、常用术语与网站建设流程。

5.1.1 网页制作基本概念

WWW是环球信息网的缩写，亦作“Web”“W3”，英文全称为“World Wide Web”，中文名称为“万维网”“环球网”等。WWW是Internet上集文本、声音、动画、视频等多种媒体信息于一身的信息服务系统，整个系统由Web服务器（server）、浏览器（browser）及通信协议等组成。WWW采用的通信协议是超文本传输协议（hypertext transfer protocol,

HTTP），该协议可传输多种类型的数据对象，是 Internet 发布信息的主要协议。

Web 站点可以理解为具有共同的主题、性质相关的一组文档集合，也可以说 Web 站点是通过超链接将各种文档组合在一起，形成一个大规模的信息集合。浏览 Web 时所看到的文件称为 Web 页，也称网页。网页可以将不同类型的信息（文本、图像、动画、声音和视频等）组合在一个文档中。由于这些文档是用超文本标记语言 HTML 表示的，故又称为 HTML 文档或超文本文档，其文件扩展名为 .htm 或 .html。

1. 常用术语

在规划网站和制作网页时，了解与熟悉有关术语是十分重要的，如 HTML、URL、主页等术语。

（1）HTML

网页是用超文本标记语言 HTML（hyper text markup language）表示的。HTML 是一种规范和标准。HTML 通过标记符（tag）标记网页的各个组成部分，通过在网页中添加标记符，指导浏览器如何显示网页内容。浏览器按顺序阅读网页文件（HTML 文件）。使用记事本软件打开网页文件即可看到 HTML 代码，如图 5-1 所示。

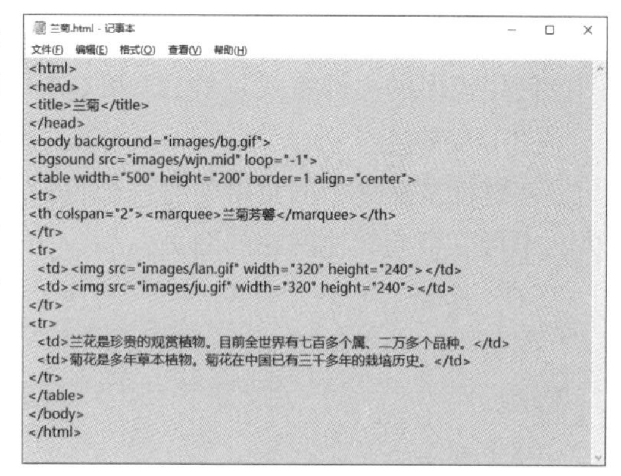

图 5-1　查看网页 HTML 代码

（2）URL

URL 是 uniform resources locator 的缩写，即统一资源定位器。URL 的表示可以使用绝对地址，也可以使用相对地址。绝对地址的 URL 要求完整地给出协议种类、服务器的主机域名、路径和网页文件名，例如：http://www.163.com/index.html，其中，http 表示使用的是超文本传输协议，www.163.com 表示主机的域名，index.html 表示网页文件名。相对地址的 URL 只要求给出相对路径和网页文件名，一般用于访问同一域名下的网页文件。

（3）网页

网页是使用 HTML 语言所写的文本文件，网页里可以包含文字、表格、图像、链接、声音和视频等。每个网页都是磁盘上的一个文件，可以单独浏览。

（4）网站

网站由一个个具有共同主题、性质相关的一组文档构成，是网页的有机结合体，即网页的集合，一个计算机中可以同时存在多个网站，每个网站都会存放在一个特定的地址，浏览者可依据地址找到所要浏览的网站。

（5）主页

主页（home page）也称为首页，它是一个单独的网页，可以存放各种信息；它又是特殊的网页，是浏览者浏览一个网站的起点，浏览者可以通过主页链接到网站的其他网页。

（6）浏览器

浏览器的作用是“翻译”HTML 标记语言，并按照规定的格式显示出来，因此，使用浏览器可以直接访问网页。浏览器是浏览 Internet 资源的应用软件，通过它可以连接到不同的 Internet 服务器，显示各种多媒体网页，获取各种各样的有用信息。因此，浏览器是浏览者用于获得 Web 资源的有力工具。浏览器窗口一般由标题栏、菜单栏、工具栏、URL 地址栏和页面等部分组成。

2. 网页的基本元素

Web 网页是一个纯文本文件，通过 HTML、CSS 等脚本语言对页面元素进行标识，然后由浏览器展示网页内容。构建网页的基本元素有文本、图像、超链接、表格、表单、多媒体对象等。

（1）文本

网页的主体以文本为主。在制作网页时，可以根据需要设置文本的字体、字号、颜色以及所需要的其他格式。

（2）图像

图像可以用作标题、网站标志（Logo）、网页背景、链接按钮、导航栏、网页主图等。图像使用较多的文件格式是 JPEG 和 GIF 格式。

（3）超链接

超链接是从一个网页指向另一个目的端的地址，该链接既可以指向本地网站的另一个网页，也可以指向其他网站的网页。

（4）表格

网页中的表格可用于网页页面布局，从而使网页中的文字、图像等信息在指定的位置进行展示。

（5）表单

表单通常用于收集信息或实现一些交互式的效果。表单的主要功能是接收浏览器端的输入信息，然后，将这些信息发送到服务器端进行后台处理。

（6）多媒体对象

网页中除了文本，还包含动画、声音、视频等多媒体元素，以及悬停按钮、Java 控制、ActiveX 控件等，从而使网页具有更丰富的信息传递。

（7）CSS

CSS（cascading style sheets，层叠样式表单）是一种用来表现 HTML 或 XML 等文件样式的语言。简单地说，样式就是规则，告诉浏览器如何展示特定的内容。利用 CSS 可以设置网页中每个对象的显示方式，例如，字体、颜色、对齐方式等。

3. 网页的类型

通常，网页可分为静态网页和动态网页两种。

静态网页的扩展名通常为 .htm、.html、.shtml、.xml 等，其展示的内容是静态的，即任何时间、任何地点、任何用户看到的内容都是一致的。

动态网页的扩展名通常为 .asp、.jsp、.php、.perl 和 .cgi 等，其展示的内容是动态的，即可以根据某个因素的不同而显示不同的网页内容，例如，根据时间的不同，白天网页上会显示太阳，而晚上同一个网页上会显示月亮。根据地点的不同，在中国访问网页自动显示中文版的内容，而在美国访问同一个网页会显示英文版的内容。根据用户的不同，在同一个网页上，VIP 用户比普通用户可以浏览更多的信息等。这些功能都是动态网页根据其内置的程序代码自动实现的。

4. 网页编辑器

网页编辑器是指设计和编辑网页的应用软件。通常分为两大类：文本编辑器和所见即所得编辑器。

文本编辑器是指直接输入 HTML 标记语言来制作网页。可利用任何一种文字处理软件编辑文档（例如，Windows 中的“记事本”），如图 5-2 所示，文档以纯文本格式存放，取名为 *.html 或 *.htm。其中插入的 HTML 语言需要使用浏览器解释翻译，最终在浏览器窗口中呈现为图文并茂的网页。这对制作人员的要求比较高，需要熟练掌握 HTML 语言才能完成网页的制作。

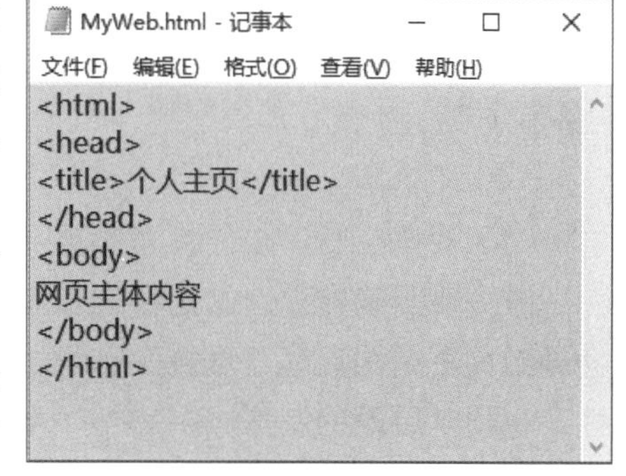

图 5-2　使用记事本编写网页

所见即所得编辑器的出现使得制作网页的门槛降低很多，同时，也使得网页制作的效率提高很多。用户通过鼠标的拖动即可制作网页。该类编辑器可以根据用户的设置内容自动生成相应的 HTML 代码，并且，在制作网页时能够实时显示当前的制作结果，让用户能够对最终的成果一目了然，例如，ADOBE Dreamweaver 等。

5.1.2　网站建设基本概念

在建设网站的开始阶段，做好网站的总体规划十分关键，有了好的规划之后，再给出详细的实施步骤，按部就班地制作出一个个相互链接的网页，网站也就诞生了。

1. 网站的基本结构

网站是由网页组成的，网页之间是由超链接来链接的，其链接方式有三种：线性网站、树状网站、非线性网站，如图 5-3 所示。

① 线性网站：用于展示具有线性顺序形式的信息，可以引导浏览者像翻阅书籍一样按顺序浏览整个网站。

② 树状网站：类似目录系统的树状结构，由网站的主页开始，依次划分为一级网页、二级网页……逐级细化。在该结构网站中，主页是对整个网站的概括，同时提供了与下层网页的链接。

③ 非线性网站：可理解为线性网站和树状网站的结合，这样可以充分利用两种结构各自的特点，使网站具有条理，并可同时满足设计者和浏览者的要求。

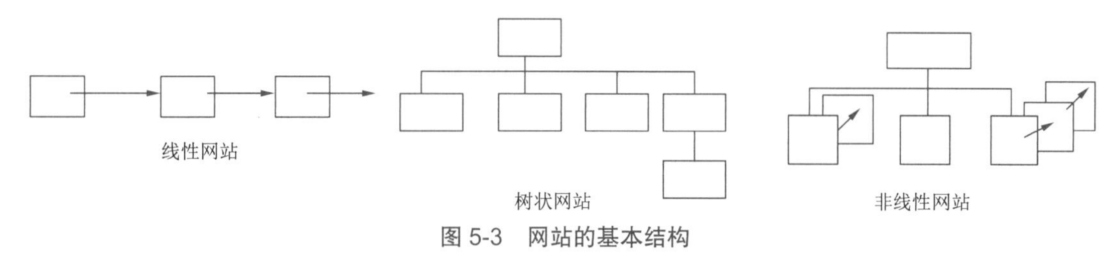

图 5-3　网站的基本结构

2. 网站制作的流程

网站制作一般遵循以下步骤，如图 5-4 所示。

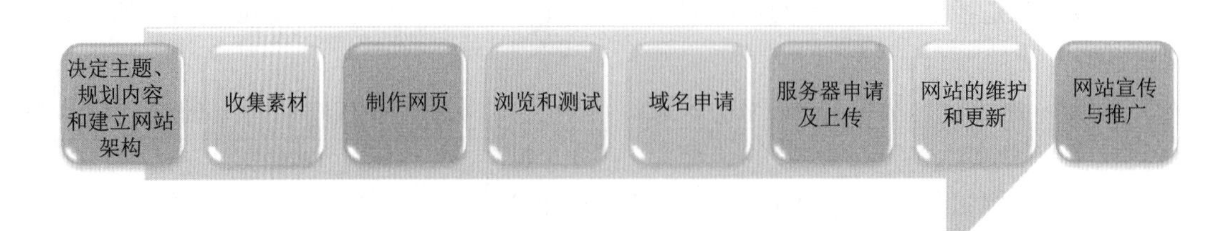

图 5-4 网站制作的流程

（1）决定主题、规划内容和建立网站架构

首先要明确建立网站的目的和规模。在不经过策划的情况下直接进入制作阶段，就可能会导致网页结构混乱，重复操作增加等各种问题，合理的规划能够使网站更趋于合理、一致性，也便于后期的制作。

在规划阶段，需要考虑的问题很多，例如，网站上应该出现什么信息，建立网站是个人网站、公司网站还是政府网站，网站的总体结构，包含的主题、内容和页面以及各个分页面之间的层次结构和隶属关系等。

（2）收集素材

网页上展示的信息需要提前收集和整理好，如文字、图片等，根据需要还可以准备动画和音视频素材，并且，建议文字素材用文本文件保存，图片素材用 jpg、gif 格式保存，如果素材较多，可以根据素材内容或者素材类型建立相应的文件夹进行分类保存。考虑到清晰度与网络带宽问题，所有素材应当进行适当的压缩和裁剪，使之大小和质量符合要求。

（3）制作网页

根据总体规划，利用之前收集的素材制作出各个相互链接的网页。

（4）浏览和测试

可以利用浏览器浏览设计好的网站及其网页，检查网页布局是否满足预定的要求，文字等素材是否合适，各部分的链接是否正确等。

（5）域名申请

通过注册域名，可获得全球 Internet 上唯一标识，好的域名有助于将来塑造自己在网上的国际形象，而同时，域名在全世界具有唯一性，域名的资源又比较有限，谁先注册，谁就有权使用，所以，好的域名需要尽早注册。常见的 .com 为国际域名，而 .com.cn 则为国内域名。定义域名除了要考虑网站的性质以及信息内容的特征外，还应该使这个名字简洁、易记、具有冲击力。

（6）服务器申请及上传

为了使网站能够被用户浏览，需要将网站上传到服务器上。服务器是指网络中能够提供某些网络服务的计算机，当然，也可以把自己的计算机设置为 Web 服务器（需安装和配置网站发布组件，例如：IIS 等）。

通常情况下，申请服务器有以下两种方式可供选择：

虚拟主机方式：所谓虚拟主机是使用特殊的软硬件技术，从一台或者若干台计算机软硬件资源池中划分出一部分资源用于虚拟一台主机，在外界看来，虚拟主机与真正的主机没有任何区别，并且虚拟主机可以根据需要随时增加或减少软硬件资源配备，是性价比较高的一种选择。

独立服务器方式：如有经济实力，可以购置自己独立的服务器，这需要较高的费用及一定的人力、物力投入，但可以自己掌控服务器的情况，有较高的便利性。

（7）网站的维护和更新

网站的生命力依靠维护和更新的情况，如果不能经常更新，将对用户失去吸引力，没有用户的网站也就没有存在的意义。

（8）网站宣传与推广

做网站要有推广意识，在任何允许出现网站信息的地方都尽量加上网址，如名片、办公用品、宣传材料、媒体广告等。此外，也可以通过一些网站做友情链接或者搜索引擎进行推广。这样，不但网站能够很容易地被其他人找到，而且访问者的数量也会上升。

3. 优秀网页的考虑因素

制作一个优秀的网页需要考虑的因素包括内容、浏览速度、美观等，结合网页的主题和浏览群体的需求制定相应的网页制作原则，按原则进行规划和设计。

（1）网页的尺寸

浏览者使用的显示器的大小可能会不一样，一般来说，17 寸显示器适合显示 1 024 × 768 像素的网页，19 寸显示器适合显示 1 280 × 1 024 像素的网页等。如果制作的网页大小为 1 280 × 1 024 像素，那么在 1 024 × 768 像素的显示器上，浏览者需要通过横向和纵向滚动条才能浏览整个网页，这给浏览者带来很大的不便，而在更大的显示器上，则会左右两侧各空出一块空白部分，如图 5-5 所示。

图 5-5　网页的尺寸

我们可以考虑下，目前主流显示器是多少像素的，如果是 1 280 × 1 024 像素（要考虑到世界各地的情况，不要仅仅以发达地区为例），那么，我们可以制作一个 1 280 × 1 024 像素大小的网页（也可以更大像素），但是，网页的内容显示大小为 1 280 × 1 024 像素，并且，将网页的内容设置居中对齐方式，这样，网页的两侧会出现空白区域，我们可以设置网页的背景颜色或背景图案，起到美化作用，也可以在两侧放置一些广告等相对不太重要的信息来填补这些空白。

（2）网页的布局

制作网页时，除了给网页添加各种文本、图像、动画对象外，还要考虑页面的整体布局，让页面的各种元素和谐、美观地呈现，而不是杂乱地堆砌。建议使用表格、框架、层等技术来对网页内的对象进行定位，以达到预期的效果。

（3）网页的色彩

色彩是为了传达信息而创造更舒适的浏览环境，不同的内容搭配不同的色彩会起到不一样的效果，杂乱无章的色彩堆砌反而会降低展示效果。

网页是倾向于冷色调还是暖色调，倾向于明朗鲜艳的风格或素雅质朴的风格等，这些色彩设计所形成的不同色调给浏览者的影响也是不同的。好的色彩设计会给浏览者带来良好的视觉感受，反之可能会让浏览者浮躁不安。例如，女性网站以粉色、橙色等暖色调为主，以迎合女性柔和的性格等。

常见的网页配色方案有：同色系的色彩搭配（利用同一色系的深浅搭配，呈现统一而有层次感的氛围）、暖色调的色彩搭配（呈现温馨、和谐、热情的氛围）、冷色调的色彩搭配（呈现宁静、清凉、高雅的氛围）、有主题色的混合色彩搭配（呈现缤纷而不杂乱的氛围）。

（4）网页减肥

当前各类网站正以惊人的速度在飞速增加，互联网通道也越来越拥挤，网站设计者需考虑的问题之一是网页上的内容在网络上传输所需要的时间，如何让网页的下载速度尽可能快。因为只有将网页从服务器上下载到用户的浏览器中，用户才能看到网页内容，下载过程中过多的等待时间会使用户失去耐心，从而放弃对该网页的浏览。降低图片质量，采用jpg、gif等压缩图片文件，减少音视频对象等，其目的都是为了给网页减肥，提高传输速度。

（5）导航栏

网站的浏览者都希望用最简洁、方便、快速的方式来查找需要的信息，因此，不论浏览者位于网站的哪个页面，都要能够保证浏览者快速跳转到其下一个需要浏览的页面，这就需要浏览者能够在网站的任何地方都能使用网站的导航栏，因此，我们不仅要制作网站的导航栏，还要将导航栏放置到网站的每个网页较为显眼的位置。

（6）超链接设置

网页中不可避免地大量使用超链接，为了使访问者能够方便地识别出超链接，建议将超链接的格式设置与非超链接的格式进行不同设置，例如，大小、颜色、下划线、鼠标指针形状等，从而使超链接部分更为明显。

（7）弹出窗口

弹出窗口大多出现在网站的主页上，其主要目的是凸显网站中需要广而告之的信息。虽然该窗口能够第一时间吸引浏览者的注意，但是，过多的弹出窗口会给浏览者带来诸多不便，甚至影响浏览网站的其他信息。同时，目前的主流浏览器都有拦截弹出窗口的功能，该功能可以阻止弹出窗口的显示。

为了尽量不使用弹出窗口，我们可以在主页的显著位置放置需要发布的重要信息，并设置这些文字的字体、字号、颜色等与其他文字不同，从而引起浏览者的注意。我们也可以设置滚动文字或者闪烁文字来显示重要信息等。

如果一定要使用弹出窗口，那么尽可能少使用，并尽量把弹出窗口放置在不妨碍浏览者视线的位置上，同时也可在弹出窗口上设置一个倒计时关闭按钮，以便在显示时间为零时自动关闭该窗口。

（8）互动

网络的魅力在于互动，一个人自娱自乐是没有意义的，因此，建议在网站中设置一个留言板，方便与广大浏览者进行互动，以便根据收集的意见和建议来进一步改善网站。如果觉得留言板难度系数较高，那么，建议留下一个 E-mail 地址，以便与浏览者进行沟通。

5.1.3　HTML

1. HTML 的基本概念

HTML（hypertext markup language）是超文本标记语言，HTML 是最基本的 Web 网页开发语言，可以使用于各种操作平台。

HTML 网页使用 HTML 语言编写，该语言不区分大小写，不需要编译，由浏览器解释执行。HTML 网页文件的命名规则如下：

- 只能用英文字母、数字和下划线，不能包含空格和特殊符号。
- 名称区分大小写。
- 网站文件的扩展名一般设置为 htm 或 html。

HTML 文件是一个纯文本文件，一般由控制语句和显示内容两部分组成。控制语句用来描述文字、图形、动画、声音、表格、超链接等对象，它以标记形式出现在文档中，所有标记用一对尖括号“< >”括起来，书写格式为：< 标记 > 显示内容 </ 标记 >。

2. HTML 网页的基本结构

一个 HTML 网页文件由文件头（HEAD）和文件体（BODY）两部分组成。

每一个 HTML 网页文件以 <html> 开始，以 </html> 结束。<html> 和 </html> 是成对出现的，所有的文本和命令都必须在它们之间。

- <head> 是网页的文件头标记，通常紧跟在 <html> 标记之后，<head> 与 </head> 之间的文本是整个文件的序言，一般不在浏览器中显示。其中，<title> 和 </title> 之间的内容是网页的标题，浏览时将显示在浏览器的标题栏上。一个好的标题应该能使读者从中判断出该网页的大概内容。
- <body> 是网页的文件体标记，是网页最主要的组成部分，一般来说，大部分对网页的编辑都是在这部分，<body> 和 </body> 之间的内容是网页要显示的主体内容。利用 <body> 标记中的一些属性还可以给整个网页文件进行一些基本的设置，例如，bgcolor 属性用于指定文档的背景颜色，text 属性用于指定文档中文本的颜色等。

下面是一个简单的 HTML 网页，在记事本中输入如图 5-6 所示的代码，命名为 first.html 并保存。使用浏览器打开该文件，其浏览效果如图 5-7 所示。

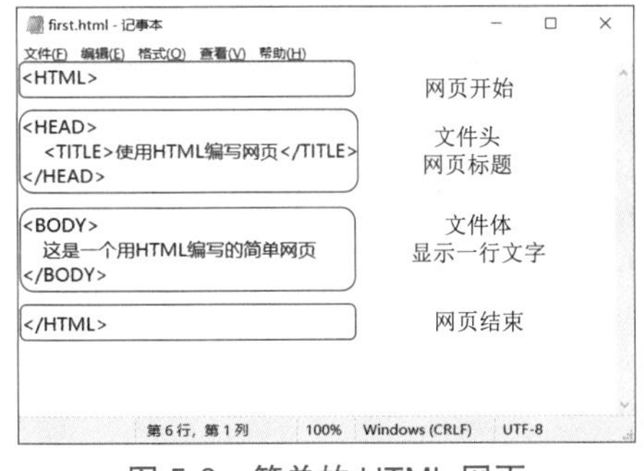

图 5-6　简单的 HTML 网页

图 5-7　网页显示效果

3. HTML 网页的基本代码

HTML 网页文件是纯文本文件，可采用任何文本编辑器来编辑，如 Windows 自带的记事本或写字板等，保存时扩展名为 .htm 或 .html，也可以用专用的网页开发工具，如 Dreamweaver、FrontPage 等进行编写。

标记是 HTML 网页文件的主要组成部分。标记由一对尖括号 “<” 和 “>” 括起来，内含元素、属性及属性值。如标记 <body text="#ff0000" bgcolor="#ccff99">，其中，body 为元素，text 和 bgcolor 是 body 的两个属性，代表文本颜色和背景颜色，它们的值分别为 #ff0000（红色）和 #ccff99（浅黄绿色）。元素和属性之间以空格分隔，属性与属性值之间用等号相连，属性值一般用双引号括起来。标记可以不带属性，也可以有多个属性，如有多个属性则用空格分隔。大部分标记是成对出现的，如 <head> </head>，但也有部分标记是单独使用，如 <meta> 等，而有些标记既可单独使用也可成对使用，如 <p> 或 <p> </p>。所有的 HTML 标记均必须置于 <html> 和 </html> 之间。所有的字母和符号均为英文半角模式下输入。

（1）文件头标记与文件体标记

文件头标记写在 HTML 文档的头部，包括 <head>、<title> 等标记，用以标记网页的头部信息，定义网页标题，提供网页字符编码、关键字、描述、作者、自动刷新等信息。网页文件体标记为 <body>，在 <body> 和 </body> 标记之间，一般含有其他标记，这些标记和标记属性构成网页的主体部分。常用的文件头标记与文件体标记见表 5-1。

表5-1　常用文件头标记与文件体标记

标　记	作　用	常用属性	说　明
<head> … <head>	标记网页的头部		<head>与</head>之间是网页的头部信息，包括title和meta等标记
<title> … </title>	标记网页的标题		<title>和</title>之间是网页的标题，浏览时显示在浏览器的标题栏中
<body> … </body>	标记网页的主体	bgcolor text,link topmargin leftmargin	设置背景色、文本颜色、超链接颜色、主体内容与网页顶端、左端的距离等。 例如：<body text= " #ff0000 " topmargin=0>，设置主体文本的颜色为红色，与网页顶端的距离为0

（2）文本标记与链接标记

文本标记分为文本的基本设置（包括字体、颜色、大小等）、文本的修饰设置（包括标题、加粗、下划线等）、段落、换行、水平线等标记。常用的文本标记与链接标记见表 5-2。

表5-2　常用文本标记与链接标记

标　记	作　用	常用属性	说　明
<font> … </font>	设置文本属性	face color size	face为字体，可以是宋体、楷体、TimeNewRom等。 color为文字颜色，由#号加6位16进制数构成。 size为文字的大小，取值1、2、3、4、5、6、7，值越大字越大。 例如：<font face= " 宋体 " color= " #ff0000 " size= " 3 " >宋体3号红色字</font>
<hi> … </hi>	设置标题	align	hi是标题样式，i可取值1、2、3、4、5、6，值越大字越小。 align为对齐方式，取值可为center、left、right，分别代表居中对齐、左对齐、右对齐。 例如：<h1 align= " center " >这是标题1的样式，居中对齐</h1>

续表

标　记	作　用	常用属性	说　明
<b>…</b>	加粗		例如：<b>这是加粗字</b>
<i>…</i>	斜体		例如：<i>这是斜体字</i>
<u>…</u>	下划线		例如：<u>此处加下划线</u>
<p>…</p>	标记段落		例如：<p>单独成一自然段</p>
 	标记换行		例如：<p>本段落由两行构成， 这是一段中的第二行</p>
<hr>	标记水平线	size width align noshade	例如：<hr size= " 10 " width= " 650 " align= " right " noshade= " noshade " >，设置水平线，粗为10像素、宽度为650像素，右对齐，无阴影
<a>…</a>	标记超链接或定义命名锚	href target name	定义一个超链接，href的值是一个URL地址或E-mail地址，target控制打开链接网页的窗口。Name属性在定义命名锚时使用，表示命名的名称。 例如：<a href= " http://www.abc.com " target= " blank " >链接到abc网站，在新窗口打开</a>

（3）图像标记

图像标记用于在网页中插入图像，<img> 是一个单标记，其 src 属性用来指明图像文件的路径和文件名，路径通常使用相对路径。图像标记见表 5-3。

表5-3　常用图像的标记

标　记	作　用	常用属性	说　明
<img>	标记一幅图像	src alt width height border align hspace vspace	在网页中插入图像。 例如：<img src= " img/3.jpg " width= " 100 " height= " 100 " alt= " 水果 " border= " 2 " align= " bottom " hspace= " 10 " vspace= " 10 " >，网页中插入img文件夹下的3.jpg图像，图像宽为100像素，高为100像素，替代文字为“水果”，边框粗细为2像素，底部对齐，水平边距为10像素，垂直边距为10像素

（4）表格标记

表格一般用于网页排版。一个完整的表格，至少应包含 <table>、<tr>、<td> 三个标记，每个标记均成对使用，分别用来定义表格、行、单元格。表格标记见表 5-4。

表5-4　常用表格标记

标　记	作　用	常用属性	说　明
<table> … </table>	定义一个表格	align width height border bordercolor	align为对齐方式、width为宽度、height为高度、border为边框粗细、bordercolor为边框颜色
<tr> … </tr>	定义表格的一行		<tr>和</tr>之间可以包含任意多对<td>…</td>标记

续表

标　记	作　用	常用属性	说　明
<td> … </td>	定义一个单元格	align colspan rowspan bgcolor background	设置单元格内容的对齐方式、跨行或跨列数、背景颜色、背景图像等属性。 例如：<table width= " 300 " > <tr> <td colspand= " 2 " >第一行第一列，此单元格占2列</td> </tr> <tr> <td>第2行第1列</td> <td>第2行第2列</td> </tr> </table> 该例子定义了一个2行2列，宽为300像素的表格，第1行是一个合并的单元格，第2行有2个单元格

(5) 表单标记

表单是网页上一个特定的区域，该区域由一对 <form> </form> 标记定义，可包含多种表单元素（文本框、文本区域、按钮和列表等）。表单是网页与客户端实现交互的重要手段，利用表单可以收集客户端提交的信息。常用的表单标记见表 5-5。

表5-5　常用表单标记

标　记	作　用	常用属性	说　明
<form> … </form>	定义一个表单	action method	action属性定义表单的处理程序（行为）。method属性定义将表单结果从浏览器传送到服务器的方式，有post和get两种方式。get方式的传输有数据量的限制；post方式的传输没有数据量限制，将信息以文件形式传输。 例如：<form action=mailto:abc@abc.com method= " POST " >将信息以post方式发送到abc@abc.com邮箱中</form>
<input>	定义文本框、密码框、按钮、单选按钮、复选框，对象类型由type属性定义	type id name size maxlength value	type指定表单元素的类型，可取值为text、password、radio、checkbox等，分别代表文本框、密码框、单选按钮、复选框等。id为表单元素的标识；name为元素的名称；size为字符宽度；maxlength为可容纳的最大字符数；value为元素的值
<textarea>	定义文本区域	id name cols rows	例如：<textarea name= " textarea " id= " textarea " cols= " 45 " rows= " 5 " >，定义一个5行45列的文本区域

(6) 其他标记

其他标记包括滚动字幕 <marquee> 标记、背景音乐 <bgsound> 标记等。常用的其他标记举例见表 5-6。

表5-6　其他HTML标记

标　记	作　用	属　性	举　例
<marqueet> … </marquee>	定义滚动文字	direction behavior loop	例如：<marquee direction= " right " bgcolor= " #ffff00 " >这是一行从左向右滚动的黄色背景的文字</marquee>

续表

标　记	作　用	属　性	举　例
<bgsound>	定义背景音乐	src, loop	例如：<bgsound src= " a.mp3 " loop= " -1 " autostar= " true " />自动播放背景音乐a.mp3，loop为重复次数，-1表示重复无限次

范例 5-1　创建“兰菊”网页

按下列要求操作，用 HTML 语言编写网页，创建如图 5-8 所示的网页。

图 5-8　“兰菊”网页的预览效果

制作要求如下：

1. 新建并保存文件。

打开记事本应用程序，将该空白文件保存至“范例 - 兰菊”文件夹中，并命名为“兰菊 .html”。

2. 输入 HTML 代码。

在记事本中输入 HTML 代码（行号和代码说明不用输入），见表 5-7。

表5-7　“兰菊”网页的HTML代码

行　号	HTML代码	代 码 说 明
1	<html>	
2	<head>	
3	<title>兰菊</title>	设置插入网页的标题为“兰菊”
4	</head>	
5	<body background="images/bg.gif">	在<body>中设置网页的背景图像，图像文件为image/bg.gif
6	<bgsound src="images/wjn.mid" loop="-1">	设置网页的背景音乐，音乐文件为image/wjn.mid，无限循环播放
7	<table width="500" height="200" border=1 align="center">	插入一个3行2列，500×200的表格，边框粗细为1，居中对齐
8	<tr>	第一行
9	<th colspan="2"><marquee>兰菊芳馨</marquee></th>	该行跨2列，文本“兰菊芳馨”为滚动字幕
10	</tr>	
11	<tr>	第二行
12	<td><img src="images/lan.gif" width="320" height="240"></td>	插入gif图像

续表

行　号	HTML代码	代码说明
13	<td><img src="images/ju.gif" width="320" height="240"></td>	插入gif图像
14	</tr>	
15	<tr>	第三行
16	<td>兰花是珍贵的观赏植物。目前全世界有七百多个属、二万多个品种。</td>	
17	<td>菊花是多年草本植物。菊花在中国已有三千多年的栽培历史。</td>	
18	</tr>	
19	</table>	
20	</body>	
21	</html>	

3. 保存并浏览该网页。

保存文件，并用浏览器打开该文件，网页效果如图 5-8 所示。

5.2 Dreamweaver 入门

Dreamweaver 是 Adobe 公司开发的网页设计三剑客之一，利用该软件可以轻松地管理网站、设计和制作网页。该软件提供了可视化的网页开发环境，具有“所见即所得”的功能，是网页设计领域中使用用户较多，应用较广，功能较强的一款应用软件。

5.2.1 Dreamweaver 简介

Dreamweaver 翻译成中文就是“梦幻编织”的意思，该软件能充分展现用户的创意，实现用户的想法，使用户成为网页设计大师。

【注意】本教材后续介绍均使用 Dreamweaver CC 2018 版本。

首次运行 Dreamweaver 应用程序会弹出欢迎界面，如图 5-9 所示，在该界面中，用户可选择“是，我用过”，然后，选择主题颜色（建议选择浅色）和工作区模式（建议选择标准工作区），最后，单击“开始”按钮即可使用该软件。如第一次使用该软件，可选择“不，我是新手”，观看使用向导。

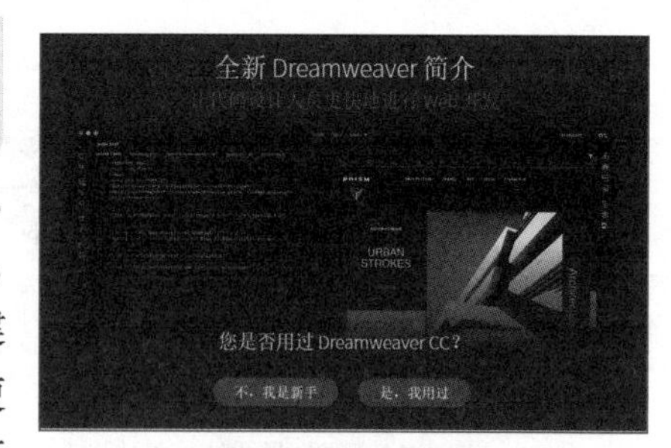

图 5-9　欢迎界面

【注意】更换主题颜色，可通过执行“编辑”|“首选项”菜单命令，在弹出窗口中，选择“界面”，设置“应用程序主题”和“代码主题”的颜色。

【注意】本教材后续截图均使用“浅色”主题，如图 5-10 所示。

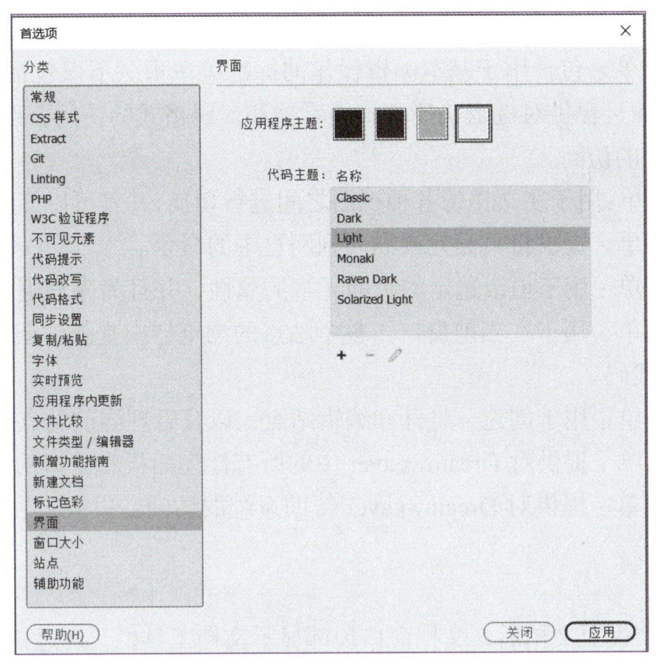

图 5-10　更换主题颜色的界面

1. 工作窗口

Dreamweaver 的工作窗口非常简单，主要由菜单栏、文档工具栏、文档窗口、浮动面板等组成，如图 5-11 所示，整体布局显得紧凑、合理、高效，这为设计和制作网页提供了很大方便。

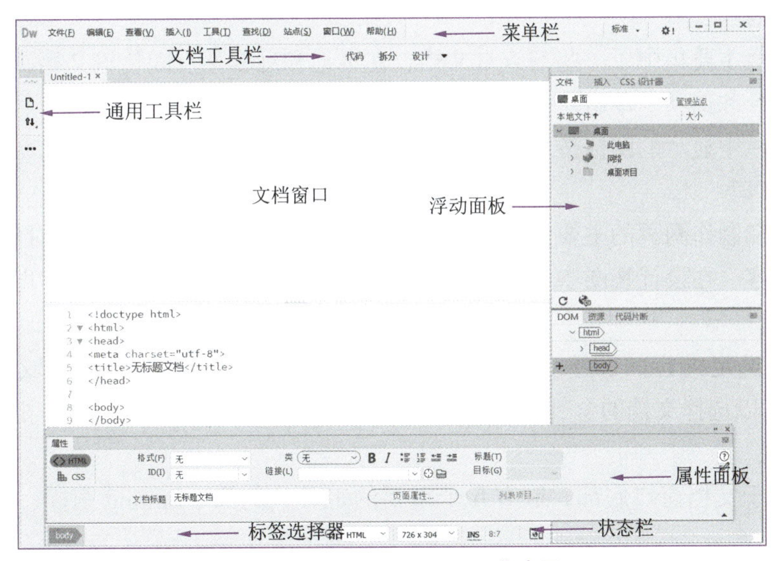

图 5-11　Dreamweaver 工作窗口

2. 菜单栏

菜单栏中包含了所有编辑网页所需要用到的操作。共有九个菜单："文件""编辑""查看""插入""工具""查找""站点""窗口""帮助"。

（1）"文件"菜单：包含文件操作的标准菜单项，还包括用于查看当前文档或对当前文档执行操作的命令。

（2）“编辑”菜单：包含用于基本编辑操作的标准菜单项。不仅包括文本、图像、表格等网页元素命令，而且提供对键盘快捷方式编辑器和代码格式的访问，以及对 Dreamweaver CC 2018“首选项”的访问。

（3）“查看”菜单:用于在文档的各种视图之间进行切换,并且可以显示和隐藏相关文件。

（4）“插入”菜单：提供将页面元素插入到网页中的命令。

（5）“工具”菜单：用于更改选定的页面元素的属性，并且为库和模板执行不同的操作。

（6）“查找”菜单：用于在当前窗口、整个站点的浏览器中查找，还可以在 HTML 源程序中查找或替换源代码。

（7）“站点”菜单：用于创建、打开和编辑站点，以及管理当前站点中的文件。

（8）“窗口”菜单：提供对 Dreamweaver 中的所有浮动面板和窗口的访问。

（9）“帮助”菜单：提供对 Dreamweaver 帮助系统的访问，以及上、下文功能提示重置和错误报告的处理等。

3. 文档工具栏

新建或打开一个网页文档后，文档窗口顶部显示文档工具栏，通过该工具栏中的按钮图标，可在文档的不同视图之间快速切换。

（1）代码视图：仅显示网页代码。

（2）拆分视图:将文档窗口进行拆分，在同一窗口中显示“代码”视图和“设计”视图。

（3）设计 / 实时视图：在不打开浏览器的情况下实时预览页面的效果。单击该图标按钮右侧的倒三角形按钮，在弹出的下拉菜单中可选择“设计”视图或“实时”视图。

4. 通用工具栏

通用工具栏主要集中了一些与查看文档、在本地和远程站点间传输文档，以及代码编辑有关的常用命令和选项。单击“…”图标按钮，在打开的“自定义工具栏”对话框中可自行设置通用工具栏中显示的图标按钮。

5. 文档窗口

这是设计和制作网页的主要区域，显示当前创建或编辑的文档。根据选择的视图不同而显示不同的内容。在设计视图中的显示效果与在浏览器中浏览时非常接近，即所见即所得。

6. 标签选择器

显示当前选定内容的标签。单击该标签，可以选中页面上相应的区域。例如：单击 <body> 标签可以选择文档的全部正文，单击 <table> 标签可以选择文档中的相应表格。

7. 状态栏

状态栏位于文档窗口底部，嵌有几个重要的工具，例如：Linting 图标、实时预览和窗口大小等。

8. 浮动面板

Dreamweaver 提供了多种具备不同功能的面板，如图 5-12 所示。默认情况下将显示在 Dreamweaver 窗口的右侧，这些面板可以自由地在界面上拖动，也可以将多个面板组合在一起，成为一个面板组。

在“窗口”菜单的下拉菜单中单击面板名称可以打开或者关闭这些浮动面板。所有的面

板都可以由“窗口”|“隐藏面板 / 显示面板”命令隐藏或显示，也可以通过快捷键【F4】来设置。

所有的面板都可以集合到面板组中，以选项卡的形式显示，每个面板组都可以展开或者折叠，并且，也可以和其他面板组停靠在一起或者取消停靠，这样，用户就可以自定义一个适合自己的工作环境。

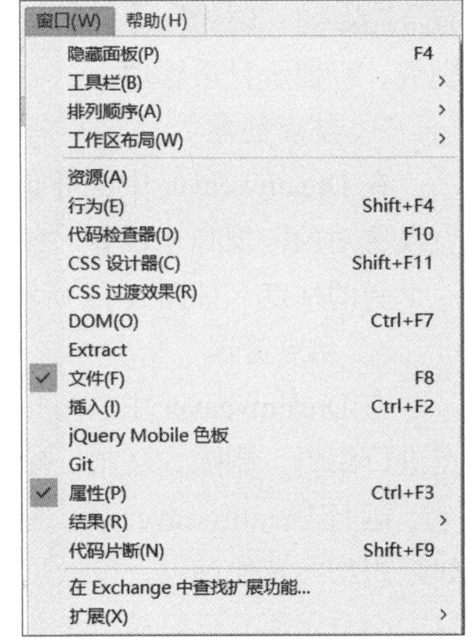

图 5-12 浮动面板

9. 属性面板

属性面板主要用于查看和设置当前选定对象的各种属性。在制作网页时，涉及的对象比较多，每种对象都具有不同的属性，因此，属性面板中的内容会根据当前选定的对象的不同而有所改变。

默认情况下，Dreamweaver 没有开启“属性”面板，用户可以通过“窗口”|“属性”菜单命令打开。“属性”面板分成上、下两部分，单击面板右下角的倒三角形按钮可以关闭“属性”面板的下面部分。此时，按钮变成正三角形按钮，单击此按钮可以重新打开“属性”面板的下面部分。

在“属性”面板中有两个选项卡，“HTML”和“CSS”。在“HTML”选项卡中可以设置当前对象的一些基本属性，例如，超链接等，如需要进一步设置当前对象的其他属性，则需要在“CSS”选项卡中通过新建 CSS 来进行设置，这部分内容请详见本章的 5.3.5 节“文本编辑”。

5.2.2 站点的创建与管理

在使用 Dreamweaver 制作网页之前，一般需要先定义一个本地站点，然后再进行后续操作，这主要是为了能够更好地利用站点对文件进行管理，从而尽可能地减少错误，例如：路径错误等。

一个网站不仅仅包含网页文件，还会包含图像、文本、动画、音视频等文件，因此，建立站点的实质就是在硬盘上建立一个文件夹，将网站内的网页文件与相关的文件（包括图像、文本等）规范地存放在该文件夹之中，以便进行统一管理。

1. 站点规划

一个网站里面可能会有很多不同类型的文件，为了便于管理和更新，在新建站点之前，应该先规划一下网站结构。

一般来说，一个站点就是一个大的文件夹，称为站点根文件夹。在站点根文件夹下建立一个合理的文件结构来存放所有与该网站相关的文件。

通常，对站点文件的规划有如下两种方法：

① 按照文件的类型进行规划，例如：可以将所有的网页素材（含图像、文本等）、插件、模板等分别放在各自的文件夹下，便于使用和查找。例如：文本素材存放在 TXT 文件夹中；图像素材存放在 images 文件夹中；音视频文件放在 media 文件夹中等。

② 按照网页主题进行规划。一个网站会有很多个栏目，例如，综合性网站会有“新闻”“体

育”“娱乐”“财经”等栏目，可以针对每个栏目在站点根文件夹下建立相应的文件夹，分门别类，以便于日后管理。

2. 站点创建

在 Dreamweaver 中，可通过“站点” | “新建站点”菜单命令创建网站，在弹出的“站点设置对象”窗口中设置“站点名称”和“本地站点文件夹”，单击“保存”按钮即可创建一个新的站点，如图 5-13 所示。

3. 站点管理

在 Dreamweaver 中，可以对已经建立的本地站点进行管理，例如：可对指定的本地站点进行编辑、删除、复制、导出等操作。

运行 Dreamweaver 后，软件会自动打开最近一次退出 Dreamweaver 时所使用的站点。如果想切换其他站点，可通过“站点” | “管理站点”菜单命令，在弹出的“管理站点”窗口中会显示所有已经建立的站点清单（一台计算机中可以建立多个站点），选择需要的站点后，通过单击站点列表下方的图表按钮，即可完成删除、编辑、复制和导出操作，如图 5-14 所示。

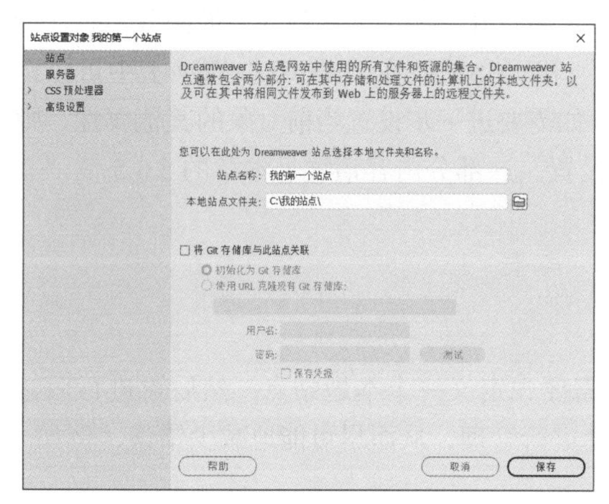

图 5-13　创建站点

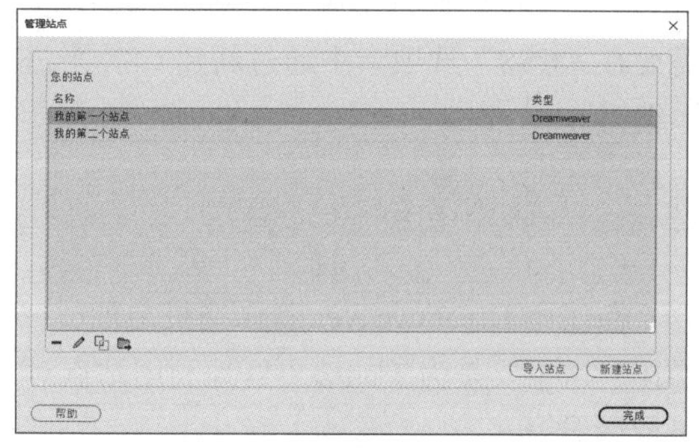

图 5-14　“管理站点”窗口

（1）切换站点

如一台计算机中有多个站点，可在“管理站点”窗口中，选择相应站点后单击“完成”按钮，进行站点之间的切换，也可以在“文件”面板中，通过下拉列表选择相应站点后进行站点之间的切换，如图 5-15 所示。

（2）删除站点

如果不再需要某个站点，可以将其从站点列表中删除，但是，相应的在本地硬盘中存储的文件和文件夹不会一起删除。

在“管理站点”对话框中，选择需要删除的站点，然后，单击列表下方的“删除”按钮，软件会弹出提示对话框，如图 5-16 所示，询问是否确实要删除该站点，单击“是”按钮即可将指定的站点删除，单击“否”按钮可取消删除站点操作。

【注意】删除操作不可撤销，故需三思而后行。

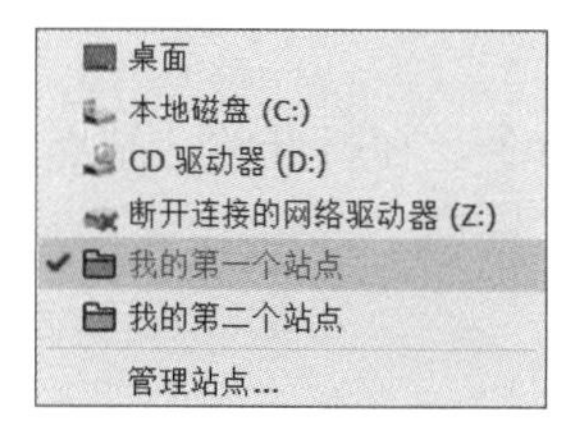

图 5-15 “文件”面板切换站点

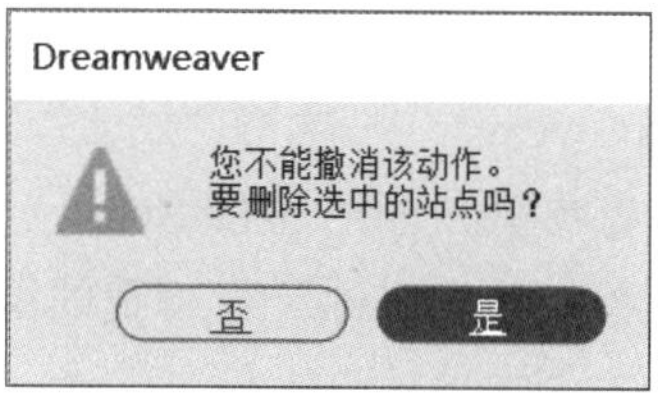

图 5-16 删除确认信息

（3）编辑站点

在“管理站点”对话框中，选择需要编辑的站点，然后，单击列表下方的“编辑”图标按钮，会打开“站点设置对象”对话框，在这个对话框中，可以修改该站点在新建时进行的设置。编辑完成后，单击“保存”按钮可返回到“管理站点”对话框。

（4）复制站点

如需要创建多个结构或者内容类似的站点时，可以通过站点复制功能，减少重复劳动，提高效率。

在“管理站点”对话框中，选择需要复制的站点，然后，单击列表下方的“复制”图标按钮，即可复制该站点，新复制出的站点将会出现在“管理站点”对话框的站点列表中，软件自动命名该站点为原站点名 + 空格 + “复制”。后续可对该站点进行编辑，设置相应的配置参数即可。

（5）导出站点

在“管理站点”对话框中，选择需要导入导出的站点，然后，单击列表下方的“导出”图标按钮，打开“导出站点”对话框，输入“文件名”和“保存类型”（保存类型默认为 ste），单击“保存”按钮，就可完成导出操作，导出的结果是一个扩展名为 ste 的文件。

4. 管理站点中的文件

在 Dreamweaver 的“文件”面板中，显示了当前站点中的所有文件，用户可以像操作 Windows 中的文件一样管理站点中的文件。

如果站点中有较多文件需要管理，那么，建议使用文件夹来分门别类管理，可以按照文件的类型进行分类，也可以按照网页主题进行分类。

在“文件”面板中选择需要编辑的站点，右击，弹出快捷菜单，如图 5-17 所示，使用该快捷菜单可以在当前站点中新建文件和文件夹，也可以进行复制、粘贴等操作，与 Windows 中文件管理操作类似，这里就不再叙述了。

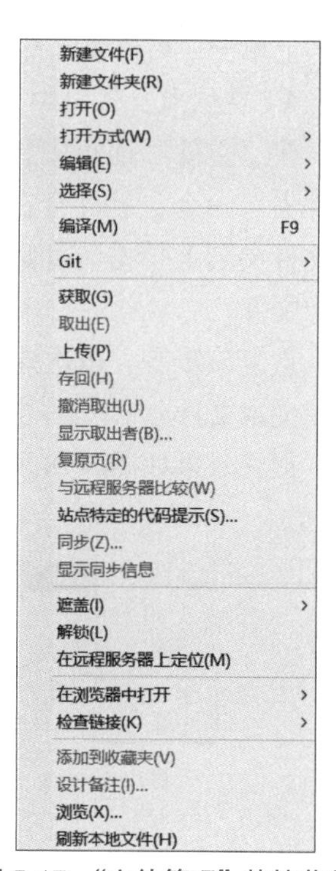

图 5-17 “文件管理”快捷菜单

范例 5-2　创建“我的站点”站点

按下列要求操作，创建如图 5-18 所示的站点。

制作要求如下：

1. 创建站点文件夹，路径为“C:\ 我的站点”。

打开“此电脑”窗口，在 C 盘上新建一个文件夹，命名为“我的站点”。

2. 创建站点，站点名为“我的第一个站点”。

在 Dreamweaver 中，执行“站点”｜“新建站点”菜单命令。在打开的“站点设置对象”对话框中设置参数，如图 5-19 所示。

（1）设置“站点名称”为“我的第一个站点”。

（2）设置“本地站点文件夹”为“C:\ 我的站点”。

（3）单击“保存”按钮，完成站点的创建。

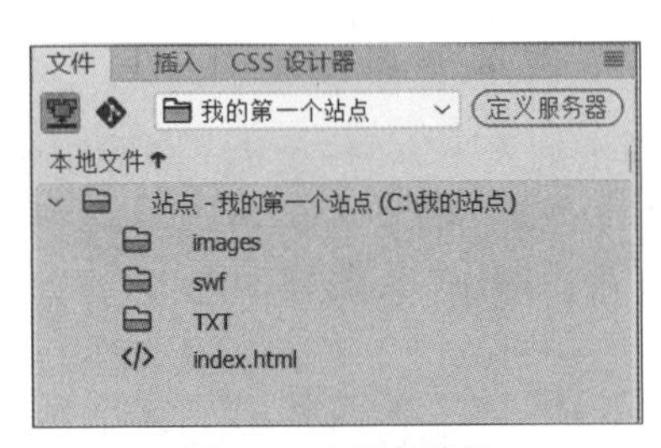

图 5-18 站点结构

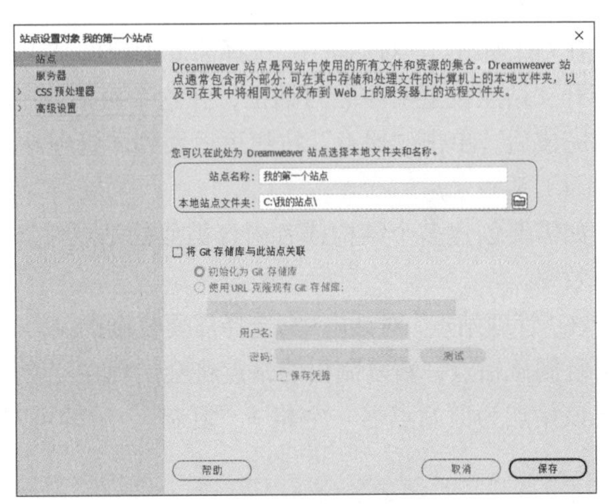

图 5-19 创建站点

3. 在站点文件夹中，创建一个网页文件，命名为“index.html”。

在“文件”面板中，选择“我的第一个站点”，右击后在弹出的快捷菜单中择“新建文件”命令，软件会在站点的根目录下创建一个名为“untitled.html”的网页文件，在该文件的文件名上单击，可修改文件名，将文件名改为“index.html”。

4. 在站点文件夹中，创建三个文件夹，分别命名为“images”、“swf”和“TXT”。

在“文件”面板中，选择“我的第一个站点”，右击后在弹出的快捷菜单中择“新建文件夹”命令，软件会在站点的根目录下创建一个名为“untitled”的文件夹，在该文件夹的文件夹名上单击，可修改文件夹名，将文件夹名改为“images”，通常该文件夹用于存放图像文件。

重复该步骤，依次建立“swf”文件夹（用于存放动画文件）和“TXT”文件夹（用于存放文本文件）。

最终效果如图 5-18 所示，计算机硬盘中也会建立相应的文件夹和文件，如图 5-20 所示。

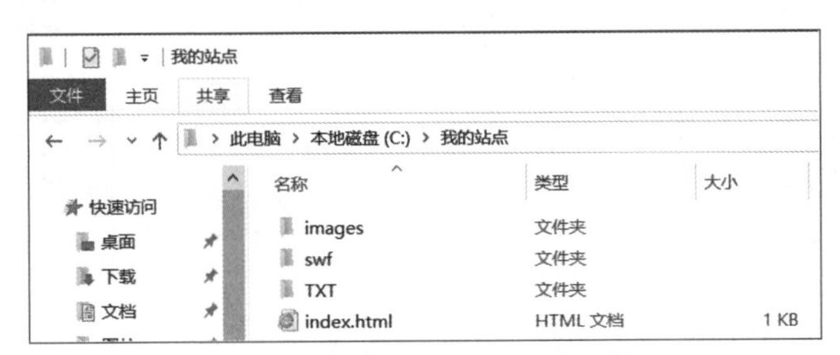

图 5-20 “此电脑”中的站点结构

5.3　简单网页制作

5.3.1　网页的创建和保存

创建网页文件的方法有以下两种：

① 在站点中新建扩展名为 html 的文件，即为创建了一个网页文件。

② 执行“文件”|“新建”菜单命令，在打开的“新建文档”对话框中选择文档类型等，单击“创建”按钮，即可完成网页的创建，一般选择“新建文档”“HTML”类型，如图 5-21 所示。

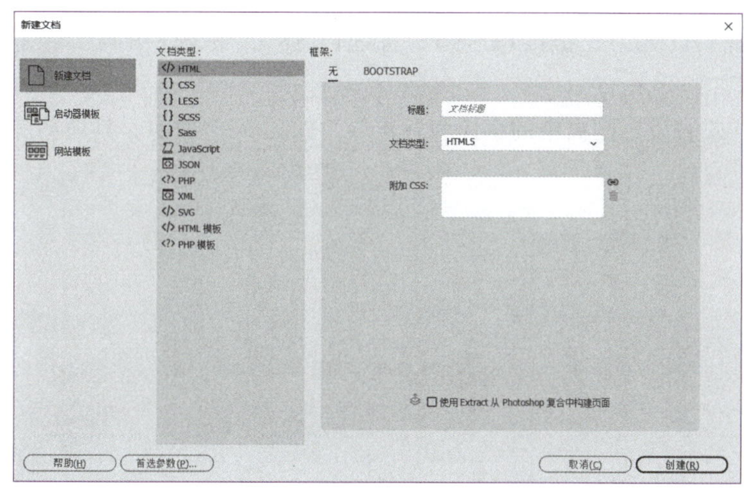

图 5-21　“新建文档”对话框

随时保存文件是编辑任何文档时应该养成的良好习惯。在制作网页的过程中，随时有可能发生断电或机器故障，而 Dreamweaver 编辑器没有自动保存功能，因此，设计者应经常保存正在编辑的网页，以防止意外发生。

如当前网页有内容被编辑但未被保存，其文件名的右上角会出现“*”标记，网页保存后，该标记会消失。保存网页文件的方法有以下两种：

① 执行“文件”|“保存”菜单命令，如该文件是第一次保存，会打开“另存为”对话框，设置好路径、文件名和保存类型，单击“保存”按钮，即可完成网页的保存。一般默认的保存路径是当前站点所指向的文件夹，即站点文件夹，默认的扩展名为“.html”。如该文件非第一次保存，执行“文件”|“保存”菜单命令后，会直接保存网页内容，不再打开对话框。

② 使用快捷键【Ctrl+S】。

5.3.2　网页的预览

网页制作完成后，可以在浏览器中预览，设计者可根据预览效果对网页内容进行调整和再设计。浏览网页方法：执行“文件”|“实时预览”|“Internet Explorer”菜单命令，或按

【F12】键启动浏览器，并将当前编辑的网页内容显示在窗口中。一般来说，在文档窗口中看到的网页形式，与在浏览器中显示的网页形式基本相同，这也就是之前提到的“所见即所得”。

5.3.3 网页属性的设置

制作网页时，一些基本的网页属性设置可以通过“页面属性”对话框来完成。在“页面属性”对话框中设置的参数可指定页面的默认字体、大小、背景颜色、边距、链接样式等，这些设置可以对网页中出现的相应对象进行格式设置，以达到整个网页的一致性。当然，对于部分对象，用户也可以在此基础上单独进行自定义设置。

执行“文件”|“页面属性”菜单命令，会打开“页面属性”对话框，页面属性分为“外观（CSS）”“外观（HTML）”“链接（CSS）”“标题（CSS）”“标题/编码”“跟踪图像”六大类。

1. 外观（CSS）

通过CSS样式表设置网页中的字体和背景等，如图5-22所示，具体功能见表5-8。

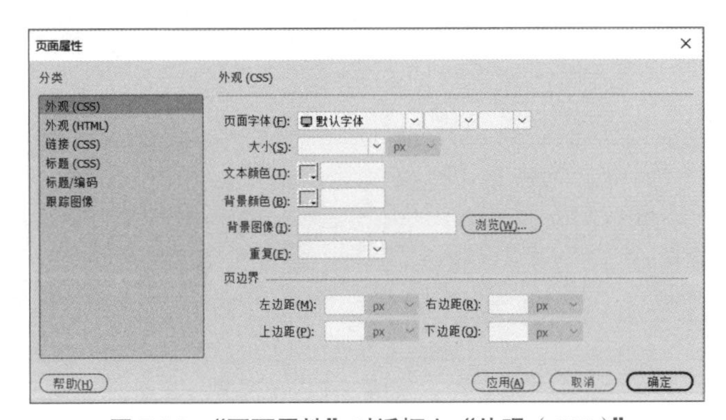

图5-22 “页面属性”对话框之“外观（CSS）”

表5-8 “外观（CSS）”功能列表

名　称	功　能
页面字体	设置页面中文字的字体
大小	设置页面中文字的大小
文本颜色	设置页面中文字的颜色
背景颜色	设置页面的背景颜色
背景图像	设置页面的背景图像，如果背景图像小于网页的大小，则图像根据“重复”中设置方式显示
重复	设置背景图像的重复方式
页边界（上下左右边距）	设置页面元素与页面边缘的距离，默认以像素（px）为单位

2. 外观（HTML）

通过HTML语言设置网页外观。主要功能和“外观（CSS）”以及“链接（CSS）”类似，这里不再阐述。

3. 链接（CSS）

设置网页中链接的格式，例如：字体、颜色、下划线形式等，如图5-23所示，具体功能见表5-9。

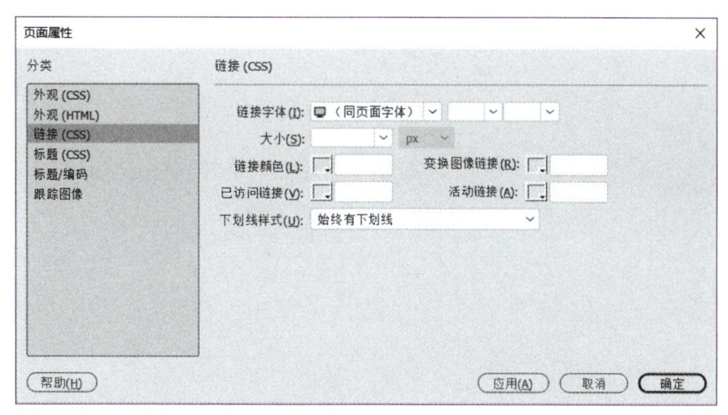

图 5-23 “页面属性”对话框之“链接（CSS）”

表5-9 “链接CSS”功能列表

名　称	功　能
链接字体	设置超链接文本的字体
大小	设置超链接文本的大小，默认以像素（px）为单位
链接颜色	设置超链接文本的颜色，默认为蓝色
变换图像链接	设置鼠标指针移动到超链接上时，超链接文本的颜色
已访问链接	设置已经访问过的超链接文本的颜色
活动链接	设置单击超链接时，超链接文本的颜色
下划线样式	设置超链接文本显示下划线的形式，默认为超链接文本始终显示下划线

4. 标题（CSS）

设置各类标题文字的属性，如图 5-24 所示，具体功能见表 5-10。

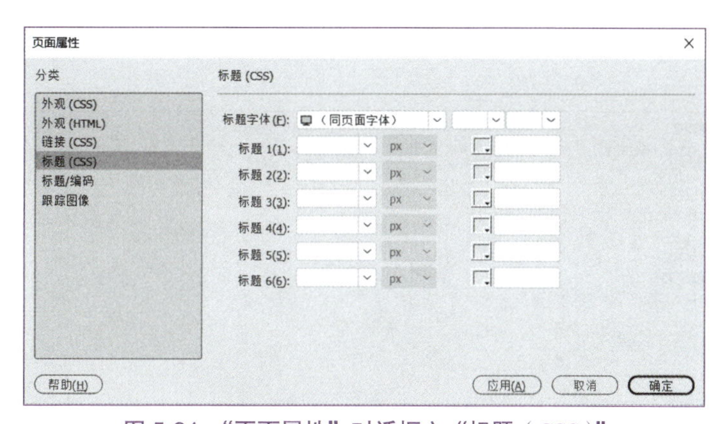

图 5-24 “页面属性”对话框之“标题（CSS）”

表5-10 “标题（CSS）”功能列表

名　称	功　能
标题字体	设置标题的字体
标题1～标题6	分别定义标题1～6的字号和颜色

5. 标题 / 编码

设置网页的标题和编码类型，如图 5-25 所示，具体功能见表 5-11。一般来说，这部分内容使用默认值即可。

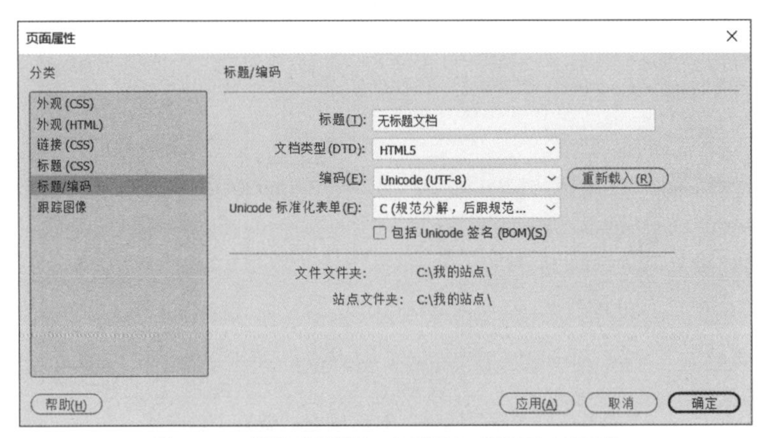

图 5-25 “页面属性”对话框之“标题 / 编码”

表 5-11 “标题/编码”功能列表

名　称	功　能
标题	设置网页的标题
文档类型	设置网页类型
编码	设置网页的字符集编码
Unicode标准化表单	设置表单的标准化类型
包括Unicode签名	设置表单标准化中是否包含Unicode签名

6. 跟踪图像

设置网页的跟踪图像属性，如图 5-26 所示，具体功能见表 5-12。

用户可以在“跟踪图像”中设置一幅图像，它将显示在网页编辑窗口的背景中，这样在网页排版时可以帮助网页设计，但是，该图像只是起到辅助的作用，最终并不会显示在浏览器中。

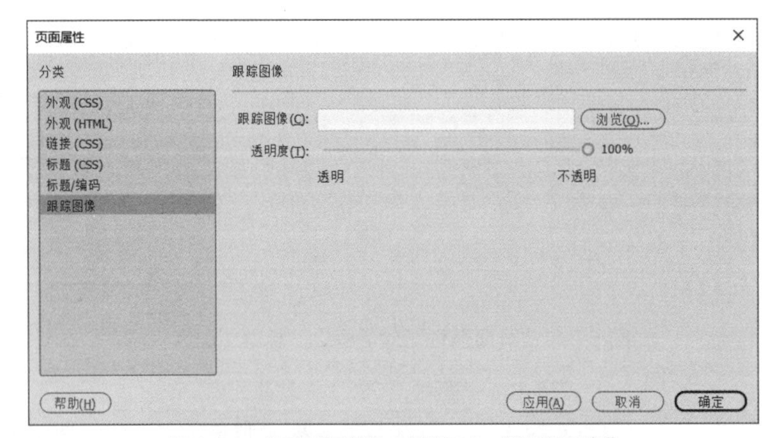

图 5-26 “页面属性”对话框之“跟踪图像”

表5-12 “跟踪图像”功能列表

名　称	功　能
跟踪图像	指定跟踪图像文件
透明度	设置跟踪图像的透明度

5.3.4 操作环境的设置

为满足不同用户的需要，Dreamweaver 提供自定义的操作环境。

执行“编辑”|“首选项”菜单命令，会打开“首选项”对话框，如图 5-27 所示，用户可以根据自己的需要进行相应的设置，例如，是否显示开始屏幕，是否允许多个连续的空格等。

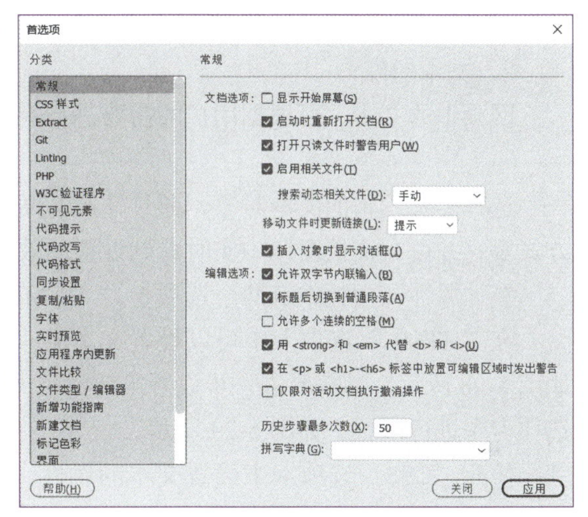

图 5-27 “首选项”对话框

5.3.5 文本的编辑

文本是网页中最常见，也是运用最广泛的对象。文本相较于其他网页对象来说，其形成的网页效果较为简洁，并且，在网络传播时，文本的载入速度也较快。在 Dreamweaver 中，文本的编辑和其他字处理系统（例如：Word、WPS 等）较为相似，同时，还可以通过属性面板来设置文本的字体、字号、颜色等属性。

1. 文本的输入

（1）文本输入

- 直接输入文本：在文档窗口中将光标定位到需插入文本的位置，选择所需的输入法后输入文本。
- 从其他文档中复制文本：在源文档中选择需要复制的文本，右击后在弹出的快捷菜单中选择“复制”命令。然后，将光标定位到网页中需插入文本的位置，右击后在弹出的快捷菜单中选择“粘贴”命令即可完成文本的复制。

（2）连续空格的输入

在 Dreamweaver 中，默认情况下，不允许输入连续空格，如在网页中的同一位置，连续按空格键，只能输入一个空格。如需输入连续空格需使用以下方法：

- 执行“插入”|“HTNL”|“不换行空格”菜单命令，可插入一个空格，如需连续多个空格，重复执行该菜单命令即可。快捷键为【Ctrl+Shift+Space】。
- 将文字输入法切换到全角模式，可以按空格键输入连续空格。利用快捷键【Shift+空格】可以切换输入法的半角或全角状态。
- 在“属性”面板的“HTML”选项卡的“格式”下拉列表框中选择“预先格式化”选项，可以按空格键输入空格。
- 执行“编辑”|“首选项”菜单命令，会打开“首选项”对话框，在“常规”分类中，勾选“允许多个连续的空格”前面的复选框，即可以按空格键输入连续空格。

（3）文本的换行

在 Dreamweaver 文档窗口中输入文字时，如果按【Enter】键换行，即可产生一个段落，而两段之间的段间距也会比较大。如只需要换行，但不需要单独成段的时候，可采用插入“换行符”的方法，换行符的行间距比较小。

插入换行符的方式是：将光标定位在需要换行的位置，执行“插入”|“HTNL”|“字符”|“换行符”菜单命令，或者，使用快捷键【Shift+Enter】。

2. 文本的修饰

网页中的文本，可根据用户的需要进行字体、字号和颜色等属性设置。

（1）文本的属性面板

选择需要编辑的文本对象，通过“属性面板”可以设置文本的字体、字号、颜色、对齐方式等，并可在文档窗口中实时看到设置的效果。

在“属性”面板中有两个选项卡，“HTML”选项卡和“CSS”选项卡。

在“HTML”选项卡中可以设置文本的一些基本属性，例如，加粗、倾斜、超链接等，如图 5-28 所示。如需要进一步设置当前对象的属性，例如，字体、大小等，则需要在“CSS”选项卡中进行设置，如图 5-29 所示。

使用“CSS”选项卡来设置文本的属性，需要新建 CSS 样式才能进行属性设置，故在设置时需在“目标规则”中选择“新内联样式”。

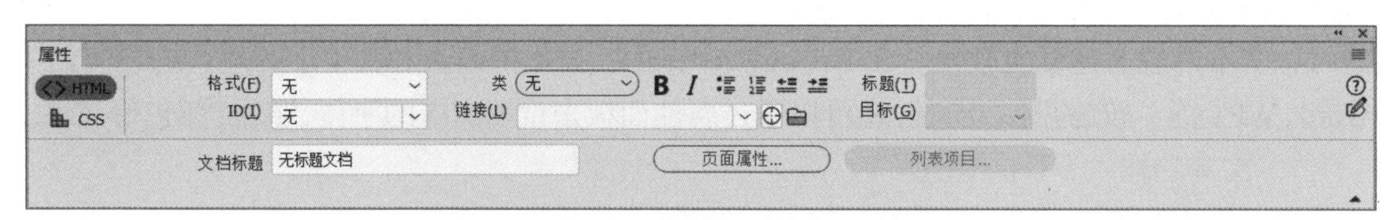

图 5-28 “属性”面板的“HTML”选项卡

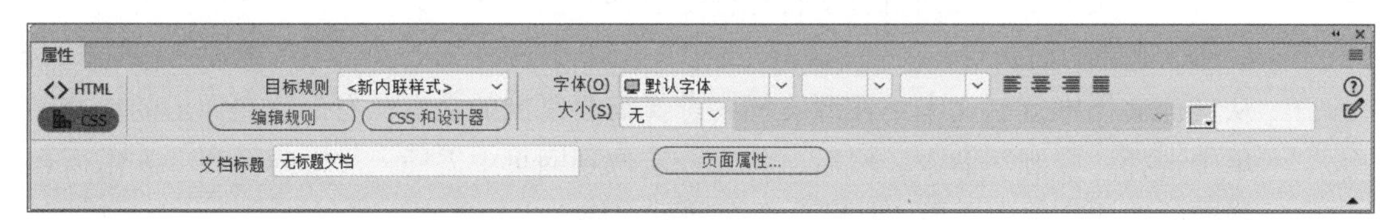

图 5-29 “属性”面板的“CSS”选项卡

“HTML”选项卡具体功能见表 5-13。

表5-13 “HTML”选项卡功能列表

名　称	功　能
格式	设置文本的样式，这里显示了预先定义好的一些样式供用户选择。标题共分6级，“标题1”字号最大，“标题6”字号最小
类	设置文档的样式
B	设置文本为粗体
I	设置文本为斜体
无序列表、有序列表	设置文本的列表形式
文本凸出、文本缩进	设置文本的左缩进的距离
链接	设置文本的超链接
目标	设置文本的超链接的打开方式

“CSS”选项卡具体功能见表 5-14。

表5-14 “CSS”选项卡功能列表

名 称	功 能
目标规则	设置文本的样式
编辑规则	新建或者编辑现有的CSS
CSS和设计器	显示或者隐藏“CSS样式”面板
字体	设置文本的字体
对齐方式	设置文本的对齐方式，包括左对齐、居中对齐、右对齐、两段对齐
大小	设置文本的字号，默认以像素为单位
颜色	设置文本的颜色

（2）字体的设置

设置文本的字体时，需要先加载系统字体库后才能使用相应的字体。在属性面板的“CSS”选项卡中的“字体”的下拉列表框中，默认情况下不显示常用的中文字体，需要用户自行添加，如图 5-30 所示。

字体(O)
大小(S)
默认字体
Cambria, Hoefler Text, Liberation Serif, Times, Times New Roman, serif
Constantia, Lucida Bright, DejaVu Serif, Georgia, serif
Baskerville, Palatino Linotype, Palatino, Century Schoolbook L, Times New Roman, serif
Gill Sans, Gill Sans MT, Myriad Pro, DejaVu Sans Condensed, Helvetica, Arial, sans-serif
Gotham, Helvetica Neue, Helvetica, Arial, sans-serif
Lucida Grande, Lucida Sans Unicode, Lucida Sans, DejaVu Sans, Verdana, sans-serif
Segoe, Segoe UI, DejaVu Sans, Trebuchet MS, Verdana, sans-serif
Impact, Haettenschweiler, Franklin Gothic Bold, Arial Black, sans-serif
Consolas, Andale Mono, Lucida Console, Lucida Sans Typewriter, Monaco, Courier New, monospace
管理字体...

图 5-30 “CSS”选项卡中的“字体”列表

添加字体可选择“管理字体”，在打开的“管理字体”对话框中进行字体库的添加，如图 5-31 所示。添加常用的中文字体，可在“自定义字体堆栈”选项卡中的“可用字体”列表框中选择需要的字体，单击右箭头图标按钮，将所选的字体添加到“选择的字体”列表框中，单击“完成”按钮即可完成字体的添加。

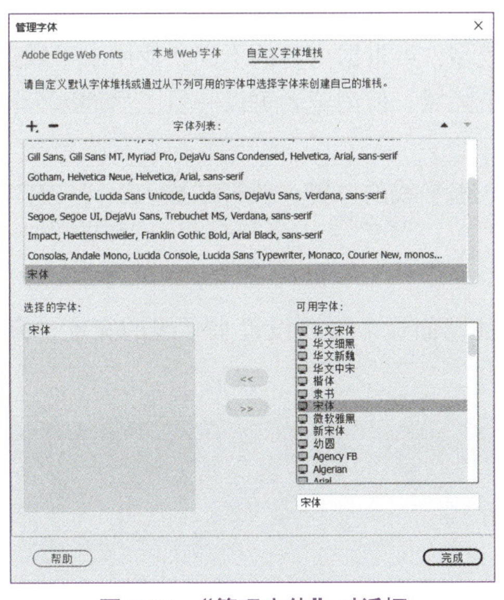

图 5-31 “管理字体”对话框

（3）超链接的设置

在浏览网页时，经常会发现鼠标指针经过某些文本时指针的形状会发生变化，同时文本也会发生变化（例如：出现下划线、文本的颜色发生变化、字体发生变化等），这些变化都提示用户这是带超链接的文本。此时，用单击该文本就会打开所链接的网页，这就是文本的超链接。利用属性面板的“HTML”选项卡中的“链接”和“目标”可创建文本的超链接。

选中需要设置超链接的文本，设置“链接”属性，以下三种方式任选其一。

- 在“属性”面板的“HTML”选项卡中单击“浏览文件”图标按钮，在打开的“选择文件”对话框中设置链接文件。
- 在“属性”面板的“HTML”选项卡中单击“指向文件”图标按钮，将图标拖动到“站点”面板中的相应链接目标上。
- 在“属性”面板的“HTML”选项卡中的“链接”文本框中输入链接地址。

“目标”属性用于设置链接文件的打开方式。可通过下拉列表中的选项进行设置，各个选项的含义如下：

- _blank：表示在新的浏览窗口 / 选项卡中打开链接文件。
- _parent：表示在当前页面的父级窗口或包含该链接的框架窗口中打开链接文件。
- _self：表示在当前窗口或框架页中打开链接网页。
- _top：表示在当前页面所在的整个窗口中打开链接文件，同时删除所有框架。

5.3.6 其他网页对象的使用

网页中除了文本对象，还有很多其他对象可以使用，例如，水平线、日期等，这些对象的使用使网页具有更为丰富的表现能力。

要插入其他的网页对象，可以使用“插入”菜单，在该菜单中罗列了所有能够在网页中使用的对象，用户可以根据需求插入相应的对象。

1. 插入水平线

当网页中插入的内容较多，可根据内容的不同，使用水平线进行分割，便于查看。水平线可以线为基准划分出多个区域，使浏览者可以一目了然地区分网页中不同类别的信息。

（1）水平线的插入

将光标停留在需要插入水平线的位置，执行“插入” | “HTML” | “水平线”菜单命令，即可插入一条水平线。

（2）水平线的修饰

选择水平线，在“属性”面板中可以设置水平线的宽度、高度及对齐方式等属性，如图 5-32 所示。

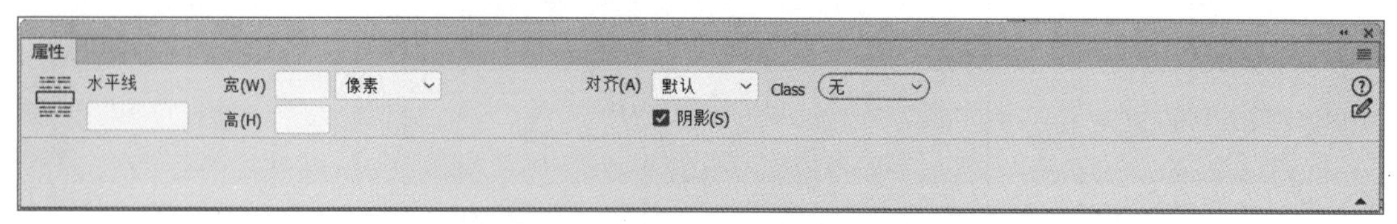

图 5-32 “属性”面板中设置水平线

水平线的默认颜色是灰色，如要修改水平线的颜色，可选择水平线，单击“属性”面板最右侧的“快速标签编辑器”图标按钮，在打开的“编辑标签”对话框中输入设置颜色的代码。默认情况下，会出现代码“<hr>”，将光标定位在字母“r”的后面，输入空格和字母“c”，软件会出现代码列表供用户选择，如图 5-33 所示，在代码列表中选择“color”，“编辑标签”文本框中会出现“<hr color="">”代码，在双引号中间输入颜色代码，例如：red 等，最终代码如图 5-34 所示。

【注意】(1) 代码中所有字符均为英文输入法中的半角字符。

(2) 在 Dreamweaver 的文档窗口中看不到水平线的颜色设置效果，用户需要保存文档后在浏览器中才能看到设置的彩色水平线，或者切换到 Dreamweaver 的“实时视图”也能看到设置的颜色效果。

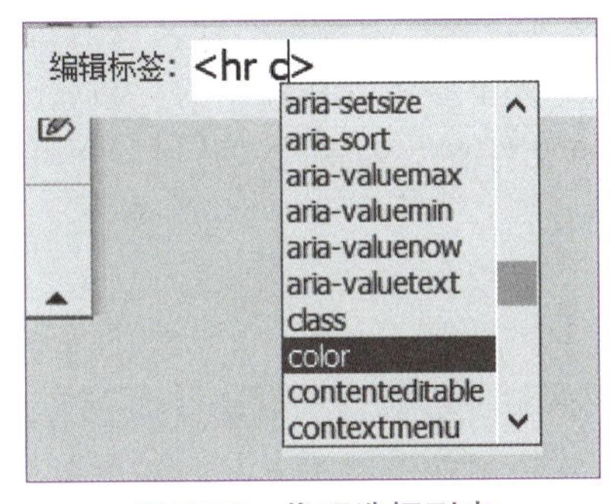

图 5-33 代码选择列表

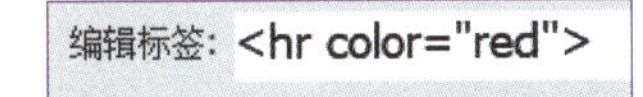

图 5-34 设置水平线颜色的代码

2. 插入日期

Dreamweaver 提供了一个方便的日期对象，该对象使用户可以在插入当前日期的同时，还可以选择在每次保存文档时都自动更新日期。

将鼠标光标停留在需插入日期的位置，执行“插入” | “HTML” | “日期”菜单命令，此时会打开“插入日期”对话框，如图 5-35 所示，在该对话框中，可以进行星期、日期和时间格式的设置。如果需要在每次保存网页的同时更新日期显示，则可以在“存储时自动更新”选项前打勾。

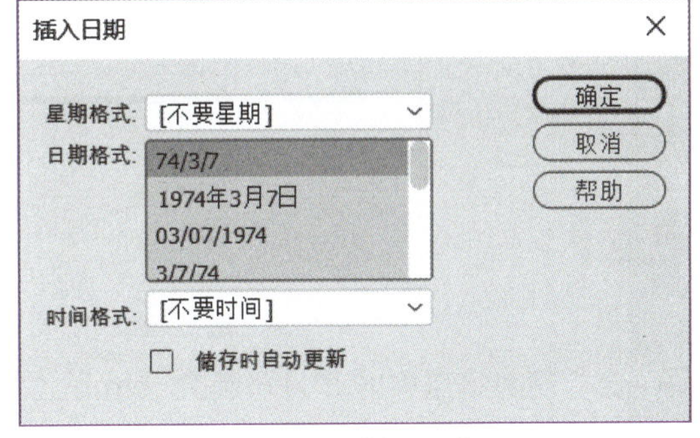

图 5-35 插入日期

3. 插入特殊符号

除了一般文本以外，有时还需要在网页中插入特殊符号，例如，注册商标符号 ®、版权符号 ©、英镑符号 £ 等。将光标停留在需插入特殊符号的位置，执行“插入” | “HTML” | “字符”菜单命令，选择需要的字符即可，可插入的特殊字符如图 5-36 所示。

如在字符列表中无需要的字符，则可以选择“其他字符”菜单命令，打开“插入其他字符”对话框，如图 5-37 所示，可在该对话框中选择需要插入的字符。

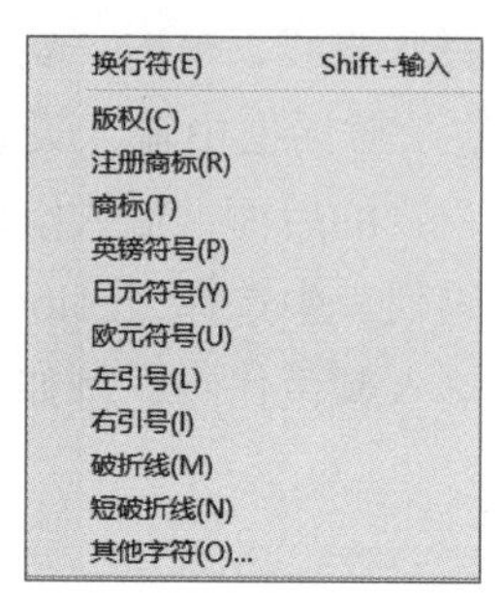

图 5-36 特殊字符

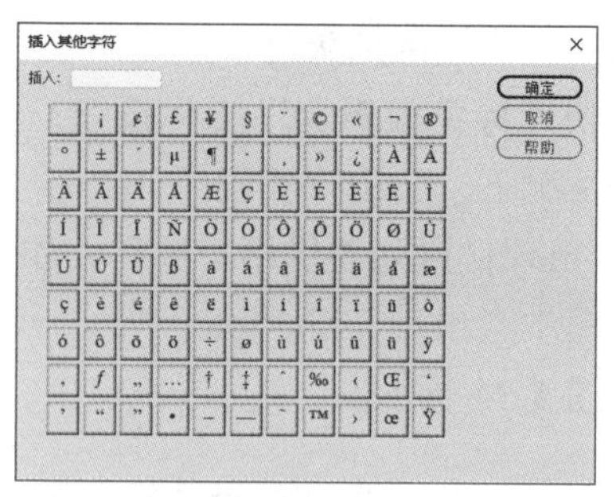

图 5-37 “插入其他字符”对话框

范例 5-3 创建“公司简介”网页

按下列要求操作，创建如图 5-38 所示的网页。

制作要求如下：

1. 创建站点，站点名为“公司简介”“本地站点文件夹”为素材所在文件夹。

在 Dreamweaver 中，执行“站点”｜“新建站点”菜单命令。在弹出的“站点设置对象”窗口中设置“站点名称”为“公司简介”，“本地站点文件夹”为素材“范例 - 公司简介”文件夹的所在路径。

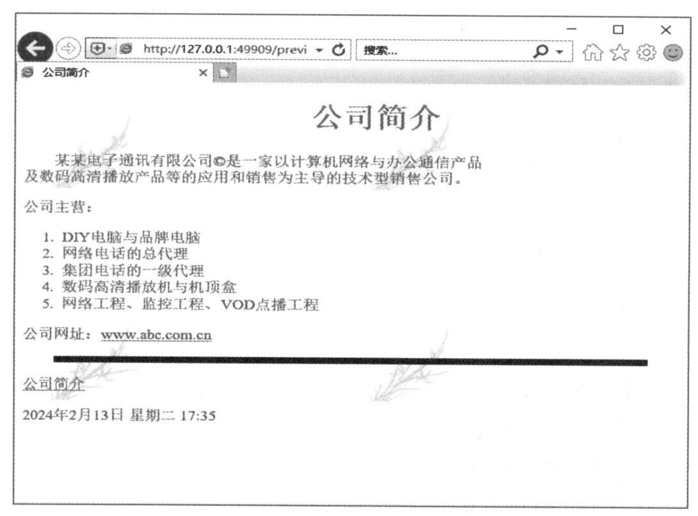

图 5-38 “公司简介”网页的预览效果

2. 复制站点中的“公司简介 .html”文件，并将复制的文件重命名为“index.html”。

在“文件”面板中，右击“公司简介 .html”文件，在弹出的快捷菜单中选择“编辑”｜“复制”命令，站点文件夹下生成名为“公司简介 - 拷贝 .html”的新文件，右击该文件，在弹出的快捷菜单中选择“编辑”｜“重命名”命令，在文件名框中输入“index.html”即可完成文件的重命名。

3. 设置“index.html”的网页标题为“公司简介”。

双击“index.html”文件，即可在文档窗口中打开该文件，在该网页文件的“属性”面板中的“文档标题”文本框中输入文本“公司简介”，按【Enter】键结束或在其他空白区域单击，即可完成网页标题的设置，如图 5-39 所示。

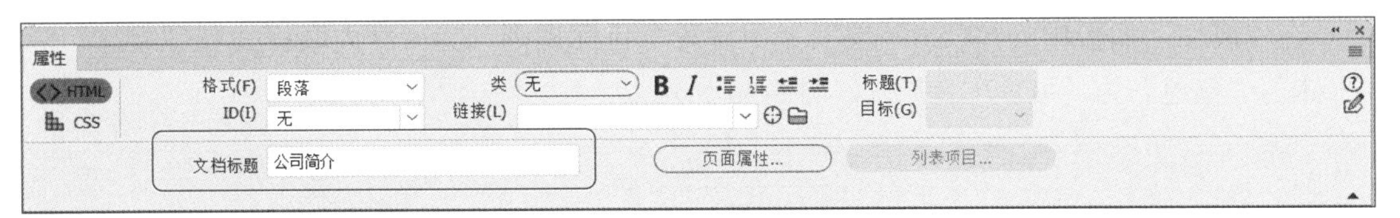

图 5-39　设置网页标题

4. 置网页的文本颜色为“#0099CC”（蓝色），背景图像为“images/bg.png”，链接颜色为“#0099CC”（蓝色），变换图像链接颜色为“#2FFF00”（绿色），已访问链接颜色为“#993366”（紫色），活动链接颜色为“#EEFF66”（黄色）。

执行“文件”｜“页面属性”菜单命令，在打开的“页面属性”对话框中的“外观（CSS）”和“链接（CSS）”分类中进行相应设置，如图 5-40、图 5-41 所示。

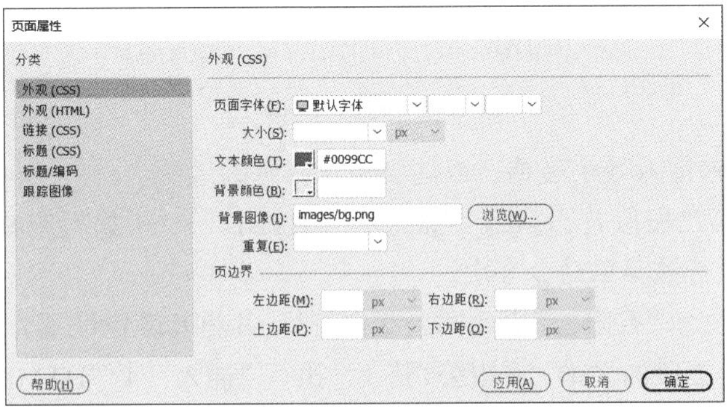

图 5-40　设置“页面属性”之“外观（CSS）”

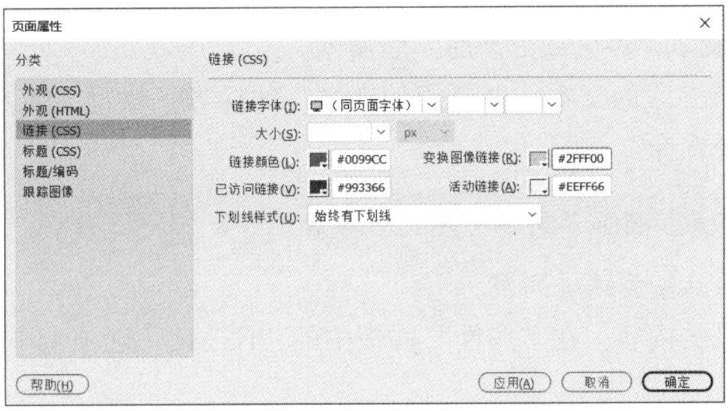

图 5-41　设置“页面属性”之“链接（CSS）”

5. 设置第一段文本的格式为“标题 1”，粗体，字体为“宋体”、颜色为“#D97DD9”（粉色）。

选中第一段文本“公司简介”，在“属性”面板中的“HTML”选项卡中设置“格式”为“标题 1”，如图 5-42 所示。

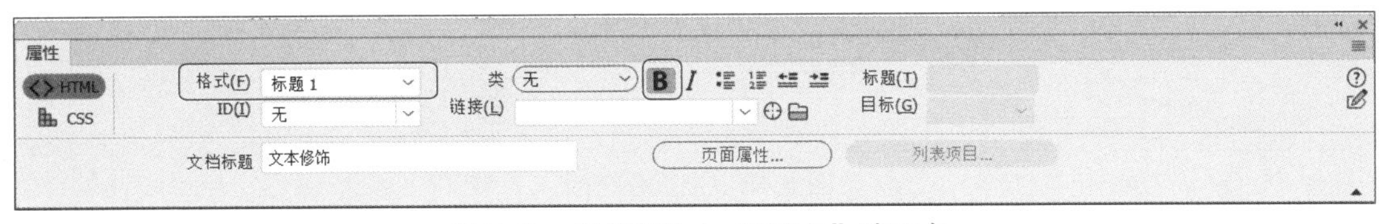

图 5-42　设置属性之“HTML”选项卡

在“属性”面板中的“CSS”选项卡中设置“目标规则”为“新内联样式”，“字体”为“宋体”，“颜色”为“#D97DD9”，如图 5-43 所示。

图 5-43　设置属性之“CSS”选项卡

6. 设置第一段文本为滚动字幕。

选中第一段文本“公司简介”，切换到“代码窗口”，在该文本前后分别加上 <marquee> 和 </marquee> 标记代码，如图 5-44 所示。

```
<marquee>公司简介</marquee>
```

图 5-44　滚动字幕代码

7. 在第二段段首插入 8 个空格，以达到首行缩进的效果。

将光标停留在第二段段首，执行“插入” | “HTNL” | “不换行空格”菜单命令，可插入一个空格，重复执行该菜单命令 8 次。

8. 在第二段的文本“有限公司”后插入版权符号，并将其颜色设置为“#F40013”（红色）。

将光标停留在第二段的文本“有限公司”后，执行“插入” | “HTML” | “字符” | “版权”菜单命令，即可插入“©”符号。选中该版权符号，在“属性”面板中的“CSS”选项卡中设置“目标规则”为“新内联样式”，“颜色”为“#F40013”。

9. 在第二段的文本“办公通信产品”后换行。

将光标停留在第二段的文本“办公通信产品”的后方，执行“插入” | “HTNL” | “字符” | “换行符”菜单命令。

【注意】这里只是换行显示文本，不是分段落。

10. 设置第四～八段为编号列表。

选中第四～八段的内容，在“属性”面板中的“HTML”选项卡中，单击“编号列表”图标按钮。

11. 设置第九段的文本“www.abc.com.cn”为超链接，超链接到“http:// www.abc.com.cn”，在新窗口中打开链接。

选中第九段的文本 www.abc.com.cn，在“属性”面板中的“HTML”选项卡中，设置“链接”为“http:// www.abc.com.cn”，“目标”为“_blank”，如图 5-45 所示。

图 5-45　设置超链接

12. 在文末插入蓝色水平线，宽度为 90%，高度为 5 像素。

将光标停留在第九段最后，执行“插入” | “HTML” | “水平线”菜单命令，在“属性”面板中，设置“宽”为“90”，“单位”为“%”，“高”为“5”。

单击“属性”面板最右侧的“快速标签编辑器”图标按钮，在打开的“编辑标签”对话框中输入设置颜色的代码，如图 5-46 所示。

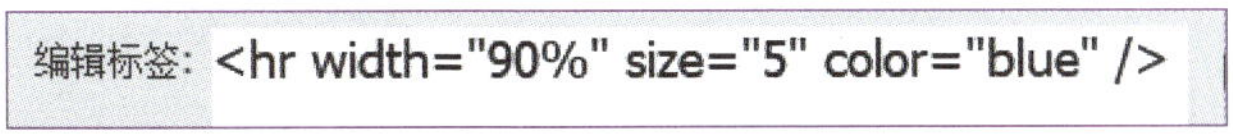

编辑标签：<hr width="90%" size="5" color="blue" />

图 5-46 设置水平线颜色的代码

13. 在水平线下方输入文本“公司简介”，该文本可超链接到站点中的“公司简介 .html”文件。

将光标停留在水平线下方，输入文本“公司简介”，选中该文本，在“属性”面板中的“HTML”选项卡中，设置“链接”为“公司简介 .html”。

14. 在文本“公司简介”下方插入网页制作 / 修改的日期，要求“星期格式”为“星期 *”，“日期格式”为“**** 年 * 月 * 日”，“时间格式”为“**:**”，储存时自动更新。

将鼠标光标停留在文本“公司简介”下方，执行“插入” | “HTML” | “日期”菜单命令，在打开的“插入日期”对话框中设置相应格式，如图 5-47 所示。

15. 保存并浏览该网页，效果如图 5-38 所示。

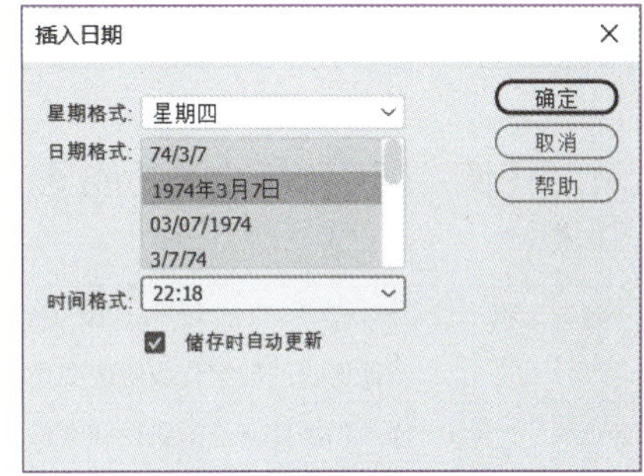

图 5-47 插入日期

5.4 多媒体对象

多媒体对象范围比较广，包括图像、动画、音频、视频等，在网页中使用这些对象会使网页增色不少。

5.4.1 图像的使用

图像是网页中最重要的元素之一，美观的图像会为网站增添生命力，同时，也能加深用户对网站的印象。

1. 图像的插入

使用 Dreamweaver 可以在网页中插入 GIF、JPG 和 PNG 等格式的图像，插入图像后，Dreamweaver 会自动在网页中产生对该图像文件的引用。这里要注意的是，网页本身并不包含图像，它只是包含通过图像文件的路径和名称的引用，所以，当网页制作完成上传时，一定要将网页和其引用的所有图像文件一起上传。

为了规范文件的管理，可在站点根目录下建立一个“images”的文件夹，将网页中所需的图像文件均存放在该文件夹下，以便统一管理。同时，用户可在插入图像之前，用 PhotoShop、Fireworks 等图形处理软件编辑图像，为提高网页的下载速度，建议在保证清晰度的情况下，图像文件能够尽可能的小，一般，可将图像文件保存为 png 或 jpg 格式。

插入图像，可将光标停留在需插入图像的位置，执行“插入”｜“Image”菜单命令，打开“选择图像源文件”对话框，如图 5-48 所示，通过该对话框选择相应的图像，单击“确定”按钮即可完成图像的插入。

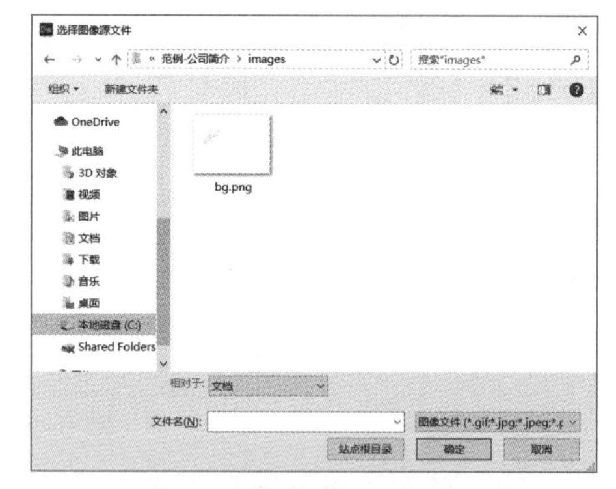

图 5-48 “选择图像源文件”对话框

2. 图像的修饰

选择需要编辑的图像，在“属性”面板中可设置该图像的宽度、高度、超链接、对齐方式和热点区域等，如图 5-49 所示。

图 5-49 “图像”属性面板

“图像”属性面板主要功能见表 5-15。

表5-15 图像“属性”面板的主要功能

<table>
<tr><th>名　称</th><th colspan="4">功　能</th></tr>
<tr><td>图像</td><td colspan="4">图像旁边的数字代表所选图像的大小，下面的文本框可以输入所选图像的名称</td></tr>
<tr><td>Src</td><td colspan="4">插入的图像文件的路径和文件名</td></tr>
<tr><td>宽和高</td><td colspan="4">定义图像在网页上显示的尺寸，如修改图片比例，需要先单击右侧 解锁约束</td></tr>
<tr><td>链接</td><td colspan="4">为图像指定一个超链接</td></tr>
<tr><td>目标</td><td colspan="4">指定的超链接将在哪个窗口或框架中打开，当图像没有超链接时该选项不可用</td></tr>
<tr><td>替换</td><td colspan="4">当浏览器不能显示指定图像时，用该属性中的文本作为替换显示，起到提示作用</td></tr>
<tr><td>地图</td><td colspan="4">允许用户创建客户端图像地图</td></tr>
<tr><td rowspan="4">热点工具</td><td></td><td colspan="3">指针热点工具，调整热点区域的大小和位置</td></tr>
<tr><td></td><td colspan="3">矩形热点工具，在图像上拖动鼠标创建矩形热点</td></tr>
<tr><td></td><td colspan="3">圆形热点工具，在图像上拖动鼠标创建圆形热点</td></tr>
<tr><td></td><td colspan="3">多边形热点工具，创建非规则形热点，每单击一次定义多边形的一个角，单击“指针热点工具”封闭该形状</td></tr>
<tr><td>原始</td><td colspan="4">指定在主要图像没有加载之前加载的图像</td></tr>
<tr><td rowspan="3">编辑</td><td></td><td>运行Photoshop图像编辑软件来编辑图像</td><td></td><td>打开“图像预览”对话框来设置图像属性</td></tr>
<tr><td></td><td>裁剪</td><td></td><td>重新取样，放弃外部图像编辑器编辑后的效果恢复原始图像</td></tr>
<tr><td></td><td>亮度和对比度</td><td></td><td>锐化</td></tr>
</table>

3. 鼠标经过图像的使用

鼠标经过图像就是当鼠标停留在该图像区域的时候，显示的图像会变成指定的另外一幅图像，当鼠标离开该图像区域后，显示的图像会恢复成原来的图像。

鼠标经过图像实际上使用了两幅图像：一幅为原始图像，该图像在页面加载时显示，一幅为鼠标经过的图像，即当鼠标停留在该图像区域的时候所显示的图像。因此，在制作前需要先准备两幅尺寸相同的图像，如果两幅图像的尺寸不同，Dreamweaver 将自动调整鼠标经过的图像的尺寸，使其与原始图像相匹配。

使用鼠标经过图像，可将光标停留在需要插入该图像的位置，执行“插入”｜“HTML”｜“鼠标经过图像”菜单命令，打开“插入鼠标经过图像”对话框，如图5-50所示，通过该对话框设置相应属性后单击“确定”按钮，即可插入一个鼠标经过图像。

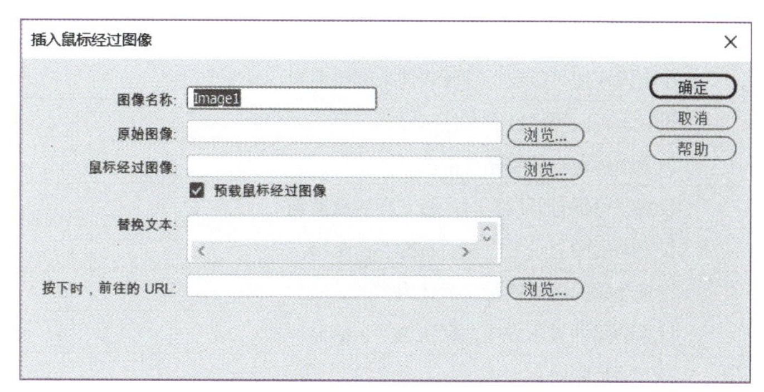

图5-50　“插入鼠标经过图像”对话框

“插入鼠标经过图像”对话框具体功能见表5-16。

表5-16　“插入鼠标经过图像”对话框的功能

名　称	功　能
图像名称	设置该图像的名称
原始图像	设置网页加载时的图像文件的路径和名称
鼠标经过图像	设置鼠标停留在图像区域时的图像文件的路径和名称
预载鼠标经过图像	如果需要将图像预先加载到浏览器的高速缓存中，可选中该复选框
替换文本	当浏览器不显示指定图像时，用该属性中的文本作为替换显示，起到提示作用
按下时，前往的URL	设置超链接

5.4.2　动画的使用

在网页中插入动画可以进一步突出网页的气氛，制造动态效果。在浏览器中播放动画，必须在浏览器中安装相应的动画播放插件。

在网页中插入和编辑Flash动画，可将光标停留在需要插入动画的位置，执行“插入”｜“HTML”｜“Flash SWF”菜单命令，在打开的“选择SWF”对话框中指定要插入的动画的路径和文件名后单击“确定”按钮，即可插入一个动画。如打开“对象标签辅助功能属性”对话框，单击“确定”按钮关闭即可。

选中动画，可在“属性”面板中设置其属性，如图5-51所示。

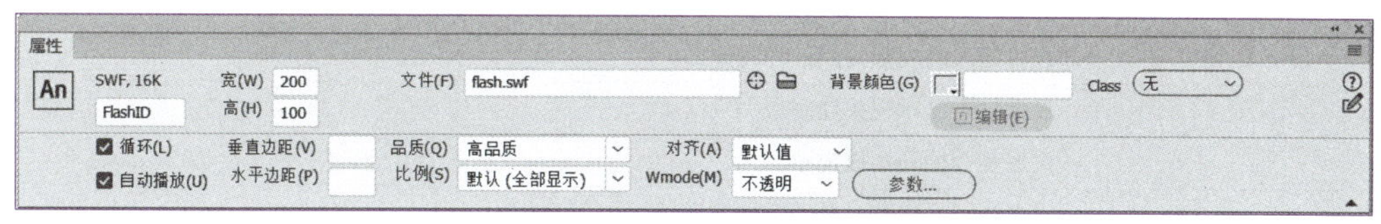

图5-51　动画的“属性”面板

该属性面板中的功能见表5-17。

表5-17 动画“属性”面板的主要功能

名　称	功　能
名称	设置动画的名称
宽、高	设置动画的宽度和高度，默认以像素为单位
文件	显示插入的动画的路径和文件名
背景颜色	设置动画的背景颜色
编辑	单击该按钮可以运行动画软件来编辑动画
Class	设置是否应用已经定义好的样式
循环	设置动画是否能够循环播放
自动播放	设置浏览器打开网页时是否立即播放动画
垂直边距、水平边距	设置动画的上、下、左、右的空白距离
品质	设置动画的播放质量，默认为“高品质”
比例	设置动画的显示方式，默认为“全部显示”
对齐	设置动画的对齐方式
Wmode	设置动画的背景是否透明，默认为“不透明”
参数	通过“参数”对话框来设置动画的更多属性

5.4.3 视频的使用

在网页中插入视频可以丰富网页的内容。Dreamweaver 支持的视频格式有 mp4、m4v、webm、3gp 等。

在网页中插入视频，可将光标停留在需要插入视频的位置，执行“插入”｜“HTML”｜“HTML5 Video”菜单命令，网页中会出现一个视频的占位符，选中该占位符，可在“属性”面板中设置其属性，如图 5-52 所示。

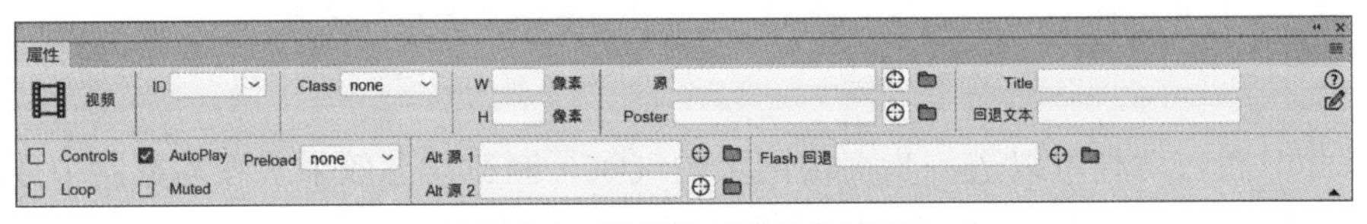

图 5-52 视频的“属性”面板

该属性面板中的功能见表 5-18。

表5-18 视频“属性”面板的主要功能

名　称	功　能
ID	设置视频的名称
Class	设置是否应用已经定义好的样式
W、H	设置视频的宽度和高度，默认以像素为单位
源	设置插入的视频的路径和文件名
Controls	设置是否显示视频控制条
Loop	设置是否循环播放视频
AutoPlay	设置在网页加载时自动播放该视频
Muted	设置视频是否静音
Preload	设置是否在网页加载时预先加载该视频

5.4.4　超链接的使用

超链接称之为“超级链接”，是因为它什么都能链接，例如：网页、文件、网站地址、邮件地址等，它是网页中最常见且重要的对象，能够实现页面与页面之间的跳转，有机地将网站中的各个页面联系起来。超链接由两部分组成，即源和目标。超链接中有超链接的一端称为超链接源（响应单击操作的图像或文本等），跳转到的网页或文件等称为超链接目标。

1. 绝对路径和相对路径

要正确地创建超链接，就必须了解超链接源和超链接目标之间的路径，每一个文件（包括网页、图像、Flash 动画等）都有一个唯一的地址，称为 URL（统一资源定位器）。浏览器通过指定的路径来调用相应的文件，并把它们以预定的格式进行显示。如路径设置不正确，将会导致浏览器无法在指定的路径下找到需要显示的文件，从而导致报错。

网页中的超链接按照链接路径的不同，可以分为绝对路径和相对路径两种。

绝对路径是指文件的完整路径，即文件在硬盘上或者网络上的真正位置。使用绝对路径，无论超链接源在何位置都可以链接到目标文件。好处是它与位置无关，只要目标文件的 URL 不变，都可以实现超链接。缺点是目标路径可能会很长不适合记忆，也不适合站点的迁移。

相对路径是省略了对于超链接的源文件和目标文件的前端相同的 URL，而只提供了后端不同的 URL，即两个文件的相对位置。好处是目标路径比较短，并且，当网站迁移的时候，站点内的超链接无须进行修改。

例如，有如下两个文件：

- D:/myweb/wuming.html
- D:/myweb/images/wm.png

如果网站站点为“D:\myweb”，在“wuming.html”网页中插入“wm.png”图像，使用的绝对路径为“D:/myweb/images/wm.png”。在站点不变动位置的时候能够正常显示该图像文件，因为在 D:/myweb/images 路径下的确存在 wm.png 文件，但是，如果改变了站点的位置，例如，上传站点到服务器的 C 盘根目录下，那么就会出错，因为，上传后，该图像文件的位置变为“C:/myweb/images/wm.png”，而不是原来的 D 盘了，这时，网页中将不能正确显示该图像。因此，在网站建设中建议用户能够使用相对路径。把绝对路径转化为相对路径的时候，两个文件绝对路径中前端相同的部分会忽略，只考虑他们的不同之处。之前的那两个文件扣除前端相同部分后，绝对路径为“images/wm.png”。这时，不管站点位置如何改变，都不会影响图像的显示，因为这两个文件的相对位置是没有变化的。

当两个文件的相对位置呈现层级结构时，可参考系统层次文件的表述规则，规则如下：

- /　　根目录
- ../　　上一级目录
- ../../　　上两级目录

例如，有以下两个文件：

- D:/myweb/web/index.htm
- D:/myweb/img/wm.png

在“index.htm”中显示“wm.png”图像的相对路径为“../img/wm.png”。

例如，有以下两个文件：

- D:/myweb/web/zhang/index.htm
- D:/myweb/img/images/wm.png

在“index.htm”中显示“wm.png”图像的相对路径为“../../img/images/wm.png”。

为了避免在制作网页时出现路径错误，我们可以使用 Dreamweaver 的站点管理功能来管理站点。站点中的网页保存时会把图片保存到站点中并自动把绝对路径转化为相对路径，同时，当用户在站点中移动相关文件的时候，与这些文件关联的路径也会自动更改。

2. 超链接的类型

超链接按照位置不同可分为内部链接和外部链接。内部链接又称本地链接，是指同一网站中文件之间的链接。外部链接是指不同网站文件之间的链接。

在 Dreamweaver 中能够创建以下几种超链接。

（1）文本超链接

浏览网页时，鼠标经过某些文本时会变成手状，同时，文本也会出现相应的改变，这是提示浏览者这些文本是带有超链接功能的，即单击该文本会打开超链接所指向的网页。

创建文本超链接,可在网页中选择相应的文本,在“属性”面板中设置“链接”属性即可。

创建内部链接（本地链接）时,在“属性”面板中,单击“链接”属性右侧的“浏览文件”图标按钮，在打开的“选择文件”对话框中选取所需链接的网页文件即可。

创建外部链接时，在“属性”面板中的“链接”属性的文本框中输入完整的绝对路径，并且需要包括正确的网络协议。例如，http://www.abc.edu.cn 等。

（2）图像热点超链接

通常情况下，一幅图像只有一个超链接。如果希望一幅图像具有多个超链接或者一幅图像的指定区域具有超链接功能，则需使用图像热点超链接功能。例如，在网页上插入一幅世界地图，该地图可创建多个不同的热点区域，当浏览者单击图像中的中国区域时可超链接到中国的网页，单击图像中的美国区域时可超链接到美国的网页，这类链接也称为“图像映射”。

所谓“图像映射”，就是把一幅图像分割为若干个区域，每个区域称为一个“热点”，当浏览者单击某个热点时可引发一个动作,例如,打开一个相关的网页文件等。使用图像的“属性”面板可以图形化地创建和编辑图像的热点。

创建图像热点可选中需要编辑的图像，在该图像的“属性”面板下方的热点工具中选取合适的工具，用鼠标拖拉在图像上面画出热点区域，热点区域将以蓝绿色显示，选中热点，在热点的“属性”面板中进行相应设置，如图 5-53 所示，该属性面板中的功能见表 5-19，设置完成后，使用浏览器打开该网页，当鼠标指针停留在热点区域时，鼠标指针会变成手状，浏览器的状态栏中会显示链接文件的路径，单击该热点区域将超链接到对应的目标文件。

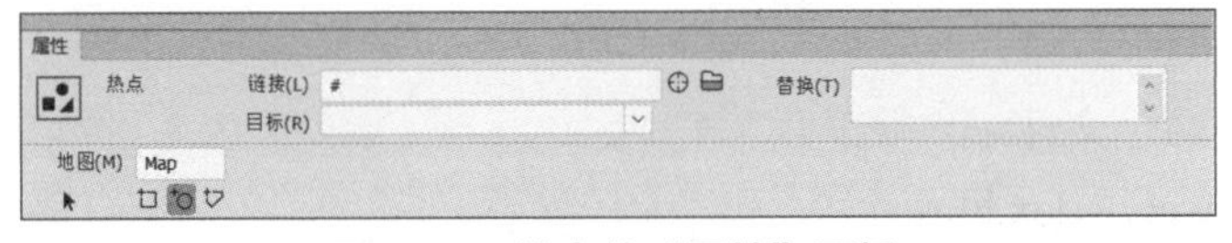

图 5-53 热点的“属性”面板

表5-19　热点的“属性”面板主要功能列表

名　称	功　能
链接	设置图像热点的超链接目标文件的路径和文件名
目标	设置超链接文件显示的方式。例如，选取“_blank”表示在新窗口中显示链接文件
替换	当浏览器不能显示指定图像时，用该属性中的文本作为替换显示，起到提示作用

（3）电子邮件超链接

在网页中创建电子邮件超链接后，用户单击电子邮件超链接就会自动打开系统默认的电子邮件处理程序，例如，Outlook 等，并且，收件人的电子邮箱地址将会自动填入，填入的地址为电子邮件超链接中指定的邮箱地址。

创建电子邮件超链接，可将鼠标光标停留在需要创建的位置，执行“插入”｜“HTML”｜“电子邮件链接”菜单命令，打开“电子邮件链接”对话框，如图 5-54 所示，在该对话框中设置网页中显示的文本和发送邮件的电子邮箱的地址后，单击“确定”按钮关闭即可。

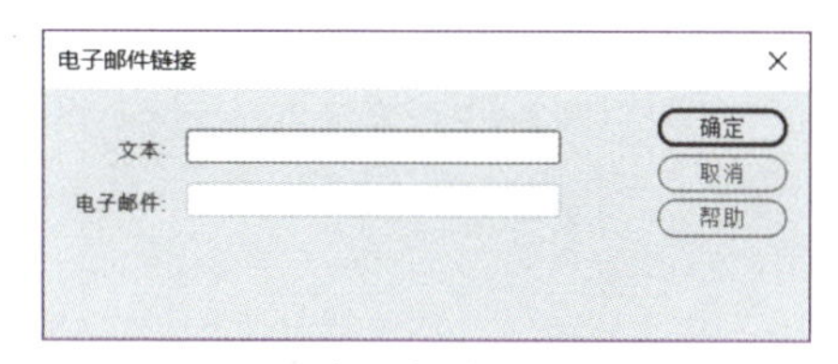

图 5-54　“电子邮件链接”对话框

如需要在网页中现有的文本或者图像上设置电子邮件超链接，则可以选中相应的文本或者图像，在“属性”面板中的“链接”属性中输入文本“mailto:”加电子邮箱的地址，例如：mailto:abc@abc.com.cn。

【注意】此处所有字符均为英语输入法中的半角字符，并且不包含任何空格。

（4）脚本超链接

执行 javascript 代码或调用 javascript 函数，能够在不离开当前网页的情况下为访问者提供某种附加功能，例如，计算、验证表单等。

创建脚本超链接，可选中相应的文本或者所需设置的其他对象，在“属性”面板中设置“链接”属性中输入文本“javascript:”加 javascript 代码，例如，输入 javascript:window.close()，单击该超链接时会关闭当前程序窗口。

【注意】此处的所有字符均为英语输入法中的半角字符，并且不包含任何空格。

（5）空超链接

一般用于暂时没有指派特定任务的超链接。

创建空超链接，可选中相应的文本或者所需设置的其他对象，在“属性”面板“链接”属性中输入文本“#”或者“javascript:”即可。浏览网页时，能看到文本或者相应的对象有超链接，但是，单击该超链接不会有任何操作产生。

5.4.5　脚本代码的使用

Dreamweaver 支持多种脚本语言，并且在同一个网页文件内多种脚本语言能够共存。这些脚本语言包括：HTML、XHTML、CSS、JavaScript、VB Script、C#、JSP、PHP 等。

使用脚本代码，需要使用“代码片段”面板，可执行“窗口”｜“代码片段”菜单命令调用该面板，在该面板中有很多系统自带的代码供用户选择，同时，用户也可在该面板中新建、编辑、删除和插入代码片段，如图 5-55 所示。

如用户新建自己的脚本代码，可单击“脚本代码”面板右下角的“新建代码片段”图标按钮，或者在面板的空白部分右击后在弹出的快捷菜单中选择“新建代码片段”命令，打开“代码片段”对话框，如图 5-56 所示，在该对话框中，用户可撰写自己的脚本代码，完成后单击“确定”按钮即可完成脚本代码的创建。

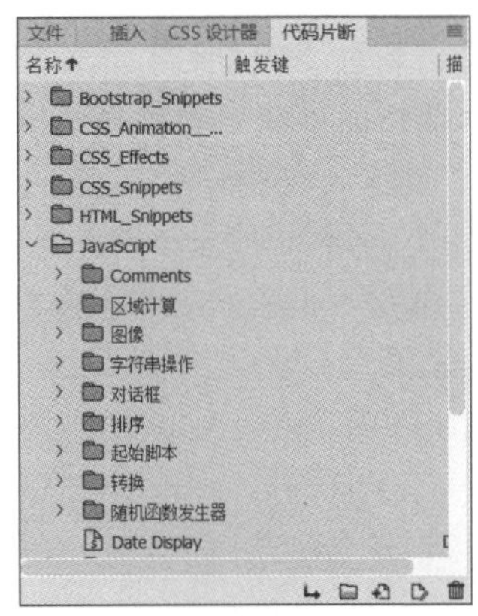

图 5-55 “代码片段”面板

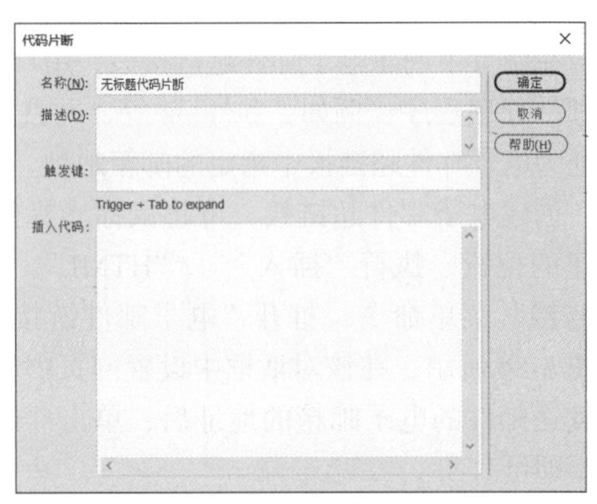

图 5-56 “代码片段”对话框

在网页中插入脚本代码，可将光标停留在需插入代码的位置，在“代码片段”面板中，选择需要插入的脚本代码，单击“脚本代码”面板右下角的“插入”图标按钮，或者右击需要插入的脚本代码，在弹出的快捷菜单中选择“插入”命令，即可完成代码的插入。

范例 5-4 创建“乒乓球”网页

按下列要求操作，创建如图 5-57、图 5-58 所示的网页。

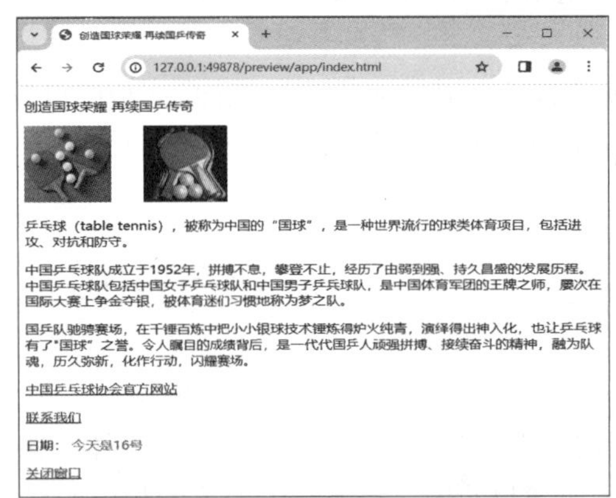

图 5-57 “创造国球荣耀 再续国乒传奇”网页的预览效果

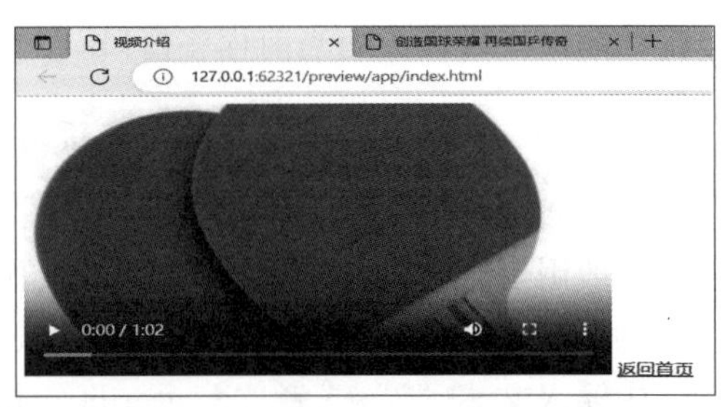

图 5-58 “视频介绍”网页的预览效果

制作要求如下：

1. 创建站点，站点名为“乒乓球”，“本地站点文件夹”为素材所在文件夹。

在 Dreamweaver 中，执行“站点” | “新建站点”菜单命令。在打开的“站点设置对象”窗口中设置“站点名称”为“乒乓球”，“本地站点文件夹”为素材“范例 - 乒乓球”文件夹的所在路径。

2. 设置“index.html”的网页标题为“创造国球荣耀 再续国乒传奇”。

双击“index.html”文件，即可在文档窗口中打开该文件，在该网页文件的“属性”面板中的“文档标题”文本框中输入文本“创造国球荣耀 再续国乒传奇”，按回车键结束或在其他空白区域单击，即可完成网页标题的设置。

3. 在第一段文本后增加一个段落，插入鼠标经过图像，原始图像为“乒乓球 1.JPG”，鼠标经过图像为“乒乓球 2.JPG”，大小为 100×100 像素。

将光标停留在第一段段尾，输入一个回车即可增加一个新的段落。

将光标停留在新的段落中，执行“插入”｜“HTML”｜“鼠标经过图像”菜单命令，打开“插入鼠标经过图像”对话框，如图 5-59 所示，通过该对话框设置相应属性后单击“确定”按钮，即可插入鼠标经过图像。

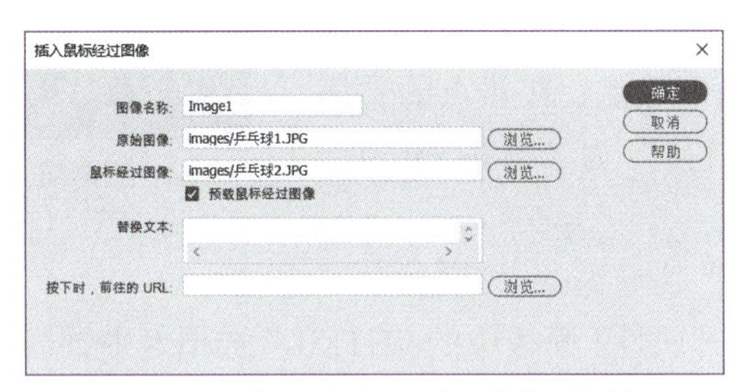

图 5-59 “插入鼠标经过图像”对话框

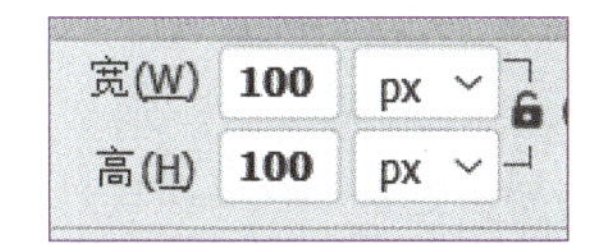

图 5-60 设置图像大小

选中该鼠标经过图像，在“属性”面板中，解锁“尺寸约束”后，设置宽为 100 px，高为 100 px。

4. 在站点根目录下，新建网页文件，命名为“球拍 .html”。

在“文件”面板中，选择站点，右击后在弹出的快捷菜单中择“新建文件”命令，软件会在站点的根目录下创建一个名为“untitled.html”的网页文件，在该文件的文件名上单击，可修改文件名，将文件名改为“球拍 .html”。

5. 设置“球拍 .html”的网页标题为“视频介绍”，并在该网页中插入“球拍 .mp4”视频，设置改视频的宽度为 500 像素，有视频控制条，能循环自动播放。

双击打开“球拍 .html”文件，在该网页文件的“属性”面板中的“文档标题”文本框中输入文本“视频介绍”，按【Enter】键结束或在其他空白区域单击，即可完成网页标题的设置。

执行“插入”｜“HTML”｜“HTML5 Video”菜单命令，网页中会出现一个视频的占位符，选中该占位符，在“属性”面板中设置其属性，如图 5-61 所示。

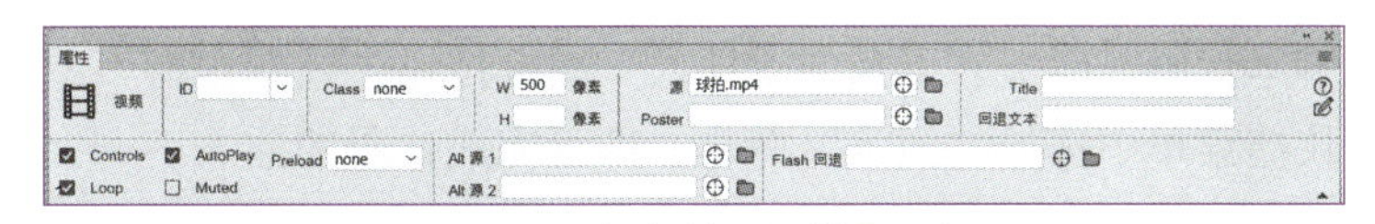

图 5-61 视频的“属性”面板

6. 在该视频后方输入文本“返回首页”，单击该文本可打开“index.html”网页。

将光标停留在视频的后方，输入文本“返回首页”，选中该文本，在“属性”面板中的“HTML”选项卡中，设置“链接”为“index.html”。

7. 在“index.html”网页中的鼠标经过图像后插入 8 个空格和“球拍 .JPG”图像，设置图像大小为 100×100 像素。

在“index.html”网页中，将光标停留在鼠标经过图像，执行“插入”｜“HTNL”｜“不换行空格”菜单命令，可插入一个空格，重复执行该菜单命令 8 次。

将光标停留在 8 个空格后，执行“插入” | “Image”菜单命令，打开“选择图像源文件”对话框，通过该对话框选择“球拍 .JPG”图像后，单击“确定”按钮即可完成图像的插入。

选中该图像，在“属性”面板中，解锁“尺寸约束”后，设置宽为 100 px，高为 100 px。

8. 在插入的“球拍 .JPG”图像的球拍中央部分设置矩形热点区域，单击该区域可在新窗口中打开“球拍 .html”网页。

选中插入的“球拍 .JPG”图像，在“属性”面板下方的热点工具中选取矩形热点工具，用鼠标拖拉在图像上画出热点区域，如图 5-62 所示，热点区域将以蓝绿色显示，选中热点，在热点的“属性”面板中的“HTML”选项卡中，设置“链接”为“球拍 .html”，“目标”为“_blank”。

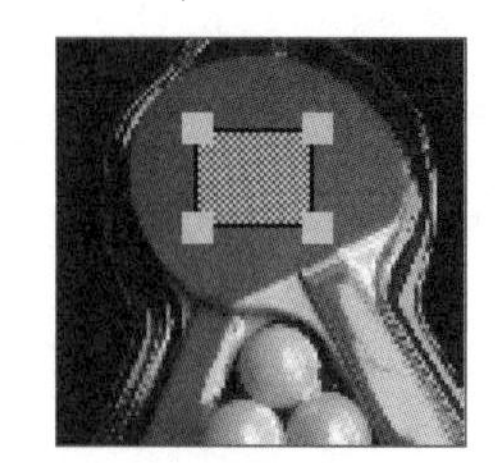
图 5-62 矩形热点区域

9. 设置文本“中国乒乓球协会官方网站”为超链接，链接到 www.ctta.cn。

选中文本“中国乒乓球协会官方网站”，在“属性”面板中的“HTML”选项卡中，设置“链接”为“https://www.ctta.cn”。

【注意】外部链接的网页，需要加上网络协议，例如：“https://”等。

10. 设置文本“联系我们”为电子邮件超链接，单击该链接可发送电子邮件到 abc@abc.com.cn 邮箱。

选中文本“联系我们”，在“属性”面板中的“链接”属性中输入文本“mailto:abc@abc.com.cn”。

11. 在文本“日期”后插入脚本代码，代码功能为：根据计算机的系统时间显示文本“今天是 * 号”。

在“代码片段”面板中，单击面板右下角的“新建代码片段”图标按钮，或者在面板的空白部分右击后在弹出的快捷菜单中选择“新建代码片段”命令，打开“代码片段”对话框，在该对话框中，设置“名称”为“每天的问候”，将“代码 - 每天的问候 .txt”素材中的代码复制到“插入代码”文本框中，如图 5-63 所示，完成后单击“确定”按钮即可完成脚本代码的创建。

将光标停留在网页的文本“日期”后，在“代码片段”面板中，选择“每天的问候”脚本代码，单击“脚本代码”面板右下角的“插入”图标按钮，或者右击“每天的问候”脚本代码，在弹出的快捷菜单中选择“插入”命令，即可完成代码的插入。

12. 设置文本“关闭窗口”为超链接，单击该链接可关闭当前浏览器窗口。

选中文本“关闭窗口”，在“属性”面板中设置“链接”属性中输入文本“javascript:window.close()”。

【注意】此处的所有字符均为英语输入法中的半角字符，并且不包含任何空格。

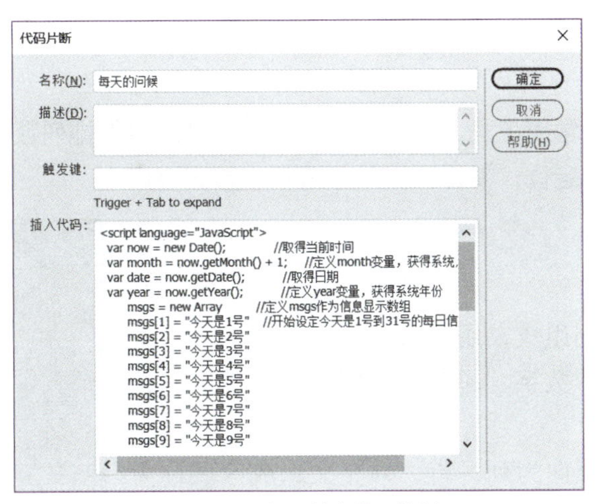

图 5-63　“代码片段”对话框

13．在网页最后插入脚本代码，代码功能为：禁止右击，如右击会显示警告信息，如图 5-64 所示。

图 5-64　警告信息

在“代码片段”面板中，单击面板右下角的“新建代码片段”图标按钮，或者在面板的空白部分右击后在弹出的快捷菜单中选择“新建代码片段”命令，打开“代码片段”对话框，在该对话框中，设置“名称”为“禁止鼠标右键”，将“代码 - 禁止鼠标右键 .txt”素材中的代码复制到“插入代码”文本框中，如图 5-65 所示，完成后单击“确定”按钮即可完成脚本代码的创建。

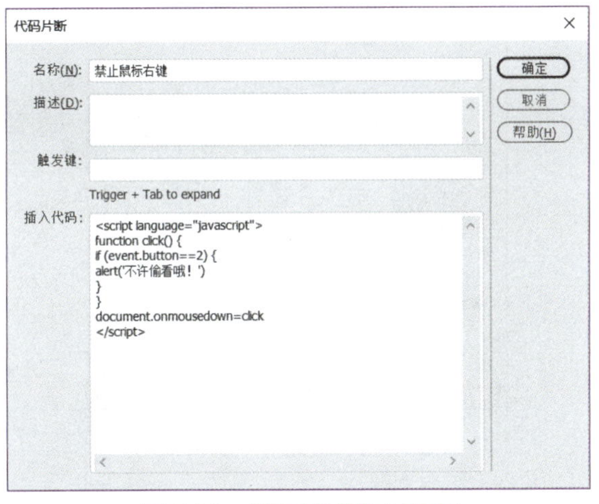

图 5-65　“代码片段”对话框

将光标停留网页的最后方，在“代码片段”面板中，选择“禁止鼠标右键”脚本代码，单击“脚本代码”面板右下角的“插入”图标按钮，或者右击“禁止鼠标右键”脚本代码，在弹出的快捷菜单中选择“插入”命令，即可完成代码的插入。

14．保存并浏览该网页，效果如图 5-57、图 5-58 所示。

5.5 表　格

表格是网页布局的常用工具，表格在网页中不仅可以用来排列数据，还可以对网页中的图像、文本等对象进行定位，使得网页条理清晰，整齐有序。

5.5.1 表格简介

表格由若干行与列组成，用户可以在单元格内插入各种对象，例如：文本、数字、超链接、图像等，也可以在单元格内嵌套表格。

表格横向为行，纵向为列，行、列交叉组成区域称为单元格，表格的边缘称为边框，单元格中的内容和边框之间的距离称为边距，单元格和单元格之间的距离称为间距，如图 5-66 所示。

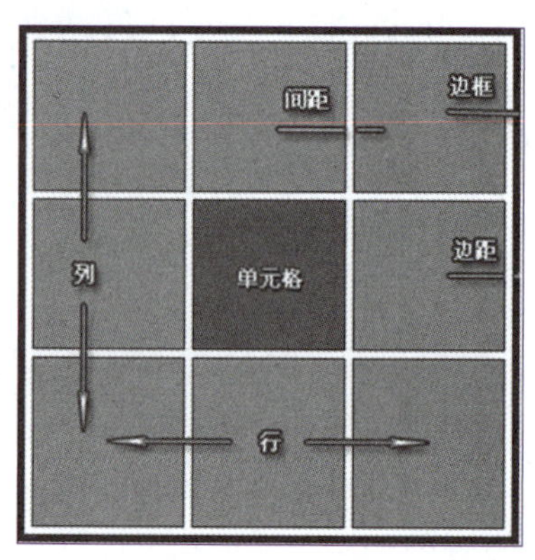

图 5-66　表格

5.5.2 表格的创建

在网页中插入表格，可将光标停留在需要插入表格的位置，执行“插入”｜“Table”菜单命令，打开“Table”对话框，如图 5-67 所示，通过该对话框设置表格属性后，单击“确定”按钮即可完成表格的创建。“Table”对话框中各属性的功能及其含义见表 5-20。

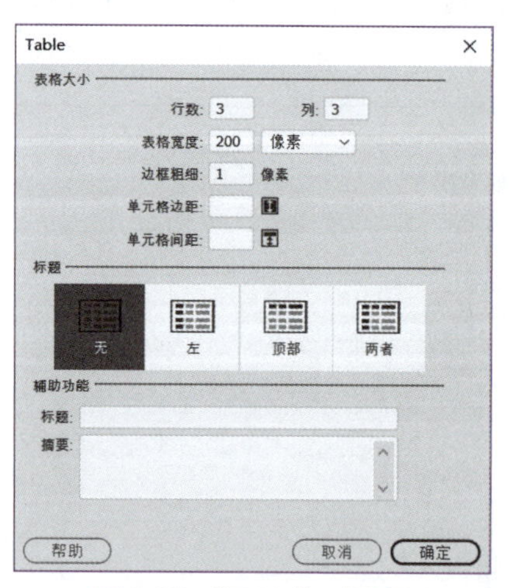

图 5-67　“Table”对话框

表5-20　“Table”对话框中主要属性的功能及含义

名　称	功　能
行数	指定表格的行的数量
列数	指定表格的列的数量
表格宽度	指定表格的宽度，默认单位为像素，也可设置表格在浏览器窗口中的占比
边框粗细	指定表格边框宽度，如不需要边框，则输入0
单元格边距	指定单元格内容与单元格边框之间的距离，单位为像素

续表

名　称	功　能
单元格间距	指定单元格与单元格之间的距离，单位为像素
标题	指定表格的第一行或第一列的单元格内容为表头格式，默认格式为文字加粗并居中对齐
辅助功能—标题	指定整个表格的上方标题文字
辅助功能—摘要	指定表格的摘要文字

5.5.3　表格的编辑

1. 表格的选择

在 Dreamweaver 中编辑某个对象，首先要选中该对象，然后在该对象的“属性”面板中进行相应的属性设置。同样，对表格进行编辑，需先选中该表格，选中表格的方法主要有以下几种：

① 单击表格上的任意一根边框线。

② 单击表格的左上角。

③ 将光标停留在该表格的任意单元格内，然后，在文档窗口左下角的标签选择器中单击 <table> 标签。

④ 将光标停留在该表格的任意单元格内，然后，执行“编辑”|“表格”|“选择表格”菜单命令。

⑤ 将光标停留在该表格的任意单元格内，表格的下方会出现绿色辅助线，单击最下方的下拉三角，在弹出的快捷菜单中，执行“选择表格”菜单命令，如图 5-68 所示。

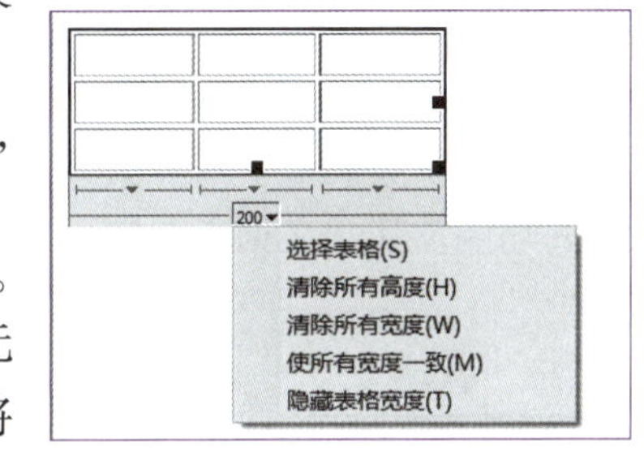

图 5-68　选择表格

对表格的单元格进行编辑，须先选中相应的单元格，选中单元格的方法主要有以下几种：

① 选择某一个单元格：将光标停留在该单元格内即可。

② 选择相邻的多个单元格：将光标停留在第一个单元格内，按住鼠标左键拖动到最后一个单元格内，或者，将光标停留在第一个单元格内，然后，按住【Shift】键单击最后一个单元格。

③ 选择不相邻的多个单元格：按住【Ctrl】键，然后，逐个单击要选择的每一个单元格，无先后次序。

对表格的行或列进行编辑，需先选中相应的行或列，选中行或列的方法主要有以下几种：

① 选择行：将光标移动到行的左边缘，当指针变成选择箭头时单击即可选中该行，按住鼠标左键上下拖动则可选中连续的多行。

② 选择列：将光标移动到列的上边缘，当指针变成选择箭头时单击即可选中该列，按住鼠标左键左右拖动则可选中连续的多列。

2. 表格的属性

选中表格，在“属性”面板中会显示与表格有关的属性，例如，行和列的数量、表格的宽度、边框的粗细、单元格的边距和间距等，如图 5-69 所示，表格的“属性”面板中主要属性的功能及其含义见表 5-21。

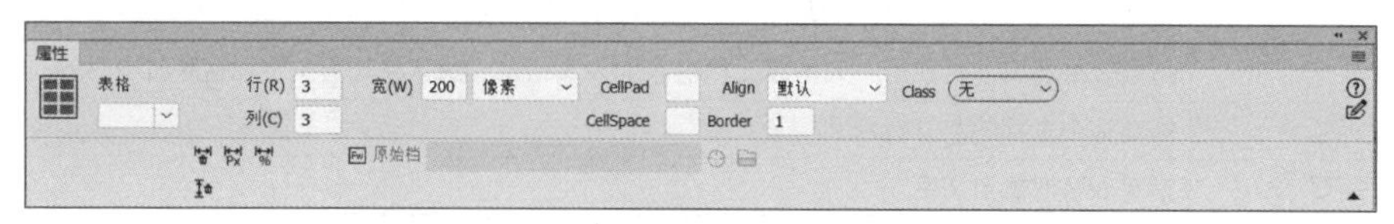

图 5-69　表格的“属性”面板

表5-21　表格的“属性”面板中主要属性的功能及其含义

名　称	功　能
表格	设置表格的名称
行	设置表格中行的数量
列	设置表格中列的数量
宽	设置表格的宽度，默认单位为像素，也可设置表格在浏览器窗口中的占比
CellPad	设置单元格中的内容与单元格边界之间的距离，以像素为单位
CellSpace	设置单元格与单元格之间的距离，以像素为单位
Align	设置表格的对齐方式
Border	设置表格边框的宽度，以像素为单位，如果不需要边框，则输入0
Class	设置是否应用类
	清除表格列的宽度
	清除表格行的宽度
	将表格宽度转换为像素
	将表格宽度转换为百分比

选中单元格，或者，将光标停留在单元格内，“属性”面板中会显示与单元格有关的属性，例如，宽度、高度、对齐方式、颜色等，如图 5-70 所示，单元格的“属性”面板中主要属性的功能及其含义见表 5-22。

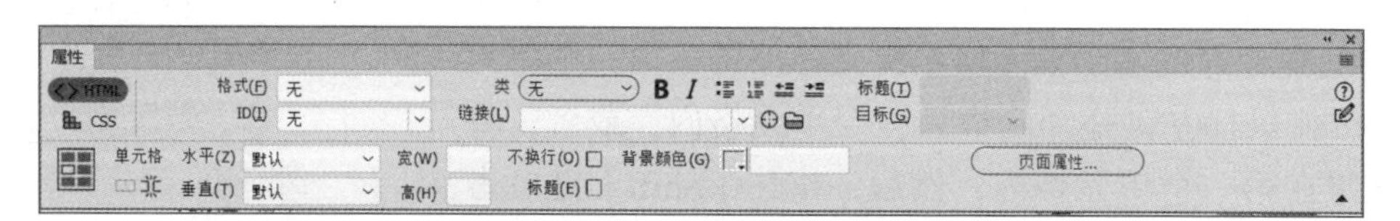

图 5-70　单元格的“属性”面板

表5-22　单元格的“属性”面板中主要属性的功能及其含义

名　称	功　能
水平	设置单元格水平对齐的方式
垂直	设置单元格垂直对齐的方式
宽	设置单元格的宽度
高	设置单元格的高度
不换行	设置单元格中的内容不会自动换行，即当内容的显示宽度大于单元格的宽度时，会继续横向显示，单元格宽度也会相应增加
标题	设置为标题单元格，标题单元格中的内容将会自动应用软件默认的标题格式，以便与其他单元格区别
背景颜色	设置单元格背景颜色

选中表格的一行或者一列，在“属性”面板中会显示与行或列有关的属性，设置界面和属性值与单元格属性设置类似，在此就不再叙述。

在 Dreamweaver 中，有些属性在表格属性、行或列属性、单元格属性中均可设置，例如，对齐方式、背景颜色等，则属性应用的优先级为：单元格的属性设置 > 行或列的属性设置 > 表格的属性设置。例如，设置行的背景颜色为粉色，设置该行的某一单元格的背景颜色为紫色，则显示效果如图 5-71 所示。

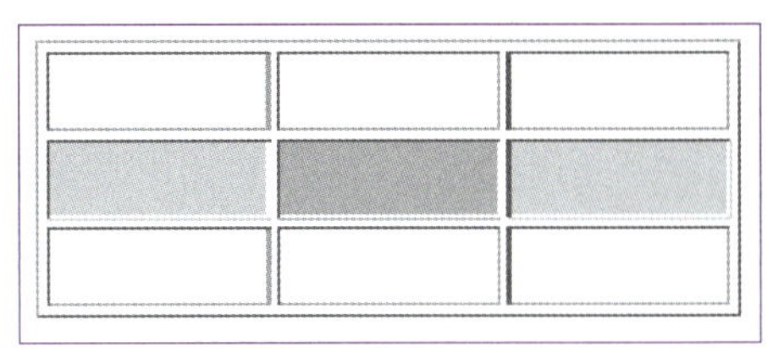

图 5-71　表格的显示效果

3. 表格的结构调整

（1）调整大小

将光标移动到表格的边线上方，当光标变成双箭头时，按住鼠标左键拖动，即可改变表格或单元格的大小。如调整表格的大小，则该表格中单元格的大小也将产生相应的改变。

在表格中调整某一列的宽度时，相邻列的宽度会相应改变，但是，表格的总宽度不会变。若希望改变该列的宽度，而其他列保持不变，可按住【Shift】键并拖动该列的边线，此时，表格的总宽度也会相应改变。

（2）插入行或列

如需要插入一行或一列，则可先选中相应的行或列，执行“编辑”|“表格”|“插入行”或者“插入列”菜单命令，即可插入新的行或列。

如需要插入多个连续的行或列，可先选中相应的行或列，执行“编辑”|“表格”|“插入行或列”菜单命令，打开“插入行或列”对话框，如图 5-72 所示，设置相应的参数，单击“确定”按钮，即可插入相应的行或列。

（3）删除行或列

如需要删除一行或一列，则可先选中相应的行或列，执行“编辑”|“表格”|“删除行”或者“删除列”菜单命令，即可删除选定的行或列。

如需要删除多个行或列，可通过按住【Ctrl】或【Shift】键选择多个行或列后再进行相应的操作。

（4）合并单元格

选中连续的单元格区域，执行“编辑”|“表格”|“合并单元格”菜单命令，或者，单击“属性”面板中的“合并单元格”图标按钮，即可将选定的多个单元格合并成一个单元格。

（5）拆分单元格

将光标停留在要拆分的单元格，执行“编辑”|“表格”|“拆分单元格”菜单命令，或者，单击“属性”面板中的“拆分单元格”图标按钮，打开“拆分单元格”对话框，如图 5-73 所示，设置相应的参数，单击“确定”按钮，即可将选定的单元格拆分成若干个单元格。

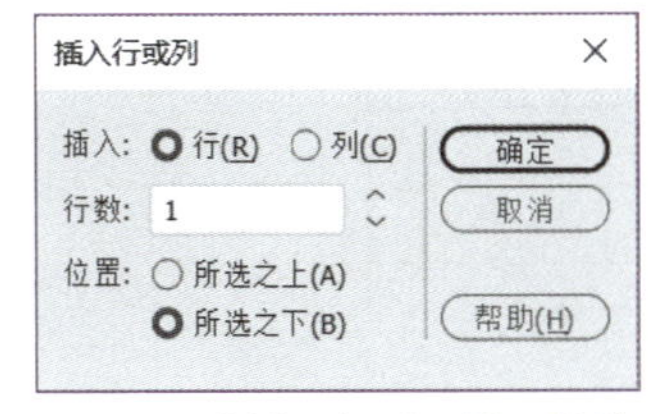

图 5-72　“插入行或列”对话框

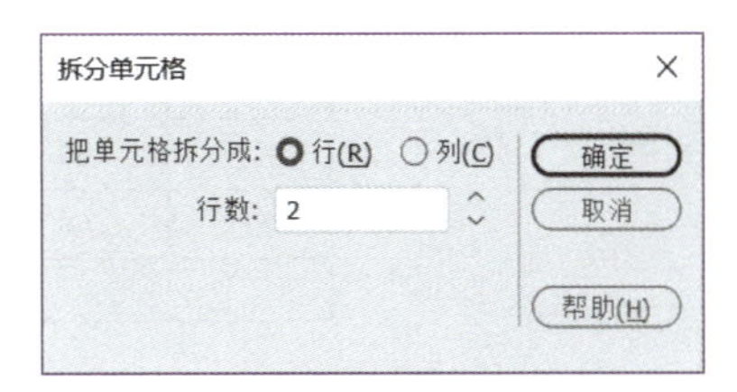

图 5-73　“拆分单元格”对话框

范例 5-5 创建“成绩表”网页

按下列要求操作，创建如图 5-74 所示的网页。

***班级成绩表				
姓名	计算机	数学	语文	备注
张三	90	80	75	
李四	95	85	85	
王五	80	70	80	
赵六	60	85	75	
成绩认定	PASSED			

图 5-74 “成绩表”网页的预览效果

制作要求如下：

1. 创建站点，站点名为“成绩表”，“本地站点文件夹”为素材所在文件夹。

在 Dreamweaver 中，执行“站点”｜“新建站点”菜单命令。在弹出的“站点设置对象”窗口中设置“站点名称”为“成绩表”，“本地站点文件夹”为素材“范例 - 成绩表”文件夹的所在路径。

2. 新建网页文件，命名为“index.html”，设置网页标题为“成绩表”。

在“文件”面板中，选择“成绩表”站点，右击后在弹出的快捷菜单中择“新建文件”命令，软件会在站点的根目录下创建一个名为“untitled.html”的网页文件，在该文件的文件名上单击，可修改文件名，将文件名改为“index.html”。

双击打开“index.html”文件，在该网页文件“属性”面板中的“文档标题”文本框中输入文本“成绩表”，按【Enter】键结束或在其他空白区域单击，即可完成网页标题的设置。

3. 创建表格，设置行数为 6 行、列数为 5 列、表格宽度为 400 像素，边框粗细为 1 像素，单元格边距为 0 像素，单元格间距为 0 像素。

将光标停留在文档窗口的第 1 行，执行“插入”｜“Table”命令，打开“Table”对话框，如图 5-75 所示，设置行数为 6 行、列数为 5 列、表格宽度为 400 像素，边框粗细为 1 像素，单元格边距为 0 像素，单元格间距为 0 像素，其他项为默认值，然后，单击“确定”按钮，则在网页中创建一个 6 行 5 列的表格。

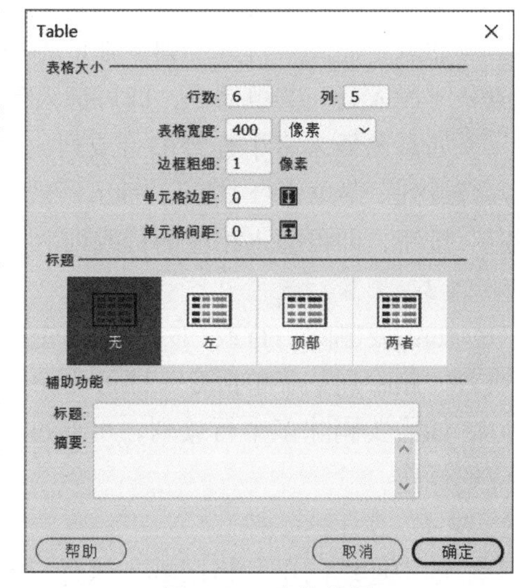

图 5-75 表格设置

4. 输入表格数据，设置表格中单元格的对齐方式为水平和垂直均居中对齐，宽度为 80，高度为 30。

将光标停留在单元格内，输入相应的文字，如图 5-76 所示。

姓名	计算机	数学	语文	备注
张三	90	80	75	
李四	95	85	85	
王五	80	70	80	
赵六	60	85	75	

图 5-76 表格文字

选中表格中的所有单元格，在“属性”面板中设置单元格的对齐方式为水平和垂直均居中对齐，宽度为80，高度为30，如图5-77所示。

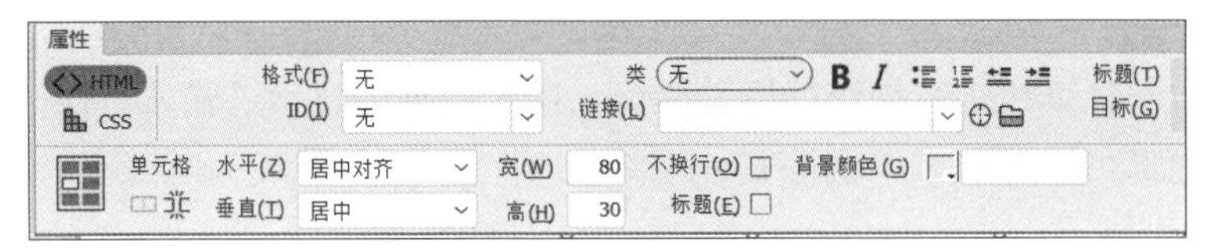

图5-77　单元格属性设置

5. 在第一行之前插入一行，合并该行中的所有单元格，输入文本“*** 班级成绩表”，水平居中对齐。

将光标停留在第一行的任意一个单元格中，执行“编辑”|“表格”|“插入行或列”菜单命令，打开“插入行或列”对话框，在“插入”选项组中选择“行”单选按钮，设置行数为1，在“位置”选项组中选择“所选之上”单选按钮，如图5-78所示，单击“确定”按钮即可插入一行。

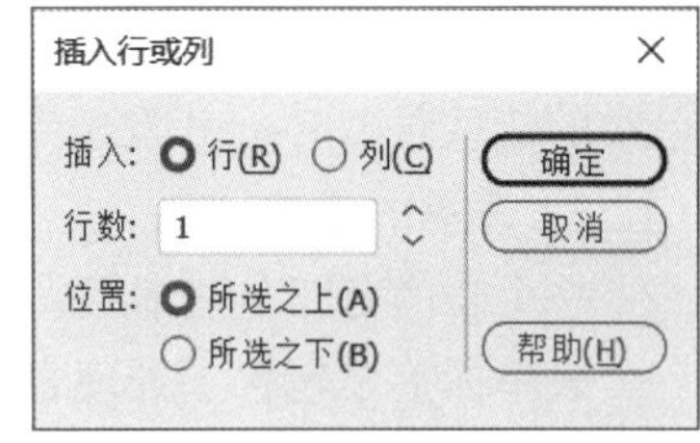

图5-78　“插入行或列”对话框

选中该行中的所有单元格，执行“编辑”|“表格”|“合并单元格”菜单命令，或者，单击“属性”面板中的“合并单元格”图标按钮，即可完成单元格的合并。

在该单元格中输入文本“*** 班级成绩表”，在“属性”面板中设置单元格的对齐方式为水平居中对齐。

6. 在最后一行的第一个单元格内输入文本“成绩认定”，合并该行的其余单元格，插入图像文件“图章.jpeg”，设置图像大小为100×100像素。

将光标停留在最后一行的第一个单元格中，输入文本“成绩认定”。

选中最后一行的其余单元格（第二～五单元格），执行“编辑”|“表格”|“合并单元格”菜单命令，或者，单击“属性”面板中的“合并单元格”图标按钮，即可完成单元格的合并。

将光标停留在合并后的单元格内，执行“插入”|“Image”菜单命令，打开“选择图像源文件”对话框，通过该对话框选择图像文件“图章.jpeg”，单击“确定”按钮即可完成图像的插入。

选择插入后的图像，在“属性”面板中可设置该图像的宽度和高度均为100像素（需解锁约束）。

7. 保存并浏览该网页，效果如图5-74所示。

5.6　表　　单

Dreamweaver可以创建带有文本框、密码框、隐藏域、文本区域、复选框、单选按钮以及其他对象的表单。在实现与用户交互中，表单是必不可少的，例如，用户注册、在线申请、调查问卷等。通过表单，用户可以把信息从客户端递交到服务器端，再由服务器端的脚本或者应用程序来进行相应的处理，从而实现站点的交互功能。

5.6.1 认识表单

1. 表单的概念

表单是用户与计算机进行交流的屏幕界面，用于数据的显示、输入、修改，属于容器类对象，在表单内部可以添加文本框等多种对象。

2. 表单的作用

表单的主要作用就是传递信息，它可以将信息从客户端递交到服务器端，从而实现站点的交互功能。用户输入表单内容，完成表单信息的填写后，用户可以通过单击表单内的递交按钮将所填写的信息发送到指定的服务器端。通常，实现表单功能，还需要在服务器端设置一定的脚本或应用程序，使之能够在接收客户端的信息后，根据不同的信息做出相应的操作，如果不使用服务器端脚本或应用程序，就无法对表单信息进行处理。当然，我们也可以将表单中的信息通过 E-mail 发送到某个指定的电子邮箱中。

3. 表单的组成

一个表单有三个基本组成部分：表单标签、表单域和表单按钮。

表单标签：包含了处理表单数据所用的 URL 以及将数据提交到服务器的方法。其主要的功能是用于申明表单，定义采集信息的范围。

表单域：包含了文本框、密码框、隐藏域、文本区域、复选框、单选按钮等。其主要功能是用于采集用户的输入或选择的信息。

表单按钮：包括提交按钮、重置按钮和一般按钮，用于将数据传送到服务器上的处理脚本或者重置输入，还可以用表单按钮来控制其他自定义的脚本处理工作。

4. 表单的标记

表单用 <form> </form> 标记来创建，在该标记之间的部分都属于表单的内容，<form> 标记具有 action、method、target 等属性。

当用户单击递交按钮后，<form> 和 </form> 之间包含的信息将被提交到服务器或者电子邮箱里。表单标记的属性设置见表 5-23。

表5-23 表单标记的属性设置

项　目	功能或含义
ACTION =URL	指定递交表单的目标程序，可以是服务器上的脚本，也可以是一个电子邮箱
METHOD = GET|POST	指定表单的递交方式。 默认为GET，传递时把信息直接加在URL后面，传递过程中可以看到传递的值。 POST，信息不作为URL的一部分被传送，而是放在实际的HTTP请求消息内部被传送，传递过程中看不到传递的值
ENCTYPE="MIME"	规定在发送到服务器之前应该如何对表单信息进行编码。 默认为application/x-www-form-urlencoded，在发送前编码所有字符。 multipart/form-data，不对字符编码。在表单包含文件上传控件时，必须使用该值。 text/plain，空格转换为加号“+”，但不对特殊字符编码
TARGET="..."	指定表单信息处理后显示结果的网页打开的位置。 _blank：在一个新浏览器窗口打开指定文件。 _self：在指向这个目标元素的相同框架中打开指定文件。 _parent：当前框架的父框架中打开指定文件，如当前框架没有父框时等价于_self _top：在当前浏览器窗口中打开指定文件

例如：表单代码为 ＜ form action="http://www.xxx.com/test.asp" method="post" target="_blank" ＞ … ＜ /form ＞，表示该表单将向“http://www.xxx.com/test.asp”以“post”的方式提交用户所填入的表单信息，提交的结果在新的页面中显示，数据提交的媒体方式是默认的“application/x-www-form-urlencoded”方式。

5.6.2　表单的创建

在 Dreamweaver 中创建表单，将光标停留在需要插入表单的位置，然后，执行“插入”|“表单”|“表单”菜单命令，如图 5-79 所示。

当建立一个表单后，网页上会出现一个红色的虚线框，该虚线框就是插入的表单区域，之后创建的所有表单对象都必须放置在该红色虚线框内，只有放置在该红色虚线框内的表单信息才能递交到指定服务器中，由相应的脚本或者应用程序来处理。如没有显示该虚线框，可勾选“查看”|“设计视图选项”|“可视化助理”|“不可见元素”菜单选项来显示表单的红色虚线框。

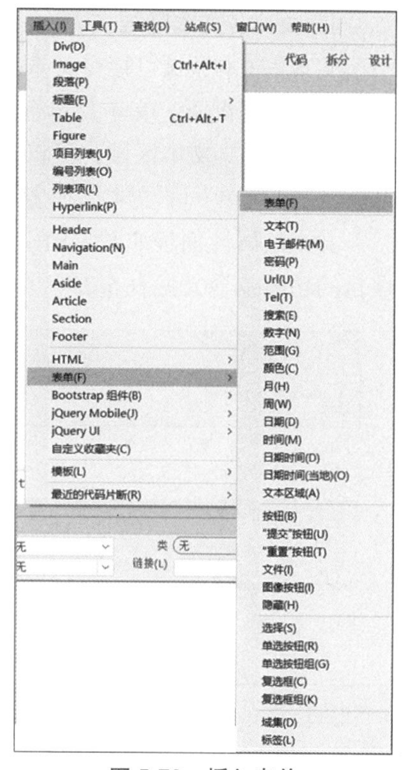

图 5-79　插入表单

单击红色虚线框，属性面板中会出现表单的属性，如图 5-80 所示，属性面板中各个项目的功能及含义见表 5-24。

图 5-80　表单属性面板

表5-24　表单属性面板中各项目的功能及含义

项　目	功能或含义
ID	指定表单的名称，通过该名称可调用表单，如服务器端脚本或应用程序
Action	指定表单信息的处理方式，即递交表单后怎样处理填写的信息，可通过E-mail，也可将填完的信息递交给服务器端程序处理
Method	指定表单信息的传输方式，可选择Post或者Get
Class	指定应用在表单上的类

5.6.3　表单对象

在 Dreamweaver 中，表单输入类型称为表单对象。任何表单对象，如文本框、密码框、隐藏域、文本区域、复选框、单选按钮等，都必须在表单的红色虚线框内，否则，递交表单信息时，不在虚线框内的对象信息将无法进行处理。

1. 文本 / 文本区域

文本 / 文本区域可接受文本类型的信息，输入的文本可以明码或者密码形式显示，从外形看，默认情况下，文本是单行形式，文本区域是多行形式，其他功能大致相同。

插入文本 / 文本区域，可将光标停留在需要插入文本或者文本区域的位置，然后，执行"插入" | "表单" | "文本"或者"文本区域"菜单命令。

文本的属性面板如图 5-81 所示，文本区域的属性面板如图 5-82 所示，属性面板中各个项目的功能及含义见表 5-25。

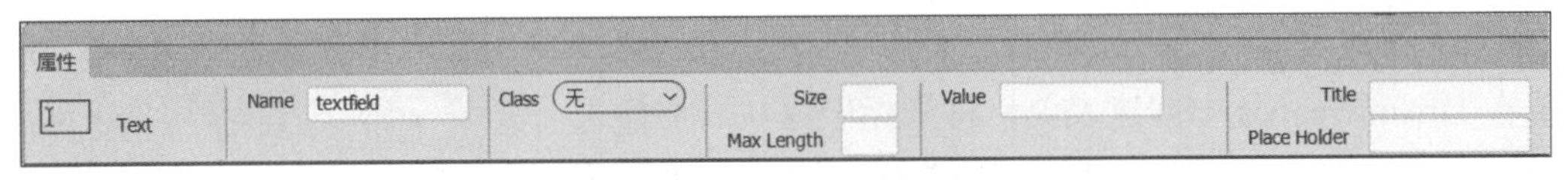

图 5-81 文本的属性面板

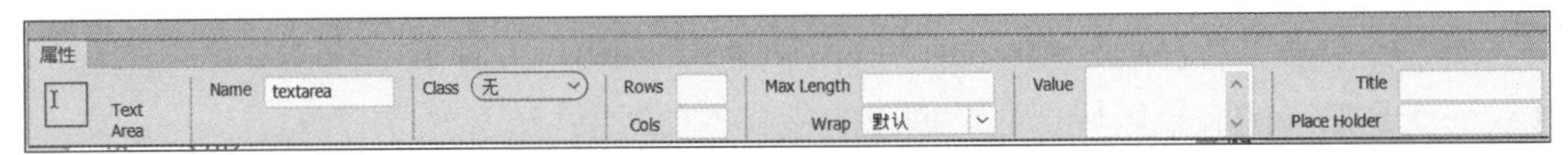

图 5-82 文本区域的属性面板

表5-25 文本/文本区域的属性面板中各项目的功能及含义

项 目	功能或含义
Name	指定文本/文本区域的名称
Class	指定应用于该对象的类
Size	指定最多可显示的字符数
Max Length	指定最多可输入的字符数
Value	指定在首次载入表单时域中显示的值
Rows	指定文本区域的行数，即高度
Cols	指定文本区域的列数，即宽度

【注意】执行"插入" | "表单" | "密码"菜单命令可插入一个文本框，在该文本框中输入任何字符均显示"●"，其余属性与普通文本框类似。

2. 单选按钮 / 单选按钮组

单选按钮是可为用户提供选择的按钮，每个单选按钮都有自己的名称，Dreamweaver 按照名称分组，当名称相同时即为同一组，同一组中的单选按钮，最多只能有一个单选按钮"已勾选"，不同组（名称不同）之间互不影响。

插入单选按钮，可将光标停留在需要插入单选按钮的位置，然后，执行"插入" | "表单" | "单选按钮"菜单命令。

单选按钮的属性面板如图 5-83 所示，属性面板中各个项目的设置见表 5-26。

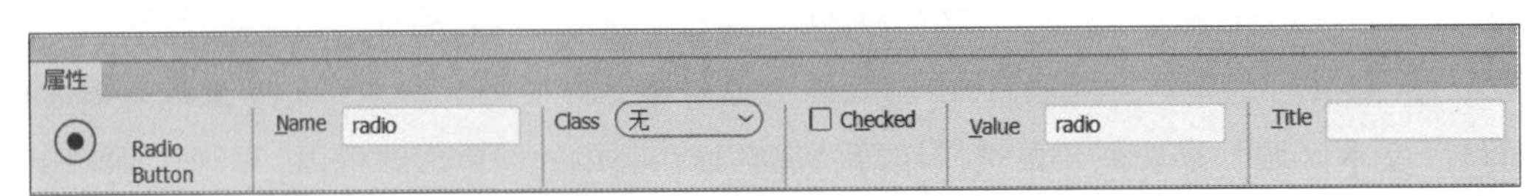

图 5-83 单选按钮的属性面板

表 5-26　单选按钮的属性面板中各项目的功能及含义

项　目	功能或含义
Name	指定单选按钮的名称。如果是同一组单选按钮，需要将这些按钮的名称设置成同一个
Class	指定应用于该对象的类
Checked	指定当表单显示时，该单选按钮是否已被选中
Value	指定当该单选按钮被选中时发送给服务器的信息

单选按钮组可为用户提供一组单选按钮（按钮数量可自定义），在同一组按钮内，用户同一时间只可选择一个选项。单选按钮组设置与单选按钮类似，在此不再叙述。“单选按钮组”对话框如图 5-84 所示。

图 5-84　“单选按钮组”对话框

3. 复选框 / 复选框组

复选框可为用户提供选择的按钮，用户可同时选择多个选项。插入复选框,可将光标停留在需要插入复选框的位置,然后执行“插入”|“表单”|“复选框”菜单命令。

复选框的属性面板如图 5-85 所示，属性面板中各个项目的设置见表 5-27。

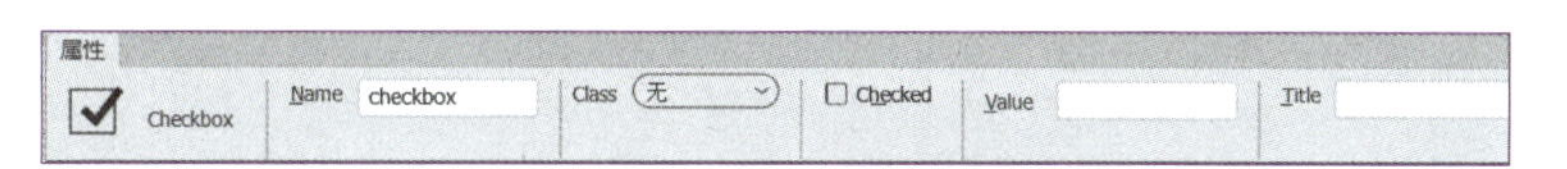

图 5-85　复选框的属性面板

表5-27　复选框的属性面板中各项目的功能及含义

项　目	功能或含义
Name	指定复选框的名称
Class	指定应用于该对象的类
Checked	指定当表单显示时，该复选框是否已被选中
Value	指定当该复选框被选中时发送给服务器的信息

复选框组可为用户提供一组复选框按钮（按钮数量可自定义），复选框组设置与复选框类似，在此不再叙述。“复选框组”对话框如图 5-86 所示。

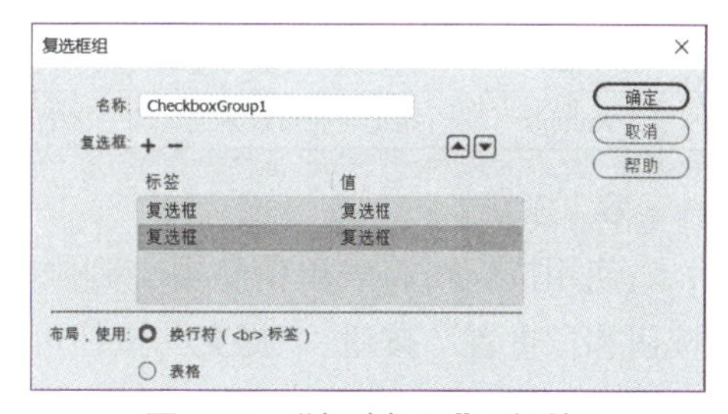

图 5-86　“复选框组”对话框

4. 选择

选择可为用户提供选择的下拉列表，用户可在列表内选择所需要的选项。插入选择，可将光标停留在需要插入选择的位置，然后，执行“插入”|“表单”|“选择”菜单命令。

选择的属性面板如图 5-87 所示，属性面板中各个项目的设置见表 5-28。

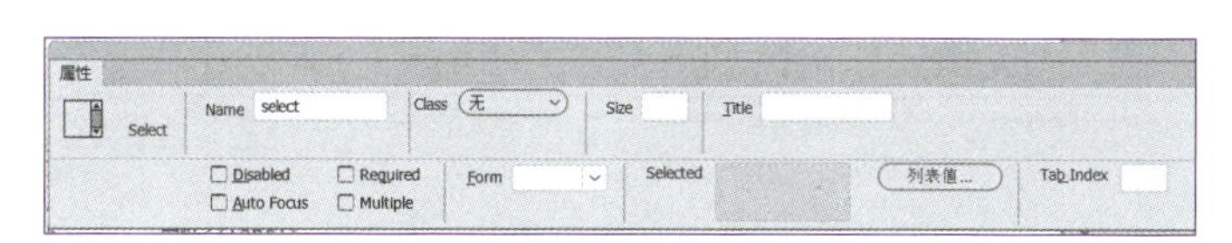

图 5-87　选择的属性面板

表5-28 选择的属性面板中各项目的功能及含义

项目	功能或含义
Name	指定选择的名称
Class	指定应用于该对象的类
Size	指定该对象的大小
列表值	按钮形式，单击会打开“列表值”对话框，通过对话框可以设置显示的项目
Selected	指定显示时，默认被选中的项目

单击属性面板中的“列表值…”按钮，打开“列表值”对话框，如图 5-88 所示，在该对话框中可设置下拉列表中的选项。

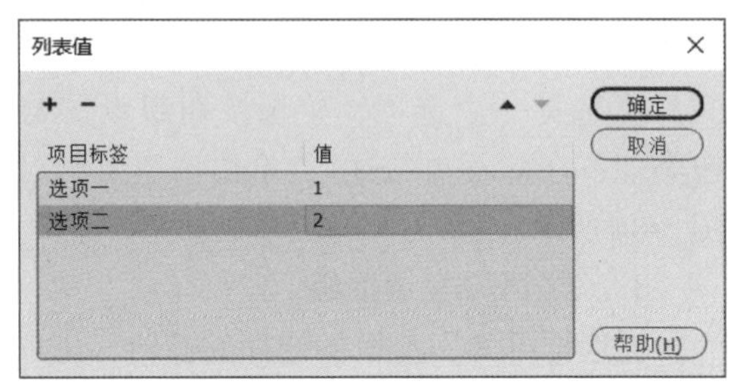

图 5-88 “列表值”对话框

5. 文件域

文件域可为用户提供上传文件的功能，它包括一个文本域和一个“浏览”按钮，用户可以在文本域输入所要上传的文件的路径和文件名，也可以通过“浏览”按钮定位和选择所需的文件。当然，要完成该功能，还需要服务器端相应的脚本支持。

插入文件域，可将光标停留在需要插入文件域的位置，然后执行“插入”|“表单”|“文件”菜单命令。

文件域的属性面板如图 5-89 所示，属性面板中各个项目的设置见表 5-29。

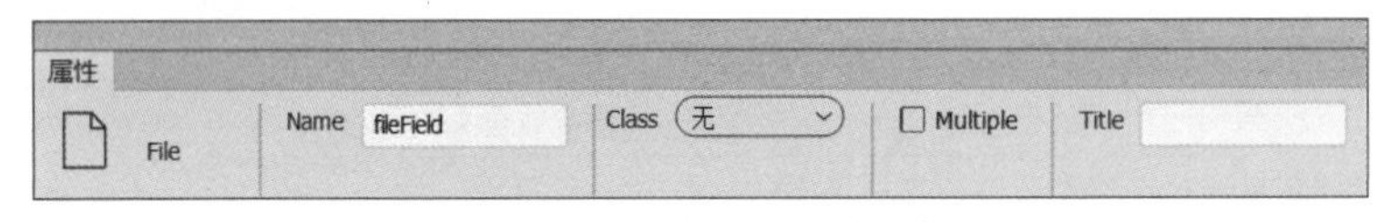

图 5-89 文件域的属性面板

表5-29 文件域的属性面板中各项目的功能及含义

项目	功能或含义
Name	指定文件域的名称
Class	指定应用于该对象的类
Multiple	指定是否可以多选，即一次上传多个文件

6. 按钮

使用按钮可将表单信息提交到服务器端，或者重置该表单。常用的表单按钮有“提交”按钮和“重置”按钮。“提交”按钮可将表单内的信息递交到服务器端，“重置”按钮可将表单内已填写的信息恢复至默认设置。

插入“递交”按钮，可将光标停留在需要插入按钮的位置，然后执行“插入”|“表单”|“‘递交’按钮”菜单命令。

“递交”按钮的属性面板如图 5-90 所示，属性面板中各个项目的设置见表 5-30。

图 5-90 “递交”按钮的属性面板

表5-30 “递交”按钮的属性面板中各项目的功能及含义

项　目	功能或含义
Name	指定按钮的名称
Class	指定应用于该对象的类
Value	指定按钮上显示的文本内容

“重置”按钮操作类似，在此不再叙述。

范例 5-6 创建“用户注册”网页

按下列要求操作，创建如图 5-91 所示的网页。

制作要求如下：

1. 创建站点，站点名为“用户注册”，“本地站点文件夹”为素材所在文件夹。

在 Dreamweaver 中，执行“站点”｜“新建站点”菜单命令。在弹出的“站点设置对象”窗口中设置“站点名称”为“用户注册”，“本地站点文件夹”为素材“范例 - 用户注册”文件夹的所在路径。

图 5-91 “用户注册”网页的预览效果

2. 打开并编辑网页“index.html”，设置网页标题为“用户注册”。

在“文件”面板中，选择“用户注册”站点，双击打开“index.html”文件，在该网页文件的“属性”面板中的“文档标题”文本框中输入文本“用户注册”，按【Enter】键结束或在其他空白区域单击，即可完成网页标题的设置。

3. 在网页第一行输入文本“用户注册”，设置该文本的格式为加粗，24 像素，居中对齐。

输入文本“用户注册”，选中文本，在“属性”面板中进行相应设置，其中，文本加粗在“HTML”选项卡中设置，文本大小 24 像素和居中对齐在“CSS”选项卡中设置。

4. 在网页第三行插入表单。

在“用户注册”文本后输入两个段落符号（回车符）。

将光标停留在网页第 3 行，执行“插入”|“表单”|“表单”菜单命令，出现红色虚线框，该虚线框即为表单的范围，之后所有的表单内容均须包含在该红色虚线框内。

5. 在表单内插入用户名文本框，设置其宽度为 20 个字符。

将光标停留在表单第一行（红色虚线框内），执行“插入”|“表单”|“文本”菜单命令。修改文本框前的文本为“用户名：”。选中文本框，在属性面板中设置“Size”的值为 20。

6. 在表单内插入密码框。

将光标停留在表单第二行，执行“插入”|“表单”|“密码”菜单命令。修改文本框前的文本为“密码：”。

7. 在表单内插入性别单选按钮组，选项分别为“男性”和“女性”，使用换行符布局，默认选择“女性”选项。

将光标停留在表单第三行，执行“插入”|“表单”|“单选按钮组”菜单命令。在打开的“单选按钮组”对话框中设置选项和布局方式，如图 5-92 所示。在单选按钮组的前面输入文本“性别：”。在第一个选项“男性”后面删除换行符，使两个选项能在同一行中显示。

选中“女性”选项前的单选按钮，在“属性”面板中勾选“Checked”。

8. 在表单内插入年龄列表，年龄列表中的选项依次为:“20 岁以下”“20-39 岁”“40-59 岁”“60 岁及以上”，默认选项为“20-39 岁”。

将光标停留在表单第四行，执行“插入”|“表单”|“选择”菜单命令。修改选择框前的文本为“年龄：”。

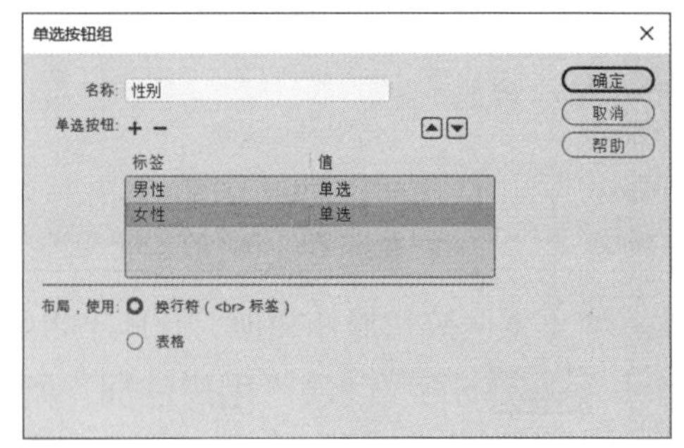

图 5-92　单选按钮组的设置

选中选择框，单击“属性”面板中的“列表值…”按钮，打开“列表值”对话框，在该对话框中设置选项，如图 5-93 所示。

在属性面板中的“Selected”列表框中选中“30-39 岁”选项，如图 5-94 所示。

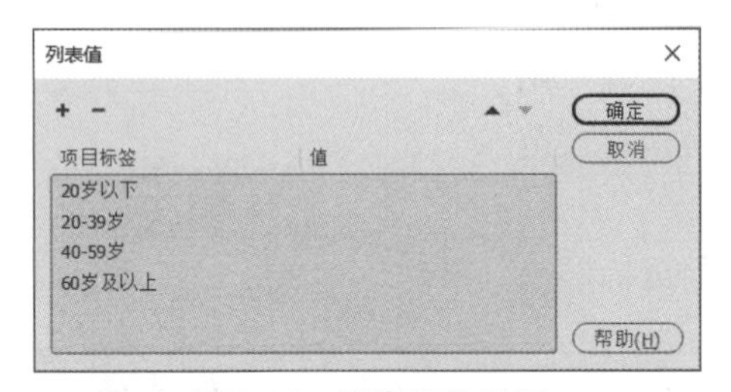

图 5-93　列表值的设置

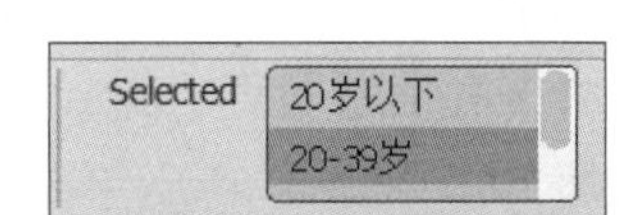

图 5-94　默认选项设置

9. 在表单内插入爱好复选框组，选项为“旅游”“唱歌”“阅读”，使用换行符布局，默认选择“旅游”和“唱歌”。

将光标停留在表单第五行，执行“插入”|“表单”|“复选框组”菜单命令。在打开的“复选框组”对话框中设置选项和布局方式，如图 5-95 所示。在复选框组的前面输入文本“爱好：”。在第一选项和第二选项的后面删除换行符，使选项能在同一行中显示。

选中“旅游”选项前的复选框，在“属性”面板中勾选“Checked”。“唱歌”选项同样操作。

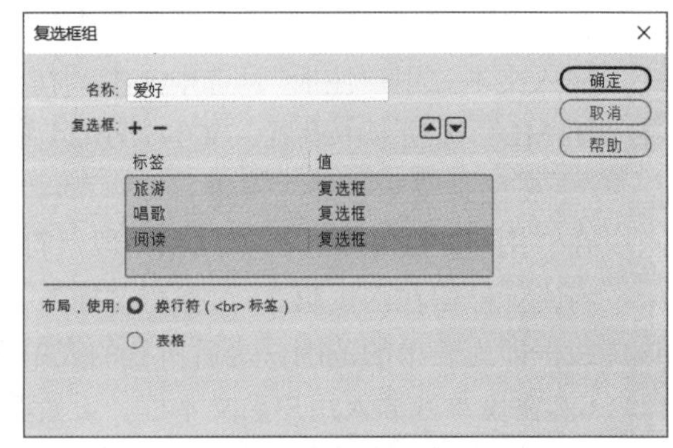

图 5-95　“复选框组”对话框

10. 在表单内插入备注文本区域，文本区域宽度为 20 个字符，行数为 3。

将光标停留在表单第六行，执行“插入”|“表单”|“文本区域”菜单命令。修改文本区域前的文本为“备注:”。选中文本区域，在“属性”面板中设置“Rows”的值为 3，“Cols”的值为 20。

11. 在表单内插入递交按钮和重置按钮。

将光标停留在表单第七行，执行“插入”|“表单”|“‘递交’按钮”菜单命令。

将光标停留在递交按钮的后面，执行“插入”|“表单”|“‘重置’按钮”菜单命令。

12. 保存并浏览该网页，效果如图 5-91 所示。

5.7 站点发布

制作好的网站需要发布后，用户才能通过网络进行访问和浏览。网站的发布需要使用Web服务器，用户需要通过访问指定的服务器地址，即网址，才能浏览网站内的内容。

5.7.1 Web服务器

Web服务器也称为WWW（World Wide Web）服务器，在网络中为实现信息发布、资料查询、数据处理等诸多应用搭建平台的服务器。Web服务是响应来自Web浏览器的请求以提供Web网页内容，因此，Web服务器也称为HTTP服务器。

Web服务器在处理Web页面请求时大致可分为三个步骤，第一步，Web浏览器向一个特定的服务器发出Web页面请求；第二步，Web服务器接收到Web页面请求后，寻找所请求的Web页面（文档），并将所请求的Web页面传送给Web浏览器；第三步，Web浏览器接收到所请求的Web页面，并将它显示出来，如图5-96所示。

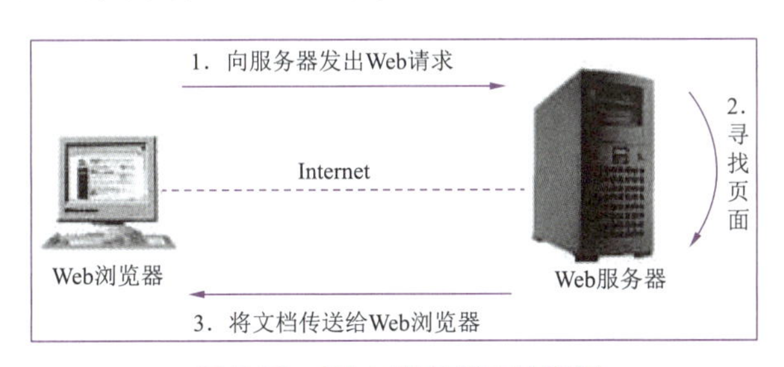

图5-96 Web服务器工作流程

5.7.2 IIS

Microsoft的Web服务器产品为Internet Information Server（IIS），IIS是在网络上发布信息的Web服务器应用程序，是目前较为流行的Web服务器软件产品之一，很多著名的网站都是建立在IIS的平台上的。

IIS提供了一个图形界面的管理工具，称为Internet信息服务管理器，可用于监视配置和控制Web服务的发布。IIS是Web服务组件，其包含了Web服务器、FTP服务器、NNTP服务器和SMTP服务器等，分别用于网页浏览、文件传输、新闻服务和邮件发送服务等，它使得在网络（包括互联网和局域网）上发布信息成了一件容易的事。在此，以IIS中的Web服务为例进行介绍。

在Windows中只需添加IIS，便可实现Web服务。IIS是Windows操作系统自带的组件，该组件在安装操作系统的时候默认是不安装的，如果有需要可自行安装。

在Windows中安装IIS，可在控制面板中选择“程序”|“启用或关闭Windows功能”，在打开的“Windows功能”对话框中勾选“Internet Information Services”，如图5-97所示，单击“确定”按钮即可完成IIS组件的安装。

当安装了IIS后，系统将在C盘根目录下建立Inetpub文件夹，如果没有该文件夹，可能 IIS 组件安装会出现问题，建议重新安装该组件。

IIS 安装成功后，可打开浏览器，在地址栏中输入 localhost，浏览器中将显示 IIS 的欢迎界面，如图 5-98 所示。

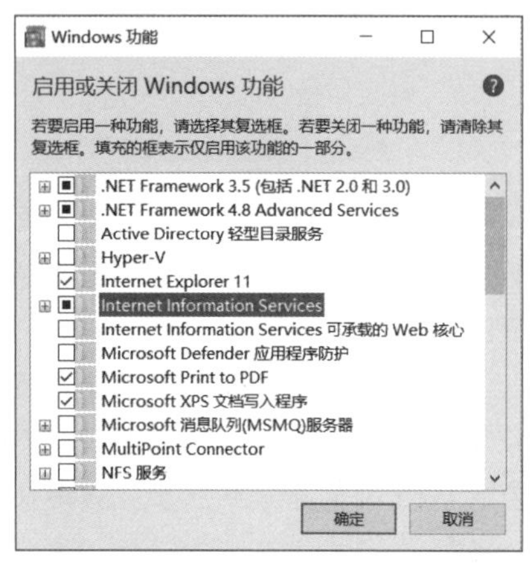

图 5-97 “Windows 功能”对话框

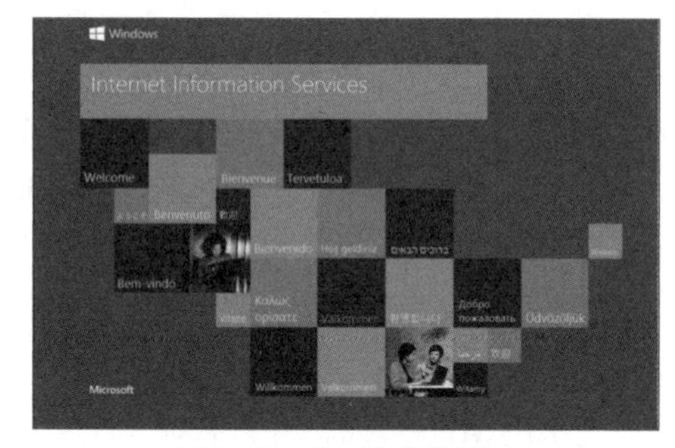

图 5-98 IIS 的欢迎界面

用户也可以通过在浏览器的 URL 中指定 wwwroot 下的文件来打开所需的网页，例如，c:\Inetpub\wwwroot 下建立 test 文件夹，然后，在该文件夹下建立 index.html 网页，则该网页在计算机中的路径为 c:\Inetpub\wwwroot\test\index.html，如需要通过浏览器访问显示该网页，则需在浏览器的地址栏中输入 http://localhost/test/index.html。

在默认情况下，Web 服务器的域名就是该计算机的名字，例如，计算机的名字为 ABC，则在测试 IIS 的时候，可以用计算机名字来代替 localhost，例如，http://localhost/index.html，可以写成 http:// ABC/index.html，这两个 URL 的功能是一样的。

在安装好 IIS 后，可以对网站进行相应的配置。在“控制面板”中选择“管理工具”，再选择“Internet 信息服务（IIS）管理器”，在打开的“Internet 信息服务（IIS）管理器”对话框中可以对 Web 服务器的相关属性进行相应的设置，也可以增加新的网站，如图 5-99 所示。

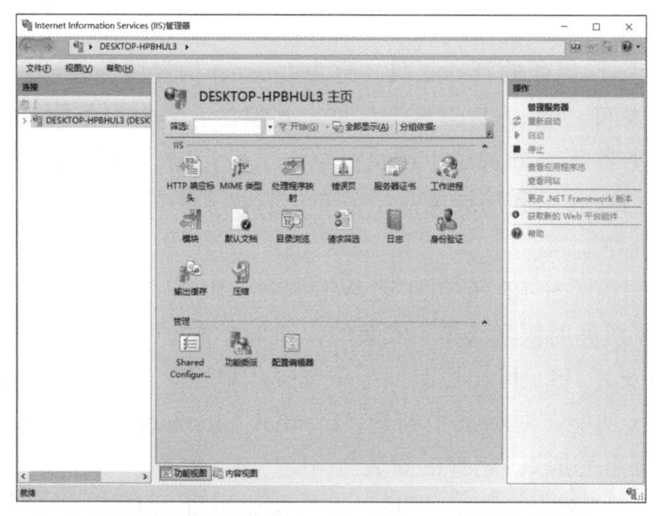

图 5-99 Internet Information Server（IIS）管理器

5.8　综合案例

创建“玫瑰世界”网页

按下列要求操作，创建如图 5-100 所示的网页。

图 5-100　“玫瑰世界”网页的预览效果

制作要求如下：

1. 创建站点，站点名为“玫瑰世界”，“本地站点文件夹”为素材所在文件夹。

在 Dreamweaver 中，执行“站点”｜“新建站点”菜单命令。在弹出的“站点设置对象”窗口中设置“站点名称”为“玫瑰世界”，“本地站点文件夹”为素材“范例 - 玫瑰世界”文件夹的所在路径。

2. 打开并编辑网页“index.html”，设置网页标题为“玫瑰世界”。

在“文件”面板中，选择“玫瑰世界”站点，双击打开“index.html”文件，在该网页文件的“属性”面板中的“文档标题”文本框中输入文本“玫瑰世界”，按【Enter】键结束或在其他空白区域单击，即可完成网页标题的设置。

3. 设置网页的“变换图像链接”为紫色（#5D55EE）、“已访问链接”为红色（#F7000C）、“活动链接”为粉色（#EE73EE），链接始终无下划线。

执行“文件”|“页面属性”菜单命令，打开“页面属性”对话框，在“链接（CSS）”分类中进行设置，设置“变换图像链接”为紫色（#5D55EE）、“已访问链接”为红色（#F7000C）、“活动链接”为粉色（#EE73EE），链接始终无下划线，然后，单击“确定”按钮。

4. 插入一个 2 行 1 列的表格，表格的宽度为 700 像素，边框粗细、单元格边距和单元格间距均为 0，对齐居中，拆分第二行单元格为 1 行 7 列。

执行“插入”｜“Table”命令，打开“Table”对话框，设置行数为 2 行、列数为 1 列、表格宽度为 700 像素，边框粗细为 0 像素，单元格边距为 0 像素，单元格间距为 0 像素，其他项为默认值，然后单击“确定”按钮。

选中表格，在“属性”面板中设置“Align”的值为“居中对齐”。

将光标停留在表格第二行的单元格内，执行“编辑”｜“表格”｜“拆分单元格”菜单命令，在打开的“拆分单元格”对话框中，设置“把单元格拆分成”为“列”，“列数”为“7”。

5. 设置表格第一行单元格的高度为 100 像素，背景色为灰色（#999999），在该单元格中输入文本“玫瑰世界”，设置文字为黑体，大小为 60 像素，颜色分别为红色（#E30307）、紫色（#3005F5）、白色（#FFFFFF）、红色（#E30307），在 4 个字之间各加上一个空格，设置文本在该单元格内水平和垂直均居中对齐。

将光标停留在表格第一行的单元格内，在“属性”面板中设置“高”的值为“100”，“背景颜色”的值为“灰色（#999999）”。

在该单元格中输入文本“玫瑰世界”，选中文本，在“属性”面板中设置“字体”为“黑体”，“大小”为“60px”。选中第一个文本“玫”，在“属性”面板中设置“文本颜色”为“红色（#E30307）”，类似的操作，设置后三个文本的颜色分别为紫色（#3005F5）、白色（#FFFFFF）、红色（#E30307）。在 4 个文字之间各加上一个空格。

将光标停留在表格第一行的单元格内，在“属性”面板中设置“水平”的值为“居中对齐”，“垂直”的值为“居中”。

6. 设置表格第二行单元格的高度为 40 像素，对齐方式为水平和垂直均居中对齐。在单元格内输入七组文本，分别为“红玫瑰”“白玫瑰”“黄玫瑰”“蓝玫瑰”“玫瑰花册”“文件下载”“联系我们”，分别设置前六组文本超链接到“red.html”“white.html”“yellow.html”“blue.html”“hua/pages/ 白玫瑰 _jpg.htm”“xiazai.rar”。

选中表格第二行的单元格，在“属性”面板中设置“高”的值为“40”，“水平”的值为“居中对齐”，“垂直”的值为“居中”。

分别在 7 个单元格内输入文本“红玫瑰”“白玫瑰”“黄玫瑰”“蓝玫瑰”“玫瑰花册”“文件下载”“联系我们”。

选中文本“红玫瑰”，在“属性”面板中设置“链接”的值为“red.html”，类似的操作，设置后五组文本的链接分别为“white.html”“yellow.html”“blue.html”“hua/pages/ 白玫瑰 _jpg.htm”“xiazai.rar”。

7. 设置表格第二行第七列单元格中的文本为电子邮件链接，单击该文本能打开电子邮件软件发送邮件到 abc@abc.com 邮箱。

选中文本“联系我们”，在“属性”面板中设置“链接”的值为 mailto:abc@abc.com，或者选中文本，执行“插入”｜“HTML”｜“电子邮件链接”菜单命令，打开“电子邮件链接”对话框，设置“电子邮件”为 abc@abc.com，然后单击“确定”按钮。

8. 在表格下方插入一条水平线，宽度为 700 像素，居中对齐。

将光标停留在表格的右侧，输入一个段落符号（回车）。

执行“插入”｜“HTML”｜“水平线”菜单命令插入一条水平线。选中该水平线，在“属性”面板中设置“宽”的值为“700”，“对齐”的值为“居中对齐”。

9. 在水平线下方添加日期，星期的格式为“星期四”，日期的格式为“1974 年 3 月 7 日”，不显示时间，要求日期能够自动更新，并居中显示。

将光标停留在水平线右侧，输入一个段落符号（回车）。

执行“插入”|“HTML”|“日期”菜单命令，打开“插入日期”对话框，设置“星期格式”为“星期四”，“日期格式”为“1974 年 3 月 7 日”，“时间格式”为“不要时间”，勾选“存储时自动更新”，然后单击“确定”按钮。

选中文本，在“属性”面板中选中“居中对齐”。

10. 在日期下方插入一条水平线，宽度为 700 像素，居中对齐。

操作同步骤 8，也可将步骤 8 中的水平线复制到此处。

11. 在水平线下方插入一个 3 行 3 列的表格，表格的宽度为 700 像素，边框粗细、单元格边距和单元格间距均为 0，对齐居中。

将光标停留在水平线右侧，输入一个段落符号（回车）。

执行“插入”|“Table”命令，打开“Table”对话框，设置行数为 3 行、列数为 3 列、表格宽度为 700 像素，边框粗细为 0 像素，单元格边距为 0 像素，单元格间距为 0 像素，其他项为默认值，然后单击“确定”按钮。

选中表格，在“属性”面板中设置“Align”的值为“居中对齐”。

12. 在表格的第一行第一列单元格中插入鼠标经过图像，原始图像文件为“images/red3.jpg”，鼠标经过图像文件为“images/white.jpg”，替换文本为“红与白玫瑰（鼠标经过图像）”。

将光标停留在表格的第一行第一列单元格中，执行“插入”|“HTML”|“鼠标经过图像”菜单命令，打开“插入鼠标经过图像”对话框，设置原始图像文件为“images/red3.jpg”，鼠标经过图像文件为“images/white.jpg”，替换文本为“红与白玫瑰（鼠标经过图像）”，然后单击“确定”按钮。

13. 在表格的第一行第二列的单元格中制作字幕向上滚动的效果，文本素材为“文本素材\玫瑰.txt”文件中的文本，设置文本的字体为宋体、大小 14 像素，红色（#E30307），后四行文本为项目列表格式。

将“文本素材\玫瑰.txt”文件中的文本复制到表格第一行第二列的单元格中。

选中该单元格，在“属性”面板中设置“字体”的值为“宋体”，“大小”为“14”，“文本颜色”为“红色（#E30307）”。

选中后四行文本，在“属性”面板中选中“项目列表”。

切换的“代码”窗口，在该段文本的上方添加代码 <marquee direction="up">，在文本的后方添加代码 </marquee>，如图 5-101 所示。

14. 在表格的第 1 行第 3 列单元格中插入“images/red4.jpg”图像文件，在该图像的红色花朵上建立一个圆形热区，单击该区域可在新建窗口中打开“red.html”网页文件。

将光标停留在表格的第一行第三列单元格中，执行“插入”|“Image”菜单命令，打开“选择图像源文件”对话框，选择“images/red4.jpg”图像文件，然后单击“确定”按钮。

选中插入的图像，在“属性”面板下方的热点工具中选取“多边形热点工具”，用鼠标在图像上画出热点区域，如图 5-102 所示，选中热点，在“热点”的“属性”面板中，设置“链接”的值为“red.html”，“目标”的值为“_blank”。

```
<marquee direction="up">
  <p>此段文本向上字幕滚动 </p>
  <ul>
    <li>红玫瑰代表热情真爱; </li>
    <li>黄玫瑰代表珍重祝福;  </li>
    <li>白玫瑰代表纯洁天真; </li>
    <li>蓝玫瑰代表敦厚善良善; </li>
  </ul>
</marquee>
```

图 5-101 文本向上字幕滚动的代码

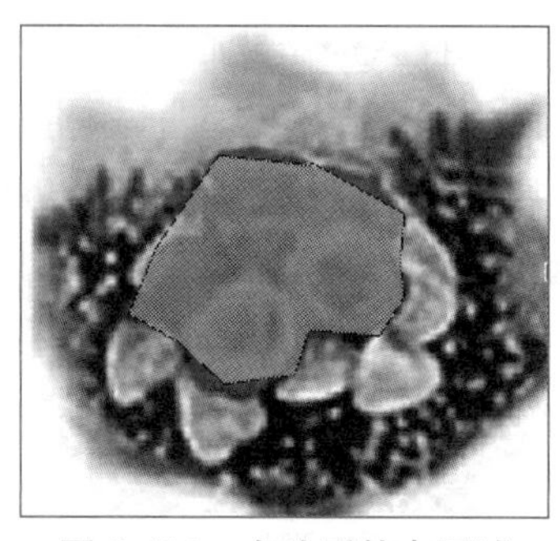

图 5-102 多边形热点区域

15. 合并表格第二行的三个单元格，插入一条蓝色的水平线。

将光标停留在表格第二行的单元格内，执行“编辑”|“表格”|“合并单元格”菜单命令。

执行“插入”|“HTML”|“水平线”菜单命令插入一条水平线。选中该水平线，单击“属性”面板最右侧的“快速标签编辑器”图标按钮，在打开的“编辑标签”对话框中输入设置颜色的代码 <hr color="blue">。

16. 在表格的第三行第一列单元格中输入文本“友情链接：www.abc.com”。单击网址可在新建窗口中打开网页文件。

在表格的第三行第一列单元格中输入文本“友情链接：www.abc.com”，选中网址文本“www.abc.com”，在“属性”面板中，设置“链接”的值为“http://www.abc.com”。

17. 在表格的第三行第二列单元格中输入文本“版权所有 ©ABC 公司”，居中显示。

在表格的第三行第二列单元格中输入文本“版权所有”，将光标停留在文本后，执行“插入”|“HTML”|“字符”|“版权”菜单命令，插入版权字符，输入文本“ABC 公司”。

在“属性”面板中设置“水平”的值为“居中对齐”。

18. 在表格的第三行第三列单元格中添加一个表单，表单中包含一个选择和一个递交按钮，选择的文本为“您喜欢何种玫瑰？”，选择项为“红玫瑰”“白玫瑰”“黄玫瑰”“蓝玫瑰”，默认选择为“白玫瑰”。

将光标停留在表格的第三行第三列单元格中，执行“插入”|“表单”|“表单”菜单命令。

将光标停留在表单中，执行“插入”|“表单”|“选择”菜单命令。修改选择框前的文本为“您喜欢何种玫瑰？”。选中选择框，单击属性面板中的“列表值…”按钮，打开“列表值”对话框，在该对话框中设置选项为“红玫瑰”“白玫瑰”“黄玫瑰”“蓝玫瑰”，在“属性”面板中的“Selected”列表框中选中“白玫瑰”选项。

将光标停留在选择后方，执行“插入”|“表单”|“‘递交’按钮”菜单命令。

19. 保存并浏览该网页，效果如图 5-100 所示。

第6章 项目实战

本章概要：

理论知识与实际应用之间通常会存在一定的差异，这往往使学习新技术的过程变得充满挑战。本章以项目实战的角度将所学知识融合，完成中国传统节日——端午节的网站建设和“文化•体育”的网站建设，展示并分享在制作过程中遇到的挑战及解决方法，旨在帮助开发者更好地将理论知识转化为实际操作能力，提升项目实战中的技术应用水平。

学习目标：

◎学会规划和建立网站；

◎了解网站建设的一般流程；

◎熟练掌握网页中使用 CSS+Table 进行网页布局的方法；

◎能够开发一个简单的网站。

6.1 项目1：中国传统节日——端午节的网站建设

在学习图像处理技术、音视频处理、动画制作方法以及网页设计等内容之后，本章将使用所学知识开发一个网站项目，项目主题选自中国传统节日中的端午节。

中国传统节日是中华民族悠久历史文化的重要组成部分，这些节日不仅形式多样、内容丰富，而且蕴含着深邃丰厚的文化内涵。春节（农历正月初一）是中国最重要的传统节日，也被称为中国农历新年。清明节（公历4月5日前后）是我国传统节日，也是最重要的祭祀节日，是祭祖和扫墓的日子。中秋节（农历八月十五）是中国传统的月圆之夜，是家庭团聚，共同品尝月饼、赏月的日子。

端午节（农历五月初五）是中国传统的重要节日之一，也被称为龙舟节。在这一天，人们会包粽子、赛龙舟、插艾草、挂菖蒲等，以纪念古代爱国诗人屈原。端午节期间，还会有一些有趣的活动，如粽子吃法比拼、草药泡脚比赛等。

端午节与春节、清明节、中秋节并称为中国四大传统节日。端午文化在世界上影响广泛，世界上一些国家和地区也有庆贺端午的活动。2006 年 5 月，国务院将其列入首批国家级非物质文化遗产名录；自 2008 年起，被列为国家法定节假日。2009 年 9 月，联合国教科文组织正式批准将其列入《人类非物质文化遗产代表作名录》，端午节成为中国首个入选世界非遗的节日。因此，本章以端午节为主题，开启项目之旅。

项目拟构建一个端午节为主题的网站，主要从端午由来、端午习俗、端午美食、端午诗选、联系我们等几方面进行建设。

配色主要以绿色为主，端午节中的粽叶、艾草以及六月份天气正好是夏季，因此选择以绿色调为主。整个风格、界面搭建可以使用 Photoshop 软件进行构图，网站中用到的动画可以使用 Animate 软件进行制作，音视频的制作与编辑可以使用 Audition 和剪映，最后使用 Dreamweaver 软件进行网站的建立。网站结构图如图 6-1 所示。

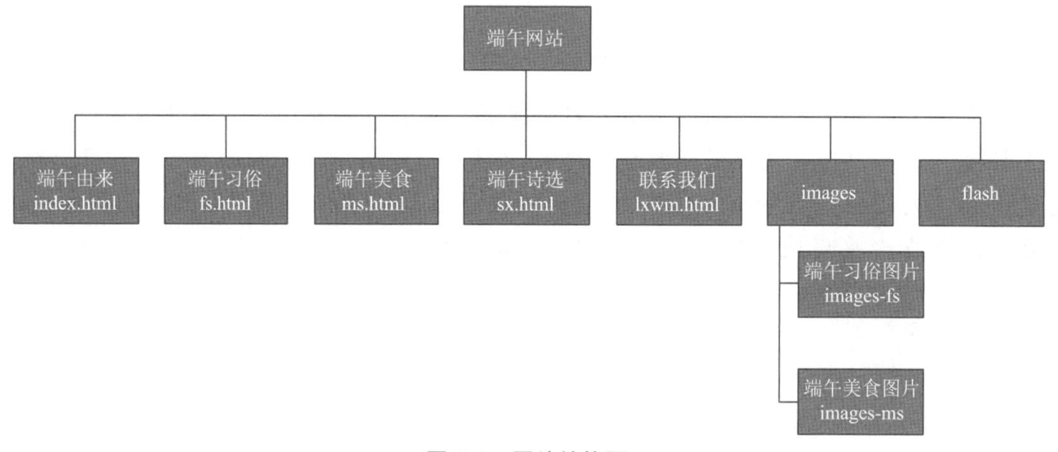

图 6-1　网站结构图

6.1.1　素材搜集与制作

网站建设中的网页内容一般包含文字、图像、动画、超链接、声音和视频等元素。因此，先搜索一些与端午节有关的题材，比如粽子、艾草、赛龙舟、香囊等资料，建议自行拍照。要注意版权问题，不要侵犯别人的权益。

1. 图像素材制作

整个网站主页是最重要的页面，可以使用 Photoshop 进行设计，然后再使用切片功能进行切分，如图 6-2 所示，最后选择“文件”|“导出”|“存储为 Web 所用格式”，导出网页需要的图片素材。

具体步骤如下：

① 新建一个图像文件，大小为 1 500 × 1 125 像素，分辨率为 72，白色背景。

② 添加新图层，使用渐变工具，选择“简单”渐变类型中的“暗黄绿色”，如图 6-3 所示，为图层添加对称性渐变。

图 6-2 使用 Photoshop 制作主页大体结构

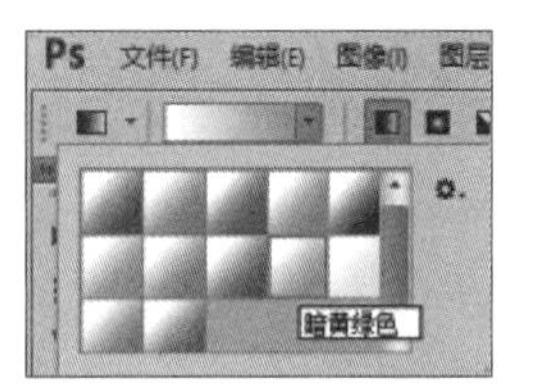

图 6-3 “简单”渐变类型中的“暗黄绿色”

③ 打开“屈原 .jpeg”图像，使用快速选择工具将人物部分选中，复制粘贴到新图像中。将其大小缩小为原来的 60%，调整色相 / 饱和度为：色相 +56。为屈原所在图层添加图层蒙版，实现与背景图层的融合。再将该图层的不透明度设置为 40%。

④ 打开“粽子 .jpeg”图像，将其复制粘贴到新图像中，适当调整大小放于右上角，为粽子所在图层添加图层蒙版，实现与背景图层的融合。再将该图层的不透明度设置为 40%。

⑤ 使用文本工具制作“端午节”文字，字体为华文行楷，135 点，颜色为 #377136，并为该图层添加光泽、颜色叠加以及外发光的图层样式。

⑥ 使用文本工具，添加文字“农历五月初五”，字体为黑体，45 点，颜色为 #377136。

⑦ 添加箭头形状。使用形状工具绘制一个箭头图标，如图 6-4 所示。

图 6-4 绘制箭头图标

⑧ 依次复制箭头图层，再使用文字工具添加对应的导航文字，制作导航栏，如图 6-5 所示。

图 6-5 导航栏

⑨ 最后，在图像底部添加文字“© 版权所有 返回顶部”和日期。

⑩ 使用切片工具，对图像进行切割处理，再导出网页需要的图片素材备用。

2. 动画素材制作

使用 Animate 制作动画，动画中背景图片艾草以淡入的方式出现；文字“中国传统节日”制作逐字出现的效果，再变成文字“端午节”；“端午节”文字再以不同的颜色进行闪

烁。如图 6-6 所示，制作完成后选择“文件”|“导出”|“导出动画 GIF”，导出为 gif 的动画格式，这样插入网页中可以在浏览器中正常预览。

图 6-6 使用 Animate 制作动画素材

具体步骤如下：

① 新建一个动画文件，大小为 550×400 像素，帧频为 12，白色舞台。

② 图层 1 的 1～25 帧制作文字“中国传统节日”逐字出现的效果，停留 10 帧之后开始变成文字“端午节”，变化的过程为 20 帧。最后制作文字“端午节”的颜色变化闪烁效果，颜色为从红到绿，再到蓝，再到黄，再到青，再到紫，再到红。

③ 新建图层 2，将“艾草 .jpg”素材导入库中。将其做成元件，1～45 帧制作艾草元件的 alpha 值从 20 到 100 的淡入效果。

④ 最后预览并导出为 gif 的动画格式，保存为动画素材。

3. 视频素材制作

使用剪映制作视频，介绍包粽子的操作步骤。首先拍摄收集一些包粽子相关的图片或视频，导入剪映，再配上字幕和声音。如图 6-7 所示，制作完成之后导出视频格式备用。

图 6-7 使用剪映制作视频素材

6.1.2　网站制作

构思及素材准备完毕之后，开始网站制作。一般来说，网站中所有页面的风格是统一的，所以可以先做一个母版网页，包含网页的头部、导航以及底部。其他的网页通过复制该母版页面之后，再单独编辑。

1. 制作“母版”页面

母版页面包含了网页的整个框架，如图 6-8 所示。

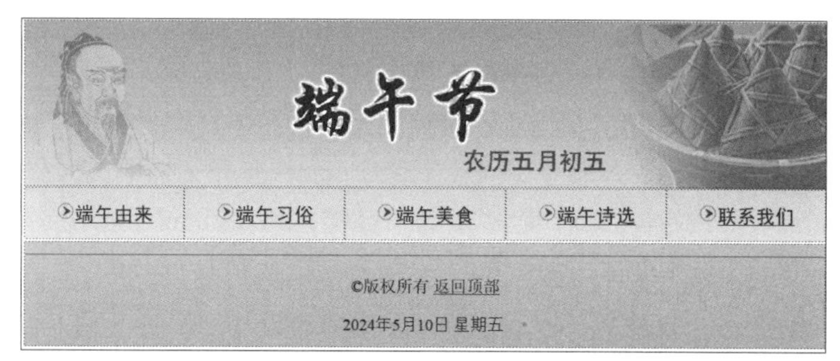

图 6-8　母版网页

制作步骤参考如下：

① 建立站点。

启动 Dreamweaver，新建一个站点，站点名称为“端午节”，站点的根文件夹为“案例端午节 - 素材”，之后所有的文件都保存在该文件夹下。

② 新建网页 mb.html，设置网页标题为“端午母版”。

③ 在第一行插入一个 1 行 1 列的表格，设置表格属性：表格宽度为 780 像素、边框线宽度 0、单元格边距 0、单元格间距 0，对齐方式“居中对齐”；插入 images\index_top.gif 图片，设置图片宽高 780 × 158 px，如图 6-9 所示。

图 6-9　母版头部

④ 在第二行插入一个 1 行 5 列的表格，设置表格属性：表格宽度为 780 像素、边框线宽度 0、单元格边距 0、单元格间距 0，对齐方式“居中对齐”，表格背景图片为 images\index_middle.gif 图片。在 5 个单元格中，分别先插入 images\ 箭头 .png 图片，设置箭头图片宽高 18 × 18 px，再分别插入文字：端午由来、端午习俗、端午美食、端午诗选和联系我们，设置为：黑体，18 px，颜色（#175419），行高 50 px，CSS 样式名称为 .font1，如图 6-10 所示。

端午由来	端午习俗	端午美食	端午诗选	联系我们

图 6-10　母版导航

⑤ 第三行空一行，留给其他页面编辑时使用。

⑥ 第四行插入一个 1 行 1 列的表格，设置表格属性：表格宽度为 780 像素、边框线宽度 0、单元格边距 0、单元格间距 0，对齐方式“居中对齐”，表格背景图片为 images\ index_bottom.gif。设置单元格水平居中对齐，高度为 100，插入水平线，设置水平线高度为 2 px，颜色为白色（#FFFFFF）。按【Enter】键之后，插入文字“© 版权所有 返回顶部”，再按【Enter】键之后，插入日期，如图 6-11 所示。

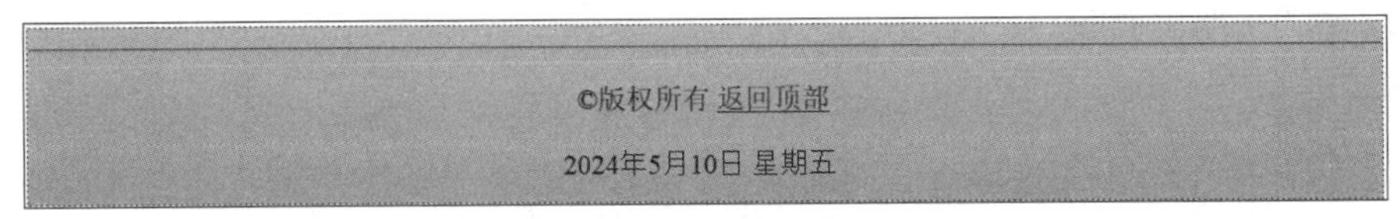

图 6-11　母版底部

⑦ 对导航栏的文字进行超链接设置，按照网站结构图中规定的每个页面的名称设置对应的超链接。选中文本“端午由来”，设置超链接到 index.html；选中文本“端午习俗”，设置超链接到 fs.html；选中文本“端午美食”，设置超链接到 ms.html；选中文本“端午诗选”，设置超链接到 sx.html；选中文本“联系我们”，设置超链接到 lxwm.html。

⑧ 设置“返回顶部”的超链接，首先定位到网页最开始，设置属性 ID 为 top，然后选中“返回顶部”文本，设置超链接为 #top。

⑨ 完成之后保存预览效果。

2. 制作“端午由来”页面

“端午由来”页面如图 6-12 所示。

图 6-12　“端午由来”页面

制作步骤参考如下：

① 复制母版页面 mb.html，在该站点下粘贴成为一个新网页，重命名为 index.html，设置网页标题为端午节。

② 在第三行插入一个 1 行 2 列的表格，设置表格属性：表格宽度为 780 像素、边框线宽度 0、单元格边距 5、单元格间距 0，对齐方式“居中对齐”，表格背景颜色为 #f0f7eb。在第 1 个单元格中插入 flash\ 中国传统节日 - 端午 .gif 动画文件，设置宽高为 450×330 px；在第 2 个单元格中插入“端午简介 .txt”中的文本，每段首行缩进 2 个字符，设置为：等线，16 px，CSS 样式名称为 .font2。

③ 完成之后保存预览效果，如图 6-12 所示。

3. 创建“端午风俗”页面

“端午风俗”页面如图 6-13 所示。

图 6-13 “端午风俗”页面

制作步骤参考如下：

① 复制母版页面 mb.html，在该站点下粘贴成为一个新网页，重命名为 fs.html，设置网页标题为“端午风俗”。

② 在第三行插入一个 1 行 4 列的表格，设置表格属性：表格宽度为 780 像素、边框线宽度 0、单元格边距 0、单元格间距 2，对齐方式“居中对齐”，表格背景颜色为 #f0f7eb。

③ 在表格第 1 个单元格中插入如样张所示的文字（在“端午习俗 .txt”中选择），为三行习俗文字添加项目符号。

④ 在表格第 2 个单元格中插入图片（images\images-fs\ 赛龙舟 .jpeg），图片宽高 210×156 px，替换文本为“赛龙舟场景”，设置该图片超链接到文本文件“赛龙舟 .txt”，并且在新窗口打开。

⑤ 在表格第 3 个单元格中插入图片（images\images-fs\ 粽子 .jpeg），图片宽高 210×156 px，替换文本为“粽子”，设置该图片超链接到视频文件“flash\ 如何包粽子 .mp4”，并且在新窗口打开。

⑥ 在表格第 4 个单元格中插入图片（images\images-fs\ 佩香囊 .jpeg），图片宽高 210 × 156 px，替换文本为“佩香囊”。

⑦ 完成之后保存预览效果，如图 6-13 所示。

4. 创建“端午美食”页面

“端午美食”页面如图 6-14 所示。

图 6-14 “端午美食”页面

制作步骤参考如下：

① 复制母版页面 mb.html，在该站点下粘贴成为一个新网页，重命名为 ms.html，设置网页标题为“端午美食”。

② 在第三行插入一个 3 行 4 列的表格，设置表格属性：表格宽度为 780 像素、边框线宽度 0、单元格边距 0、单元格间距 2，对齐方式“居中对齐”，表格背景颜色为 #f0f7eb。

③ 合并表格第一行所有单元格，设置第一行行高为:50。输入文字“端午美食”，设置为：黑体，20 px，#175419，CSS 样式名称为 .font3。并将该文字设置为滚动文字，滚动方向为右、来回滚动。

滚动文字设置方法：

- 在“设计”窗口将插入点定位在“端午美食”文字的位置；
- 转换到“代码”窗口，在“端午美食”文字前输入如下代码：

```
<marquee direction="right" behavior="alternate">
```

- 在“端午美食”文字后输入如下代码：

```
</marquee>
```

④ 分别在表格第 2 行第 1 个单元格、第 3 个单元格，以及第 3 行第 1 个单元格、第 3 个单元格中插入“端午美食 .txt”中的相应文本。

⑤ 分别在表格第 2 行第 2 个单元格、第 4 个单元格，以及第 3 行第 2 个单元格、第 4 个单元格中插入 images\images-ms\ 肉粽子 .jpg、images\images-ms\ 咸鸭蛋 .jpg、images\images-ms\ 炒黄鳝 .jpg、images\images-ms\ 雄黄酒 .jpeg，分别设置对应图片的宽度为 190 × 191 像素、190 × 192 像素、190 × 119 像素、190 × 190 像素。

⑥ 完成之后保存预览效果，如图 6-14 所示。

5. 创建“端午诗选”页面

“端午诗选”页面如图 6-15 所示。

图 6-15 “端午诗选”页面

制作步骤参考如下：

① 复制母版页面 mb.html，在该站点下粘贴成为一个新网页，重命名为“sx.html”。设置网页标题为“端午诗选”。

② 在第三行插入一个 2 行 2 列的表格，设置表格属性：表格宽度为 780 像素、边框线宽度 0、单元格边距 0、单元格间距 2，对齐方式“居中对齐”，表格背景颜色为 #f0f7eb。

③ 合并表格第一行所有单元格，设置第一行行高为:50。输入文字“端午诗选”，设置为:黑体，20 px，#175419，CSS 样式名称为 .font3。并将该文字设置为滚动文字，滚动方向为右、来回滚动。

④ 在表格第 2 行的两个单元格中分别插入“端午诗选 .txt”中的两首诗。设置单元格水平居中对齐，宽度为 390。

⑤ 完成之后保存预览效果，如图 6-15 所示。

6. 创建“联系我们”页面

“联系我们”页面如图 6-16 所示。

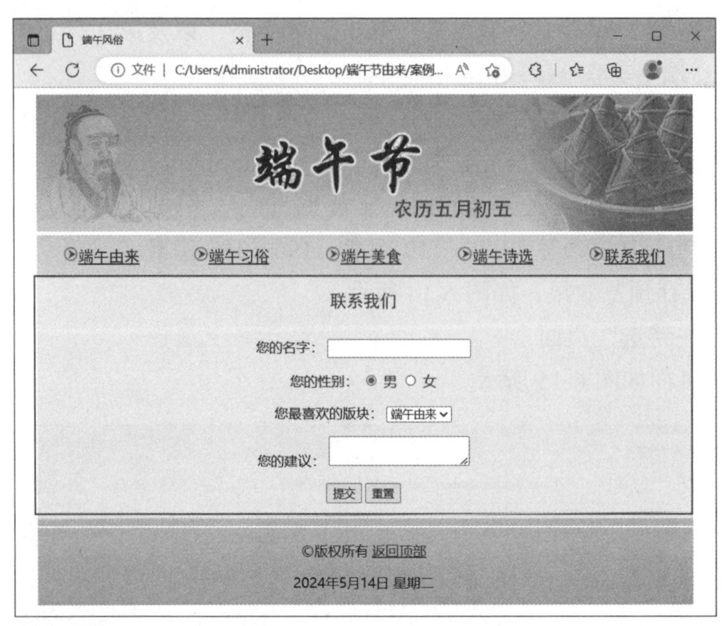

图 6-16 “联系我们”页面

制作步骤参考如下：

① 复制母版页面 mb.html，在该站点下粘贴成为一个新网页，重命名为“lxwm.html”。设置网页标题为“联系我们”。

② 在第三行插入一个 2 行 1 列的表格，设置表格属性：表格宽度为 780 像素、边框线宽度 0、单元格边距 0、单元格间距 2，对齐方式“居中对齐”，表格背景颜色为 #f0f7eb。

③ 设置表格第一行行高为：50。输入文字“联系我们”，设置为：黑体，20 px，#175419，CSS 样式名称为 .font3。

④ 在表格第二行插入表单，表单内容为文本、单选按钮组、选择、文本区域以及提交和重置按钮。其中“您最喜欢的版块”列表内容为：端午由来、端午习俗、端午美食和端午诗选。

⑤ 完成之后保存预览效果，如图 6-16 所示。

6.1.3 项目小结

本项目以端午节为主题的使用 Dreamweaver 软件进行网站制作，运用 CSS+Table 的布局方式，整个网站共由五个页面组成，“端午由来”主页、“端午风俗”页面、“端午美食”页面、“端午诗选”页面和“联系我们”页面。在设计和规划网站时，要注重页面风格的统一，建立站点结构图。

6.2 项目 2：“文化·体育”的网站建设

本项目综合运用图像处理、音视频处理、动画制作、网页设计等技能制作网站，项目主题：文化·体育。

网站目标：在中华民族辉煌的历史画卷中，体育文化以其独特的魅力占据着重要一席。丰富多彩的体育艺术作品是传承和弘扬民族文化的重要载体。学校体育社团的主题网站希望成为桥梁，帮助同学们在了解和参与各项互动中，深刻感受到传统文化与体育精神的交融和共振。

网站主要内容如下：

①“哲学对话”展示专家访谈、学术报告，探讨中华文化中的体育精神与奥林匹克哲学的共通之处。帮助同学思考、理解和传承它们在当代社会的意义和价值，为构建和谐世界贡献自己的力量。

②“文化探索”展示同学们设计的一系列令人耳目一新的IP形象设计，IP设计大赛激发了同学们对体育的热情，也对传统文化有了更深的认识和新的视角，产生了很多有创意的文化符号。

③“双奥之城”结合古代体育名画和校园生活创作多样的多媒体作品，展现了古代文明与现代体育的融合，穿越时空传承“双奥之城”的体育文化精神，为校园文化注入了新的活力。

④“寄语自己”提供展示平台，同学们可以用各种方式表达对体育精神的感悟和对奥林匹克理念的理解。承载着同学们思考的寄语分享，传递中华文化的体育精神，展现新时代青年的风采。

网站结构图如图6-17所示。

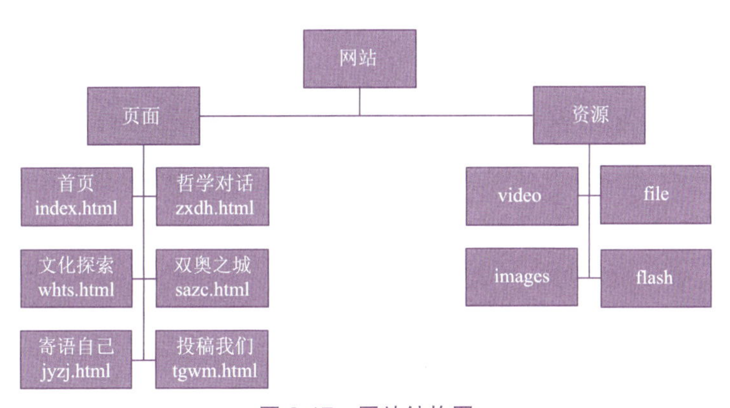

图6-17　网站结构图

6.2.1　素材搜集与制作

网站建设中的网页内容包含文字、图像、动画、声音和视频等元素。可以原创制作相关素材，也可以借助AI工具生成部分素材。各种素材在使用时要注意版权问题。

1. 利用Photoshop制作图像素材

（1）首页大图

网站首页至关重要，是网站用户的第一印象。因此首页大图是网站成功的核心，需要精心设计。制作要求如下：

① 使用AI工具，通过文生图的方式得到合适的图像。也可以使用本案例提供的AI生成素材“AIbj1.png”和“AIbj2.png”。

【注意】提示词主要有体育精神、古代中国、群像等。

② 利用网络资源制作背景图，建议图像为 1 024 像素宽度。或者使用本案例提供的素材“bj1.psd”和“bj12.psd”作为主图的背景图，适当调整各个图层的位置和大小。

③ 将 AI 生成的图像作为新图层添加到背景图像中，使用变形工具，适度调整大小并摆放在合适的位置，如图 6-18 所示。

④ 文件保存为“index_bj1.jpg”和“index_bj2.jpg”。注意保存在站点的 images 文件夹中。

图 6-18 首页大图

（2）编辑 PDF 文件

制作要求如下：

① 打开“中华传统文化与奥林匹克精神的和合共生 .pdf”，选择第一张，以默认参数打开。

② 使用横排文字工具，在其属性栏中选择字体为隶书，大小为 24 点，在画面底部输入文字“点击图片查看原文”。另存为“pdf-1.png”。

③ 依次处理 PDF 文件的另外两张图像，文件名为“pdf-2.png”和“pdf-3.png”。注意保存在站点的 images 文件夹中。

（3）双奥之城海报

制作要求如下：

① 打开素材“bjbcg.psd”。

② 将图层 1 中的雪花图案定义为图案，命名为“雪花”。

③ 使用“雪花”图案对图层 2 进行填充，参数默认。

④ 为图层 6 添加图层效果“斜面和浮雕”，参数为：浮雕效果、平滑、深度 53%，大小 7 像素，角度 90°，其他默认。

⑤ 取消图层 5 的图层效果“描边”。

⑥ 设置图层 8 为可见，设置图层 18 不可见，将图层 2 移动至图层 3 下方。

⑦ 将文件另存为“bjb.jpg”。注意保存在站点的 images 文件夹中，如图 6-19 所示。

图 6-19 双奥之城海报

（4）校园雪景

编辑处理校园的雪景效果，作为雪球的动画的静态图像素材。制作要求如下：

① 打开素材“xyxj.psd”。

② 设置图层 1 的色相饱和度：“红色”明度 70；“黄色”明度 85；“绿色”明度 85。

③ 使用“替换颜色”命令,设置容差值 9,滴管选择部分草地,修改明度为 60。可重复多次。

④ 将文件另存为“校园景色 雪景 .png”，并导入动画素材文件 dh3.fla 中，如图 6-20 所示。

图 6-20 校园雪景

(5) 体育 IP 形象设计

此部分需要创意制作，要求如下：

① 参考“jxw.png”图像中的创意，查阅各项体育盛会的 IP 形象设计，思考自己的体育 IP 形象创意，并使用软件制作完成。

② 用设计作品替换文件“jxw.png”图像中的部分 IP 形象。

(6) 体育明信片

此部分需要创意制作，要求如下：

① 利用 AI 工具或者网络资源生成或下载喜欢的体育海报。

② 编辑文件“mxp.psd”，利用“奖杯”图层为海报做蒙版效果。

③ 用设计的体育 IP 形象做印章装饰。

④ 修改邮戳和寄语相关图层的文字。

⑤ 文件另存为“mxp.png”。注意保存在站点的 images 文件夹中。

2. 利用 Animate 制作动画素材

(1) 马术动画

根据样张“dh1 样张 .gif”，编辑“dh1.fla”文件，制作马术的逐帧动画。导出为 gif 的动画格式，插入网页中可以在浏览器中正常预览。制作要求如下：

① 编辑素材“dh1.fla”，利用库中小马的多张图像制作小马奔跑的影片剪辑元件“马”。

【注意】关键步骤：新建影片剪辑元件“马”；逐帧插入空白关键帧，将马的多张图像依次放入舞台；单击编辑多帧按钮，利用对齐工具，合理处理各帧图像位置。

② 场景中，在“马”图层调用“马”元件，至 181帧处。

③ 预览并导出为 gif 的动画格式，保存为“dh1.gif”。注意保存在站点的 flash 文件夹中。

（2）雪景动画

根据样张“dh2 样张 .gif”，编辑“dh2.fla”文件，制作雪景的逐帧动画。制作要求如下：

①“雪球 1”图层补充完成第 1 ～ 30 帧的传统补间动画。“雪球 2”图层补充完成第 40 ～ 69 帧的传统补间动画。新建两个雪球弧线飞出的引导图层，确保雪球 1 从第 1 帧飞出，雪球 2 从第 40 帧飞出。

② 将“校园景色 .png”和“校园景色 雪景 .png”导入到库，并分别转为图形元件“学校景色元件”和“学校景色雪景元件”。

③ 在“学校景色”图层第 1 帧插入“校园景色 .png”，显示至 181 帧。

④ 在“学校景色”图层上方，新建“校园景色交替”图层。在第 25 帧插入空白关键帧，在合适位置放入“学校景色”元件，在第 100 帧插入空白关键帧，在合适位置放入“学校景色雪景元件”。在第 25 帧到第 100 帧之间制作传统补间动画。

⑤“体育小景”图层第 110 帧到第 135 帧之间完成形状补间动画。

⑥ 最后预览并导出为 gif 的动画格式，保存为“dh2.gif”。注意保存在站点的 flash 文件夹中。

3. 视频素材制作

使用 AI 工具和剪映制作体育相关视频，也可以二次编辑素材“cuju.mp4”，用视频形式展示你对体育精神和体育文化的理解，以及体育带给你的鼓舞与激励。可以考虑增加配音和字幕。

6.2.2 网站制作

首先完成网站中页面的统一部分，包含网页的头部、导航以及底部。简洁清晰、易于导航的框架可以提升用户体验度，增强用户对网站的好感。其他的网页通过复制该母版页面之后，再单独编辑。表格是常用的网页布局工具，对网页中的图像、文本等对象进行定位，使网页条理清晰、整齐有序。

1. 制作 css 样式表文件

制作要求如下：

① 创建 css 样式表文件，命名为“newzt.css”，保存在“本地站点文件夹”。

② 具体要求如图 6-21 所示。

```
@charset "utf-8";
.newzt {
    font-family: Cambria, "Hoefler Text", "Liberation Serif", Times, "Times New Roman", serif;
    font-size: 18px;
    color: #FFFFFF;
    text-decoration: none;
}
```

图 6-21　css 样式表文件

2. 制作母版页面

制作要求如下：

① 创建站点，站点名为“文化与体育”，“本地站点文件夹”为素材所在文件夹。

② 新建网页“mb.html”并保存在站点内。

③ 创建表格，3 行 3 列，表格宽度 1 024 像素，边框粗细 0，单元格边距 0，单元格间距 0，表格居中对齐。

④ 第二行第一列单元格中插入“logo.png”图像，左对齐。第二行第三列单元格中插入“tubiao.png”图像，右对齐，如图 6-22 所示。

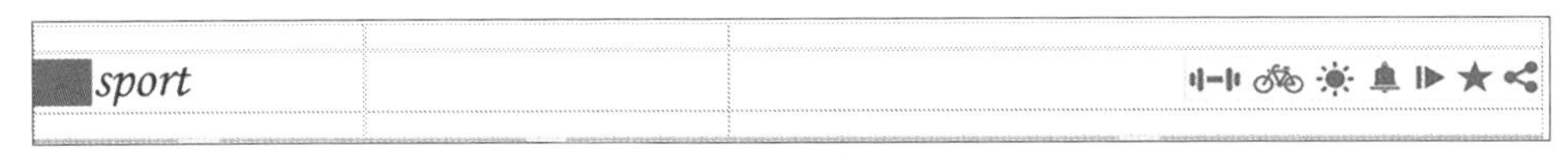

图 6-22　母版头部

⑤ 新起一行，插入表格制作导航部分，1 行 6 列，表格宽度 1 024 像素，高度 40，边框粗细 0，单元格边距 0，单元格间距 0。表格背景颜色（#070707），表格居中对齐。

⑥ 单元格内居中对齐，分别插入文字“首页”“哲学对话”“文学探索”“双奥之城”“寄语自己”“投稿我们”，CSS 样式为“.newzt”，如图 6-23 所示。

图 6-23　母版导航

⑦ 再起一行，插入表格，2 行 1 列，表格宽度 1 024 像素，高度 90 像素，边框粗细 0，单元格边距 0，单元格间距 0，表格居中对齐。第一行留白待用。在第二行插入文字“学生会社团 © 版权所有”和可以自动更新的日期，居中对齐。

【注意】第二行插入文字使用【Shift + Enter】组合键换行。

⑧ 对导航栏的文字进行超链接的设置，按照网站结构图中规定的每个页面的名称设置对应的超链接。“首页”超链接到 index.html；“哲学对话”超链接到 zxdh.html；“文化探索”超链接到 whts.html；“双奥之城”超链接到 sazc.html；“寄语自己”超链接到 jyzj.html；“投稿我们”超链接到 tgwm.html。

⑨ 预览效果，如图 6-24 所示。

⑩ 复制多个“mb.html”网页副本，依次更名为网站的其他网页“index.html”“zxdh.html”“whts.html”“sazc.html”“jyzj.html”“tgwm.html”，保存在相同文件路径下。

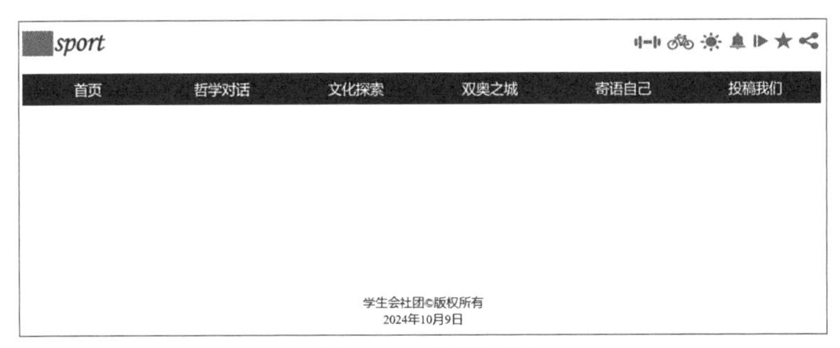

图 6-24　母版页面

3. 制作“首页”页面

打开存放在站点的根文件夹下的“index.html”，设置网页标题为“首页”。使用表格嵌套，在留白待用单元格内制作。制作要求如下：

① 插入表格，3 行 2 列，表格宽度 1 024 像素，边框粗细 0，单元格边距 0，单元格间距 0，表格居中对齐。

② 合并第一行两个单元格，插入鼠标经过图像，将自制的两张主图图像放置其中，也可以参考样张，使用提供的素材，原始图像为“bj1.jpg”，鼠标经过图像为“bj2.jpg”，宽度调整为 1 040 像素。

③ 合并第二行和第三行的第一列单元格，单元格垂直居中、水平居中，单元格宽度 220 像素，插入“learn.jpg”图像。

④ 调整第二行第二列单元格高度为 80 像素，单元格左对齐。输入文字：“你好，欢迎来到这里！”，文字大小 36，颜色（#A8A117）。

⑤ 设置第三行第二列单元格垂直居中、水平居中。嵌套一行一列表格，表格宽度 95%、边框宽度 0、单元格边距 0、单元格间距 0。输入素材“首页文字 .txt”中的文字，如图 6-25 所示。

图 6-25 “首页”页面底部

⑥ 预览效果，如图 6-26 所示。

图 6-26 “首页”页面

4. 制作“哲学对话”页面

打开存放在站点的根文件夹下的“zxdh.html”，设置网页标题为“哲学对话”。使用表格嵌套，在留白待用单元格内制作。制作要求如下：

① 单元格高度 600 像素。

② 表格内依次插入“pdf-1.png”“pdf-2.png”“pdf-3.png”图像，宽度均为 341 像素，高度均为 550 像素。

③ 在“pdf-1.png”图像的奥林匹克旗帜部分设置矩形热点区域，点击超链接可在新窗口中打开“中华传统文化与奥林匹克精神的和合共生 .pdf”文件。

④ 保存预览效果，如图 6-27 所示。

图 6-27　“哲学对话”页面

5. 制作“文化探索”页面

打开存放在站点的根文件夹下的“whts.html”，设置网页标题为“文化探索”。使用表格嵌套，在留白待用单元格内制作。制作要求如下：

① 拆分单元格为两行两列。使用拆分视图进行文档编辑。

② 第一行左侧单元格内插入“jxw.png”图像，高度 200 像素，宽度随高度等比例调整。插入代码，功能为图像从右向左滚动显示。

【注意】关键代码：<marquee direction="left" behavior="scroll">　</marquee>。

③ 第一行右侧单元格内插入文字“原创 IP”，字体大小 80，加粗，颜色（#3AA759），单元格内垂直居中，水平居中，单元格颜色（#C1BEBE）。

④ 将素材“文化探索 .txt”中的文字复制到第二行左侧单元格内。单元格颜色（#C1BEBE）。在文字前面增加段落代码 <p> </p>，增加一行空白行。

⑤ 在第二行右侧单元格内插入“jxw1.png”图像，宽度 350 像素，高度随宽度等比例调整，单元格内垂直居中，左对齐。

⑥ 在表格下方插入 Div，ID 为 tt，插入“jxw3.png”图像。修改图像尺寸代码并插入新代码，功能为图像每隔 1 s 随机出现在屏幕内某处，如图 6-28 所示。

⑦ 保存预览效果，如图 6-29 所示。

```
<div id="tt" style="position: absolute; "><img src="images/jxw2.png" width="200"
height="183" alt=""/></div>

<script>
  function moveDiv() {
    var tt = document.getElementById('tt');
    var x = Math.floor(Math.random() * (window.innerWidth - tt.offsetWidth));
    var y = Math.floor(Math.random() * (window.innerHeight - tt.offsetHeight));
    tt.style.left = x + 'px';
    tt.style.top = y + 'px';
  }
  setInterval(moveDiv, 1000);
</script>
```

图 6-28　图像随机出现在某处的代码

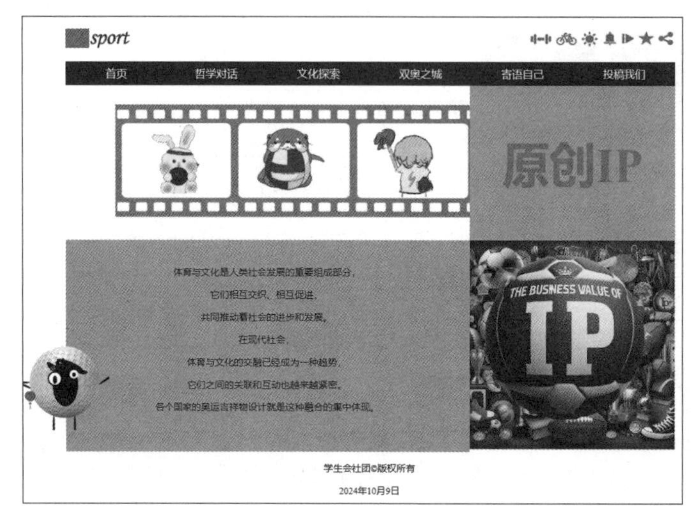

图 6-29　“文化探索”页面

6．制作“双奥之城”页面

打开存放在站点的根文件夹下的“sazc.html”，设置网页标题为“双奥之城”。使用表格嵌套，在留白待用单元格内制作。制作要求如下：

① 拆分单元格为三行两列。第一行右侧单元格内插入“bjr.jpg”图像。第三行右侧单元格内插入“bjb.jpg”图像。图像宽度均为 300 像素，高度均随宽度等比例调整。

② 第一行左侧单元格内插入“dh1.gif”；第三行左侧单元格内插入“dh2.gif”。

③ 保存预览效果，如图 6-30 所示。

图 6-30　“双奥之城”页面动态效果

7. 制作“寄语自己”页面

打开存放在站点根文件夹下的“jyzj.html”,设置网页标题为“寄语自己”。使用表格嵌套，在留白待用单元格内制作。制作要求如下：

① 拆分单元格为四行，单元格内水平居中、垂直居中。

② 第一行单元格高度 95 像素。输入文字“那些或近或远的榜样，带给我们力量，陪伴我们奋斗，一路并肩！”。

③ 第二行插入“mxp.png”图像，宽度 800 像素，高度随宽度等比例调整。

④ 第三行插入“cuju.mp4”，宽度 800 像素。

⑤ 第四行输入文字“虚位以待 ...”

⑥ 保存预览效果，如图 6-31 所示。

图 6-31 “寄语自己”页面

8. 制作“投稿我们”页面

打开存放在站点的根文件夹下的“tgwm.html”，设置网页标题为“投稿我们”。使用表格嵌套，在留白待用单元格内制作。制作要求如下：

① 拆分单元格为二行。在第一行插入文字,具体内容可自由发挥。在文字下方插入“btn.jpg”图像。

② 在第二行插入表单。表单内插入表格，7 行 2 列，表格宽度 1 024 像素，边框粗细 0，单元格边距 0，单元格间距 5，单元格内左对齐。

③ 表单内容为文本、文本区域、文件以及提交和重置按钮。其中学号和手机号限制输入位数均为 11 位，文本区域为 10×50 像素。

④ 表单内文字使用 CSS 样式 ".newzt"。

⑤ 保存预览效果，如图 6-32 所示。

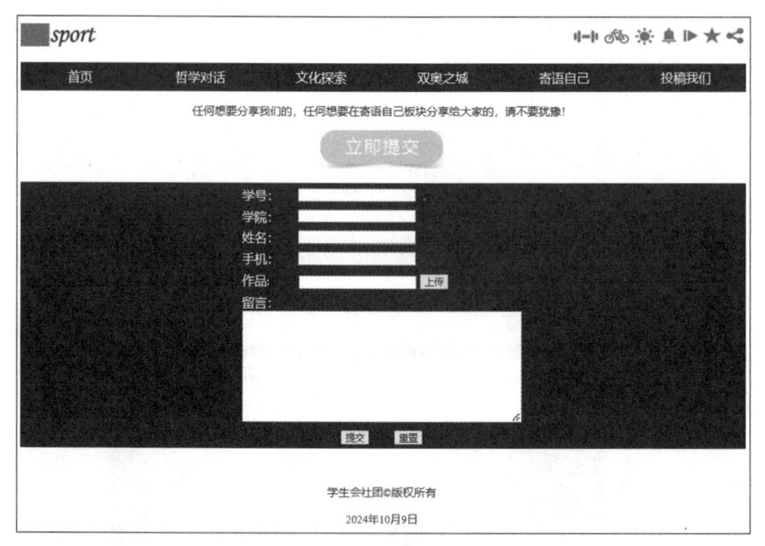

图 6-32 投稿我们页面

6.2.3 项目小结

项目的核心是文化与体育的融合，网站的设计和规划强调主题的明确性，确保每个页面和每个元素都能紧扣文化与体育的主题。采用多种多媒体软件进行素材的编辑和网站的制作，旨在通过多媒体的形式，如图像、视频、动画等，生动地展现多元的体育文化视角与活动。此外，页面风格的色彩搭配、字体选择和布局设计，都力求保持一致性，以营造出和谐且专业的网站氛围。

完成项目尽可发挥创造力，自由探索不同的设计，将个人的独特视角和创新思维融入项目中，提升项目的吸引力同时增强创新能力。